企业环境安全管理实操

生态环境部生态环境应急研究所　编著

中国环境出版集团

哈尔滨出版社
HARBIN PUBLISHING HOUSE

图书在版编目（CIP）数据

企业环境安全管理实操 / 生态环境部生态环境应急研究所编著 . —哈尔滨：哈尔滨出版社；北京：中国环境出版集团，2022.12

ISBN 978-7-5484-7054-0

Ⅰ.①企… Ⅱ.①生… Ⅲ.①企业环境管理—安全管理 Ⅳ.①X322

中国国家版本馆 CIP 数据核字（2023）第 011512 号

书　　名：企业环境安全管理实操
QIYE HUANJING ANQUAN GUANLI SHICAO

作　　者：生态环境部生态环境应急研究所　编著
策划编辑：宋慧敏
责任编辑：韩金华
封面设计：宋　瑞

出版发行：哈尔滨出版社（Harbin Publishing House）
中国环境出版集团
社　　址：哈尔滨市香坊区泰山路 82-9 号　**邮编：**150090
北京市东城区广渠门内大街 16 号　**邮编：**100062
经　　销：全国新华书店
印　　刷：北京鑫益晖印刷有限公司
网　　址：www.hrbcbs.com　www.cesp.com.cn
E-mail：hrbcbs@yeah.net
编辑版权热线：（0451）87900271　87900272
销售热线：（010）67125803，（010）67113405（传真）

开　　本：787mm × 1092mm　1/16　**印张：**23.75　**字数：**488 千字
版　　次：2022 年 12 月第 1 版
印　　次：2025 年 5 月第 2 次印刷
书　　号：ISBN 978-7-5484-7054-0
定　　价：99.00 元

《企业环境安全管理实操》
编著委员会

主　编：陈　明　　陈思莉　　张政科

副主编：邴永鑫　　黄大伟　　虢清伟

编　委：杨裕茵　　王　骥　　王俊能　　冯立师

张建强　　王　宁　　夏玉林　　潘超逸

宁甲练　　洪　滨　　陈　禧　　黄文光

常　莎　　李晨旭　　赵熠辉　　何柱琨

陈　云　　黄荣新　　姚玲爱　　马千里

前言

党的十八大以来，以习近平同志为核心的党中央高度重视安全生产工作。习近平总书记多次强调，要把抓好安全生产工作、防范化解重大安全风险放在更加突出的位置。2022年3月24日，习近平总书记专门对安全生产作出重要指示，强调采取有力措施清除各类风险隐患，坚决遏制重特大事故，确保人民生命财产安全。2022年3月31日召开的全国安全生产电视电话会议对压紧压实安全责任、全面加强安全生产工作进行部署。

企业安全生产和环境安全管理工作密不可分，生产安全事故是引发突发环境事件的最主要因素。因此，企业要把安全发展理念贯穿企业生产的各领域和全过程，协同推进安全生产和环境安全管理工作。企业加强安全生产工作，可以有效防控环境风险，要强化环境安全意识，做好与环境应急相关法律法规的充分衔接。

为了贯彻习近平总书记重要讲话和指示精神，切实增强企业守牢环境安全底线的主体责任意识，不断提升环境安全管理能力，通过解读相关政策，结合《企业环境安全管理理论》以及我国近些年的一些经典案例，为便于行业内相关从业人员参考应用，我们组织编写了《企业环境安全管理实操》。

《中华人民共和国环境保护法》第四十七条指出，各级人民政府及其有关部门和企业应当按照《中华人民共和国突发事件应对法》的规定，做好突发环境事件的风险控制、应急准备、应急处置和事后恢复等工作；《突发环境事件应急管理办法》指出企业应当按照相关法律法规和标准规范的要求，完善环境风险防控措施。根据上述法律法规，企业环境安全管理已经具备原则性规范和要求，本书的编著是落实这些规定和要求的具体举措。

本书是在企业环境安全管理工作不断探索、不断创新、不断发展、不断完善的历史背景下，通过详解企业环境安全管理的实操，力求覆盖企业的各类突发环境事件起因和各类环境风险源，并精选近年来发生的典型突发环境事件案例编著而成的。本书包含了大量与安全生产工作相关的内容，没有对相关业务或行业主管部门进行具体的区分，体现了安全生产和环境安全管理工作“你中有我，我中有你”并且紧密的关系，并符合应急管理部门在公共安全领域统一指挥、专常兼备的应急管理体制。

本书可为我国企业环境安全管理提供有益的指导，适用于企业决策层领导、管理层干部、操作层员工的环境安全培训和管理，适用于科研院校环境保护、生产安全、企业管理等相关专业师生教学和扩大知识面，同时也可为生态环境、应急管理等政府部门提供参考借鉴。

感谢生态环境部环境应急与事故调查中心在理论分析和典型案例方面给予的指导帮助。感谢中国环境报社培训中心、北京益普希环境咨询顾问有限公司、广东盈智通科技有限公司、广州禾信仪器股份有限公司、广东中联兴环保科技有限公司、广州皇埔管理咨询有限公司、广州千绿生态环保有限公司等企事业单位在环境安全管理实际操作方面提供的宝贵支持与经验。

企业环境安全管理涉及的专业领域较广，限于作者的能力和知识水平，本书难免有不足之处，敬请广大读者批评指正。

编著者

2022年11月

目　录

第一章　企业突发环境事件起因……………………………………………… 1

第一节　大气污染物泄漏事故 ……………………………………………1

第二节　水污染物泄漏事故 ……………………………………………… 23

第三节　火灾、爆炸事故 ………………………………………………… 43

第四节　道路运输事故 …………………………………………………… 58

第五节　人为因素事故 …………………………………………………… 99

第六节　自然灾害事故 ……………………………………………………115

第七节　输入型事故 ………………………………………………………130

第二章　企业环境风险源…………………………………………………… 137

第一节　生产车间 …………………………………………………………137

第二节　化学品仓库 ………………………………………………………156

第三节　储罐区 ……………………………………………………………167

第四节　装卸区 ……………………………………………………………185

第五节　油气管道 …………………………………………………………196

第六节　输送管线 …………………………………………………………215

第七节　码头 ………………………………………………………………220

第八节　钻井 ………………………………………………………………230

第九节　废气处理设施 ……………………………………………………236

第十节　污水收集及处理设施 ……………………………………………244

第十一节　尾矿库 …………………………………………………………269

第十二节　电厂贮灰库 ……………………………………………………291

第十三节　垃圾填埋场 ……………………………………………………296
第十四节　危险废物 ………………………………………………………306
第十五节　放射源 …………………………………………………………328

参考文献……………………………………………………………………… 334

附　件………………………………………………………………………… 337
附件一　常见应急救援器材和物资配置 …………………………………337
附件二　环境应急处置卡 …………………………………………………342
附件三　部分危险化学品说明书 …………………………………………359

第一章　企业突发环境事件起因

第一节　大气污染物泄漏事故

一、存在的环境安全隐患

（一）泄漏或事故性排放

1. 泄漏事故

在化学品储存、装卸、运输等过程中，发生“跑冒滴漏”现象和有机气体或蒸气的挥发；储存及生产系统的设备、管线、法兰、阀门等发生破损导致大气污染物泄漏；部分泄漏的化学品挥发性好，随风扩散，会形成大面积的毒害区域，并受事发当时的风力作用，影响到厂区及周边社区的大气环境安全，造成突发环境事件。

泄漏的易燃化学品蒸气与空气可形成爆炸性混合物，遇明火、高热能引起燃烧、爆炸；蒸气比空气重的化学品能在较低处扩散到相当远的地方，遇明火会引着回燃；火灾、爆炸事故导致化学品储罐等生产储存设施发生泄漏事故；在火灾、爆炸过程中大量有毒有害烟气产生，污染大气环境。

2. 事故性排放

由于某些意外情况或管理不善，会出现大气污染物事故性排放。抽风设施发生故障，会导致生产过程中产生的工艺废气无法被及时抽出车间，车间内大量废气聚集，进而影响车间操作人员的健康；废气处理设施故障（如风机异常、空气管道破裂、氧化剂失效等）或现场作业人员操作不当导致大气污染物超标排放；储罐大小呼吸产生无组织排放；污水处理设施和垃圾填埋场恶臭气体出现事故性排放；员工在转运或使用化学品时操作不慎将几种化学品混合，产生有毒有害气体。

3. 环境污染危害

大气污染物泄漏后，若环境通风不良、个人防护不当，就有可能造成中毒事故。人体吸入或吸收了有毒大气污染物，扰乱或破坏机体的正常生理功能，进而引起暂时性或永久性的病变，甚至危及生命。发生大气污染物泄漏事故后可能涉及的范围为事故企业及邻近企业厂区、周边村庄和区域各主干道等。大气污染物泄漏事故威胁企业附近区域人员身体健康，还会造成周边居民投诉空气污染。

（二）部分常见大气污染物

1. 氯

氯属剧毒危险化学品，能与许多化学品发生猛烈反应而引起火灾或爆炸，如与松节油、乙醚、氨气、烃类、氢气和金属粉末等。对眼、呼吸道黏膜及皮肤有强烈的刺激作用。短期吸入大量氯气后可能出现流泪、流涕、咽痛、咳嗽、胸闷等。涉氯企业大多数位于居民密集区，一旦有氯气泄漏，将直接威胁人民群众的生命安全；对使用量较小的涉氯企业，可能环境安全隐患防范措施不力或无环境安全防范措施，应急救援、堵漏、消毒、防护、报警等应急设备器材准备不足，不能满足事故状态下污染防控的需求。

2. 氯化氢

氯化氢为有窒息性的气体，对上呼吸道有强刺激作用，对眼、皮肤、黏膜有腐蚀作用。短期接触可能出现咽痛、咳嗽、窒息感。其密度大于空气，水溶液为盐酸，浓盐酸具有挥发性。对大多数金属有强腐蚀性，与活泼金属粉末反应放出氢气；与氰化物能产生剧毒的氰化氢气体；浓盐酸在空气中发烟，触及氨蒸气生成白色烟雾。

3. 氨

氨属高毒类危险化学品。主要用作制冷剂、氯消毒后的置换剂和化工生产的原料。当空气中的氨浓度达到 15%～26% 时，遇明火易产生爆炸。对皮肤、黏膜和眼睛有腐蚀性。轻度出现流泪、咽痛、咳嗽、水肿；中度症状加剧，呼吸困难；高浓度氨可能引起反射性呼吸停止。接触液氨可能引起严重灼伤，水溶液有腐蚀性。部分企业液氨的运行量大，大多数处在高压运行状态，而且输氨管线错综复杂，接口接点多、面积大，加上输氨管线老化，容易发生氨气泄漏事故。

4. 硫化氢

硫化氢能与空气形成爆炸性混合物。遇热、明火或与许多物质接触能引起激烈反应而着火、爆炸。加热分解，放出有毒的硫氧化物烟雾。硫化氢比空气重，能扩散相当远的距离。可致组织缺氧，主要损害中枢神经系统，对黏膜有刺激作用。短期内吸入较大量硫化氢后可出现流泪、眼痛、眼内异物感、畏光、视物模糊、流涕、咽喉部灼热感、咽干、咳嗽、胸闷、头痛等。极高浓度时可在数秒内突然昏迷、呼吸骤停，继而心跳骤停，发生闪电型死亡。

5. 二氧化硫

二氧化硫是无色有刺激性气味的气体。溶于水，水溶液呈酸性。溶于丙酮、乙醇、甲酸等有机溶剂。主要用于制造硫酸和保险粉等。对黏膜有强烈的刺激作用。对眼及呼吸道黏膜有强烈的刺激作用，大量吸入可引起肺水肿、喉水肿、声带痉挛而致窒息。二氧化硫进入呼吸道后，因其易溶于水，故大部分被阻滞在上呼吸道，在湿润的黏膜上生成具有腐蚀性的亚硫酸、硫酸和硫酸盐，使刺激作用增强。液体二氧化硫可引起皮肤及眼灼伤，溅入眼内可立即引起角膜混浊、浅层细胞坏死，严重者角膜形成瘢痕。

6. 光气

光气微溶于水并逐渐水解，溶于芳烃、苯、四氯化碳、氯仿、乙酸等多数有机溶剂，属于剧毒，不可燃。轻度中毒患者有流泪、畏光、咽部不适、咳嗽、胸闷等症状；中度中毒患者出现轻度呼吸困难、轻度紫绀；重度中毒患者出现肺水肿或成人呼吸窘迫综合征，患者剧烈咳嗽、咯大量泡沫痰、呼吸窘迫。

二、环境安全隐患治理

（一）预防泄漏措施

1. 确保设备设施的可靠性

建立长效的环境安全隐患排查机制，发现泄漏危险立即采取措施治理，不得带病运行，以提高设备设施的安全可靠性，加强废气处理设施日常保养和维护。很多环境安全隐患来自设备老化，如果《化工压力容器管理规定》的相关规定得到落实，这些事故就不会发生。对压力容器要按要求严格年检，检查不合格或报废的压力容器报当地政府相关部门处置。各生产环节严格执行生产管理的有关规定，加强设备的检修及保养，提高管理人员素质，并设置机器事故应急措施及管理制度，确保设备长期处于良好状态，使设备达到预期的处理效果。定期检查各种设备的运行情况和管道的密封性，尤其应当注意对接口的检查，采取有效措施及时排除漏气风险。

2. 避免发生事故性排放

现场作业人员定时记录废气处理状况，如对废气处理设施的系统、抽风机等进行点检工作，并派专人巡视，遇不良工作状况立即停止生产车间相关作业，维修正常后再开始作业，杜绝事故性废气直排，并及时呈报企业主管。待检修并确认无障碍后生产车间方可生产。在容易释放有机气体或蒸气的地方设局部抽风装置，抽风排出的有机气体通过活性炭过滤器净化装置处理后，通过排气筒高空排放；加强员工培训，防止员工操作失误导致废气直接排放。

3. 划定防护距离

目前针对企业的防护距离计算方法尚未统一。例如卫生防护距离是指正常生产条件下，散发无组织排放大气污染物的生产装置、“三废”处理设施等的边界至居住区边界的最小距离。大气环境防护距离是以污染源中心点为起点的控制距离；结合厂区平面布置图，确定控制距离的范围，超出厂界以外的范围即为大气环境防护区域。大气环境防护距离之内，若污染物浓度超标，不应有长期居住的人群。突发环境事件的影响距离是企业不正常生产和事故状态下，将直接威胁人体健康的距离。根据影响程度，可划分为事故中心区域和事故波及区域。事故中心区域通常为距离事故发生地 1 500 m 内的范围，此区域内危险化学品浓度指标高，并将伴有爆炸、火灾事故发生，易造成人员伤亡。事故波及区域通常为距事故发生地 1 500～3 000 m 的区域，空气中危险化学品浓度较高，事故影响时间较长，在此区域内停留 30 min 以上的人员可能受到致伤致残的伤害。这 3 个距离中，前两者是正常生产时即可产生的距离，事故中心区域范围内可能出现半致死浓度，因此在此距离内不能建设集中居住区等环境敏感目标。

4. 确保人员安全

尽量减少就地操作岗位，使作业人员不接触或少接触有毒物质，防止误操作造成中毒事故；根据生产装置的特点，在生产车间按物料性质和人身可能意外接触到有害物质而引起烧伤、刺激或伤害皮肤的区域内，设置紧急淋浴和洗眼器，并加以明显标记，并在装置区设置救护箱；对可能产生有毒有害气体积累的场所，设置机械通风设施以通风换气；企业辖区政府完成城镇人口密集区的生产企业搬迁改造，有序推进化学工业园区内劳动密集型企业和居民实施搬迁；严格居民住宅楼规划设计，对在化工企业周边防护距离内违规建设住宅楼的开发商加大处罚力度，责令拆除违规建筑、恢复场地，由开发商对住宅楼居民进行补偿；对化工企业周边无法搬迁的居民加强环境安全科普教育，组织开展环境应急演练，在听到企业大气污染物泄漏警报后，用毛巾沾水捂住口鼻，依疏散路线沿上风向转移。

（二）建立预警机制

1. 有毒有害气体预警

对于有毒有害气体泄漏事故，由于有毒有害气体具有致毒性快、扩散迅速及危害范围广的特点，事故方在第一时间内的应急响应意义重大。相关企业要有针对性地制定有毒有害气体泄漏应急预案，做到事故发生后快速启动预案，有效控制污染蔓延势头，防范事故污染升级；明确厂区有毒有害气体泄漏紧急处置的专门人员，给予奖惩保障，并明确职责，制定责任追究制度；企业应建立和完善专家数据库。

涉及氨气、氯气、氯化氢、硫化氢、光气、苯等有毒有害气体，需要建设有毒有害大气环境风险预警系统，连接高风险单元报警装置，相关监测监控数据应接入当地生态环境部门监测预警系统。预警系统主要可以分为两种类型：一是多级防护型。企业从内到外被划分为风险防范区、边界防护区及敏感保护区，分层级安装光谱仪、色谱仪、质谱仪等设备，实时反映企业内部和周边有毒有害气体浓度。该类型预警体系预警点位多、覆盖范围广，预警因子的溯源和趋势模拟较为精准。二是边界防护型。选择距离有毒有害气体风险源较近的企业边界，安装以光谱仪为主，色谱仪、质谱仪和电子鼻为辅的预警设备。因光谱仪可监测气体种类多，除实时反映有毒有害气体浓度外，还可反映大气中的其他多种污染物并监测其浓度。该预警体系具有运行速度快且成本低、监控气体种类多、检测限值低、可扩展性强等优点。

应结合突发环境事件情景，模拟、验证不同事故状态下的大气污染物影响范围、扩散程度，具备有毒有害气体扩散趋势分析能力。对厂内主要风险源在不同事故状态下的可能影响、扩散后果（包括影响范围、影响面积）提前进行模拟、存证，以备事故使用；建立适用性强的污染物扩散和迁移状况模拟模型，确定污染物浓度的分布情况和排放源头，对有毒有害气体排放进行更有针对性的监管。

配置与自身环境风险水平相匹配的减缓、消除、降低大气污染物排放的物资和设施，并确保事故状态下事故火炬的安全可靠燃烧。配备手持式有毒有害气体检测仪，每日进行有毒有害气体浓度检测；在易燃易爆气体可能泄漏的区域安装可燃气体探测器，以便及早发现泄漏、及早处理；在易燃易爆气体装置上安装紧急排放装置，以便事故时迅速将物料送往事故火炬燃烧后排放。

2. 划定事故预警级别

大气污染物泄漏事故的敏感目标是可能受到污染影响的人员。根据事件可能造成的影响范围，选择泄漏点周围 5 km 范围内的人员作为敏感目标，依据人员数量将敏感目标规模分为三类：0～1 万人（不含 1 万人）、1 万～5 万人（不含 5 万人）、5 万人以上。

根据毒性大小，有毒有害大气污染物分为两类：一类污染物为较高毒性物质，二类污染物为较低毒性物质。《优先控制化学品名录》中的物质划入一类污染物。

有毒有害大气污染物对敏感目标的影响后果根据对非生产区域空气质量的影响以及对非生产区域内人员的影响进行判定。主要分为影响非生产区域空气质量但不会对人员健康造成影响、对非生产区域人员有健康危害但暂无人员伤亡、已经对非生产区域人员造成伤亡三种情形。

对于企业有毒有害大气污染物泄漏次生的突发大气环境事件，非生产区域指厂区外与生产活动无关的区域；对于交通事故导致有毒有害大气污染物泄漏次生的突发大气环境事件，非生产区域指事故点以外未直接受交通事故影响的区域。

当企业大气污染物泄漏对非生产区域人员造成伤亡时，按照人员伤亡数量划分预警级别。当企业大气污染物泄漏对非生产区域人员有健康危害但暂无人员伤亡时，根据大气污染物的种类、泄漏量与临界量的比值以及事故点周围一定范围内的人员数量进行预警分级。

企业在制定突发大气环境事件预警分级标准时，可根据本企业的环境风险状况、应急反应能力等具体情况和需求，调整人员统计范围、人群聚集区人员数量、污染物分类等。

三、事故应急处置措施

（一）现场安全防护

1. 现场警戒与人员疏散

大气污染物泄漏事故发生后，由于泄漏气体具有致毒性，且在风力作用下将快速传播，因此企业应急救援人员到达现场后，现场指挥部根据现场情况，要求综合协调组立即疏散员工，并在四周设立警戒线，严禁无关人员进入，避免大气污染物给周围人员造成伤害。在以下几种情形下，现场指挥部应考虑人员疏散：大气污染物可能导致现场人员中毒伤害；大气污染物属于易燃易爆物质，存在火灾、爆炸风险；社会级突发环境事件中，政府部门认为有必要对周边群众进行疏散。

对于受事件影响范围内的工厂、村庄内人员，现场指挥部应根据全年风向频率统计资料确定疏散方式和上风向应急疏散路线。所有无关人员应服从现场指挥部的统一部署，沿上风向有序撤离。人员到达指定地点后，综合协调组应清点人数，并将结果报现场指挥部。

2. 个人防护和救助

人员防护器材主要是指呼吸道防护器材和皮肤防护器材两大类。呼吸道防护器材主要分为过滤式防护器材和隔绝式防护器材两大类。化学防护级别大致可分为四类：A 类（1 级）、B 类（2 级）、C 类（3 级）、D 类（4 级）。1 级防护为最高级，空气呼吸器、空气瓶为内装式；2 级防护为同一级防护，区别是空气瓶为外装式；3 级防护为着隔绝式防护服，戴过滤式呼吸器；4 级防护着简易防护服，戴防护面罩、口罩等简易呼吸道防护器材。

现场指挥部选择防护器材时，应严格满足防护要求。防护器材应符合个体的头部或体形特征；采取标准接头，有良好的互换性；使用简便，便于通话、通信；具有全天候正常使用性、良好的保明性能。要正确选择防护级别，当情况不明时，最低要选择 2 级以上防护级别；需要进入地下管线、地下密闭建筑物等时要选择 2 级以上人员防护；已知危险物的种类时，要采取相应的应急防护级别。要注意防护器材的时效性；注意涉毒罐的选择，根据防护对象选择相应的涉毒罐，在情况不明时可选择综合防护涉毒罐。

现场处置人员到达现场后，穿戴好防护服和正压式空气呼吸器，并保证防护器具佩戴正确，不可因干、热感觉私自取下防护器具。佩戴好防护器材后要进入一定浓度的刺激性毒气室，停留 15 min 左右，要做动作（如图 1-1 所示）；如有刺激，说明佩戴有问题。现场指挥部注意防护时间，掌握危险区内人员的作业时间，及时替换，确保人员安全。使用正压式空气呼吸器时，一定要注意气瓶内的压力和报警信号。

图 1-1　气密室检查

佩戴防护器具撤离时，要匀速行走，保持呼吸均匀，禁止狂奔和取下面具或通过面具讲话；解除防护时，注意正确的脱防毒面具方法；注意不要接触皮肤防护器具外侧；解除防护时要把握风向；出污染区域后不要立即解除防护，注意防范有毒有害物质的解吸对人员的伤害。

根据突发环境事件发展趋势判断，对处于下风向浓度较高区域而未来得及撤离的群众，由综合协调组发放防护面具和湿毛巾等防护用品，指导居民进行防护；应急救援人员按规定佩戴好防护面具，对事故现场进行检查（要求两人以上），确定现场无中毒昏迷者；如有中毒者，及时将其转移至空气流通处，由医疗救护组进行初步治疗后，迅速将中毒者送往当地医院救治；同时派救护车跟踪到周边波及范围内，做好群众的医疗救护。

（二）泄漏事故处置

1. 有毒有害气体泄漏事故

企业应急领导小组接到信息后立即赶到现场，迅速转为现场指挥部，发出警报，通知各应急救援小组迅速赶到事故现场、执行应急救援的指令；应急领导小组要根据泄漏部位和波及周边的控制能力，做出局部或全企业紧急停车的决定；立即向邻近企业、下风向企业和居民通报事故情况，同时自行监测或委托有资质监测单位对区域大气环境进行应急监测；若有需要，应急领导小组向政府及有关业务主管部门报告，申请协助并要求周围企业单位启动相应的应急计划。

现场处置人员应对有毒有害气体的化学性质和反应特征有充分的了解，严禁单独行动，并确保在高处或上风处进行处理；迅速组织查明有毒有害气体外泄的部位和原因，组织人员切断有毒有害气体泄漏源，堵塞漏点，尽量减少泄漏量；如长距离输送管道无法切断泄漏气源，迅速撤离泄漏污染区人员至上风处；对已着火燃烧的有毒有害气体或易燃气体，在没有采取有效措施切断气源前，不应扑灭火焰，以免有毒有害气体或易燃气体扩散，造成更严重的大面积中毒或火灾、爆炸事件；利用高压水枪喷射雾状水，稀释有毒有害气体，加速其向高空的扩散；对于可燃性气体，可以在现场施放大量水蒸气或氮气，破坏燃烧条件；利用泡沫或其他覆盖物品覆盖外泄的液态物料，在其表面形成覆盖层，降低液态物料向大气中的挥发速度；比空气重的易挥发易燃液体泄漏时，用工业覆盖层或吸附剂、吸收剂盖住泄漏点附近的下水道等处，防止气体进入；如有可能，将漏出的气体用排风机送至空旷处，也可以将漏气的容器移至空旷处，注意通风。

环境应急监测人员到达现场后，要根据风向、风速判断有毒有害气体扩散速度和波及的范围，跟踪监测大气环境，及时将情况向现场指挥部汇报。大气污染物泄漏量在 10 kg 及以内，可控并仅限于厂内小范围区域时，立即对受影响区域内员工进行疏散撤离；当泄漏量超过 10 kg 且有扩大趋势或短时间内无法封堵隔离时，立即通知周边村庄，协助政府组织群众撤离；发生不可控泄漏时，直接通知周边村庄，协助政府组织群众撤离。

现场处置组根据现场指挥部的指令执行应急救援的职责；当事故局势难以控制或者力量不足、需要救援时，由总指挥决定向外报警求援；属地消防队接到大气污染物泄漏事故报警后，迅速赶赴现场，并按提前制订的预案实施消防扑救工作；企业现场处置组全力配合消防队工作，支持落实水源，确保抢险扑救安全有效。

利用喷洒洗消液、抛撒粉状消毒剂等消除毒气污染。一般在大气污染物泄漏事故救援现场可采用三种洗消方式：一是源头洗消，在事故发生初期，对事故发生点、设备或厂房洗消，把污染源严密控制在最小范围内。二是隔离洗消，当污染蔓延时，对下风向暴露的设备、厂房特别是高大建筑物喷洒洗消液，抛撒粉状消毒剂，形成保护层，污染物降落或流经时即可产生反应，降低甚至消除危害。三是延伸洗消，在大气污染源控制后，从事故发生地开始，向下风向对污染区逐次推进全面彻底的洗消。正确使用抢险救援器材，在抢险过程中使用过的工具应集中进行洗消处理，避免造成二次中毒。

2. 大气污染物事故性排放

企业应急领导小组接到尾气异常排放的报告时，应立即停止生产系统的进料、转运，停止各反应罐、储罐的运转，以降低反应速度，防止超标废气继续大量产生。对于少量超标排放，范围可控制在生产区范围内时，现场处置组应采用泵机送风的方式，加快废气的扩散稀释；对于较大量超标排放，范围可控制在厂区范围内时，现场处置组应安排应急救援人员穿戴防护服，用排风机将废气送至空旷地方，或装设适当喷头烧掉；对于大量超标排放，范围可能扩散至厂区外时，应及时通知周边居民、企业，并同时报告生态环境部门，配合当地政府有序撤离周边居民，同时协助专业应急救援队伍处理泄漏的废气。待生产车间内废气浓度达到正常指标后，企业方可恢复生产。

企业超标排放烟雾较大，可能影响周围人群时，应立即组织喷雾水枪覆盖源头，以吸收、稀释超标排放的气体；超标排放的气体危害性较大，可能对下风向人员造成危险时，应立即组织下风向人群进行疏散。

如果超标排放是在生产区域产生，则应立即查明超标排放源头；如果是反应罐在作业时未接入尾气吸收系统导致超标排放，则立即改正；如果是生产原料、化工辅料或生产中间液体发生泄漏导致超标排放，则立即关闭泄漏源上下方阀门。

如果是由于尾气吸收装置故障、停止运行导致超标排放，应立即停止储罐区所有储罐的进出料，减少工业废气产生，并立即检查风机、马达、电泵、配电装置是否发生故障，如发生故障立即维修更换，待设备维修正常后方可继续进出料。

如果是由于酸性尾气吸收液已饱和，无法正常吸收废气，应用 pH 试纸监测喷淋塔中喷淋液的 pH，如 pH 小于等于 8，应增大喷淋塔内氢氧化钠等碱性吸收液的浓度，调节吸收液 pH 大于 8，同时加大喷淋塔喷嘴流量。

当现场处置组无法维修废气净化装置时，通知废气净化塔安装公司派专业技术人员对净化装置进行检查、维修，更换老旧部件，直至处理装置正常运转、废气稳定达标排放。必要时请专家组到现场对废气存在的问题进行会诊，根据专家组的建议制定整改方案，整改期间停止相关车间的生产。

3. 事故投诉应对

当接到周边居民有关企业大气污染物泄漏事故（如恶臭异味、冒浓烟等）投诉时，企业应正确理解周边居民投诉，必要时由企业应急领导小组总指挥与居民代表接洽，说明企业解决问题的诚意和已采取的措施，协商共同委托第三方监测单位对大气污染物进行监测。同时向生态环境部门作出书面承诺，在限期内进行整改，避免大气污染物对居民生活的影响，避免企业被政府约谈甚至处罚。

4. 部分大气污染物泄漏事故

（1）氯气泄漏事故

迅速撤离泄漏污染区人员至上风处，并隔离直至气体散尽；中毒人员立即脱离现场至空气新鲜处，保持安静及保暖。注意发现污染区人员早期病情变化，必要时做胸部X射线检查，及时处理。出现刺激反应者，至少观察12 h；中毒患者应卧床休息，避免活动后病情加重，必要时做心电图检查以供治疗参考。应急救援人员戴自给正压式呼吸器，穿化学防护服。避免与乙炔、松节油、乙醚等物质接触。合理通风，切断气源，用喷雾状水或碳酸氢钠等碱性溶液稀释、溶解，室内抽排或室外强力通风。用管道将泄漏物导入还原剂（酸式硫酸钠或酸式碳酸钠）溶液，或将残余或漏出气体用排风机送至水洗塔与塔相连的通风橱内，也可以将漏气钢瓶置于石灰乳液中。漏气容器不能再使用，且要经过技术处理以清除可能剩余的气体。

（2）氯化氢泄漏事故

迅速撤离泄漏污染区人员至安全区；若已吸入酸雾，应安置休息并保暖；皮肤接触后应脱去被污染的衣服，用水迅速冲洗；误服后漱口，不要催吐，并给予医疗护理。应急救援人员戴自给正压式呼吸器，穿防酸碱工作服。用饱和碳酸氢钠溶液喷淋，消防污水排入污水处理设施。

（3）氨气泄漏事故

氨气泄漏事故发生后，应首先迅速切断泄漏源，处理钢瓶泄漏时应使阀门处于顶部，并关闭，无法关闭时将钢瓶浸入水中。若不能立即切断气源，则不允许熄灭正在燃烧的气体。迅速撤离泄漏污染区人员至150 m外的上风处，并立即进行隔离，严格限制出入。对于少量泄漏，应采用大量喷淋水的方式，加快危险物质的吸收稀释。喷水冷却容器，用水喷淋以保证切断气源人员的安全；对于较大量泄漏，应安排堵漏并使用大量消防水或稀硫酸进行稀释吸收；对于大量泄漏，范围可能扩散至厂区外时，应及时通知周边居民、企业，并同时报告生态环境部门，配合当地政府有序撤离周边居民，同时协助专业应急救援队伍处理泄漏的废气。将残余或漏出气体用排风机送至水洗塔或与塔相连的通风橱内。漏气容器要修复、检验后再用。

（4）硫化氢泄漏事故

迅速脱离现场，立即给氧，有条件时对中度、重度中毒者可采用高压氧治疗，保持呼吸道通畅，眼部损害、受刺激时须用大量水冲洗，并就医诊治。灭火并切断气源。若不能立即切断气源，则不允许熄灭正在燃烧的气体，喷水冷却容器，将容器从火场移至空旷处。用雾状水、泡沫灭火。应急救援人员戴自给正压式呼吸器，穿全身防护服；抽排（室内）或强力通风（室外），切断气源，用喷雾状水或碳酸氢钠等碱性溶液稀释、溶解，收集并处理废水；将残余或漏出气体用排风机送至水洗塔或与塔相连的通风橱内，或使其通过三氯化铁水溶液，管路装上回流装置以防溶液倒吸。

（5）二氧化硫泄漏事故

根据气体影响区域划定警戒区，无关人员从侧风、上风向撤离至安全区，隔离泄漏区直至气体散尽。少量泄漏时，初始隔离距离为 60 m，下风向疏散白天距离为 300 m，夜晚距离为 1 200 m；大量泄漏时，初始隔离距离为 400 m，下风向疏散白天距离为 2 100 m，夜晚距离为 5 700 m。中毒者迅速脱离现场至空气新鲜处，保持呼吸道通畅。如呼吸困难，给氧。如呼吸停止，立即进行人工呼吸，就医。应急救援人员穿内置自给正压式空气呼吸器的全封闭防化服。如果是液化气体泄漏，还应注意防冻伤。禁止接触或跨越泄漏物，尽可能切断泄漏源，防止气体通过下水道、通风系统和密闭性空间扩散；使用细水雾驱赶泄漏的气体，使其远离未受波及的区域。禁止用水直接冲击泄漏物或泄漏源。

（6）光气泄漏事故

迅速撤离泄漏污染区人员至上风处，并立即进行隔离，少量泄漏时隔离距离为 150 m，大量泄漏时隔离距离为 450 m，严格限制出入。应急救援人员戴自给正压式呼吸器，穿防毒服，从上风处进入现场。尽可能切断泄漏源，合理通风，加速扩散。光气很容易水解，即使在冷水中，光气的水解速度也很快。同时，光气与氨很快反应，主要生成脲和氯化铵等无毒物质，因此喷氨水或其他稀碱液中和，构筑围堤或挖坑收容产生的大量废水。

四、典型案例

（一）氯气泄漏事故

河南济源“9·18”方升化学有限公司液氯泄漏事故：2022 年 9 月 18 日 19 时 25 分许，河南省济源示范区方升化学有限公司氯乙酸车间内，一辆液氯罐车出口阀门连接管道部位发生泄漏。企业采取关闭阀门、抽风吸收、碱液喷淋等措施，19 时 40 分泄漏得到有效控制，之后使用雾炮车和洒水车在事故点周边喷洒碱液和清水。经初步核算，液氯泄漏总量约 300 kg，约 500 m^3 消防污水进入事故应急池。事件造成参与处置的 1 名企业职工出现肺水肿症状，46 名群众出现咳嗽症状。当地生态环境部门在事发点、厂界、下风向 450 m 处村庄、村民家中等点位开展应急监测，结果显示 18 日 21 时 15 分至 22 时，事发点和厂界氯气浓度超标 40 余倍，村庄街道和居民家中氯气均未检出。自 19 日 7 时起，各点位氯气均未检出。

江苏常州“4·28”消毒液储罐泄漏事故：2021 年 4 月 28 日 7 时许，江苏省常州市通用自来水公司在常州市武进区横山桥镇的废弃厂区施工作业时，造成消毒液储罐的残液泄漏（主要成分是液氯），导致周边部分群众出现呕吐等身体不适症状。事故发生后，当地政府组织力量进行处置，将身体不适群众送医院检查，安排事发地附近的横山桥中心学校师生离校。生态环境部门在废弃厂区边界、横山桥中心学校以及横山卫生院布设6个空气质量监测点位，使用快速检测仪对氯气进行采样监测。28日10时监测数据显示，6个点位氯气指标均未检出。

河北沧州“5·13”利兴特种橡胶有限公司液氯储罐泄漏事故：2017年5月13日3时35分，位于河北省沧州市河间市的利兴特种橡胶有限公司发生液氯储罐泄漏事故，造成企业员工2人死亡，25人住院诊治（其中企业员工11人，消防员5人，周边群众9人）。截至5时30分，泄漏点完成封堵。事故发生后，当地政府组织对周边6个村共1 400人进行了转移，截至21时全部返回。第三方监测机构在企业厂界外周边及村庄等相关环境敏感点（100 m范围内）共布设4个大气环境监测点位，自8时20分至19时20分，11 h连续监测结果显示，事故特征污染物氯气浓度最大超标3.18倍。自19时至21时，河北省环境保护厅组织对企业厂界外周边及相关环境敏感点（160 m范围内）7个大气环境监测点位开展监测，结果显示事故特征污染物氯气均未检出。此次事故中发生泄漏的液氯储罐在事故发生前已被河间市安监部门查封停用，属企业违规启用。事故相关责任人被依法控制。

山东临沂“8·11”阳煤恒通化工股份有限公司氯气泄漏事故：2011年8月11日21时20分，位于山东省临沂市郯城县的阳煤恒通化工股份有限公司东厂区停运的氯碱回气管因沙眼腐蚀出现泄漏点，当时正下大雨，氯气遇水生成盐酸。21时43分，泄漏点被完全封堵。经测算，共泄漏氯气约0.2 t。事故发生后，当地政府对周边212名群众进行了疏散，企业西侧鲁南纸业工厂工人及周边群众有135人因不适到医院就诊。截至8月12日凌晨1时，绝大部分群众已离院返回，仍有8人留院观察，其中轻度中毒7人、中度中毒1人，均无生命危险。8月11日23时40分，企业周边氯气浓度略超标。8月12日凌晨0时，各监测点位已检测不出氯气，事故对周边环境空气质量造成的影响已消除。

贵州遵义“6·17”遵宝钛业有限公司钠电解车间氯气输送泵设备故障导致氯气泄漏事故：2011年6月17日上午，贵州省遵义市桐梓县遵宝钛业有限公司因钠电解车间氯气输送泵设备故障（在用及备用泵均已损坏），导致超标排放氯气，造成距离该企业1.6 km的元田小学部分学生在校内感觉不适，有胸闷、头晕、心慌、想吐等症状，学校及当地政府立即将学生送往县医院治疗。6月17日21时，入院治疗的学生及儿童达到157人；截至6月23日，住院观察的大部分学生和儿童已出院。卫生部门鉴定为氯气刺激性反应。6月19日22时5分，遵宝钛业有限公司实现全面停产。当地环境保护部门对遵宝钛业有限公司产生含氯废气的各排放口及周边区域空气质量实施布点监测，各监测点均未超标。

江苏镇江“5・19”格林艾普化工股份有限公司氯气泄漏事故：2011 年 5 月 19 日 10 时 50 分左右，位于江苏省镇江市镇江新区的江苏格林艾普化工股份有限公司氯处理工段尾气吸收塔发生氯气泄漏，造成吸收塔附近的 60 名施工人员（均在厂区范围）出现咳嗽或胸闷症状。截至 5 月 20 日，57 人已经出院，另有 13 人症状较重，其中 1 人在重症观察室治疗。20 日 14 时 45 分的监测结果表明，周边氯气未检出。

甘肃临夏“10・31”氯化石蜡厂液氯钢瓶爆炸事故：2008 年 10 月 31 日 16 时许，甘肃省临夏市永靖县盐锅峡镇氯化石蜡厂一台装有 950 kg 的液氯钢瓶因超压发生爆炸，导致氯气泄漏，造成 1 人死亡、41 人不同程度中毒或留院观察。事故发生后，事故污水没有外排，厂界周边大气中氯气浓度符合国家标准。

云南寻甸“9・17”磷电有限公司管子垫圈损坏导致氯气泄漏事故：2008 年 9 月 17 日 15 时 35 分左右，位于云南省昆明市寻甸回族彝族自治县的南磷集团寻甸磷电有限公司生产过程中因管子垫圈损坏造成氯气泄漏，持续时间只有 2～3 min，导致 71 人不同程度中毒，其中 1 人为重度中毒，6 人为轻度中毒，64 人为皮肤黏膜刺激反应。事故发生后，中毒人员在 30 min 内全部被送到当地医院抢救，当地环境保护部门迅速对氯气泄漏点进行控制、处置，并及时疏散周围人员。截至 17 日 21 时 10 分，事故点空气中氯气浓度均达标。

安徽铜陵“9・20”广信化工厂液氯泄漏事故：2007 年 9 月 20 日 5 时 40 分，位于安徽省铜陵市铜陵县五松镇马冲村的广信化工厂一个液氯储罐阀门破损，发生液氯泄漏，造成周边 64 人出现不良反应并被送往医院检查。事故发生后，企业立即采取措施，封堵泄漏点，及时控制了事态。

辽宁葫芦岛“12・21”锦化化工公司氯碱车间氯气泄漏事故：2006 年 12 月 21 日凌晨 3 时许，辽宁省葫芦岛市锦化化工公司氯碱车间发生氯气泄漏事故。经查，氯碱装置中的离子膜氯气泵跳闸，当班工人在关闭氯气泵过程中，由于管道中尚有 1.5 kg 的余氯，使得管道中部分氯气外泄，造成该厂 40 余名当班工人和邻近石油五厂 2 名工人出现不同程度中毒症状并送医院接受治疗。事故发生后，企业立即采取措施，关闭了相关生产装置，及时控制了事态。

重庆江北区“4・16”天原化工总厂某车间内氯冷凝器氯气泄漏事故：2004 年 4 月 15 日晚，重庆市江北区天原化工总厂某车间内氯冷凝器穿孔，导致氯气逸出。16 日凌晨，排污罐发生爆炸。16 日 17 时 57 分，该车间内 5 个液氯储罐再次发生爆炸，残留罐内黄褐色氯气迅速冲向百米高空并向四周扩散，造成 9 人死亡、15 万人大转移。至 17 日中午，因事故被紧急疏散的 15 万名群众大部分返回家中。18 日中午，为防止残余储气罐再次爆炸，决定用坦克炮击摧毁贮气罐。坦克连续炮击后，摧毁效果不佳，后采用安置炸药爆破方案，事故现场剩余的贮气罐被全部摧毁。18 日 16 时许，当主要液氯储罐被炸成功后，环境监测人员冒着危险在第一时间进入爆炸核心区监测，事故发生地周围大气、水体监测均无异常。

（二）氯化氢泄漏事故

四川乐山“5·14”和邦农科公司氯化氢气体泄漏事故：2015 年 5 月 14 日 8 时 10 分，位于四川省乐山市的四川和邦集团下属农科公司双甘膦项目盐酸储罐因管道阀门破损，造成氯化氢气体泄漏。事故于 14 日 8 时 30 分处置完毕，未造成人员伤亡，处置过程中使用的消防水未外排。经检测，企业总排口处水体 pH 符合污水综合排放标准。14 日 10 时 20 分起，厂界及乐山城区 8 个敏感点大气环境中氯化氢气体均未检出。

山东巨野“6·14”瑞源科技有限公司四氯化硅泄漏导致氯化氢气体污染事件：2010 年 6 月 14 日，在清理巨野县瑞源科技有限公司场地时，企业其中 1 个原料罐因日久失修，罐底破裂，加上工作人员操作不当，罐内剩余的约 1 t 四氯化硅残液从裂缝处渗出，遇水反应而引起空气污染。2009 年 5 月，该企业因落实停产整改意见不到位被关停。企业被关停后，主要生产设备、设施于 2010 年前已被拆除，只剩下 3 个原料罐。由于处置及时、措施得当，该起事故仅造成企业周边树木树叶出现枯萎，未对周边环境造成较大影响，也未造成人员伤亡。

内蒙古赤峰“4·4”盛森硅业有限公司四氯化硅储罐爆炸导致氯化氢气体污染事件：2010 年 4 月 4 日 10 时左右，正在建设中的盛森硅业有限公司四氯化硅储罐发生爆炸，造成工人 2 死 1 伤。爆炸罐体容积 1 000 m^3，装有约 200 m^3 四氯化硅。罐体爆炸后，产生氯化氢气体，该厂约 800 m 处自然村内的 200 户居民 700 多人被疏散。4 月 4 日 23 点 26 分，环境监测结果表明厂界周围氯化氢气体浓度已达标，疏散群众 700 余人已全部返回居住地。该事件未对附近的土壤、地下水和地表水造成污染。

上海宝山“3·8”翔骏公司四氯化硅泄漏导致氯气和氯化氢气体污染事件：2010 年 3 月 8 日，位于上海宝山区大场镇的上海翔骏公司（主要从事四氯化硅提纯）管道老化开裂，造成四氯化硅泄漏，与水接触发生化学反应，产生了氯气和氯化氢气体。8 日 15 时，企业完成对泄漏点的封堵，厂区内已无雾气。8 日 10 时 52 分和 16 时，大气环境监测结果显示，厂区周边氯气和氯化氢气体均未检出。

江苏江阴“5·11”新星化工厂部分氯化氢、硫化氢气体泄漏事故：2009 年 5 月 11 日 14 时 20 分，位于江苏省江阴市璜土镇的新星化工厂在生产二碳酸二叔丁酯时发生冲料事故（反应釜内物料冲出），部分氯化氢、硫化氢气体发生泄漏，厂区东侧

30 m 外的江阴市璜土中学部分师生因吸入刺激性气体，出现咳嗽、胸闷、眼睛有灼伤感等症状，有 78 人送院观察，无人员伤亡。11 日 21 时，监测结果显示大气环境基本恢复正常，12 日晨学校恢复正常教学。

上海“10·7”山和精细化工厂废弃储罐氯化氢气体泄漏事故：2008 年 10 月 7 日，原上海山和精细化工厂厂区内一废弃三氯化磷储罐内残液泄漏，有氯化氢气体逸出，周边部分居民感到不适、被送院就医，50 余人被疏散。监测结果表明，事故现场大气中氯化氢浓度达标。

重庆长寿“9·22”长风化工厂氯化氢气体泄漏事故：2008 年 9 月 22 日 7 时左右，位于重庆市长寿区的长风化工厂二车间、四车间氯化氢气体回收系统的烧碱喷淋装置发生故障，由于工人未及时发现并启动喷氨应急装置，造成未经彻底吸收的氯化氢尾气直接排入环境，导致厂区附近 43 名村民出现不适症状。7 时 20 分，该厂对发生泄漏的工段停止生产，并对故障装置进行抢修，于 8 时排除故障。当日 21 时监测结果显示，事发现场空气质量已经恢复正常。截至 23 日 20 时，留院观察的 5 人已全部出院。

（三）氨气泄漏事故

云南曲靖昆曲高速“10·27”液氨罐车泄漏事故：2021 年 10 月 27 日 1 时许，在昆曲高速昆明方向马龙立交闸口，一辆载有约 26 t 液氨的罐车发生泄漏事故，导致 4.97 t 液氨泄漏，部分消防污水沿高速路雨水收集沟进入马龙河。马龙河下游约 60 km 后汇入牛栏江，沿线无饮用水水源地。事发时主导风向为西南风，事发地西北方向 50 m 处为马龙收费站，最近的居民区位于事故点东侧约 500 m 处。事故现场如图 1-2 所示。

图 1-2　液氨罐车泄漏事故现场

针对罐车泄漏源头，当地政府组织救援人员于 10 月 27 日 13 时 30 分完成封堵，同时喷洒水雾，降低大气氨浓度。监测数据显示，27 日 11 时事发地下风向约 100 m 氨气浓度超标 8.35 倍，下风向 200 m 及其他点位均未检出，当地将 20 多名工作人员疏散转移至安全区域。27 日 12 时许，所有点位空气质量恢复正常。当日 23 时许，收费站疏散人员安全返回。

对于污染水体，当地政府通过投药中和、抽运转运、筑坝拦截、生物降解等方式处理处置。对雨水收集沟内约 160 m^3 高浓度污染水体，投加柠檬酸钠（食品级添加剂）中和，然后抽运至马龙区明龙焦化实业有限公司，经处理达标后排放。马龙河部分污染水体被拦截在事发地下游约 2 km 的主河道橡胶坝（如图 1-3 所示）前，当地将其引流至长约 2.7 km 的分河道，在两端构筑拦截坝，通过生物降解等方式处置。对橡胶坝下游溢流的污染水体，采取稀释等方式处置。至 11 月 1 日，马龙河下游各监测点位氨氮浓度已恢复日常水平，当地政府终止环境应急响应。

图 1-3　入马龙河下游约 2 km 的橡胶坝

陕西神木“6・21”恒源煤化工公司阀门刺漏破裂导致氨水泄漏事故：2018 年 6 月 21 日 6 时 10 分，榆木神木恒源煤化工公司因阀门刺漏破裂，导致约 1.5 t 氨水泄漏到车岔沟，事发地点下游无饮用水水源地。事发后，将上游来水筑坝阻断，在下游建筑两道拦截坝，把污染水体拦截在事发地点下游 1.5 km 内，利用潜水泵把污染水体抽回企业事故应急池。经处置，22 日 12 时 30 分起，车岔沟水质全线达标，未对下游窟野河造成影响。

重庆大渡口“4・3”万吨冷储物流有限责任公司液氨泄漏事故：2016 年 4 月 3 日

18 时许，重庆市大渡口区茄子溪陈家坝的重庆万吨冷储物流有限责任公司冷库液氨泄漏。事故发生后，重庆市环境保护局在事发企业周边布设 9 个监测点位。监测数据显示，事发企业厂界下风向 100 m 处氨浓度超标 10 倍。4 月 4 日 1 时 14 分，封堵工作完成。4 月 4 日 2 时监测结果显示，环境空气质量恢复正常。此次事故造成企业周边环境空气局部污染，大渡口区政府疏散了事故点周围居民 100 余户、200 余人，未造成人员伤亡。

河北邯郸“11・28”龙港化工有限公司液氨泄漏事故：2015 年 11 月 28 日 20 时 30 分，因液氨储存罐上部管盖螺丝损坏，河北省邯郸市邱县龙港化工有限公司发生液氨泄漏事故。经查，液氨泄漏量约 5 t，伤亡人员均为该公司员工。事故发生后，邱县政府及相关部门立即赶赴现场开展应急处置工作：一是救治伤员；二是在现场设置警戒带，封锁周边道路，禁止无关人员和车辆进入；三是消防部门对泄漏液氨进行喷淋吸收，并将喷淋废水收集至厂内事故应急池；四是邯郸市和邱县环境保护部门在厂区及周边开展水和空气质量监测。事故处置过程中产生的约 200 m^3 含氨消防污水和厂区污水全部被控制在厂内，未外排。29 日 4 时至 6 时监测结果表明，事故厂区外空气中氨浓度最高为 0.080 mg/m^3，均符合《工业企业设计卫生标准》（GBZ 1—2010）（0.2 mg/m^3）。

河南平顶山“9・18”河南中鸿煤化公司化工厂氨气泄漏事故：2015 年 9 月 18 日 6 时 30 分，河南省平顶山市石龙区的河南中鸿煤化公司化工厂内的合成氨装车泵进口连接管发生泄漏，合成氨泄漏量约 300 kg。事故共造成周边群众 154 人身体不适入院检查，其中住院观察治疗 41 人，5 人中毒。截至 18 日 10 时，事故现场处置完毕，经平顶山市环境监测中心站监测，事发点和附近村庄大气中氨浓度均满足国家相关质量标准要求，现场已无异味。事故处置过程中产生的氨水全部进入企业事故应急池，未外排。

湖南常德“7・24”八百里冷冻有限公司氨气泄漏事故：2015 年 7 月 24 日 21 时 40 分，湖南省常德市澧县八百里冷冻有限公司冷冻仓库泵房所配备的一台差压控制器的连接管道垫片损坏，导致氨气泄漏。事发后，澧县政府立即迅速疏散企业周边约 3 000 名群众，并采取喷水稀释、降低浓度等处置措施。25 日 1 时 20 分，泄漏管道被成功封堵；2 时，处置工作结束。经澧县环境保护部门监测，事故点周边大气环境质量正常，事故未造成人员伤亡。

广东汕头“11・2”海霸王食品有限公司液氨泄漏事故：2014 年 11 月 2 日 3 时，广东省汕头市海霸王食品有限公司液氨制冰压缩机发生故障，导致约 10 kg 液氨泄漏。事故发生后，消防部门赶赴现场，对泄漏车间进行喷水稀释，并关闭液氨装置总阀门。4 时 20 分，液氨装置总阀门成功关闭；5 时 52 分，事故处置完毕。

宁夏银川“9·7”捷美丰友化工有限公司氨气泄漏事故：2014年9月7日，宁夏回族自治区银川市捷美丰友化工有限公司发生氨气泄漏事故，导致下风向部分工人与路人中毒。事发后，该公司迅速采取喷水稀释氨气、隔离疏散周围群众的应急措施。18时15分，宁东基地环境监测站应急监测人员抵达事发现场，在事发地周围12～3 200 m范围内布设6个监测点位，开展环境空气质量监测。19时20分监测结果显示，所有监测点位均未检出氨成分，环境空气质量恢复正常。此次事件共造成49人中毒，其中厂内员工14人，厂外人员35人。

海南三亚“6·24”玉鲸制冰厂液氨泄漏事故：2014年6月24日23时20分，海南省三亚市玉鲸制冰厂因压力升高机械老化，发生液氨泄漏事故。当地政府采取封堵漏点、稀释氨气等应急措施，并疏散了企业周边500 m范围内约280名居民，事故未造成人员伤亡。事后监测结果显示，现场环境空气质量正常。

福建三明“4·28”麦尔食品有限公司液氨泄漏事故：2014年4月28日19时5分，福建省三明市麦尔食品有限公司因氨泵出口压力表连接件断裂，造成液氨泄漏事故。事故发生后，该公司工作人员立即关闭氨罐总阀及压缩机阀，启动喷淋、消防系统，并报告消防部门。此次事故泄漏液氨约80 kg，消防污水全部进入园区污水处理厂，不涉及外环境人员疏散。28日21时20分，氨机系统阀门全部关闭，氨泵出口压力表更换完毕，事件处置结束。

浙江温州“2·26”乐安化工有限公司反应釜爆炸事故：2011年2月26日20时40分左右，浙江省温州市乐清市乐安化工有限公司一只内有约0.1万 m^3 氨水和700 kg对硝基氯化苯的反应釜发生爆炸，同时导致相邻的内有约0.1万 m^3 氨水的9号反应釜被爆炸波及、发生泄漏，事故共造成约0.2万 m^3 的氨水泄漏，致使厂区周边100多名居民因闻到刺激性气味（氨气）而自行疏散。爆炸事故还造成了2名工人受伤。企业立即关闭了应急雨水阀门，防止事故污水外排，并采用喷淋稀释处理降低氨气的挥发，同时对破损反应釜进行堵漏，并对其他反应釜进行了检查。爆炸后产生的废水及消防污水均排入了事故应急池和废水池。

广西北海“8·3”华兴冷冻厂氨气泄漏事故：2010年8月3日17时左右，广西壮族自治区北海市侨港镇华兴冷冻厂一个液氨储罐的截止阀破损，氨气缓慢泄漏；8月4日14时左右，截止阀修复关闭，约2 t液氨泄漏。由于现场条件限制，用于吸收氨气的约15 t消防水排入附近海域。厂区周围空气质量在8月4日15时后恢复正常。排入海域的消防用水氨浓度较低，受纳海域未出现明显异常现象。

安徽蚌埠“5·24”方兴科技有限公司液氨泄漏事故：2010年5月24日10时许，在安徽省蚌埠市方兴科技有限公司液氨罐区，一辆载有约14 t液氨的罐车卸载过程中软管发生泄漏，现场产生大量白色烟雾，严重影响该市吴湾路附近大气质量。环境监测人员在事发地东侧吴湾路周边布点采样，11 时监测数据显示氨气最高浓度为 91.1 mg/m^3（标准值 2.0 mg/m^3），严重超标。当地政府及时疏散事发地东侧居民，约 7 000 人被暂时疏散。11 时 55 分，液氨罐阀门被消防人员关闭，泄漏状况得以控制。12 时，大气监测结果显示厂区周边大气质量已恢复正常，被疏散人员陆续返回。企业总排口水样监测数据表明废水中氨氮浓度达标。

广东揭阳“4·26”液氨泄漏事故：2010 年 4 月 26 日 21 时 50 分许，广东省揭阳市忠泰气体有限公司工人在充装氨气过程中，在未连接好气瓶前，将充气开关打开，导致液氨泄漏，泄漏时间约 3 min，泄漏量约 15 kg。22 时 30 分许，先后有 200 多名当地村民进入该厂厂区要求其立即停止生产。23 时 45 分，泄漏得到控制，现场无刺激性气味，企业随即停止生产，有 106 名附近村民感到不适、到医院就诊。

广西河池“6·5”河化集团公司合成氨分厂液氨泄漏事故：2009 年 6 月 5 日 20 时 52 分，位于广西壮族自治区河池市城区龙江河上游约 30 km 的河化集团公司合成氨分厂发生液氨泄漏事故，公司员工 1 人死亡，2 人受伤。处理事故过程中喷淋液氨产生的废水约 150 t 被抽入应急池，但还有一部分进入龙江河，造成龙江河部分河段出现死鱼现象。6 月 7 日监测结果表明，该事故对周边环境造成的污染态势得到有效控制，龙江河水环境得到较好恢复。

河北辛集“5·31”化肥有限公司液氨储罐泄漏事故：2006 年 5 月 31 日 10 时，位于河北省辛集市的辛集化工集团化肥有限公司 3 号液氨储罐出口阀门阀体破裂，造成液氨泄漏。该液氨储罐设计容积为 100 m^3，储量 50 t，事故发生时为 6 t。截至 31 日 11 时，储罐泄漏被完全控制。医院共收治中毒人员 21 人，其中转院治疗 6 人，死亡 1 人（企业员工），住院治疗 14 人。事故发生后，当地政府迅速启动应急预案，切断有关连接管线，采取向泄漏部位喷水吸收稀释的方法，迅速控制了险情，并立即组织对伤员的抢救及对周围人员的疏散。

（四）硫化氢泄漏事故

浙江宁波“4·17”吉宏电镀有限公司硫化氢泄漏事故：2022 年 4 月 17 日 8 时 10 分许，位于浙江省宁波市余姚临山镇的吉宏电镀有限公司车间硫化氢泄漏，造成 6 名企业员工伤亡。经查，员工错误将本应在五级吸收塔循环水槽使用的硫化钠，投入一级吸收塔循环水槽，硫化钠与水槽中酸性液体反应释放出硫化氢气体，导致员工中毒，施救人员未穿戴安全防护用品盲目施救，导致中毒事故扩大。经当地生态环境部门现场勘查，事发厂区周边无明显异味。对厂区周边及敏感点开展便携式应急监测，硫化氢、氨气、磷化氢、氰化氢等均未检出。

河北邯郸“4·1”福泰生物科技有限公司硫化氢泄漏事故：2016 年 4 月 1 日 13 时

50分，河北省邯郸市大名县福泰生物科技有限公司发生硫化氢气体泄漏事故，造成该企业员工3人死亡、3人受伤。该企业位于大名县经济开发区城西工业园区，尚未被批准正式投入生产，事发时正在私自做试验，周边无居民区。

山西晋城“5·16”瑞兴化工有限公司硫化氢泄漏事故：2015年5月16日7时35分，山西省晋城市阳城县瑞兴化工有限公司二硫化碳管道发生泄漏，公司组织抢修时发生人员中毒伤亡事故，造成8人死亡，2人受伤，3人留院观察治疗。16日13时，泄漏点被封堵。经现场勘查，事故点周边无学校等环境敏感目标。大气监测数据表明，各点位二硫化碳、硫化氢等特征污染物均不超标。晋城市政府于5月16日对全市10家涉二硫化碳企业采取停产停炉措施，晋城市环境保护部门向10家企业派驻监督员，全面加强环境监管。

青海海东“6·7”元石山镍铁矿厂硫化氢泄漏事故：2014年6月7日2时，青海省海东市平安县平安鑫海资源开发有限公司元石山镍铁矿厂发生硫化氢泄漏事故，导致8名工人中毒，其中2人于抢救途中死亡，1人经抢救脱离危险，5人轻度中毒。监测结果显示，事发地上风向500 m处未检出硫化氢，下风向10 m处硫化氢浓度低于《恶臭污染物排放标准》（GB 14554—93），事发地周围无村庄等环境敏感点。事故发生时，3名值班员工已经晕倒，几名发现受害者的员工也出现身体不适。虽然闻到一股臭鸡蛋的味道，但未引起重视，未佩戴防毒面具，说明企业在防御硫化氢泄漏方面对员工的安全培训不到位。

（五）二氧化硫泄漏事故

湖北荆门“4·17”新瑞丰化工有限公司二氧化硫泄漏事故：2015年4月17日，位于湖北省荆门市的新瑞丰化工有限公司试生产过程中，净化单位违规操作，稀硫酸槽中稀硫酸过多，稀硫酸中亚硫酸分解释放出二氧化硫气体，附近8名村民出现身体不适、入院观察。东宝区环保局责令该公司停止试生产，并排查其他环境安全隐患。截至19日，该企业周边环境恢复正常，8名村民全部出院。

湖南株洲“4·14”中成化工保险粉仓库火灾造成二氧化硫超标事件：2011年4月14日18时许，位于湖南省株洲市清水塘工业区内的柳化集团湖南中成化工有限公司保险粉（连二亚硫酸钠）仓库发生火灾，导致清水塘地区空气中二氧化硫浓度超标，事发地周边500 m范围内无居民集中居住区。采取了以下应急措施：一是紧急疏散了事发地下风向300 m范围内人员，主要是工业区内企业员工；二是对事发地附近空气质量进行加密监测；三是将消防污水引入附近的智成化工厂污水处理设施进行处理，并对中成化工有限公司产生的废水以及附近的霞湾港、湘江霞湾断面水质进行加密监测，防止水污染事件发生。至15日19时，现场火灾被扑灭，所有监测点位二氧化硫浓度恢复正常，事件未对湘江水质造成影响。

福建石狮“8・21”新狮印染制造有限公司二氧化硫泄漏事故: 2009年8月21日19时左右，位于福建省石狮市鸿山镇伍堡集控区的新狮印染制造有限公司仓库中存放的硫化钠因受潮发生化学反应，释放出二氧化硫和少量硫化氢，导致该厂内产生烟雾和刺激性气味。该厂附近50 m左右即有居民区。事故发生后，部分村民感觉不适，被送往医院进行诊断；截至25日下午，共有82名群众（员工）入院检查、治疗，其中8人住院、15人门诊观察，无重症患者，无人死亡。21日21时监测结果表明，在厂区大门外10 m处（下风向）二氧化硫和硫化氢未检出。

河北廊坊“6・2”兴科化工有限公司二氧化硫排放事故: 2007年6月2日19时，河北省廊坊市大城县权村镇兴科化工有限公司一名电焊工人违反操作规程，在拆除设备时，由于未采取相应措施，致使掉落的电焊火花引燃了原料池中约10 kg硫黄，造成大量二氧化硫气体排放，对厂区周围的部分树木造成了损害，厂区下风向约100 m处的村民因吸入二氧化硫被送医院检查。截至6月4日17时，12名村民身体不适、送医院检查。6月19日，在兴科化工有限公司处理受伤村民医药费过程中，因意见不一致引起群众不满，导致6月22日上午村民陆续到几家县属医院集中体检。

甘肃白银“6・6”银光化工集团有限公司违法排污导致重大酸雾污染事故: 2007年6月6日20时至23时，位于甘肃省白银市的银光化工集团有限公司硫酸浓缩炉超标排放导致重大硫酸雾污染事件，城区环境受到严重污染，能见度不足15 m，行人外露皮肤和呼吸道受到强烈刺激，污染范围达10 km^2，有6万多人受到影响。

贵州息烽“4・16”中化开磷化肥有限公司重钙厂二氧化硫和硫酸雾气体排放事故: 2007年4月16日8时5分，贵州省息烽县贵阳中化开磷化肥有限公司重钙厂开始试生产。8时40分左右，因一吸泵跳闸，造成尾气（主要含二氧化硫和硫酸雾）异常排放。当时的气象条件差，不利于污染物扩散，导致该厂下风向约300 m处的450多名师生和附近居民入院接受检查治疗，在当地造成较大社会影响。

（六）光气泄漏事故

安徽宿州“1・6”皖北药业股份有限公司三光气泄漏事故: 2011年1月6日16时30分左右，位于安徽省宿州市的皖北药业股份有限公司实验车间发生三光气泄漏事故，三光气泄漏后随即被控制。部分工人吸入气体后发生不良反应；截至1月7日，已有62名工人到医院就诊，住院治疗37人，其中重症病人8人。该公司家属区距泄漏点200 m左右，无居民中毒现象，公司周边无其他集中居住区。三光气化学名称为二（三氯甲基）碳酸酯，为白色结晶性粉末，在沸点时轻微分解，生成氯甲酸三氯甲酯和光气。

河北沧州“5·11”沧州大化公司TDI车间硝化工段爆炸导致光气泄漏事故：2007年5月11日，河北省沧州大化公司TDI车间硝化工段发生爆炸，导致邻二氯苯溶剂槽管道发生泄漏，由于邻二氯苯溶剂中溶有光气，造成光气少量泄漏。截至16时，大火被扑灭，事发地附近村庄（达子店村）村民3 000多人被紧急疏散转移。沧州大化公司厂区周边东南方向达子店村边缘检出光气；14日7时，大气已恢复正常。事故产生的消防污水、泄漏物料、现场清洗及地下管网冲刷用水等约0.2万m^3污水储存在厂区内的下水管网和泵站集水池内，没有污水外排。光气化学名称为碳酰氯。

浙江温州“3·23”华基化工有限公司环酸车间反应釜三光气泄漏事故：2006年3月23日16时左右，因操作工操作失误，使进入浙江省温州市华基化工有限公司环酸车间（中试）反应釜（内装物料为三氯甲基碳酸酯）的一根玻璃管发生爆炸，造成三光气泄漏，泄漏量约100 kg，致使1名操作工死亡、2名操作工受伤，伤员送往医院抢救，厂区当班工人及周边可能受到光气影响的30余人也送往医院检查。

（七）其他气体泄漏事故

宁夏青铜峡“6·7”嘉华化工有限公司溴化车间溴素罐阀门损坏造成液溴泄漏事故：2016年6月7日6时30分，宁夏回族自治区青铜峡市新材料基地嘉华化工有限公司溴化车间溴素罐阀门损坏造成泄漏。事故发生后，企业用碱液喷淋泄漏点；调集喷雾车辆，在事故周边区域大量喷洒水雾，降低大气溴污染；对现场处置形成的废水、废渣等进行集中封存。7日10时左右，应急处置工作全部结束，泄漏的8 t液溴未出厂区并已完成中和处置。空气监测结果显示，截至7日13时40分，企业及周边大气中的溴气浓度符合国家职业卫生标准。7日15时，宁夏回族自治区危险废物和医疗废物处置中心对厂区收集的废液、废渣等危险废物进行了抽样检测，并制定危险废物环境无害化处置工作方案。

湖北荆州“5·16”三才堂化工科技有限公司含甲基氯化物气体泄漏事故：2010年5月16日16时左右，湖北省荆州市三才堂化工科技有限公司发生冲料事故，部分甲基氯化物（约20 kg）从反应釜中漫溢，散发出的刺激性气体扩散至周边居民区，持续时间为15 min左右，影响范围大约为0.5 km^2，群众反映强烈。事故发生后，该公司在环境保护部门和有关专家指导下，采用碳酸钠和沙土对溢出物料进行覆盖及冲洗，冲洗水汇入废水收集池，反应釜内剩余物料被安全转移。受事故影响，共有160余人接受身体检查，36人次留院观察，无重症患者，群众情绪稳定。

安徽宣城“4·5”百合化工有限公司沥青气体泄漏事故：2010年4月5日3时10分，安徽省宣城市宣州区百合化工有限公司发生沥青气体泄漏事故。该公司乙萘酚生产线以重油（主要成分为沥青）为燃料，一沥青储罐由于蒸气阀门出现故障导致温度过高，工人向罐内注水降温时，大量水蒸气夹带沥青气体外泄约 20 min，影响约 200 m 外的圩拐自然村。先后有 36 名村民因身体不适到医院接受检查和诊治，没有发生伤亡现象，共有 5 人住院，无危重病例。

湖南湘潭“3·12”中创华业电解锰有限公司砷化氢气体泄漏事故：2010 年 3 月 12 日 16 时左右，位于湖南省湘潭市雨湖区鹤岭镇的湘潭中创华业电解锰有限公司在生产过程中，生产原料之间发生化学反应，导致砷化氢气体泄漏，致使该厂工人 3 人死亡、6 人中毒受伤。事故发生后，当地政府紧急疏散了企业周边的 500 多名群众。3 月 12 日 19 时左右的监测结果显示，厂区周围砷化氢气体不超标。

浙江衢州“5·21”凯圣氟化学公司氢氟酸泄漏事故：2009 年 5 月 21 日 19 时 5 分，位于浙江省衢州市的凯圣氟化学公司一个氢氟酸储罐由于输送管道连接软管穿孔，发生泄漏事故（泄漏量约为 0.88 t），现场形成白色酸雾，1 名操作工因吸入大量氢氟酸死亡。企业和相关部门使用消防水喷淋处理事故现场，并于 19 时 30 分关闭了管道阀门。距事发地 300 m 左右的陈家村部分村民自感不适，到医院检查；截至 5 月 25 日，仍有 8 名村民在医院住院观察，情况稳定。被疏散的 130 多名村民于 5 月 22 日返回家中。监测结果显示，事发地周围敏感点环境空气质量持续达标，事故造成的污染基本消除。

陕西西安“4·14”西骏新材料有限公司氮氧化物气体泄漏事故：2009 年 4 月 14 日 14 时 15 分，因两路高压配电同时停电导致陕西省西安市西骏新材料有限公司生产后处理工序无法运行，较大量含高浓度氮氧化物的工业废气排入大气，形成紫红色和黄色烟雾，给附近群众带来一定恐慌。经紧急处置，采用发电机供电，废气排放得到有效控制。大气监测结果表明，当日事故现场附近空气中的二氧化氮浓度超标 1～7 倍，次日当地空气质量恢复正常。

第二节　水污染物泄漏事故

一、存在的环境安全隐患

（一）泄漏或事故性排放

1. 泄漏事故

生产及辅助设备故障导致水污染物泄漏。在化学品储存过程中，储罐管道进出口、工艺管道法兰、安全阀接口、仪表压力表接口等密封部位失效或泄漏；基础下沉造成储罐失稳，破坏设备设施；违章操作、操作失误或调整不当造成管道或容器爆裂；罐车装卸用管破裂泄漏；压力升高或安全阀开启均有可能造成泄漏事故。液态化学品进入土壤、水体，则将进一步污染土壤及水体，产生不良后果。

人为因素导致水污染物泄漏。例如操作人员素质欠佳，在化学品入库时没有识别包装是否完好、封口是否严密、是否沾有其他异物；技术不熟练，发生失误操作；责任心不强，有酗酒、打瞌睡等一系列违反操作规程的行为；危险品仓库保管员没有按照制度规程定期进行在库检查，从而导致存放化学品的瓶（罐）身倾倒、库内存在安全隐患等问题没有及时被发现；生产中作业各环节（如投料等）的错误作业都可能造成物料泄漏等事故发生；危险化学品在厂内运输途中、装卸过程中发生意外，以致装有该物质的包装出现裂缝、破损等；企业实验室操作人员未按操作规程操作或操作失误，导致实验室内的危险化学品或液体危废泄漏，直接通过雨水管网外排，对纳污水体造成污染；化学品处置过程中措施不适当、不及时，消防污水、废液直接排入水体。

自然灾害导致水污染物泄漏。台风、冰雹、地震等自然灾害产生的外力撞击、碰撞等导致水污染物泄漏。

排放口不规范导致水污染物出厂区。初期雨水收集系统的环境安全隐患有初期雨水收集池水质差，沿河有多个雨水排放口无应急切断装置等；尾水排放口无应急切断装置；应急切断（换）装置处于打开状态、不便于操作、切断效果不好或者损坏；雨水沟或排放口内有杂物、油等，水质较差；雨水排放口有水流（晴天）；雨水排放口无标识、不规范。

2. 事故性排放

以下几种情形可能引起企业水污染物事故性排放：生产废水量骤增；废水浓度过高、超过污水处理设施设计处理量，如生产量陡然增大；污水处理设施电力供应不足或停电、设施故障、加药不及时、工作人员误操作；排放水池监测不及时或数据有误；污水处置单元与生产单元的信息沟通不畅；废水管网“跑冒滴漏”；火灾引起次生性废水污染；生产单元污水误排放；其他情形。

3. 环境污染危害

当企业厂内污染控制措施失效时，泄漏的水污染物出厂区、流入河道，会给河流环境造成较严重的污染，主要表现为水体复氧困难，水生生物逐渐消耗水体中的氧气，氧气却得不到有效补充，进而导致水体缺氧，水生好氧生物死亡，尸体腐败，厌氧生物滋生；大量的水污染物泄漏将导致水体水质严重恶化，水生生态系统破坏，有的甚至造成长期危害；水污染物随水体流动，数小时内污染物就可能扩散至下游几十千米处，影响范围广，可能对河流、湖泊、水库、海洋、地下水等造成污染，威胁群众饮水安全，影响社会安定；处置难度高，通常需要十几天甚至几个月才能完成处置。

水污染物泄漏对土壤和植被的危害表现为：黏附在植被枝叶，阻止植被的光合作用和呼吸，严重者可导致植被枯萎；渗入土壤中，可黏附于植物根系，阻止植物根系对水分、矿物质和其他营养成分的吸收，导致植物死亡；浸染的土壤将严重破坏土壤的生态结构和土壤肥力，导致原有的生态系统退化。

（二）部分常见水污染物

1. 苯系物污染物

苯系物包括粗苯、纯苯、甲苯、二甲苯、硝基苯、苯胺等。石油化学工艺过程的苯系物成分复杂多变，且含有许多难以降解的芳香族有机物、杂环及多环化合物，处理较为困难。大量苯系物蒸气会造成人员中毒，遇明火会爆炸、燃烧，进入水体后常浮于表面。许多苯系物对生物体具有毒性，对人类健康产生直接危害。

2. 石油类污染物

石油类污染物是油田开发和石油加工过程中产生的最主要污染物，是指气态、液态和固态的烃类混合物，遇明火易燃烧、爆炸，可引起呼吸道刺激、呼吸困难；进入水体后，除煤焦油、重油外的石油类化合物均浮在水面。石油类污染物的危害主要表现在对人类、动物、土壤和天然水体的危害和影响。

3. 重金属类污染物

重金属是指比重大于 5、原子量大于 55 的金属。所有重金属超过一定浓度时都对人体有毒。与油类、危化品污染相比，由于重金属类污染物往往无色无味、溶解于水，往往更具隐蔽性，同时在水中污染速度快且不容易降解，对水环境可能造成深远的危害。重点防控的重金属类污染物是铅、汞、镉、铬、砷、铊和锑，对铅、汞、镉、铬和砷 5 种重点重金属类污染物排放量实施总量控制。

4. 氨氮类污染物

以游离氨和铵离子形式存在的化合氮叫作氨氮。氨氮是水体中的营养素，可导致水体富营养化现象，是水体中的主要耗氧污染物。当氨氮浓度达到一定水平时影响水环境质量，对鱼类及某些水生生物有毒害作用，并且对水生生态系统具有一定的破坏性。水中的氨氮可以在一定条件下转化成亚硝酸盐，如果长期饮用，水中的亚硝酸盐将和蛋白质结合形成亚硝胺，这是一种强致癌物质，对人体健康极为不利。

5. 酸碱类污染物

酸的传统定义是当溶解在水中时，溶液中氢离子浓度大于纯水中氢离子浓度的化合物。酸性溶液的 pH 小于水的 pH（25℃时水的 pH 是 7）。碱是指与酸相对的一类物质。碱多指碱金属及碱土金属的氢氧化物，其水溶液的 pH 大于 7。高浓度酸碱类污染物短期接触对眼睛、皮肤和呼吸道有很强的腐蚀性，污染物进入水体对动植物造成危害。

二、环境安全隐患治理

（一）预防泄漏措施

1. 确保设备安全和操作规范

设备失灵和人为操作失误是引发水污染物泄漏事故的主要原因。因此选用较好的设备、认真的管理和操作人员的责任心是减少水污染物泄漏事故的关键。

按照设备报废标准，及时报废有关设备；新设备投用前要严格按照规程做好试验和探伤，严防有隐患的设施投入生产；对各安全防护设施（如报警系统）要进行维护，保证灵敏可靠；加强化学品储罐和管道的日常管理、巡查维护，排查隐患，一旦发现某个储罐和管道出现异常，应迅速排查故障，确保储罐和管道的密闭性。

化学品储罐的结构材料应与储存的物料和储存条件（如温度、压力等）相适应；新罐进行适当的整体试验、外观检查或非破坏性的测厚检查、射线探伤，检查记录应存档备查；定期检查储罐外部，及时发现破损和漏处，对储罐性能下降应有对策；设置储罐高液位报警器及其他自动安全措施；对储罐焊缝、垫片、铆钉或螺栓的泄漏采取必要措施。

地下管道应采用防腐蚀材料，并在埋设的地面做标记，以防开挖时破坏管道；地上管道应防止汽车碰撞，并控制管道支撑的磨损；定期系统试压、定期检漏；管道施工应按规范要求进行，埋地管道应有阴极保护。

严格按操作规程操作，不得超温、超压、超振动、超位移、超负荷生产；严格执行设备维护保养制度，认真做好润滑、盘车、巡检等工作，做到运转设备振动不超标，密封点无漏气、漏液；在装卸物料时，要严格按章操作，尽量避免水污染物泄漏事故的发生；加强员工岗位培训，实行岗位责任制，减少由人工操作失误引起的泄漏问题；一旦发生泄漏，采取有效收集方式对物料进行收集处置，防止进入下水道等限制性空间。

2. 生产区域化学品泄漏风险防范措施

设置符合规范要求的事故废水收集系统，包括截流、转送、倒罐、分流回流、缓冲等设施。在储罐罐区，分别设置围堰，其有效容积为储罐的容量，可容纳一个最大储罐破裂时流出的全部物料，从而可将储罐破裂时泄漏的物质截留在堤内，以免水污染物外溢、污染周围水环境；在装卸区设围堰以防止液体化工物料直接流入路面或水道；生产车间、仓库出入口应设置门槛，防止漫流，并在内部沿墙角设置导流沟，生产车间、仓库内一旦发生泄漏，泄漏的水污染物可通过导流沟进入事故应急池，以便集中处理。

设置完善的下水道系统及与自身环境风险水平相匹配的事故应急池；结合厂区实际，采取消防污水就地处置、回用等措施；雨排系统应设置有效的闸控；在生产车间、仓库区应配套设置环境应急设备和劳保防护设备；对环保设施进行定期维护，保证各项环保措施的正常运行。

3. 实验室化学品泄漏风险防范措施

使用易制毒、易制爆、剧毒等危险化学品时，需要按规定程序进行申购；根据化学品安全说明书要求，正确使用和储存化学品，并配置相应的防护用品；实验人员进入实验室时，必须穿戴好个人防护用品；使用会产生有毒、有害、刺激性物质的化学试剂或易挥发试剂时，要在通风橱内操作；实验室化学品应按照各自的性质，分门别类单独存放，危险化学品存放处应有标示牌和安全使用说明，并配备专人管理，管理人员应具备应急处理能力；实验室废液不能直接排入雨水管道，必须排入独立收集池，通过泵送至污水处理设施废水收集池进行处理。

4. 地下水、土壤环境风险防范措施

输油和污水输送管线做好防腐防渗措施，污水处理设施统一采用钢筋混凝土结构，表面做防渗防腐处理；泵房、罐区、装卸车区地面硬化，在抗渗钢纤维混凝土面层中掺水泥基渗透结晶型防水剂，其下铺砌砂石基层，原土夯实，可达到防渗的目的；对各类油罐、输油管道、油泵、阀门、危险废物暂存间进行重点防渗处理，在采取较为严格的防渗措施情况下，污染物对浅层地下水造成污染的可能性及程度均会减小；各储罐、输油管道、油泵、阀门设备均位于地上、可视，派专职人员进行日常检测，一旦发生泄漏，立即采取有效收集方式对泄漏液体进行收集处置；加强厂区内的绿化措施，尽可能在空地和储罐区周边多种植具有较强吸附能力的树木，通过绿化措施降低非甲烷总烃沉降对周边土壤的影响；具备固体废物收集和暂存能力，建立合法安全处置渠道，固体废物分类暂存，不得随意堆放。

5. 建立水环境风险三级防控体系

企业应建立完善的水环境风险三级防控体系。一级防控体系的作用是将事故废水拦截在环境风险单元内；二级防控体系的作用是将事故废水控制在企业事故应急设施内；三级防控体系的作用是将事故废水控制在厂界内，避免事故废水对外界水环境造成影响。

（1）一级防控体系

一级防控体系包括在生产装置界区、化学品储存场所、罐区等的边界设置的围堰、防火堤、收集沟及配套的截流措施，设置有清污、雨污切换系统。通过源头控制手段，将事故废水控制在生产车间、装置区、储存区和罐区等环境风险单元内。

围堰：在装置区应参照相关设计规范，设计并建设围堰；在围堰内应设置混凝土地坪，必要时设防渗措施；在围堰内应设置集水沟槽、排水口，宜在集水沟槽、排水口下游设置水封井；在围堰外设置阀门切换井，正常情况下雨排水系统阀门关闭，下雨后初期污染雨水排入污水处理系统，后期清净雨水切换入雨排系统；宜在地面操作切换阀，切换时间按照相关设计规范执行；在围堰巡检通道应设警示标记，在检修专用通道加漫坡处理。

防火堤：对企业原料、产品、中间产品中的可燃液体、有毒有害液体等可带来环境污染的液体储罐罐组以及液化烃、可燃气体、有毒气体、助燃气体的储罐罐组，应按相关的行业设计规范设置防火堤；结合当地水文地质条件及储存物料特性，按相关规范采取防渗措施，可设置排水沟槽，必要时排水口下游设置水封井；罐区排水设施实施清污分流的，堤外应设置切换阀门，正常情况下雨排水系统阀门关闭，事故状态下可燃液体、有毒液体罐区污染排水切换到应急排水系统，宜在地面操作切换阀门。

企业应确保围堤、防火堤日常处于清洁、空置状态，切换阀处于正确的开关位置，保证事故废水进入污水处理系统。针对可能发生的泄漏物料情况，制定应对措施，并在操作规程中完善，避免含高浓度污染物的污水冲击污水处理系统。

（2）二级防控体系

二级防控体系包括在排污管道、雨排水管道、工艺管道设置的阻断或倒排设施等，在生产设施之间设置的事故应急池。对水污染物进行传输过程控制，防止生产装置区、化学品储存场所、罐区等的泄漏物料及火灾事故的消防污水进入其他生产区域，确保污染物进入厂区事故应急池或污水处理设施。

排污管道：含可燃液体、有毒液体、污染性液体的污水和被污染的雨水、事故消防排水应排入生产污水管道。应保证生产污水管线系统不发生向地下或其他管道系统的泄漏；防火堤的污水管道引出防火堤时，应在堤外采取防止液体流出罐组的切断措施。

雨排水管道：装置区、罐区未受污染雨水由切换阀门切换到雨排水系统；所有生产污水、循环水排污水、机泵冷却水、直流冷却水、检修冲洗水等不得排入雨排水系统；厂区应设置雨排水管道系统，有组织排入外部水体；事故状态下由切换阀门切换至事故应急池，必要时在切换阀门前的检查井还应设置沉泥槽；要确保雨排水管道与生产污水管道、生活污水管道不发生串漏。

工艺管道：应根据区域环境特点，有针对性地采用导流管、截污井等措施进行导流、截污；在工艺管道适当位置宜设置临时接口，用于应急事故处理。

事故应急池：当无法利用围堰、防火堤控制事故废水时，应将事故废水排入事故应急池。按照相关行业工程设计规范要求设计和建设事故应急池；事故应急池容积应当综合考虑接纳物料、消防水、雨水、生产废水量等；事故应急池应设抽水设施（电气防爆标准选用)，并与污水管线连接，按系统排送能力选用适当流量的抽水设施，将事故应急池中的污水输送至污水处理系统；应当按照邻近装置区、罐区，总体考虑事故应急池平面布置。

企业应对排污管道、雨排水管道、工艺管道系统的阀门进行维护，保证在发生事故时能及时关闭，避免水污染物外排。定期对事故应急池的防渗、防腐、防冻、防洪、抗浮、抗震等状况进行检查，保证设施完好。

(3)三级防控体系

三级防控体系包括企业雨水、污水总排口的切断、导流闸阀等设施。有条件的企业可以结合周边地形和用地功能，配套建设厂外污水收集池。通过末端控制措施，防止较大型泄漏事故的物料及火灾事故的消防污水进入厂区外水体环境，保证污染物被截流在厂区内或受控的厂界周边区域。

拦污闸阀：雨水、污水总排口应具有切断、导流闸阀等设施；在事故状态下，水污染物能回流至事故应急池或污水处理设施；在满足防洪等其他功能的前提下，考虑在厂外雨、污水排入的渠道、冲沟设置拦污闸阀，在正常情况下不得影响雨水排泄；拦污闸门宜采取远程控制方式，泄水方式应考虑介质特性。

企业应定期对拦污闸阀进行维护，保证在发生事故时能及时关闭。应加强与相邻企业或园区应急管理部门的信息互通和联动机制，确保在事故状态下不造成外界水体污染。

(二)建立预警机制

1. 水污染物预警

(1)企业排污口自动监测预警

企业在排污口设置了水污染物自动监测站，监测项目一般是几个常规指标和企业的特征污染物，监测数据传输至企业环境安全管理信息平台和当地环境监测中心。当水污染物自动监测站监测到异常数据时自动报警，企业按照应急预案开展应急处置工作。

(2)流域断面自动监测预警

地方政府应投入资金开展生态环境监测网络建设，建设水质自动监测站，覆盖主要干支流、市界、县界。根据历史上辖区突发环境事件发生情况设置在线监测项目，例如重金属突发环境事件频发地区在重要断面自动监测站安装重金属 ICP-MS 在线监测系统，对锑、铊、铅、镉等 12 种重金属实行在线监测。断面在线监测系统发出水污染物预警后，企业应全力配合政府做好泄漏事故溯源工作，主动检查本企业是否发生水污染物泄漏事故，杜绝侥幸心理，及时报告，为事件的妥善处置赢得宝贵时间，在责任追究时争取得到宽大处理。

（3）水环境综合毒性预警

除了常规指标和特征污染物指标，企业还应开展水环境综合毒性预警。当水污染物没有得到有效控制、流出厂区后，将对水环境造成严重污染和破坏。水污染物泄漏事故不同于一般的环境污染事故，具有发生突然、扩散迅速、危害严重等特点，直接威胁到群众的饮用水安全。饮用水关乎每个人每天的正常生活，饮用水水源是任何一个城市正常运转的命脉。每一次事件中，当地群众最关心的问题莫过于从水龙头流出的水究竟安全不安全。在我国已经生产和使用的约 4.5 万种现有化学物质中有 2 500～2 900 种是有毒化学品，现有的水质监控设备尚不能完全应对频发的水污染物泄漏事故。

综合毒性生物监测预警则通过判断特定的水生生物（如发光菌、水蚤、鱼等）的生物活性来监测水中是否有毒。由于水中含有的污染物千差万别，理化指标仅可以反映其中很少一部分物质的含量，为了保证饮用水的水质安全，对源水进行生物毒性监测预警就显得尤为重要。水生生物在遭遇有毒污染物或水质恶化时会自主改变其行为（如逃避、活动性下降等，甚至死亡），因此通过对水生生物活性进行监测，可以有效地实现对源水生物毒性的预警。

目前部分自来水供水企业已开展城市集中式饮用水水源地水质综合毒性生物预警监测建设，但普遍采用在水泥池中驯养鲫鱼、鲤鱼作为预警手段。由于这些鱼多是养殖鱼类，对污染事件的敏感程度较差。而且由于采用的是肉眼观察死亡的方法，其预警毒性物质在水中的浓度要相当高，这在实际污染事故中很少发生，因此较难发挥生物预警的作用。而实验鱼通常在非常清洁的水中繁殖和培养 3 代以上，没有接触过任何有毒物质，因此对毒物十分敏感。采用鱼遭遇有毒物质时的主动回避行为来预警，灵敏度比观察鱼的死亡还要低 2～3 个数量级，保证了在有毒物质超过地表水标准时能够准确作出判断，较适合于作为预警手段。

2022 年中央生态环境资金项目储备库中，提出扶持开展水环境综合毒性管控能力建设项目，对主导产业为农药、原料药制造、染料、印染、电子等的园区，开展工业废水综合毒性监控能力建设，建设必要的废水综合毒性监测设施、废水综合毒性监管预警平台等。

2. 划定事故预警级别

水污染物泄漏事故根据可能受污染影响的敏感目标类型、污染物种类、污染物到达敏感目标后是否超过浓度限值划分预警级别。

敏感目标根据其保护等级、生态环境功能或社会价值划分为 A 类、B 类、C 类三个类别。A 类是保护等级最高的敏感目标，包括集中式生活饮用水地表水源地一级保护区等 7 种水体类型；B 类是保护等级较高的敏感目标，包括集中式生活饮用水地表水源地二级保护区、鱼虾类越冬场等 7 种水体类型；C 类是保护等级最低的敏感目标，包括农业用水区、工业用水区等 5 种水体类型。

水污染物根据毒性大小分为两个类别，一类污染物为较高毒性污染物，二类污染物为较低毒性污染物，《优先控制化学品名录》中的物质划入一类污染物。

对于能够第一时间确定水污染物的突发环境事件，根据水污染物到达敏感目标后是否超标划分影响后果；对于污染源不明、污染物不明的突发水环境事件，根据可直接感受的水体物理化学性质变化或水生生物变化划分影响后果。

企业在制定突发水污染事件预警分级标准时，可根据本企业的环境风险状况、环境应急能力等具体情况和需求进行调整。

三、事故应急处置措施

（一）切断污染源

水污染物泄漏事故发生后，及时切断污染源，尽可能将污水围堵在企业内，第一时间可采取关阀断料、开阀导流、排料泄压、紧急停车等工艺措施制止泄漏，并积极采取截流、收集等措施，防止水污染事件蔓延。

断料：即及时关闭油品、化学品储罐的总阀，中断泄漏设备物料的供应，对泄漏设备进行维修，从而防止泄漏物进入水体、雨水管道或密闭性空间，控制灾情的发展。

导流：即对泄漏或着火的设备或受到火势严重威胁的邻近设备内的物料进行输转。但应注意防止被导流设备内出现负压而吸入空气、发生回火爆炸，故应严格控制导流的速度，使被导流设备内的压力不低于 0.1 MPa，也可向被导流设备（储罐）充入氮气、水蒸气等，以防止被导流设备（储罐）内形成负压。

稀释：为减少挥发性液体化学品在大气中的蒸发速度，采用水枪或消防水带向有害物蒸气云喷射雾状水，加速气体向高空的扩散，使其在安全地带扩散。在使用这一技术时，将产生大量的污染水，因此需要把污染水收集到事故应急池或污水处理设施的调节池。

封堵：物料容器（包括储罐等）发生泄漏后，立即采取有效措施修补和堵塞裂口，制止物料的进一步泄漏。应注意接近泄漏点的危险程度、泄漏孔的尺寸、泄漏点处实际的或潜在的压力、泄漏物料的特性。

围堰：将水污染物尽可能围堵在装置区边沟、罐区防火堤、围堰和排水系统上游等较小范围内回收。筑堤防护或者引流到安全地点，确定筑堤的地点很重要，既要离泄漏点足够远，保证有足够的时间在泄漏物到达前修好围堤，又要避免离泄漏点太远，使污染区域扩大，带来更大的损失；确保围堰内的出水口为关闭状态，关闭雨水外排口阀门，打开事故应急池阀，事故污水流至事故应急池中暂存；利用沙包，在企业门口设置围堰，利用四周的实体围墙来拦截废水，严防事故污水直接进入外环境。

回收：用一个更大的不会泄漏的容器盛装正在泄漏的、损坏的物料容器，从而控制泄漏；用空桶或盛漏池、盛漏围堤等二次围堵设备盛住泄漏物料；对于大型液体泄漏，为了减少泄漏液体的挥发、降低危害，可选择用泵将泄漏出的物料抽入容器内或槽车内。

（二）泄漏事故处置

1. 厂内污染防控措施

水污染事故发生后，立即关闭企业污水和雨水阀门，封堵污水外排通道（如图 1-4 所示）；当发现少量液体物料或废水泄漏时，用消防沙截堵泄漏地面的液体物料或废水，防止泄漏范围进一步扩大；用干燥的沙土或其他不燃材料吸收或覆盖，使用洁净的无火花工具收集吸收材料；使用吸附棉将少量泄漏的液体物料或废水吸附，吸附后的废物统一收集、交由有资质单位进行处理。

图 1-4　封堵污水外排通道

当发现大量液体物料或废水泄漏时，根据液体流动的影响区域划定警戒区，无关人员从侧风向、上风向撤离至安全区；应急救援人员戴自给正压式呼吸器，穿上适当的防护服前严禁接触破裂的容器和泄漏物；对于已进入雨水管网并截留的液体物料或废水，通过管道自流进入或者泵入事故应急池暂存，事故后抽至污水处理设施，处理达标后排放；对于残留在地面的废水，利用吸附棉将其吸收后，作为危险废物交由有资质的单位进行处理；应用清水冲洗雨水管沟，冲洗水进入事故应急池暂存，事故后处理达标后排放；企业自行监测或委托第三方监测单位在雨水排放口取样监测，确保水质正常后，方可打开雨水总阀门。

2. 厂外污染防控措施

如果厂内防控措施失效，水污染物已进入市政雨水管网或厂外河道，企业应急领导小组总指挥应立即上报至当地政府和生态环境、应急管理、消防等业务主管部门。对厂区附近水体进行跟踪监测，确定监测位置、监测因子、监测频次，特别注意对附近环境敏感点的水质监测，随时掌握环境污染情况。

水污染物泄漏事故厂外应急处置中主要依靠各类闸坝沟渠构成“空间”。这些闸坝沟渠以永久性的为主，必要时选择合适地点，修筑临时性设施。闸坝沟渠在应急处置中主要发挥“挡水、排水、引水”三种作用。“挡水”指的是拦蓄污水并阻断或控制上游清水。“排水”指的是控制性排放污水或清水。“引水”指的是通过引流将污染团导引出流动水域或使清水绕过污染团。

通过挡水、排水、引水的综合运用，可以运用 10 种设施构成“空间”：引水式电站、湿地、干枯河床、江心洲型河道、引水管道、坑塘、槽车、排水管道、连通水道、多级拦截坝。

对污染的河流，采取隔离、吸附、打捞、氧化还原、中和、沉淀、消毒、去污洗消、临时收贮、微生物消解、调水稀释、转移异地处置、临时建设污染处置工程等方法处置污染物，在最短的时间内完成污染物的消解，实时监控并妥善处置污染水体。有毒物质的应急处理方法一般为筑坝隔离、酸碱中和法、离子交换法、絮凝沉淀法等；其他污染物质的应急处理方法一般为制止泄漏、吸附过滤或稀释、进行化学处理等。

如水源已被污染，企业应协助地方政府全面启动水源地防控措施，加密监测点和频次，采取隔离污水、治理污染、调水稀释、停止供水、启用备用水源等方法尽快消除污染威胁。同时与上下游水厂取得联系，启动水厂应急预案，并通知相关居民停止取水、用水。通知下游供水企业停水或采取保护措施。

3. 通用水污染物处置措施

概括地讲，应对水污染物泄漏事故主要采取“停”“收”“吸”“堵”“分”“送”“清”等措施，减轻污染，确保环境安全。

措施一：“停”即是在确保安全前提下实施有序停产，减少事故排放的水污染物。

措施二：“收”即是将事故处置产生的消防污水集中收集在事故应急池或污水处理设施，防止消防污水外排出厂区。

措施三：“吸”即是调用吸附物资或降解反应剂，对突发环境事件中的水污染物进行吸附降解，减少水污染物的危害。

措施四：“堵”即是企业或当地政府采取拦截坝封堵未经任何收集处理的事故污水及企业排污口，减轻或减缓事故污水对水环境的污染。

措施五：“分”即是在采取拦截堤坝封堵事故污水的前提下，分流外部来水，减轻拦截坝的压力。

措施六：“送”即是将被收集或拦截的事故污水送往有处理能力的污水处理设施进行处理，达标后排放，减小水污染物对环境的影响。

措施七：“清”即是清除水污染泄漏事故产生的残留物和被污染的物体，消除存在的环境安全隐患。

4. 部分水污染物处置措施

（1）苯系物污染物泄漏事故

应急救援人员带好防护用具和防爆设备（注意禁用手机和普通对讲机）进入现场，禁止饮食，了解事发地点、容器、范围、泄漏物质量和数量、态势。对现场气体和水体中的苯系物浓度进行检测，用警戒线限制人员进出，下风向防护距离一般为 500 m；如有槽罐车，距离不小于 800 m。切断电源，杜绝火源，判断是否发生火灾。若发生火灾，立即灭火并组织人员有序撤离，事后收集并处理消防污水。

应急救援人员在上风口作业，首先尝试切断泄漏源头（如关闭阀门和法兰），或使用堵漏器具制止泄漏，避免使用塑料、橡胶等可能会溶于苯系物的材料堵漏，堵漏过程中防止产生火花；若封堵措施无效，放空容器，过程中需要注意安全，并用惰性气体置换苯系物蒸气；防止流入下水道、排洪沟等限制性空间。

少量泄漏：用沙土、活性炭或其他惰性材料吸收，密闭容器收集；也可以用不燃性分散剂制成的乳液刷洗，洗液稀释后放入污水处理系统。

大量泄漏：关闭雨水排口，封堵下水道和排洪沟，导流收容，用活性炭、沙袋等惰性材料吸收苯系物；对于挥发性苯系物，用喷淋水雾稀释蒸气，应用泡沫、帆布或水泥等物质覆盖泄漏的苯类物；筑堤坝或挖沟收容，用防爆泵转移至槽车或专用收集器内，回收或运至废物处理场所处置。

若厂内控制措施失效导致苯系物污染物出厂区，使用围油栏等设备对污染物进行拦截，利用低洼地、池塘等截留。如果进入河流，通知相关部门进行水域管制，在河道内分段打入焦炭坝，对水污染物进行活性炭吸附清理。如吸附效果欠佳，还应在上游修筑拦河坝或者新开河道绕过污染源，或者切断下游通往饮用水水源的通路。沿河警戒，告诫沿河居民不要饮水和捕鱼。事后收集的泄漏物、回收处理吸附剂、被污染的器材、土壤和清洗废水等统一交由有资质的专业单位处理。

（2）石油类污染物泄漏事故

根据可燃气体的含量情况确定警戒区域，警戒区域随爆炸性气体浓度变化而变化，警戒区域内严禁烟火，严禁使用各种非防爆的对讲机、移动电话等通信工具，抢险时必须使用不产生火花的工具，以免发生火灾、爆炸事故；除必要的抢险救灾人员外，其他无关人员沿上风向、安全线路立即撤离警戒区域；应急救援人员应佩戴自给式空气呼吸器，穿防静电服，不得穿化纤服装；选上风、侧上风方向进入现场排查，并采取水枪掩护，主要查明泄漏的时间、部位、形式、已扩散范围，周边单位、居民、地形、供电、火源等情况及消防设施与水源；确认泄漏处的形状、大小、污染物的流速及方向；确认设施、建（构）筑物险情，确认消防设施运行情况、现场及周边污染情况。

根据现场泄漏情况，研究制定堵漏方案，并严格实施；所有堵漏行动必须采取防爆措施，使用的所有设备应接地，确保安全；对泄漏液面预先喷射泡沫覆盖保护，并保证有足够的厚度；严密监视液体流淌及气相扩散情况，防止流散范围扩大；关闭所有与外界相通的阀门，防止进入下水道、排洪沟等限制性空间。

少量泄漏：当槽车出口阀门及储罐进液口阀门松动、输液管破裂导致油类泄漏时，立即关闭槽车出口阀门及储罐进液口阀门，快速拆下输液管；在做好安全防范措施后，将输液管中剩余液体小心排出，将泄漏在围堰内的油类收集于洁净的空桶内，剩余地面上的石油类污染物用消防沙吸收，再利用铲子收集于干燥容器中，作为危险废物处置；泄漏出围堰时，用沙土、其他惰性材料吸收，或在保证安全的情况下，就地焚烧。

大量泄漏：尽快用泵将围堰内的油类收集至空桶内，剩余地面的石油类污染物用消防沙吸收，再利用铲子收集于干燥容器中，作为危险废物处置；必要时将泄漏油罐的物料输送到另一个储罐中；泄漏出围堰时，构筑围堤或挖坑收容，用泡沫覆盖，降低蒸气灾害，用防爆泵转移至槽车或专用收集器内。

若厂内控制措施失效导致石油类污染物出厂区，做好附近水体的环境应急监测，重点是水中石油类污染物的浓度；报告有关部门实行水域管制；对水面泄漏物，用吸油毡、油泵进行吸附和输转，用油脂分解剂降解，难以实施吸附、降解且严重污染环境时可采取点燃措施。

（3）重金属类污染物泄漏事故

从源头上防堵污染源，并将污染物控制在一定范围内，防止继续扩散；因设备故障或事故造成涉重金属矿浆溢流或选矿药剂泄漏时，立即收集溢流的矿浆，使其进入事故应急池，并用泵随时将事故应急池内的矿浆排入生产工艺中；尾砂输送管道破裂可造成矿浆泄漏或暴雨造成尾矿库废水漫坝溢流，在尾矿库初期坝下建有足够容量的事故应急池，将泄漏废水收集，经处理后循环使用。

若厂内控制措施失效导致重金属类污染物出厂区，企业应及时通知相关水利部门及可能受水污染事件影响的取水单位，做好启用备用水源或采用其他设备临时供水的准备工作。在下游河道支流设计并建造拦截吸附坝，工程应以事故最大泄漏量结合当地水文条件设计；拦截吸附坝数量与间距应按照当地实际情况选取；在建造拦截吸附坝工程的同时，还应结合坝址周边地形和交通条件，同步设计建造应急物资储备场（库），并储备沙袋、水泥管、活性炭网箱及吸附物资等；流域防控的工程类型包括滞污塘和截流断面，还可以利用水利设施和城市景观橡胶坝等作为流域防控设施。

滞污塘设在三级或更小一级的支流沟谷中，应河道宽阔、河床窄小并且具有较为平坦宽广的低漫滩地形。工程由蓄存池塘及控制区域组成。蓄存池塘建在河床一侧宽阔平坦的低漫滩上，塘内开挖一定深度后进行平整防渗处理，塘边构筑混凝土矮堤围堰，形成一个容积较大的蓄存空间。控制枢纽建在池塘的入口与河床交汇处，由闸门及相关导水设施组成。该工程启动时，先将污水导入滞污塘内存储，根据污染物性质、浓度，有针对性地采取降解措施，水体处理达标后再输入河床。

拦截坝一般设在一级、二级支流的山区河谷中，为断面上游汇水面积较大或泄流量较大的区域。工程组成一般为垂直流向的开口堤堰，中间开口处为河床，经过修整断面呈箱形或梯形。启动时铺设水泥管和滤箱，河床两侧构筑混凝土或砂黏土楔形矮堰，启动时根据情况堆放沙袋。该工程主要适用于受化学污染的泄漏水体，一方面截堵一部分水体，另一方面通过滤箱和水泥管进行降解排泄，以消除或减轻污水对下游河水及环境敏感点的污染影响。

应急处置技术以混凝沉淀和化学沉淀为主。由于许多重金属具有多种价态，在处置时需考虑不同价态的反应特性和毒性的差异，必要时进行预氧化或预还原，以优化处置效果、减小生态影响；在水环境中，亦应当考虑 pH 对重金属存在形态的影响。处置中使用的部分沉淀剂（如硫化钠）、预氧化剂（如高锰酸钾）在过量使用时可能造成次生污染，或造成水体感官上的异常，应通过实验优化用量，并在加药处置时加强监测，以防发生次生污染。

混凝沉淀技术常用的混凝剂主要是无机絮凝剂，包括硫酸铝、聚合氯化铝、三氯化铁、硫酸亚铁和聚合硫酸铁、聚合硅酸铝、聚合硅酸铁、聚合氯化铝铁、聚合硅酸铝铁、聚合硫酸氯化铝、重金属捕捉剂等。

化学沉淀技术主要通过投加化学物质使河水中的重金属离子与化学物质发生反应、形成絮凝体沉淀，达到消除突发性金属泄漏污染的目的，其技术流程同混凝沉淀技术。化学沉淀技术常采用的化学药剂包括石灰、硫化物和碳酸盐等。

水利稀释技术针对重金属废水已进入较大水体中的情况，通过调配其他河道或者上游水库放水来水利稀释污染河水中的重金属离子，达到下游饮用水水源地取水合格的目的。水利稀释技术的使用需与水利部门进行协调。

化学氧化技术针对突发性铊、铬等污染物排入河道中的情况，通过投加氧化剂使河水中的金属离子发生氧化作用而改变价态，并辅助其他措施使金属离子形成絮凝体沉淀，达到消除突发性金属泄漏污染的目的。化学氧化技术中使用较多的氧化剂有高锰酸钾、臭氧、次氯酸、氯、过氧化氢和芬顿试剂。

（4）氨氮类污染物泄漏事故

氨氮类污染物泄漏事故发生后，关闭阀门，及时切断泄漏源头，泄漏物进入事故应急池，采用物化法（含吸附法、膜分离法、离子交换法、化学沉淀法、折点氯化法）、生物法对污染物进行处理。

若厂内控制措施失效导致氨氮类污染物出厂区、进入河流，应及时报告有关部门，在下游通往饮用水水源的通路中使用活性炭、沸石等材料拦截吸附，并采用曝气氧化、絮凝沉淀、折点氯化等方式进行处理，也可引水稀释；若进入饮用水水源地，应及时通知有关部门采取应急措施，启用备用水源。

（5）酸碱类污染物泄漏事故

泄漏部位上游有阀门的，立即关闭阀门，切断泄漏源；迅速撤离人员至上风处，立即进行隔离，严格限制出入；应急处置人员使用防化服、耐酸碱手套、耐酸碱雨靴、正压式空气呼吸器、防护眼镜等个人防护用品，不要直接接触泄漏物，从上风处进入现场；配备专门的堵漏器材和工具，对泄漏设施进行隔离和抢修；事态得到控制后，收集围堰内泄漏的酸碱类污染物至大白桶或槽车；事后将储存在围堰内的冲洗废水引入污水处理设施进行中和处理。

皮肤接触者立即脱去污染的衣着，用大量流动清水冲洗至少 15 min；眼睛接触者立即提起眼睑，用大量流动清水或生理盐水彻底冲洗至少 15 min；食入者用水漱口，给饮牛奶或蛋清；吸入者迅速脱离现场至空气新鲜处，保持呼吸道通畅，如呼吸困难输氧，如呼吸停止立即进行人工呼吸、就医。

少量泄漏：用干燥的沙土等惰性材料撒入泄入路面，吸附泄漏物，收集吸附泄漏物的沙土；酸性污染物泄漏时，用干燥石灰或苏打灰撒入被污染的路面，中和残留酸；也可以用大量水冲洗，洗水稀释后收集进入污水处理系统。

大量泄漏：立即向当地消防部门报警并请求支援，消防部门到场后，现场指挥部立即将漏泄点、泄漏原因、泄漏情况、采取措施情况及周边建筑、人员情况向消防部门汇报，并配合消防部门开展抢险救灾工作。可在泄入路面周围构筑围堤或挖坑收容，用耐酸碱泵抽至槽车或专用容器中，回收至废物处理场所处置。

四、典型案例

陕西商洛“11·8”已停产企业矿洞锑污染物泄漏事故：2021 年 11 月 8 日，生态环境部门监测发现，河南省南阳市西峡县石门水库锑浓度超标，丹江陕豫交界断面锑浓度明显呈上升趋势。经调查，陕西部分区域历史上存在大规模采矿活动，遗留了众多矿洞、采空区、废渣堆场和冶炼场地，含锑污染物淋溶进入水体。陕西省的污染主要源于 3 家已停产企业矿洞，2021 年持续强降雨导致矿洞裂隙水增多，造成含锑污染物溶出，增加了丹江锑污染负荷，导致丹江支流老君河、王山底河以及两条支流上的鱼岭水库、王山底水库锑浓度上升；丹江下游河南省的污染主要源于五里川河 7 条超标支流和主河道王庄村至古墓窑段。

陕西省在 3 个重点污染企业的矿洞口设置围堰和拦截坝，先后在企业矿洞口、鱼岭水库和王山底水库的出库断面设置投药点（如图 1-5 所示），对污染物进行多级削减。河南省关闭老灌河上的水电站，在主河道及超标支流构筑拦截坝，以空间换时间，阻断和减缓污染水体的下移。将王庄村至古墓窑段的矿洞水抽至主河道进行投药处理（如图 1-6 所示），先后在主河道布设 7 个投药点位，在主要超标支流布设 4 个投药点位。逐步利用自动投药设备代替人工投药，并在超标支流建设一体化污水处理设施（如图 1-7、图 1-8 所示）。12 月 28 日，石门水库库区各点位锑浓度均达标。12 月 29 日，河南省终止应急响应。

图 1-5 陕西省在已停产企业矿洞口设置投药点

图 1-6　河南省抽取古墓窑老硐水

图 1-7　曝气溶药

图 1-8　塑料管穿孔加药

湖南娄底“9·2”资江锑污染事件：2021年9月2日，监测发现资江干流湖南娄底、益阳段330 km锑浓度异常，2个县级水源地、2个市级水源地锑浓度持续超标，涉及6个水厂，影响娄底、益阳约113.8万人的饮用水安全。湖南省娄底市新化县水厂启用备用水源，其他水厂改进工艺措施，保障居民饮用水安全。经排查，污染来自涟溪河、青丰河等多条支流，既有现存企业排放，也有历史遗留矿洞涌水、矿石堆场淋溶等原因。资江流域锑本底值较高，冷水江锡矿山区域锑排放总量大，叠加7月、8月锡矿山区域强降雨及资江干流流量明显降低等影响，导致本次水体污染。

当地政府组织对涟溪河、青丰河沿线的入河排口高浓度含锑水体进行截流，引流至南、北矿区污水处理厂处理。在涟溪河、青丰河修建拦污坝25道（其中涟溪河18道、青丰河7道），最大限度地阻止涟溪河、青丰河水体中的锑进入资江（如图1-9所示）。设置5个应急投药点（如图1-10、图1-11所示），安排专人连续24 h投药，削减污染物浓度。同时，加大上游邵阳筱溪水电站、冷水江市浪石滩水电站下泄流量（如图1-12所示），降低资江干流锑浓度。生态环境部门在资江干流及涟溪河、青丰河等主要支流入河口共设置23个监测断面，开展应急监测，为处置决策提供支撑。经处置，12月2日，沿线饮用水水源地已达标；12月7日，资江干流锑浓度已恢复正常；当地政府于12月14日解除应急响应。

图1-9　涟溪河筑坝拦截

图 1-10　涟溪河第二投药点

图 1-11　青丰河入资江口附近投药点

图 1-12　加大冷水江市浪石滩水电站下泄流量

陕西榆林“6·15”泰裕油气有限公司柴油储罐泄漏事故：2020年6月15日8时40分，陕西省榆林市泰裕油气有限公司在抽油倒罐时发生柴油溢流事故，泄漏量约18 m^3 的柴油进入榆溪河，再经20 km后进入无定河，距入黄河口约183 km。事故发生后，当地政府在事发地下游分别修筑4道活性炭坝，同时在该坝附近设置吸油索。累计清理油库外筑坝拦截的隔离污泥约15 t，送至德隆环保公司处理；清理约5 m^3 高污染废水，送至陕西未来能源化工有限公司进行处理；清理含油废水约715 m^3，送至市污水处理厂处理。当地生态环境部门在榆溪河、无定河共设置7个监测断面，开展应急监测。米脂县自来水厂和绥德县自来水厂均未检出石油类；米脂县和绥德县供水正常。无定河入黄河口之前的监测断面未检出石油类，超标的石油类污染物未进入黄河。19日8时，榆林市人民政府终止了应急响应。

安徽铜陵“6·20”金隆铜业有限公司电解槽泄漏事故：2013年6月20日，位于安徽省铜陵市的金隆铜业有限公司电解车间一个电解槽回液管发生爆裂，超2 t电解液泄漏，从下水道进入长江。铜陵市环保局责令该企业立即采取紧急措施、控制污染源、消除污染；14时10分，泄漏得到控制。铜陵市环境保护局继续跟踪监测，第一时间掌握长江水质变化情况，观察此次事件可能对受影响区域的鱼类造成的影响，对此次事件造成的环境危害进行损害评估，依法对责任人员进行处理。

广西靖西“5·26”华银铝业有限公司龙山排泥库泥浆泄漏事故：2012年5月26日15时许，位于广西壮族自治区靖西市的华银铝业有限公司靖西县龙山排泥库（如图1-13所示）附近的古杰泉眼、玻珠1号、2号泉眼3处发生大量泥浆泄漏。泄漏的泥浆经排泥库的事故应急池后进入古杰沟，泄漏点距古杰沟与庞凌河的汇合处约1.7 km，距中越边境约47 km。事发后，当地政府立即采取封堵泄漏点、投放絮凝剂、设置围堰、加密监测等措施进行处置（如图1-14所示），同时对受灾群众进行了妥善安置。至6月2日，泄漏点封堵工作已基本完成，事件未对庞凌河水质造成影响。

图1-13　华银铝业有限公司靖西县龙山排泥库

图 1-14　开展应急处置工作

第三节　火灾、爆炸事故

一、存在的环境安全隐患

（一）事故类型

企业可能发生的火灾、爆炸事故类型主要有电气火灾，违规动火作业引起的火灾，易燃易爆化学品火灾、爆炸事故等。

1. 电气火灾

电气设备产生的点火源：由于设计、选型工作的失误，部分电气设备选用不当，不能满足防火防爆的要求，在投产使用过程中可能产生电火花、电弧，进而引起火灾、爆炸事故；在电气设备安装、调试或检修过程中，因安装不当或操作不慎，有可能造成过载、短路而出现高温表面或产生电火花，或者发生电气火灾，进一步引发火灾、爆炸事故；人员违章操作、违章用电以及其他原因也会制造出电火花等火源；电缆的绝缘材料、填充物和覆盖层都具有可燃性，遇到高温或外界火源极容易被引燃，电缆一旦着火，火势会很快蔓延，波及邻近的电缆和电气设备，使火灾扩大。

静电放电：由于原料液体、产品液体电阻率高，液体在设备内流动时会因摩擦而产生静电；液体在管道输送过程中流动相互摩擦也能产生静电；若静电导除不良，有可能因静电积聚而产生静电火花，可引燃易燃液体，造成火灾、爆炸事故。

雷击：防雷设施不齐全或未按规定检测和维护，建筑物防雷接地装置出现故障时有可能导致在雷雨天气发生火灾、爆炸事故。

2. 违规动火作业引起的火灾

动火作业：动火作业是企业设备设施安装、检修过程中常用的作业方式，若违章动火或防护措施不当，易引发火灾、爆炸事故。动火作业在生产过程中是不可避免的，但事故却是可以预防的，关键在于要严格遵守用火、用电、动火作业安全管理制度，严格执行操作规程，落实防火监护人及防火措施。

作业现场吸烟：在“防火、防爆十大禁令”中，烟火被列为第一位。因吸烟引发的火灾、爆炸事故时有发生。由于少数员工的安全意识差，在防爆区域吸烟的现象是有可能出现的。

车辆排烟喷火：汽车是以汽油或柴油为燃料的。有时，在排出的尾气中夹带火星、火焰，这种火星、火焰有可能引起易燃易爆物质的燃烧或爆炸。因此，未安装阻火器的机动车辆在厂区内行驶是很危险的。汽车排烟喷火带来的危险应引起高度重视。

机械摩擦和撞击火花：金属工具、鞋钉等金属器件相互之间或敲击设备，就有可能产生火花。机械传动部位摩擦产生高温。

3. 易燃易爆化学品火灾、爆炸事故

易燃、易爆的液体、气体泄漏后，一旦遇到引火源就会被点燃而引发火灾。由于泄漏形式和引燃方式的不同，将会导致不同的火灾场景。据火灾燃烧方式的不同，火灾事故主要分为池火、喷射火、火球和突发火等。根据爆炸物质状态和爆炸现象的不同，爆炸事故可以分为凝聚相爆炸、约束爆炸、沸腾液体扩展蒸气云爆炸、反应失控爆炸、物理爆炸、无约束爆炸和蒸气云爆炸。

企业可能发生易燃易爆化学品火灾、爆炸事故的主要地点有储罐区、甲类仓库、甲类生产车间等。

易燃易爆化学品包括：易爆性物质（包括易爆固体和凝结性液体，如过氧化物、硝铵、多硝基化合物和硝酸酯）；混合型易爆物质（混合产生易燃易爆性）；可燃性气体或挥发蒸气（如石油气、天然气、乙烯、乙炔、乙醚、苯、酒精等）；易燃液体（酒精、汽油、柴油等）；可燃性粉尘（铝粉、镁粉、硫黄粉等）；水解易燃性物质（吸收水分时，产生易燃易爆性物质）。

燃烧和爆炸的条件：有可燃性物质存在；有助燃物质存在；有导致燃烧的能源（如明火、高温表面、过热、电火花、撞击、摩擦、绝热压缩等）。

易燃易爆物质的泄漏主要有两种形式：一种是易燃易爆化学品蒸气的泄漏，如分装过程中有机溶剂挥发等；另一种是易燃易爆物质泄漏，如包装破损、腐蚀造成泄漏，固定管线、软管在作业完毕后内存残液流出，以及超过罐体容积而溢出、罐体破损泄漏等。易燃易爆化学品的蒸气与空气可形成爆炸性气体混合物，若遇火源会发生爆炸。同时，泄漏的易燃易爆化学品的液体会沿着地面或设备设施流向低洼处，同时吸收周围热量，挥发形成蒸气，因其较空气稍重，又会沿地面扩散，窜入地下管沟，极易在非防爆区域或防爆等级较低的场所引起火灾、爆炸事故。

易燃易爆化学品在使用和储运过程中的温度越高，其蒸发量越大，越容易产生引起燃烧、爆炸所需的蒸气量，火灾、爆炸危险性也就越大。企业在生产各种产品的过程中，如果室温过高、设备部件破损或误操作造成液体泄漏或蒸发，形成爆炸性混合气体；企业有机溶剂部分采用储罐方式储存，卸车过程中操作失误或机械故障等原因可造成可燃液体泄漏或蒸发，形成爆炸性混合物；由于储存易燃易爆液体的容器质量缺陷，存在密封不严、破损造成液体泄漏或蒸发，形成爆炸性混合物；在搬运、装卸过程中不遵守操作规程，野蛮装卸，可能使包装破损，化学品泄漏或蒸发，形成爆炸性混合物；生产车间、仓库通风不良，易燃易爆化学品的蒸气不断积聚，最后达到爆炸极限；在生产过程中发生设备泄漏、跑料都有可能形成爆炸性混合物；废气废液中含有易燃易爆残留物。

（二）次生污染物

火灾、爆炸事故的次生突发环境事件主要包括消防污水处置不当污染水体和有毒有害烟气污染大气环境等。

1. 消防污水

企业火灾、爆炸事故发生后，往往会造成生产设备或储存设备物料泄漏。企业进行灭火时，物料进入消防水，产生大量含化学品的消防污水，消防污水若未经有效截留及收集，通过地下管道流溢，进入受纳水体后，将对周边敏感点居民的生活环境造成污染，影响居民正常生活；消防污水还可导致水体中化学品的含量增大，进而使水中的溶解氧减少，水体中的部分有机物氧化不完全，破坏水体平衡，使鱼类等水生生物直接中毒；消防污水中所含的化学物质可能在流溢过程中渗入土壤，进而污染地下水、土壤及动植物环境。

2. 有毒有害烟气

在火灾、爆炸过程中产生大量有毒有害烟气，主要成分为烟尘、一氧化碳、二氧化碳、二氧化硫、二氧化氮以及企业特征污染物等，可能还有燃烧不完全的中间产物，将会污染周围大气环境，尤其对下风向的影响较明显。若员工和周边居民不慎吸入高浓度有毒有害烟气，可能会引起中毒现象。

以最常见的一氧化碳气体为例，不完全燃烧产生的一氧化碳为无色、无臭、无刺激性的剧毒气体。一氧化碳会结合血红蛋白生成碳氧血红蛋白，碳氧血红蛋白不能提供氧气给身体组织，这种情况被称为血缺氧。浓度高至 6.67×10^{-4} 可能会导致高达 50% 的人体血红蛋白转换为碳氧血红蛋白，可能会导致昏迷和死亡。一氧化碳中毒症状包括头痛、恶心、呕吐、头晕、疲劳和虚弱的感觉，可能严重损害心脏和中枢神经系统。

二、环境安全隐患治理

（一）防火、防爆措施

1. 预防电气火灾

电气设备必须具有国家指定机构的安全认证标志。电气装置的选型、设计、施工、安装、验收应符合有关规范、标准的规定；配电设备、线路定期检查、检修、保养，保持良好；加入抗静电剂，禁止高流速输送，尽可能低流速作业，减少管道与物料之间以及涡流造成物料之间的摩擦，以减少静电产生；消除电气火花及静电放电的可能，库房用电必须按规定采取有效安全措施；在储罐、管道以及其他设备上设置永久性接地装置；要有防雷击装置，特别防止侧雷击。

保持足够的安全距离，采取一切措施防止人体触及或接近带电体；所有电气设备均应采取相应的措施以防止人体直接、间接和跨步电压触电；防止操作人员带电，在进行危险操作时，操作人员应使用抗静电工作服和具有导电性能的作业鞋；健全电气安全规章制度、严格执行，定期对员工进行电气安全教育。

消防设施设备按当地消防部门要求进行配备；在主车间、储罐区、成品库房防爆区域周围设置人体静电消除装置、自动喷淋灭火系统、可燃性气体报警器、手推式干粉灭火器，经常检查，确保设施正常运转。

2. 禁止违规动火作业

实行动火作业许可制度，严禁违规动火；现场设置安全通道，消防通道不得堵塞；严禁使用打火花工具敲打、撞击易燃易爆物体容器；操作现场禁止使用易发生火花的铁制工具，进入现场应穿防静电工作服及防护工具，不得穿钉子鞋和化纤工作服；易燃易爆物品储存、使用场所严禁吸烟，严禁携带火种进入爆炸危险区域；要采用先进的工艺技术和技术水平高、可靠性强的防火防爆措施，采用安全的工艺指标；在有火灾、爆炸危险的厂房内，应尽量避免焊割作业，最好将需要检修的设备或管段拆卸至安全地点以修理。进行切割或焊接作业时应严格执行动火规定；严禁在生产设备、蒸气管道上烘烤衣物及食品；严禁用易挥发、可燃性液体物质擦洗设备、用具及衣物；严禁随处摆放可燃性物料。

企业应急领导小组办公室对厂区的各项消防设施进行检查及更新，并组织员工进行火灾、爆炸防范培训及演练，增强员工的火灾、爆炸防范意识；严格落实三级防火检查制度，即实行厂（月）检查、车间（周）检查、班组工段（日）检查制度，检查要及时记载，派专人值班、每天检查；实行定期巡查、点检，发现隐患及时处理；隐患不能及时处理的，制定临时对策，确保隐患处于受控状态。

凡新入员工或进厂协作学习、培训、施工人员，未经三级安全教育，不准上岗；未经许可的非本装置人员禁止进入现场，凡参观人员必须办理参观手续，严格遵守各项有关规定，并且由专人陪同方可入内。

3. 加强易燃易爆化学品管理

（1）制定安全管理规定

加强易燃易爆化学品的贮存、使用及运输管理，完善通风、防泄漏、防静电等安全设施；在贮存保管中必须把好“三关”，即入库验收关、在库贮存关、出库复验关；仓库温度一般不得超过 30℃；在装卸和搬运过程中要严格防止撞击、摩擦、翻滚；一般易燃易爆化学品不得与其他危险化学品混放，根据各类易燃易爆化学品的性质，按规定分门别类贮存保管；加强对化学品仓库物料等的防泄漏处理检查，配置相应的易燃气体浓度监测设备，并制定易燃气体浓度超标应急处置方案，如有报警，第一时间现场检查确认。

（2）加强火灾高风险设备管理

在储罐区设置喷淋设施，对易燃易爆物料量大的罐区安装大型泡沫灭火系统，泄漏时可降温，火灾时可灭火；储罐装料量不得超过其容积的 85%；操作人员在操作前，须手扶接地栏杆，导走身体静电；上罐检尺或取样必须在装卸完毕静止 80 min 后进行；装置配备有大型的高压氮气储罐，为易燃易爆物料罐区及危险装置提供氮封，减少物料和空气的接触。

为避免火灾、爆炸事故在各设备之间的影响，对于易燃易爆物料存贮较多及高压设备，均应设置防火、防爆墙；为防止其他设备发生事故时的辐射影响，在重要的设备上安装水喷淋设施；按照标准、规范配齐消防设施和急救器材，消防设施和急救器材应实行定人、定编、定岗（即“三定”）管理，落实责任人。急救器材包括防毒口罩、急救药品、急救药箱等；保持消防通道的畅通。

严禁私自取用油品，不准在灌装区内给汽车加油或修车；槽罐车装卸作业中，必须带阻火器，停车、熄火，各职能人员不准离开岗位，装卸完槽罐车并封好后，方可启动汽车发动机。

（3）厂区及设备防控措施

在厂区布置方面，厂区应设有相对完善的防火间距、消防车道和消防设施等，消防工程达到《建筑设计防火规范》的要求，具备使用条件；车间内外设有地上式消火栓，能够满足火灾事故情况下的消防用水需要；车间、实验室、甲类车间设有泡沫消防系统；各厂房内按消防的要求配置相应数量的手提式干粉灭火器等；凡禁火区均设置明显标志牌；设立消防应急疏散图，车间、楼梯出入口配置应急疏散标识，装置区设置有关的安全标识等并严格执行。

对常用的阻火设施（如切断阀、止逆阀、安全水封、水封井、阻火器、挡火墙等），应当定期对其进行清理、检查、维护、保养，以保证安全生产；此外，在建筑上应采用防火墙、防火门、防火堤、防火带以及合理的间距，采取耐火等级厂房等措施。

所有设备的设计、选购、安装均应按有关规范、标准进行；主要生产装置区布置在车间厂房内，对人身造成危险的运转设备配备安全罩；对于因超温超压可能引起火灾、爆炸危险的设备，应设置自动报警信号及自动、手动紧急泄压措施；仓储区、生产厂房的电器和照明设备采用防爆型，并采取静电接地措施。

（二）预防次生污染物外排

1. 预防消防污水外排

消防污水是一个不容忽视的二次污染问题。由于消防污水在灭火时产生，产生时间短，产生量较大，不易控制和导向，带有化学品的消防污水一般经厂区雨水管网直接进入外界水体环境，从而造成污染。根据事故特征，采取以下污染防范措施。

采取雨污分流措施，消防污水经污水管网进入综合污水处理设施，泄漏进雨水沟内的少量废水全部导入事故应急池。在厂区雨水管网集中汇入沟渠前的节点上安装可靠的阀门隔断措施，可在灭火时将此阀门关闭，防止消防污水直接进入市政雨水管网；在厂区边界地势低处预先准备适量的沙包，在厂区灭火时可堵住厂界围墙有泄漏的地方，防止消防污水向场外泄漏；厂区室外消防采用低压制供水，厂区室内消防采用临时高压制供水，减少消防污水量。

企业厂区设置事故应急池，并设置应急阀门，应急储存能力能够满足消防污水、初期雨水和泄漏物料暂存的需要，也能够满足超标废水暂存的需要，避免泄漏物料和消防污水、污染雨水或超标废水外流进入河流。

2. 预防有毒有害烟气扩散

对于火灾时产生的大量有毒有害烟气，一般利用消防栓对其进行喷淋覆盖，减小浓烟的扩散范围并降低浓度。因此，厂区内应设置消防栓及一定数量的消防水带，设置独立的消防泵房和消防控制室；消防栓直接连接市政消防管网，可以保证事故发生时，消防用水能迅速、稳定提供；设有单独的消防水池，在市政消防管网破裂等情况下依然能够有充足的消防用水应对火灾事故。

三、事故应急处置措施

（一）事故处置

1. 现场安全与救护

火灾、爆炸事故引起的突发环境事件救援工作危险性比较大，必须对现场处置人员自身的安全问题周密考虑，防止其被火烧伤和被消防污水灼伤，或因燃烧物所产生的有毒气体导致中毒、窒息，以保证应急救援人员免受事故的伤害；对电气设备灭火时，必须切断电源，防止触电；当发生火灾、爆炸事故时，综合协调组应为企业应急救援人员提供专业的个体安全用品，如防化服、自给式呼吸器、过滤式呼吸器等；应急救援人员进入事故现场，必须穿戴合适的防护用具，随时注意现场风向的变化，避免发生伤亡；当有员工或应急人员受到伤害时，医疗救护组应组织受过专业训练的人员进行现场急救，切忌盲目施救；综合协调组应立即请求“120”急救平台支援，送伤员到就近医院。

2. 火灾事故现场应急处置措施

（1）启动响应

发生火灾、爆炸等安全事故时，立即报火警；发现人判断火势可控时，应立即用现场灭火器材或固定灭火装置扑救初起火灾，并第一时间通过电话、对讲机或者其他方式向企业应急领导小组办公室汇报；扑救火灾时，首先要查明或核实火势发展方向、火场是否有人员被困、是否存有易燃易爆物品、贵重设备是否受到火势威胁等；应急领导小组办公室通知各应急救援小组快速集结、快速反应，履行各自职责，投入行动，停止厂区的全部生产活动，负责对外报警和请求救援；当火势猛烈或伴有爆炸等危险时，应紧急避险并立即报警。

现场处置组负责火灾、爆炸事故的控制及事后的现场清理、洗消；应急监测组负责污染空气、水体的采样和监测，提交监测数据；专家咨询组负责对火灾、爆炸可能的发展趋势、影响范围作出判断，对具体火灾事故引起的环境污染提出应急处置方案和建议；综合协调组负责应急物资的供应；医疗救护组负责被困人员的紧急救护，负责组织伤员救护。

（2）救人

灭火工作应坚持“救人重于救火”的原则，应急领导小组应立即组织开展现场应急救援，组织人员疏散、灭火施救，首先抢救受伤被困人员；综合协调组负责在企业周围设立警戒线，并指引企业内部人员往上风向撤离，依照疏散逃生路线分区域迅速疏散非应急人员。

（3）控险

灭火工作应采取“先控制、后消灭”的原则，集中力量切断火势蔓延途径，将火势控制在一定的范围内，防止火势向主生产区域、主生产设备、易燃易爆物品、人员集中场所、重要建筑等蔓延；当火势逼近危险化学品的贮存或使用场所时，现场处置组在确保自身安全的前提下，应尽快搬离危险化学品至安全区域，或者利用工艺措施倒罐或排空；对火灾现场的人员和管线设备采用保护性措施，如开启喷淋装置、打开消防栓，从安全距离利用喷雾水枪对准罐壁或管道泄漏点喷射，为其他未燃烧的物质喷洒冷却水，以降低温度和化学品在空气中的浓度，减轻人员伤亡和避免火势蔓延；用干粉灭火器覆盖泄漏的液体，减少化学品蒸发；在未切断泄漏源的情况下，严禁熄灭已稳定燃烧的火焰，如泄漏源能够保证切断，着火部位火焰会随着燃烧物的减少而自行熄灭。

（4）排险

向泄漏点、主火点进行消防进攻之前，应将外围火点彻底扑灭；电气设备附近应配备适用于扑灭电气火灾的消防器材。发生电气火灾时，应首先切断电源，然后迅速组织人员排除易燃及轰燃因素；有的火灾可能造成易燃物料外流，形成大面积流淌火，可用沙袋、水泥或其他材料筑堤拦截四处流淌的物料，或通过挖沟导流将物料导向安全地点；封堵下水道、水井等排水、排污处，防止火势蔓延。

（5）点燃

对于气体火灾，当罐内气压减小、剩余残液不多的时候，可采取向罐内注水的方式，抬升剩余的残液，使其加快燃烧速度；如冷却过程中火焰被冷却水流打灭，要立即使用信号枪或者火把重新点燃；对于无法及时实施堵漏，但还有外泄气体扩散的情况，如泄漏位置在罐底，则用喷雾水进行合围稀释，并采取相应的堵漏措施；如在罐顶泄漏，则要果断采取措施点燃；对易挥发（气化）的着火物料，控制着火储罐稳定燃烧，直至物料全部消耗。

（6）灭火

根据火场实际情况，合理选用“堵截包围、上下合击、重点突破、逐片消灭”的灭火战术措施，正确选择灭火方法（如冷却法、隔离法、窒息法、抑制法）。要达到以下灭火条件时才能实施灭火：周围火点已彻底扑灭、火场的各种危险源已全部得到控制，解除事故现场的后顾之忧；着火罐或装置已得到充分冷却保护，灭火力量已经达到一次性灭火的需要的情况；各种处置的相关力量、装备、灭火剂已准备就绪并已到位；物料源已被切断，且内部压力明显下降；堵漏准备就绪，并有把握在短时间内完成。

扑救火灾不可盲目行动，应针对每一类火灾，选择正确的灭火剂和灭火方法来安全地控制火灾。对于电气故障引起的火灾，首先切断总电源，然后选用 CO_2 灭火器或干粉灭火器进行灭火；对于爆炸物品火灾，切忌用沙土盖压，以免增强爆炸物品爆炸时的威力；扑救爆炸物品堆垛火灾时，水流应采用吊射，避免强力水流直接冲击堆垛，以免堆垛倒塌引起再次爆炸；对于遇湿易燃物品火灾，绝对禁止用水、泡沫、酸、碱等湿性灭火剂扑救；氧化剂和有机过氧化物的灭火比较复杂，应针对具体物质具体分析；扑救毒害品和腐蚀品的火灾时，应尽量使用低压水流或雾状水，避免毒害品、腐蚀品溅出；遇酸类或碱类腐蚀品，最好调制相应的中和剂稀释中和；易燃固体、自燃物品一般都可用水和泡沫扑救，只要控制住燃烧范围，逐步扑灭即可，但有少数易燃固体、自燃物品的扑救方法比较特殊，因其受热放出易燃蒸气，能与空气形成爆炸性混合物，尤其在室内易发生爆燃，在扑救过程中应不时向燃烧区域上空及周围喷射雾状水，并消除周围一切火源。

（7）增援

如火势太大，化学品火灾的扑救应由专业消防队来进行，其他人员不可盲目行动。在专业消防队未到达之前，现场处置组使用适当的消防器材尽量减小火势，阻止火势的蔓延、扩大，扑救人员必须佩戴防毒面具，尽可能把危险化学品搬离火灾现场，转移到安全地带；待专业消防队到达后，介绍贮存化学品特性、数量和位置，以专业消防队为主、现场处置组为辅，负责消防灭火救灾工作。

3. 爆炸事故应急处置措施

控制事故区域，对周围的罐区进行有效冷却和阻隔，防止周围未燃烧但受热辐射的罐区发生二次爆炸，造成人员伤亡；当着火设备、储罐等出现火焰发白、变亮，安全阀和排空阀等泄放孔发出刺耳的呼叫声，罐体变形、抖动等爆炸前兆时，现场人员应立即全部撤离，尽量避免人员伤亡；采取技术措施，做好监护工作，防止发生复燃、爆炸等事故。

（二）次生污染物处置

1. 控制消防污水外排

在事故处置中，如果火灾比较严重且火势较大，则将产生很多的消防污水。火灾事故的大小决定着消防污水的产量大小，如果大量的消防污水携带化学品排至厂外、进入外环境，将次生更严重的突发水环境事件。

（1）拦截消防污水

发生火灾后，现场处置组关闭雨水管道总阀门，封堵企业污水总排污口，启动事故应急池的切换阀，利用沙包在门口设置围堰，利用四周的实体围墙来拦截废水，将灭火过程产生的消防污水截留在厂区内；若发现及时，则由现场处置组直接对小型火灾进行扑灭，并在发生火灾的区域四周用沙包设置临时围堰，围堵灭火产生的少量消防污水；若发现不及时，火势已蔓延至附近生产线或车间，应停止厂区的全部生产活动，现场处置组应立刻打开应急阀门，做好事故应急池接纳消防污水的准备。

消防污水通过雨水总阀门（常闭）和企业污水总排污口阀门截留后，自流进入事故应急池内暂存；待事故后对事故水进行取样检测，若检测结果达到厂内污水处理设施接纳标准，可引至厂内污水处理设施处理达标后排放，若达不到接纳标准，则通知外部有资质单位进行回收处理；在抢险过程中，观测消防污水的流向和数量，当发现消防水量大于应急池容积，消防污水满溢或流向厂外时，立即报告应急领导小组，修筑围堰拦截污水或将污水引至低洼处，通知有资质的专业环保公司进行转运处理；当围堰中或低洼处的消防污水水位较高时，现场处置组应启用污水处理设施处理一部分污水，或利用潜水泵及时将围堰中的污水抽至另一个围堰内或另一低洼处；消防污水流至厂外、进入外环境的，应立刻联系当地水利部门，以便及时关闭涉及河道水闸，防止消防污水进一步外泄。

现场救援人员对场外残留物料、消防污水和污水总排放口加强监测，对外排到河道的污染物进行围堵和截堵。灭火抢险结束后，组织人员对现场进行洗消、清理，应集中收集洗消污水到事故应急池，然后送至厂区内污水处理设施进行处理。

（2）减少消防污水的产生量

消防污水中不可避免地进入了大量的有毒有害化学物质，因此应采取各种手段减少消防污水的产生。宁夏三雅化工有限公司火灾事故中，消防部门先用水灭火，随后进行干粉灭火，有效减少了消防污水的产生量；青岛海怡精细化工有限公司车间爆炸事故中，消防部门采取了可控燃烧方式，未喷洒大量消防水。两起事故处置过程中的消防污水产生量都得到有效控制。

2005 年 12 月 11 日，英国首都伦敦西北部普斯菲尔德镇油库接连发生爆炸并引起大火。爆炸引起的火灾持续了 60 h，烧毁了 20 余座大型油罐（当时油库中各类油品储量为 3.5 万 m^3）。英国消防部门在扑救这次油罐火灾中，充分考虑了对环境的保护，为了避免过量使用泡沫灭火剂和冷却用水导致水源污染，果断采取了“控制性燃烧”的战术，通过切断输油管来控制火势，不仅有效避免了救援人员的伤亡，还将事故处置对环境的影响降至最低。

在英国，一些石油化工等消防安全重点单位的应急预案由消防部门、环境保护部门和企业三方共同制定、修订。企业为消防部门和环境保护部门提供厂区基本情况、重要部位、工艺措施以及生产和储运的危险物品等信息；环境保护部门根据企业提供的信息，评估突发环境事件的危害性与可能性，提出具体的环境应急处置对策；消防部门将环保内容和注意事项纳入灭火救援应急预案中，统筹考虑灭火救援的技战术措施，结合可能发生的事故特点，提出有针对性的处置方案。

2. 有毒有害烟气处置

对事故中产生的有毒有害烟气，使用喷淋水进行喷淋，产生的废水截留在厂区内，待结束后交由有资质的单位处理；自行或者配合外部有资质的监测单位，对火灾、爆炸事故产生的有毒有害烟气影响区域开展应急监测，监测点主要分布在下风向不同区域，在环境敏感点处加强监测布点，同时在侧风向和上风向设置对照监测点，随时掌控火灾、爆炸有害烟气的浓度分布情况，避免一氧化碳等有毒有害物质可能造成的危害；一旦监测结果显示严重超标，应及时上报应急领导小组，企业应急领导小组应立即上报至当地政府和生态环境、应急管理、消防等部门，配合相关部门及时疏散下风向可能受影响的企业和群众；当火灾扑灭后，现场处置组可用风机加强事故现场通风，加快事故现场残留的有毒有害烟气扩散速度，防止事故现场有毒有害烟气浓度过高。

3. 扩大应急处置措施

当可能出现火势扩大或消防污水外流，导致事件扩大，超出企业的环境应急处置能力时，企业应急领导小组应向当地消防、医疗卫生、生态环境等部门请求支援，并通知周边可能受影响居民和企业。外援力量到达后，现场指挥权归上级指挥中心人员或消防队。企业应急领导小组做好现场介绍和信息资料提供工作，现场所有抢救人员和装备由总指挥统一指挥调配，开展环境应急救援抢险工作。一旦消防污水流至厂外，立即对厂外的污水井、雨水井或沟渠进行封堵，利用石灰、吸附棉、活性炭等对消防污水进行回收和消解，以防止消防污水流入市政管网或河道而引发突发水环境事件。

四、典型案例

浙江温州“3・11”海鹿润滑油经营部火灾事故：2022 年 3 月 11 日 11 时 30 分许，浙江省温州市瑞安市海鹿润滑油经营部发生火灾事故，12 时 50 分明火被基本扑灭。火灾现场约有 5 t 润滑油被烧毁，约 800 t 消防污水及 0.2 t 油污流入厂边东侧下塘河内。下塘河下游约 2 km 汇入飞云江，约 4 km 后汇入东海，沿线无饮用水水源地。事故发生后，当地政府立即关闭事发点下游 150 m 和 500 m 的两道水闸，在事发点上下游设置 9 道拦油索，并铺设吸油毡进行拦截吸附。3 月 12 日 16 时，事故善后处理完成，河面油污全部收集处理完毕。当地生态环境部门沿河布设 4 个地表水监测点位。3 月 12 日 17 时监测结果显示，各点位石油类浓度均符合《地表水环境质量标准》（GB 3838—2002）第Ⅲ类限值要求（若无其他说明，本书地表水标准均为 GB 3838—2002）。

广东阳江“2・24”汇彩五金工艺厂火灾事故：2022 年 2 月 24 日 6 时 45 分，广东省阳江市环保工业园汇彩五金工艺厂发生火灾，明火于7时20分被扑灭，过火面积约150 m^2。起火原因是生产线电镀液较少，加热棒过热自燃，引起周边可燃物燃烧。该工厂设有半自动镀铜镍铬生产线1条，厂内含铜水4 m^3、镍水2 m^3、铬水1 m^3。火灾发生时，厂内含铜镍铬电镀废液大部分流入分水池后排向污水处理厂，约1 m^3含铜镍铬电镀废水混合消防水流入园区硬化的架管旱沟内。园区管委会会同污水处理厂及时将旱沟内的废水回抽至污水处理厂集中处理。26日9时，园区雨水排口监测结果显示，铜、镍、铬、氰等监测指标均达到电镀污染物排放标准。

湖南长沙“1·23”巴斯夫杉杉电池材料有限公司火灾事故：2022年1月23日16时40分，位于湖南省长沙市高新区的巴斯夫杉杉电池材料有限公司湿法实验室电气线路短路引起塑料储罐着火，18时30分许明火被扑灭。事件造成约600 t消防污水经雨水管网进入雷锋河。雷锋河下游约5 km汇入龙王港，约18 km汇入湘江。雷锋河、龙王港没有饮用水水源地，入湘江后下游约19 km为望城区水厂的饮用水水源地。火灾发生时，实验室存有原料溶液（主要成分为硫酸镍、硫酸锰、硫酸钴）、氨水、液碱、稀硫酸等物质。事件造成雷锋河、龙王港的镍、锰出现不同程度超标，其中镍最高超标614倍，锰最高超标29.4倍。

当地政府在雷锋河、龙王港各设置1个硫化钠投放点（如图1-15、图1-16所示），同时对龙王港实施调水稀释，进一步降低污染物浓度。当地生态环境部门在企业排口、雷锋河、龙王港、湘江共布设32个手工监测断面，在雷锋河口市控水质自动监测站内加装镍、锰在线自动监测系统。监测结果显示，自1月28日12时起，雷锋河、龙王港各监测点位镍、锰浓度持续稳定达标。当地于1月29日12时结束应急响应，事件处置期间湘江水质未受影响。

图1-15　雷锋河硫化钠投药点

图 1-16　龙王港硫化钠投药点

新疆石河子“6·8”西部合盛硅业有限公司车间火灾事故：2021 年 6 月 8 日 11 时 54 分，新疆生产建设兵团第八师石河子市西部合盛硅业有限公司年产 20 万 t 密封胶项目 997 硅氧烷成品包装车间发生火灾。16 时许，明火被扑灭，无人员伤亡。事故点下风向 1.4～3 km 范围内有朱家庄、河湾村、下桥子村等村庄；周边无饮用水水源地等其他环境敏感目标。企业通过管沟 + 提升泵将消防污水排至 2 个 0.5 万 m^3 的事故应急池贮存，并对事故现场地面污染水进行围挡、吸附，未外排。在事故点周边及下风向敏感点共 4 个点位开展大气环境质量监测。监测结果显示，事故处置期间除颗粒物浓度略有升高外，挥发性有机物、二氧化硫等指标浓度均在标准限值内。

浙江宁波“5·6”科元精化有限公司爆炸事故：2021 年 5 月 6 日 3 时 23 分，浙江省宁波市北仑区戚家山街道科元精化有限公司发生爆炸事故。10 时 47 分，明火被扑灭，现场无人员伤亡。企业切断雨水阀，消防污水全部收集至厂区事故应急池和污水处理站，并联系宁波经济技术开发区青峙工业污水处理有限公司对消防污水进行抽运处置。同时组织开展大气环境应急监测工作，企业周边点位二氧化硫和一氧化碳浓度均符合大气相关标准，硫化氢、挥发性有机物、苯乙烯浓度均符合厂界无组织排放标准。

江苏南京“1·12”扬子石化橡胶有限公司顺丁橡胶生产装置发生爆炸火灾事故：2021 年 1 月 12 日 17 时许，江苏省南京市扬子石化橡胶有限公司顺丁橡胶生产装置发生爆炸火灾事故，造成事发地下风向丁二烯浓度最高为 1.1 mg/L［《江苏省化学工业挥发性有机物排放标准》（DB 323151—2016）中的无组织排放标准为 0.1 mg/L］。部分消防污水从雨水排口流入中心河（园区内河），下游为长丰河。当地生态环境部门立即关闭中心河河道水闸，并开展应急监测。同时，将中心河约 0.2 万 m^3 的污染水体全部输送至扬子石化有限公司污水处理设施进行处置。

广东清远“1·6”先导材料公司硫酸钴生产车间火灾事故：2020年1月6日10时40分许，广东省清远市清远先导材料有限公司硫酸钴生产车间发生火灾事故。6日16时30分许，明火被扑灭。部分消防污水经雨水管道溢流至厂外龙沥大排坑，下游约2 km汇入大燕河（北江一级支流，约10 km汇入北江），大燕河汇入北江后约25 km为北江水厂饮用水水源地。事故造成大排坑、大燕河地表水中锰、镍、钴浓度出现不同程度超标。当地政府采取截流断源、投药降污的方式进行处置，累计投放铁絮凝剂约1 t。自10日6时起，事故特征污染物镍、钴浓度均持续稳定达标。

重庆万州区“1·2”华歌生物化学有限公司五硫化二磷仓库自燃事故：2019年1月2日6时10分许，重庆市万州经开区九龙园区内重庆华歌生物化学有限公司的五硫化二磷仓库发生自燃。事发后，消防部门采取干粉、消防沙的方式进行灭火，同时使用消防水对乙醇罐体降温，防止高温辐射发生意外。消防污水全部收集到应急池中，未外排。监测数据显示，厂区外空气中硫化氢、二氧化硫未超标。

江苏连云港“12·9”聚鑫生物科技有限公司爆炸事故：2017年12月9日2时20分许，江苏省连云港市灌南县聚鑫生物科技有限公司发生爆炸事故，起火物质为间二氯苯、二氯亚砜等。5时左右，明火被扑灭。厂区雨水排放口封闭。消防污水通过自流和人工转运的方式进入厂区事故应急池。监测数据表明，所有点位氯苯均未检出，厂界（下风向100 m处）挥发性有机物浓度自11日3时起持续稳定达标。

河北邢台“5·2”化工厂火灾产生氮氧化物、氯化氢等刺激性气体引发群体性事件：2017年4月29日晚，河北省邢台市大曹庄管理区河北兴飞化工有限公司三氯车间在停工检修、进行焊工作业时，将二氯异氰尿酸钠包装物引燃，着火事故持续约30 min，产生了氮氧化物、氯化氢等刺激性气体。事件发生后，大曹庄管理区管委会责令兴飞化工有限公司立即停产整顿。5月2日中午，宁晋县东汪镇南丁曹村200余名村民封堵兴飞化工有限公司所在产业聚集区道路，提出开展环境监测、搬迁产业聚集区内全部11家化工企业等诉求。5月4日，产业聚集区化工企业全部停产。

江苏扬州“5·29”曙光助剂厂精馏车间爆炸事故：2014年5月29日18时22分，江苏省扬州市宝应县曙光助剂厂精馏车间发生爆炸事故，部分物料及洗消废水经园区管网进入陆庄排河，下游无集中式饮用水水源地。事件主要污染物为苯胺，最高超标10.2倍。宝应县政府组织采取封堵排污口、筑坝等措施拦截泄漏污水，并采用双氧水氧化法和活性炭吸附法治理污染水体。6月14日，拦截坝内水体苯胺类浓度已达标，经专家论证同意，宝应县政府开坝向下游少量缓慢放水，并在坝口处设置活性炭吸附。至6月16日晚，污染水体全部处置完毕，共处理水量约10万m^3。6月16日，经检测，下游水体苯胺类未检出，事件应急响应终止。

陕西咸阳“1·12”长庆石化公司火灾事故：2014年1月12日13时15分，位于陕西省咸阳市高新开发区化工园区的中国石油长庆石化咸阳分公司加氢裂化装置分馏塔一台机泵柴油泄漏、发生火情。企业应急救援人员立即切断通往事故区域的油路，隔离可燃物，并对事故区域的所有管线进行了降压处理。对事故区域所有管线进行喷淋降温，防止高温引发爆炸。将事故现场消防污水收集排入事故应急池，并安排专人蹲点监察，确保消防污水没有进入渭河水体。现场实施交通管制，对管制路段的行人以及商户等300余人进行了撤离。咸阳市环境监测站在距离着火点下风向1～2 km区域呈扇形状布点5处进行连续监测。12日16时监测结果显示，挥发性有机物均达标。

浙江杭州“6·7”庆丰农化有限公司反应釜爆炸事故：2013年6月7日20时28分，浙江省杭州市庆丰农化有限公司咪酰胺车间在中试期间因工作人员操作不当导致反应釜爆炸并引发火灾。23时30分左右，火基本被扑灭。发生火灾的反应釜容量为0.3万 m^3，釜内含有1.2～1.5 t甲苯，甲苯基本被烧尽。消防灭火后，反应釜有黑烟产生，事故现场有微风，事故点周边无饮用水水源，附近3 km内无民居。企业第一时间关闭反应釜进料阀门，防止起火车间内的甲苯泄漏。消防污水经雨水系统进入厂区事故应急池，消防部门采用泡沫灭火方式，消防水量较小，消防污水未进入外环境。环境保护部门在起火点下风向100～1 200 m布置7个监测点，使用快速监测法对甲苯、二甲苯进行监测，监测结果表明各监测点位上均未检出甲苯、二甲苯。

广东佛山“4·5”三水分公司挤压二车间挤压机传动杆密封阀破裂导致下游河涌油污爆燃事故：2011年4月5日，位于广东省佛山市三水区乐平工业园的广东兴发铝业有限公司佛山市三水分公司挤压二车间挤压机传动杆密封阀发生破裂，泄漏出来的液压油未收集完全，约50 kg通过市政下水道流入三丫涌。当日（清明节）16时30分左右，村民在河涌边焚香，引发杂草和水面油污爆燃，燃烧点位于三丫涌丰业路下水道排口下游约80 m长的河段。事件发生后，当地政府立即组织开展应急处置工作，污染得到妥善处置。

湖北武汉“12·13”远城公司试生产车间化学原料火灾事故：2008年12月13日3时36分，位于湖北省武汉市洪山区狮子山街番息村的武汉远城科技发展有限公司试生产车间化学原料发生火灾，5时许火被扑灭，车间内存有的化学原料（苯甲醛、乙醛、甲苯、盐酸、液碱）已全部烧毁。灭火过程产生的消防污水共500 t，其中150 t流入该企业事故应急池，350 t经通惠港流入巡司河。事故发生后，经监测，厂区下风向环境空气质量正常，通惠港、巡司河、长江口、平湖门水厂取水口等各监测断面特征污染物均未检出。

上海奉贤“7·17”雷盛塑料公司仓库火灾事故：2008年7月17日12时20分，

上海市奉贤区雷盛塑料公司仓库发生火灾，过火面积大约为 0.2 万 m^2。消防部门在扑灭大火过程中产生的约 0.1 万 t 消防污水经雨水排放口外排至金汇港。截至 17 日 16 时许，大火已得到控制。事故发生后，当地政府紧急疏散 1 km 范围内的集贤村的 200 多名群众。对该公司的排放口采取围栏措施和投放活性炭进行拦截降解。关闭金汇港事故地段的上下游闸门，对两闸之间的 4 家水厂和 3 个取水口停止取水。调用 10 辆供水车保障金汇镇 6.5 万人的生活用水。并制定了固废处置方案。截至 20 日上午，空气质量恢复常态，疏散的居民已安全返回。

第四节　道路运输事故

一、存在的环境安全隐患

（一）厂内区域

在装卸区域，驾驶员、押运员、装卸工未经相关培训、考核，不具备相应的上岗资格，可能导致错误操作而引起化学品泄漏；装卸作业时有可能发生坠落、碰撞、敲击等导致化学品泄漏；运输车辆装载化学品量超过规定要求，可能发生化学品泄漏；运输化学品的槽罐、桶、瓶、袋、箱等包装破损发生化学品泄漏；车厢内化学品码放不符合规定，因碰撞导致包装破裂、化学品泄漏。

（二）厂外运输

运输车辆运输途中驾驶员操作失误、违章驾驶、疲劳驾驶、路况不良及恶劣天气、轮胎过热自燃、车辆故障等引发交通事故，有可能发生化学品泄漏；在运输途中，没有按照企业或交通管理部门规定的路线行走，道路状况影响安全行车，导致车辆伤害，引发化学品泄漏；运输化学品槽车出现冒舱泄漏、罐体穿孔或裂缝泄漏、罐体底阀未关导致泄漏、底阀法兰垫片失效泄漏、底阀内漏等泄漏事件；运输化学品的槽罐等设备因碰撞或其他原因而发生泄漏。

危化品运输车运输的物品多是易燃易爆或者剧毒物品，一旦发生事故，极有可能发生物品的泄漏、爆炸乃至环境污染。常见的环境敏感目标可归为两类，即大气类环境敏感目标和水环境类环境敏感目标。一是人员聚集区，主要是气态类危险化学品或危险废物泄漏造成的影响。在下风向上距离越近则环境风险越高，聚集规模（或密度）越大则环境风险越高。二是河湖跨界断面和集中式饮用水水源地等，主要是液态类或可溶解固态类危险化学品或危险废物运输次生环境风险。在事故发生点下游距离越近则环境风险越高，行政区域级别越高则相应环境风险越高。

环境因素本身影响事故发生率和事故形态，即影响损害发生概率。例如高速和城市公路发生危险化学品运输事故的比例相对于其他道路更高，从事故发生率角度，可能造成相对较大的环境风险；长时间直行道易造成司机疲劳，可能发生追尾事故；弯道处由于罐车惯性较大，易发生侧翻；东北寒冷地区更易发生车辆设备故障，西南地区雨季事故率更高等。

环境因素影响事故发生后危险化学品进入河道的量和方式，进而影响损害程度。例如，桥梁、高落差路段发生事故时，可能由于较大重力势能，使容器严重破损，以致大量危险化学品在短时间内进入河道；易与水反应的危险化学品一旦在降水期间发生事故更难以处置，易造成危险化学品进入河道。

二、环境安全隐患治理

（一）厂内区域

1. 车辆管理

化学品运输车辆统筹调配管理，车辆只能在企业或交通管理部门统一安排保障下进行化学品货物的运输工作；化学品运输车辆相对固定，必须是专用车，不能在任务紧急、车辆紧张的情况下使用两轮摩托车或三轮摩托车等承担化学品的运输任务；执行化学品运输任务的车辆必须性能状况良好、车容整洁、车厢内清洁干燥，注明化学品名称、数量、来源、性质和运往地点，并严格按要求配备和使用合格的安全、消防等应急防护器材；化学品运输车辆驾驶员应严格执行车辆的例行检查、车辆二级维护等管理规定，及时发现和处理车辆存在的机械故障等隐患问题，提高车辆的行驶性能，以确保该类车辆的安全行驶。

部分化学品运输车辆后面拉着一个比较长的圆形罐体。当运输液化气体的罐体压强超过 1 个大气压，一般称该罐体为承压罐体，专业的名称为移动式压力容器。承压罐体必须由有资格的单位制造；使用前应当办理使用登记；进行经常性维护保养和定期自行检查；在检验合格有效期届满前 1 个月，向特种设备检验机构提出定期检验申请。

2. 人员管理

管理、驾驶、押运及装卸等工作的人员应固定，保证化学品的运输任务始终是由专业人员来承担，从人员上保障化学品运输过程中的安全。驾驶该类车辆的驾驶员必须经过化学品运输驾驶培训并合格，定期参加应急演练。驾驶员应工作态度认真负责、技术熟练、熟悉道路情况，做到严格遵守交通、消防、治安等相关法规，具备对所运化学品实施应急处理的一定知识和能力。

3. 装卸管理

企业要加强车辆装卸过程环境安全管控，严格落实充装查验规定和查验记录制度。化学品运输车辆装车前，驾驶员必须认真检查货物类别及其性质，货物的包装必须符合包装技术要求，能经受运输过程中的碰撞、颠簸和温度变化等外界干扰而不发生危险事故；所用的包装材料必须是与危险化学品不发生反应的材料；危险化学品包装的外皮上要有明显的毒物标签，注明产品名称、毒性级别、侵入人体途径、中毒的急救办法、防护措施等，包装标志的粘贴要正确、牢固；同时具有易燃、有毒等多种危险特性时，则应根据其不同危险特性，同时粘贴相应的几种包装标志，一旦发生问题，可以进行多种防护；化学品运输车辆驾驶员在车辆装卸时，应根据将运输的货物的特性，向装卸工人讲解相关的注意事项和安全防范知识，要求其严格遵守装卸操作规程，以防止违规操作带来的化学品泄漏事故；化学品运输车辆驾驶员在化学品货物装载完成后，应认真检查车厢中化学品货物的存放状态；严禁化学品运输车辆对性质不相容的货物进行拼装，严禁化学品运输车辆进行超载运输；若不达安全规范要求，可以拒绝接受运输。

4. 行车前准备

企业应事先对各运输路线的路况进行调查，使司机对路面情况不好的道路、桥梁做到心中有数；化学品运输车辆在出车前，运输车辆负责人应根据本次运输化学品的危险特性，在技术人员的指导下，领取人员防护装备和随车应急处置物品，在化学品发生泄漏、扬散时可以及时将化学品收集，减少散失；检查随车医用救护包是否完好。

行车前必须提前准备运输紧急卡，运输紧急卡针对具体化学品或性质类似化学品进行统一编制，是运输车辆司机或现场救援人员应急救援信息的重要参考文档。运输紧急卡的主要内容包括 7 个部分：货物危险性；泄漏处置措施；消防措施；个体防护；运输车辆司机应急措施；医疗急救；相关部门的联系方式。

（二）厂外运输

1. 合理地规划运输路线及时间

企业应减小化学品的运输距离，缩短运输时间，降低化学品运输过程中的事故发生概率。同时，根据运输的化学品的特性和距离，选择最为安全的运输方式，减少中间环节。危险品的运输单位事先需制订周密的运输计划和行驶线路，并制定危险品泄漏的应急措施。运输车辆应避免进入城区和开发区的居住区、商贸区及人口稠密区域。

合理安排运输频次；在气象条件不好的天气（如暴雨、台风等），不能运输化学品，可先贮藏，等天气好转时再进行运输，小雨天可运输，但应小心驾驶并加强安全措施。日光暴晒、颠簸等使容器温度、压力升高，可能发生超压爆炸，夏季易爆易燃物品的运输最好安排在早、晚进行。对于在中午高温条件下运输的车辆，应采取必要的遮阳降温措施。

危化品运输车避免夜间行驶，目前全国有 20 多个省（自治区、直辖市）出台了夜间禁行危运车辆的政策。据统计，全国夜间危化品运输车道路交通安全事故和死亡人数占了整体事故的 1/3。下半夜特别是 0 时到 6 时这个时段，救援、管控的各种难度都比较大，如果这个时候发生事故，增加了救援的难度，有可能造成事故的扩大、危害的加大，也可能造成二次事故。

2. 行驶过程中注意事项

运输车辆行驶时，应锁闭车厢门，确保安全，不得丢失、遗撒和打开包装取出化学品；如发生包装物破损及货物泄漏等，应立即采取相应的补救措施，以防止化学品带来的安全隐患及突发环境事件；在路况不好的路段及沿线有敏感水体的区域应小心驾驶，防止发生泄漏事故而污染水体；在行驶过程中，驾驶员要控制好车速，在非特殊的交通运行状况（特殊的交通运行状况如突发交通事故、自然灾害等）下不准急加速或急减速，力求平稳驾驶。行驶过程中还应该注意选择并掌握路面平稳度，加大行车安全间距，不得违反交通安全规则，超越行进中的机动车辆和行人；化学品运输车辆在执行化学品运输任务时严禁搭载无关人员，也不允许搭载其他货物。

3. 选择停车和清洗保洁地点

化学品运输车辆必须按照企业规定停放在指定的停车库（场），因特殊情况需要，必须符合安全、不产生环境污染等基本条件，报经主管领导同意后才能在其他停车库（场）暂时停放；化学品运输车辆在运输途中需要临时停车时，应远离居民点、学校、交通繁华路段、名胜古迹和风景游览区，特别不准驾驶员远离车辆，更不准在发动机工作时向油箱加注油品；化学品运输车辆驾驶员应根据所运输的化学品特性，在指定的地点实施车辆的清洗保洁，防止车辆箱体残留的化学品造成人身伤害及二次污染环境；在服务区内化学品运输车辆发生泄漏事故，会导致化学品流出服务区、引发污染，因此公路服务区应设置雨水、污水外排闸门，非达标的雨水、污水全部控制在服务区界内。

广东省交通运输厅在大量分析危险货物运输车辆停放条件、要求和高速公路服务区运行条件、车位信息的基础上，联合省应急管理厅和省公安厅制定了《危险货物运输车辆进入既有高速公路服务区临时停放分类管理指引》。实施分类管理主要综合考虑平衡三个方面的问题：一是是否合适临时停放，比如服务区周边是否有密集居民区、服务区是否存在车辆及人员高度聚集时段和服务区自身条件等。二是危化品突发事件后，周边应急救援力量是否能快速到达，能否快速实施专业化现场处置；三是是否便利满足危险货物运输车辆运输、停放服务。

4. 准备应急处置物料和预防措施

化学品运输车辆应预备足够的应急处置物料，如排气管火花熄灭器、泄压阀、遮阳物、压力表、液位计、导除静电设备、灭火器材以及防护器材等。对槽罐车运输液态化学品的，还要配备足够的木塞等防渗漏应急物资，以备发生渗漏时使用；运输固态化学品车辆应携带足够的防扬撒、遮盖等物资。

危险废物运输过程中应严格做好相应防范措施，防止危险废物的泄漏或发生重大交通事故。采用专用车辆直接从生产企业将危险废物运送到有资质的处理企业内，运输过程严格遵守《危险废物收集、贮存、运输技术规范》（HJ 2025—2012）等相关规定；危险废物运输车辆必须在车辆前部和后部、车厢两侧设置专用警示标识；应当根据危险废物总体处置方案，配备足够数量的运输车辆，合理地备用应急车辆。

5. 高风险路段环境风险防控

高风险路段风险防控措施主要包括：高风险路段建设环境应急事故池；风险路段下游可设置永久设施，如建设围油栏布设桩位，一旦发生溢油事件，可立即形成处置能力；实施“南阳实践”，在风险路段下游寻找引流、截流、筑坝等应急处置设施场所；提出具有针对性的物资储备库、环境应急监测设备等清单。

在跨河桥梁段，提高道路交通安全设施的标准，对护栏应采取加高和加固措施；大中桥设防眩板来遮掩夜间行车时对面车辆的灯光；同时提高中央带和视线诱导标志的设置，以及照明设施、道路标志、路面标志和警示标志、限速标志的设置；跨河桥梁段的路面采用有组织排水工艺将桥面和路段的雨水引出（如图 1-17 所示），以防止事故发生时泄漏的化学品污染水源。

图 1-17　利用管道将跨河桥梁的排水孔连接起来并引导到应急池

对危险化学品道路运输沿线的江、河、湖泊、水源保护区、自然保护区等环境敏感区进行风险排查，开展道路运输高风险区的实地测绘，形成环境风险清单。根据环境敏感区实际情况，对各桥梁、公路车辆行驶速度进行限制，并完善相关辅助设施，包括但不限于抓拍类和监控类视频实时监控设备、限速警示标识等。跨越环境敏感区的危险化学品运输企业安装“车辆限速仪”或“速度管理器”。

6. 地方政府开展集中整治

地方政府应深入开展危险化学品运输环境安全集中整治，突出特别管控危险化学品运输监管，持续打击挂靠经营、超范围运输、无证上岗、非法改装和罐体质量不达标等行为。加快推动建设危险化学品停车场；大力推行危险化学品运输电子运单系统，强化道路运输动态监控，推动建设全国整体监管体系，强化信息共享、部门协作、动态监管、联合惩戒；研究优化危险化学品最优安全运输体系建设，科学设置运输通行管控措施，完善隧道、闸坝通行环境安全管理制度，畅通长距离、大宗危险化学品运输通道。

各级公安机关排查逾期未检验、逾期未报废、交通违法行为多发的危运车辆及所属运输企业清单，通报交通运输部门。各级交通运输部门责令相关运输企业立即停运通报的车辆，问题“清零”前不得恢复运输业务。各级市场监管部门排查逾期未检验、检验不合格的危运车辆承压罐体清单，通报交通运输部门。

应急管理部门与公安、交通运输、生态环境部门加强协作联动，统筹危险化学品道路运输事故应急资源配置，依托相关单位组建危险化学品道路运输事故专业抢险队；并在危险化学品道路运输事故高发路段，依托现有应急救援资源前置配备一批抢险堵漏、气体检测、环境监测等专用设备，提升快速处置能力；对接共享周边省份重点车辆智能监控数据，共享通报跨省运营的危运车辆风险预警、交通违法、事故情况等信息，协调相关省份加强监管、联防联控。

广东省应急管理厅、广东省公安厅、广东省生态环境厅、广东省交通运输厅、广东省市场监管局联合印发《关于严格实施危险化学品道路运输安全风险管控十二项措施的通知》，要求危险化学品生产储存企业实行人员统一管理，危险化学品道路运输车辆进出库实行统一调度，车辆运营时实时监控和管理；危险化学品道路运输企业必须按规定及时、完整制作电子运单；制定实施高速公路 0 时至 6 时危险化学品道路运输车辆禁行政策；全面排查危险化学品道路运输事故多发路段，采取相应防护措施，并向社会公布；落实广东省 452 个高速公路服务区危险化学品道路运输车辆临时停放分类管理措施；加强危险化学品道路运输车辆承压罐体检验；加强应用重点车辆监控预警融合平台监测数据；加强协作联动，统筹危险化学品道路运输事故应急资源配置，依托相关单位组建 10 支危化品道路运输事故专业抢险队，配备泄压放空、抢险堵漏、气体检测、环境监测等专用设备、措施，提升道路运输突发环境事件应急处置能力。

三、事故应急处置措施

（一）厂内区域

厂内车辆发生事故后，驾驶员、装卸工采取积极措施，全力控制现场局面，采用电话（包括对讲机、手机等）向企业应急领导小组办公室报告，应急领导小组总指挥根据事态情况确定是否启动相应的环境应急预案，通过向企业内部发布预警信息，发出紧急疏散和撤离等警报。当企业环境应急预案启动后，各应急救援小组按预案职责分工协作，于 30 min 内组织相关人员，备齐相关监测仪器和防护用品，预备足够数量清洗干净的贮存容器，携带应急装备赶赴厂内事故现场。

化学品运输车发生泄漏后，驾驶员立即就近停靠车辆，停靠位置需避开储罐、雨污排放口、生产设备等风险源，尽量靠近收集围堰、收集渠；封锁现场，禁止非应急人员进入，穿戴防护用具，寻找确定泄漏点，选择合适的堵漏器具进行堵漏；如果是桶等容器外壁出现孔、洞导致物料发生泄漏，可使用木签、水泥、沙子等堵漏；如果桶等容器外壁出现大面积撕裂（或孔、洞较大）、不能堵漏，可直接将破损容器中剩余的物料倒入备用空桶中；倾倒时应注意流速，防止产生静电。

就近使用沙包对泄漏物质进行围堵；关闭污水泵、雨水截流阀门，将泄漏危险化学品引入或泵入附近的事故应急池；针对化学物品性质，使用中和、沉淀、氧化还原等反应对泄漏化学品进行处理；事故产生的废物属于危险废物，回收至专业容器，堆放至危险废物暂存区域，交由危险废物处置单位进行无害化处置，或按生态环境部门提出的应急处置方案进行处置；清除污染物，对有污染物的地面、设备设施等，根据有毒有害物质的性质及状态选择洗消方法，清洗废水导入事故应急池中；用活性炭或吸水材料等对雨水沟里的水进行吸附收集。

（二）厂外运输

化学品运输车辆在运输途中因自身车辆驾驶责任或他人责任造成交通事故，发生化学品泄漏或火灾、爆炸事故时，驾驶员和押运员立即实施应急自救工作，设立事故现场区域警戒线，充分借助现场现有的装备和有限的力量，采取车辆故障原因排查维修、局部泄漏污染堵漏、使用灭火器灭火、安全隔离爆炸物、人员伤害自救等有效措施，控制事态进一步恶化；驾驶员和押运员必须及时在泄漏点的上风处采用手机等向企业应急领导小组办公室汇报消息（包括事故地点、泄漏物质、人员伤亡等）。

1. 运输车辆故障排查维修

根据车辆发生的故障现象，逐项排查车辆故障原因，掌握车辆零部件的损坏程度、备品备件的准备情况；依据车辆的具体受损情况，就地做到能自修则自修，采取局部换件、重点维修、整体调校的维修方式，从快排除车辆故障；若需要将所运化学品运离现场，应报告企业应急领导小组办公室，申请安排车辆及时转运。

2. 化学品泄漏（散落）源头控制

根据车辆局部化学品泄漏（散落）的现象，穿戴好防护服、手套、口罩、耐酸碱胶靴等防护用品，需要时配置氧气呼吸器等防护装置。逐一查找局部化学品泄漏（散落）的准确部位，对化学品泄漏（散落）部位实施规范的污染隔离。

根据发生泄漏（散落）液体、半固体、固体的不同化学性质（腐蚀、氧化、易燃、易爆、毒害性），实施拦截、隔绝、稀释、中和、泄压等有效措施，采取“先堵后清理”。只有经过培训合格的人员在佩戴适当防护服及装备时才能处理及清洁溢漏、散落的化学品。

针对堵漏效果不明显等存在的问题和困难，立即采取规范更换有关包装桶（袋）的应急措施，切实从化学品泄漏（散落）问题的源头上去解决。在完成局部化学品泄漏（散落）包装桶（袋）的更换工作后，采用木糠或活性炭等吸附剂，仔细对受污染的地面实施3～5次反复吸附清理工作，将吸附所产生的污染吸附剂规范进行桶（袋）装。

3. 防范化学品泄漏造成环境污染

化学品少量泄漏时，驾驶员和押运员依照演练培训经验，并电话征求企业现场处置组意见，根据事故现场实际情况，佩戴好自吸过滤式防毒面具、化学安全防护眼镜、橡胶耐油手套，采用车上配备的抹布将泄漏物吸干或抹干，或用纸巾、木糠、干软沙或蛭石等适当的吸附剂加以覆盖及混合，将其作为固体危险废物处理并转入适当的容器（如塑料桶）内暂时贮存，后续运回企业妥善处理处置；泄漏的化学品属剧毒、高挥发性或高危险化学品时，应立即采取化学氧化、还原、消解的方法，进一步开展积极有效的现场处置工作。

大量液体化学品泄漏后四处蔓延扩散，难以收集处理，驾驶员和押运员应立刻拨打就近生态环境、交通管理、应急管理、消防、保险等部门的电话，报告事故情况并请求援助，同时负责现场区域警戒，禁止无关人员及车辆接近，向周边车辆、人员发出紧急疏散和撤离等警报，等待生态环境、消防等专业应急处理队伍到来。政府相关部门到达现场后，可以采用筑堤堵截等措施；对于受到泄漏化学品污染的地表水，应立即关闭河道水闸，并通知区域内的居民不要使用这些水源。

对泄漏化学品所污染的地方，必须进行规范清洗。若有关的化学品是含水性或水溶性有机物，可用清水作为溶剂；若是不溶于水的有机化学品，可用酒精或煤油作为溶剂；清理过程中所产生的一切废物应作为危险废物处理处置。

4. 人身伤害自救

现场人员因事故或应急操作过程中身体（皮肤）不慎受到伤害时，应借助运输车辆配置的救护药品及器械对受伤人员实施临时的清洗、包扎等救治，并及时将其送医院接受正式治疗。

目前，各地环境应急能力参差不齐的问题较为严重，不当的应急处置时有发生，如消防水未完全收集、存在部分进入外环境的情况，危险化学品运输路线沿线的环境应急物资储备的种类、数量不完善，道路、桥梁沿线导流排水管、事故应急池等建设滞后。对泄漏点的及时封堵、破损罐车中危险化学品的转移可有效减少危险化学品进入外环境的量；液态危险化学品泄漏后，在路面、边坡和河道等空间的拦截、回收可减少其进入河道的量，进而更好地控制影响范围、降低损害程度。

四、典型案例

（一）厂内区域事故

贵州贵阳“6·12”化工贸易有限公司装卸区甲酸甲酯泄漏事故：2021 年 6 月 12 日凌晨，一辆装有甲酸甲酯的罐车在贵州省贵阳市经开区丰报云村三强兴兴化工贸易有限公司卸载时，因导管破裂发生泄漏，事故造成 8 人死亡、3 人受伤。事故发生后，立即对企业周边 300 m 内约 200 名居民进行疏散。经应急处置，罐车卸载管道封闭，污染源切断。事故处置产生的消防污水部分进入附近自然沟渠，下游约 3 km 为陈亮河（景观河），约 12 km 后汇入南明河，南明河流经约 150 km 后进入乌江。当地在事故点下游沟渠 300 m 范围内修筑三道坝拦截消防污水，投放活性炭进行吸附，并通过市政吸污车将拦截的约 911.3 t 消防污水全部转运至花溪污水处理厂进行处置。同时，将现场的有机溶剂约 102.63 t、废液约 79.63 t、废活性炭及农药约 6.53 t、包装物约 9.77 t、空储罐 11 个全部转运至贵州星河环境技术有限公司进行处置。6 月 22 日 10 时，现场指挥部终止应急响应。

吉林扶余“2·21”祥辉资源再生有限公司原油罐车火灾导致泄漏事故：2020 年 2 月 21 日 20 时 23 分，吉林省扶余市祥辉资源再生有限公司（主要生产沥青）厂区内的原油罐车发生火灾事故。着火部位为罐车轮胎，罐体未被引燃，少量渣油发生泄漏。该公司厂区地面全部硬化，由于天气原因，消防污水结冰、未出厂区。企业收集地面结冰的全部消防污水和少量泄漏渣油，并送至有资质的处理单位进行处理。

四川雅安“1·16”蜀鲁锌冶有限责任公司黄磷罐车泄漏自燃事故：2017 年 1 月 16 日 11 时 20 分，四川省雅安市石棉县蜀鲁锌冶有限责任公司厂区内一辆装载黄磷的罐车发生泄漏并起火燃烧。事故发生后，石棉县政府疏散周边50余名群众，并将37名反映身体不适的群众送往医院观察治疗。12时30分，火被扑灭。处置过程中产生的污染土已被收集并交有资质单位处理，污水全部控制在厂区事故应急池内，未排入外环境。监测结果表明，14时53分至17时30分，事发地下风向2个环境空气监测点位的二氧化硫和二氧化氮均未检出。入院检查群众陆续出院。

广东茂名“1·11”威龙化工有限公司油罐车爆炸事故：2015年1月11日12时30分许，广东省茂名市威龙化工有限公司2辆油罐车发生起火爆炸。事发时，1名工作人员正在装载油罐，由于操作失误，发生起火，阀门未关，工作人员便跑出了油罐区。火势蔓延，油罐车爆炸，并蔓延至离该油罐车最近的另一辆油罐车，两辆油罐车相继爆炸。据悉，起火的油罐车周边还有八九个油罐，周边还有其他化工厂，一旦火势蔓延开来，后果不堪设想。

经过4 h扑救，明火被扑灭，消防官兵开始对油罐车进行降温，避免发生二次事故，消防污水沿企业排水渠排入市政总排渠，距小东江约3 km，小东江与其他支流于吴川汇合后入海。环境保护部门立即调度活性炭等吸附物质，在市政总排口、新城新村污水河桥以及下游100 m处设置了3道围油栏，并开展监测工作。监测结果表明，几项指标均达到集中式生活饮用水地表水源地特定项目参考标准。

江苏常州“10·16”波源化工有限公司装卸区液氯槽罐车输导管断裂导致氯气泄漏事故：2011年10月16日6时45分，位于江苏省常州市的波源化工有限公司在开动液氯槽罐车时拉断输导管，引起液氯泄漏。6日7时30分，企业通过关闭阀门，泄漏情况得到控制。环境保护部门两次监测结果显示，所有点位中氯气浓度符合相关标准。事故造成该公司1名员工死亡，2名员工住院治疗。受泄漏氯气影响，企业周边部分村民感觉不适，陆续进入医院检查就诊。截至10月17日，共有32名村民办理住院手续进行治疗，所有患者情况稳定。

（二）停车区域事故

安徽合肥肥东县众兴服务区“9·2”正丙胺罐车泄漏事故：2022年9月2日10时许，在安徽省合肥市绕城高速北环段南京往六安方向众兴服务区，一辆装载约30 t正丙胺的罐车阀门法兰处发生滴漏。事故发生后，当地政府立即封闭服务区并疏散附近群众。消防部门持续对罐体进行喷水降温，消防污水沿服务区雨水管网进入附近干枯河道，当地在河道下游筑坝拦截。监测结果显示氨氮、总氮浓度分别超过《地表水环境质量标准》V类水标准约2.5倍和7倍。当地生态环境部门组织将拦截污水抽运转移至肥东循环园联喜污水处理厂处置。21时30分许，倒罐工作完成，核实泄漏量约800 kg。

江西赣州绕城高速赣州南服务区“6·24”二氯甲烷罐车泄漏事故：2022年6月

24 日 6 时 55 分许，一辆载有 33 t 二氯甲烷的槽罐车发生泄漏后紧急停靠在位于江西省赣州市的赣州南服务区。服务区排水沟汇入下游大桥河，下游约 8.5 km 汇入章江，约 24 km 汇入赣江。事发点下游约 10 km 为赣州市中心城区三水厂水源地。事故发生后，当地政府使用塑料桶回收泄漏的二氯甲烷，并组织倒罐回收，于 24 日 20 时许完成倒罐工作。利用沙土围挡流淌至服务区排水沟内的二氯甲烷及消防污水，并组织对沙土进行清理，利用活性炭及吸油毡吸附残留污水。经核算，事故造成约 14.92 t 二氯甲烷泄漏，其中约 0.17 t 经排水沟进入大桥河，约 14.02 t 挥发进入大气。监测结果显示服务区排水沟二氯甲烷浓度最高，24 日 13 时浓度为 149 mg/L，超标 7 449 倍。大桥河入章江处二氯甲烷最高浓度为 0.024 mg/L，超标 0.2 倍。自 25 日 15 时起，受影响河段全线达标。事故处置期间，中心城区三水厂水源地未受影响。

甘肃张掖 312 线山丹县服务区“4・25”粗苯罐车泄漏事故: 2021 年 4 月 25 日 13 时 30 分左右，甘肃省张掖市山丹县 312 线山丹县服务区发生粗苯罐车泄漏事故。事故造成的粗苯泄漏量为 11.42 t。现场 5 km 范围内无水源地及地表水体，事故未造成水环境污染；泄漏地点为服务区水泥硬化地面，可有效防范泄漏物下渗，土壤环境风险可控；事发地周边空旷，空气流通较好，下风向无居民点。当地政府加强泄漏现场安全警戒，切断警戒区域内一切电源、火源，严防次生事故发生；对事故路段采取管制措施，途经车辆分流到连霍高速。当地生态环境部门组织相关人员对先期设置的围堰进行进一步加固，对泄漏物进行覆盖和吸附。26 日凌晨 2 时 40 分，现场应急指挥部已将事故车辆罐内粗苯液体全部倒罐至调配来的危化品专用罐车内，泄漏至地面的粗苯液体已全部用沙土进行了覆盖吸附处理。应急处置过程中未产生消防污水，产生废弃物约 12 t，并按危险废物处置要求与甘肃省危险废物处置中心进行移交。

内蒙古乌拉特前旗京藏高速白彦花服务区“10・28”粗苯罐车爆燃事故: 2020 年 10 月 28 日 20 时 40 分许，在京藏高速内蒙古自治区乌拉特前旗段白彦花服务区，一辆载有 33.5 t 粗苯的槽罐车发生渗漏，泄漏量约为 1.26 t，部分粗苯随消防污水流下路基。事发地周边无饮用水水源地，最近的居民区距 500 m。事故发生后，当地政府疏散周边居民约 80 人、服务区人员约 50 人。同时，组织救援队伍采取倒罐转储的方式进行处置，29 日 2 时 37 分完成倒罐工作。当地生态环境部门第一时间开展应急监测。数据显示，29 日 15 时，事发地周边 20～55 m 范围内的各点位苯浓度均未超标。事故产生的 3.2 t 危险废物送至巴彦淖尔市静脉产业园高新技术环保公司进行无害化处理。

广西柳州柳梧高速岭脚服务区“10・4”盐酸罐车爆燃事故: 2020 年 10 月 4 日 17 时 30 分许，一辆载有 30.9 t 盐酸的槽罐车行驶至柳梧高速广西柳州段的岭脚服务区内，因阀门故障导致约 2 m^3 盐酸泄漏。事故发生后，当地政府组织力量开展救援，使用消防车喷水进行稀释，同时进行倒罐转储。稀释的盐酸沿坡流入服务区一旁的排水渠，立即设置 3 道拦截防线围堵泄漏物，并使用石灰进行中和。22 时 30 分许，全部处置完毕，污染物未流出服务区。

山东东营坤德停车场“7·15”轻质油罐车爆燃事故：2020 年 7 月 15 日 15 时 31 分，山东省东营市东营港经济开发区坤德停车场内一辆载有轻质油的罐车起火燃烧。事故发生后，生态环境、应急管理、卫生健康、消防等部门赶赴现场进行处置。监测数据显示，事故点下风向 50 m 和 100 m 处环境空气质量监测点位的硫化氢未检出，未对周边环境造成明显影响。

广东韶关京港澳高速粤北服务区“8·8”二甲基甲酰胺罐车泄漏事故：2019 年 8 月 8 日 1 时许，京港澳高速广东韶关段粤北服务区内一辆载有 42 t 二甲基甲酰胺的槽罐车发生泄漏事故，造成约 230 kg 的危化品泄漏。事故点距离宜章河约 2 km。当地立即采取沙包封堵、倒罐转移的措施进行处置，并使用木糠、沙包对泄漏的危化品进行围堵吸附，并将固体废物转交有资质的公司进行无害化处置。

陕西延安青兰高速壶口服务区“6·25”石脑油罐车泄漏事故：2019 年 6 月 25 日 5 时 36 分，一辆载有石脑油的罐车（如图 1-18 所示）在青兰高速壶口服务区停车场倒车时将卸油阀门撞破，导致约 30 t 石脑油泄漏，其中约 9 t 经排洪渠进入仕望河。仕望河为黄河一级支流，流速约 0.2 m/s，流量为 2～3 m^3/s，事发点距黄河汇入口约 45 km，下游无饮用水水源地。宜川县人民政府在事发地点下游仕望河 45 km 范围内设置 13 道拦截坝，投放吸油毡、吸油棉、草帘等进行吸附。26 日，宜川县人民政府在官方网站上公开了事件信息。监测数据显示，25 日 12 时，事发地点下游各监测点位石油类浓度最高超标 8 倍，位于事发地点下游约 300 m 处；26 日 3 时，各监测点位石油类浓度全部达标。截至 27 日 8 时 30 分，各监测点位石油类浓度持续稳定达标，未对黄河水质造成影响，应急响应终止。

图 1-18　服务区停车场发生泄漏事故的罐车

陕西榆林个人停车场“4·23”碳五罐车爆炸事故：2019年4月23日15时30分许，陕西省榆林市横山区白界乡马扎梁村个人停车场内的碳五罐车发生爆炸事故。停车场属私人所有，无任何手续，由当地村民自2017年10月租给葫芦岛安信运输服务有限公司经营。23日15时30分许，该公司违规卸放碳五时起火。事发时停车场内有槽车罐28个，其中满罐4个（罐内物质为碳四、碳五）；车辆10台，其中满载3台（罐内物质为碳四、碳五）、空罐3台、空车头2台、加油车1台、小货车1台。事发现场附近无环境敏感点及水源保护区，罐车内危化品未进入水体，无消防污水。监测数据显示，23日19时至24日9时30分，事发地下风向苯系物、氟化氢等11项指标浓度均未超出相应标准限值。

（三）油品罐车泄漏事故

福建厦门“8·25”汽油罐车泄漏事故：2022年8月25日16时46分，在福建省厦门市集美区后溪镇高速收费站附近，一辆油罐车被追尾，造成约1.5 t汽油泄漏。事发地下游无饮用水水源地等环境敏感点。事故发生后，消防部门对罐体进行喷淋降温，并对污染路面进行冲洗，部分含油消防污水流入鹭埭溪排洪沟。当地政府在排洪沟下游设置拦截坝，利用吸油毡对路面和排洪沟内油污进行吸附，并将排洪沟内污水抽至污水处理厂处理，含油吸油毡被统一收集并按危险废物管理要求进行处置。

青海海南藏族自治州“3·31”危化品罐车泄漏事故：2022年3月31日14时48分，青海省海南藏族自治州共和县两辆危化品罐车相撞，导致约34 t生物油和26 t柴油泄漏，沿路边涵洞及雨水沟（土质结构）流约3 km。事故点周围为荒滩，10 km范围内无地表水体等环境敏感点。事故发生后，当地政府将涉事车辆倒罐处置，于4月1日0时许安全转移。同时，利用土壤对受污染路面进行覆盖。当地政府委托有资质的第三方单位对路面和雨水沟受污染土壤进行安全处置。

四川雅安108国道“3·31”柴油罐车侧翻泄漏事故：2022年3月31日10时34分许，108国道石棉县境内一辆柴油罐车发生侧翻，少量柴油泄漏。事发点距大渡河约1.5 km，下游20 km内无集中式饮用水水源地。当地政府立即组织封堵泄漏点，将罐车转移到安全位置；在路旁沟渠构筑拦截坝，将含油污水控制在约300 m的雨水沟（混凝土结构），当地用砂石和其他惰性材料吸附路面油污。截至31日17时，应急处置完毕，泄漏柴油未进入大渡河，含油污水和受污染土壤收集转运至第三方机构处理。当地生态环境部门在大渡河汇入口上下游进行采样监测，结果显示13时、17时、18时各监测点位石油类均未检出。

青海海东京藏高速“1·19”油罐车泄漏事故：2022年1月19日17时左右，一辆核载30 m^3轻烃燃气的油罐车在京藏高速往兰州方向行驶过程中，司机发现罐体泄漏，将车停留在青海省海东市民和县马场垣南服务区。经现场核实，因法兰螺丝损坏，罐体一处发生滴漏，泄漏量较少。当地政府对泄漏部位进行封堵，并转运事故车辆；布设沙土围堰，对消防污水进行吸附围挡，确保消防污水无外排。同时，以事故点为中心，向下风向村庄辐射布设 6 个监测点位，开展加密监测。各监测点挥发性有机物均未检出。至 1 月 20 日 4 时 30 分，事故车辆已拖走，围堰里的消防污水和泡沫冻住，当地消防部门负责安全清理。

江苏扬州“1・1”汽油罐车侧翻泄漏事故：2022 年 1 月 1 日 8 时许，在江苏省扬州市邗江区杨寿镇宝女村附近杨天路与 S345 公路交界处，一辆汽油运输车发生侧翻，导致少量汽油泄漏至路面。消防人员喷洒泡沫防止起火，并采用黄沙进行围堵。14 时许，应急处置结束，生态环境部门对现场进行查看，督促对围堵黄沙进行妥善收集和处置。

海南乐东环岛高速“10・20”柴油罐车侧翻泄漏事故：2021 年 10 月 20 日 13 时 30 分，海南省乐东县环岛高速一辆油罐车发生侧翻，2.5～3 t 柴油泄漏，进入公路旁的水利沟，300 m 后汇入业沟，业沟下游约 4 km 处为乡镇级饮用水水源地三曲沟水库（日供水量 0.6 万 t，供水服务人口 6 万人）。事故造成水利沟石油类浓度最高超标 1 235 倍。生态环境部应急调查中心会同生态环境部生态环境应急研究所组成部工作组赶赴现场，指导地方妥善处置，确保水源地水质安全。

当地政府组织对事发地下游 200 m 范围内的高浓度污水进行截流，抽运至污水处理厂处置。同时引流上游清洁来水，防止对抽运造成影响。由于业沟沿线农田种植的大量槟榔树正值挂果时期，为避免污染水体拦截分流影响收成，工作组指导地方在业沟修筑 2 道活性炭坝，通过吸附方式削减污染物浓度。因前期部分污水已进入水库，当地政府在取水口附近架设围油栏并投放吸油毡；加大石门水库下泄流量，通过长茅西干渠不断向三曲沟水库补水，加快污染物稀释。

当地生态环境部门共布设了 16 个监测点位。监测数据显示，10 月 22 日 7 时起，水库各点位均达标；10 月 23 日 22 时起，事发地下游各监测点位石油类浓度均持续稳定达标。10 月 26 日，高浓度污染水体全部转运处置完毕，事故点边坡污染土壤共计约 1.5 t，全部收集清运，作为危险废物统一处置。当地政府终止应急响应。

广西梧州包茂高速“6・23”柴油罐车泄漏事故：2021 年 6 月 23 日 9 时许，在包茂高速广西壮族自治区梧州市龙圩区新地镇大村立交桥附近，一辆装载约 28 t 柴油的槽罐车发生侧翻，部分柴油泄漏。经估算，泄漏量约 14 t，大部分被拦截在灌溉渠并回收，少量进入上小河。泄漏柴油通过路边沟进入水利灌溉渠，再进入上小河。上小河约 14 km 后汇入西江。当地政府调用吸油毡、围油栏等开展吸附拦截，并组织吸油车回收油污。生态环境部门在事发地点下游布设了 8 个水质监测点位，开展 5 批次监测。上小河汇入西江口及下游各点位石油类浓度均未见异常。同时，污染土壤、油水混合物交由有资质单位处置，防止二次污染。

青海同德 227 国道“6・10”柴油罐车泄漏事故：2021 年 6 月 10 日 13 时 6 分，一辆装有 33.4 t 成品柴油的油罐车在 227 国道青海省海南藏族自治州同德县河北乡赛青哇窝村附近发生交通事故，造成约 18.82 t 柴油泄漏。泄漏柴油部分经地下砂砾层进入黄河一级支流赛欠曲河。事故点距离黄河约 11 km。事故点下游和入黄河后下游无水源地等敏感点。当地政府切断污染源，在事故点挖沟，截留控制渗漏柴油，形成漏斗状临时收集池，收集处置渗漏油污；在赛欠曲河筑坝拦截受污染水体并进行吸附处置；开挖新河道，引流上游清水绕过事故点；同时对水质开展应急监测。事故处置期间，赛欠曲河入黄河、黄河干流石油类污染物浓度持续低于检出限值。事故未对黄河干流水质造成影响。

广东茂名“3・13”沥青原油罐车泄漏事故：2021 年 3 月 13 日 8 时 10 分，广东省茂名市茂南区镇盛镇西部快线彭村湖路口发生油罐车追尾事故。前车为装载 29.75 t 沥青原油的重型半挂牵引车，发生少量泄漏。事故发生后，当地政府立即对事故路段实施临时交通管制，对事故车载沥青原油进行倒罐转运。泄漏的原油伴随消防水经公路边水沟往下流，在约 800 m 处穿过公路涵洞流到南面灌溉渠，流长约 1 km。利用河沙、沙包对公路涵洞入口处泄漏原油进行拦截封堵，并联系华凯石化公司、茂名市鸿泰物流有限公司共 5 台油车对泄漏油、消防水进行收集。13 日 17 时，事故现场泄漏油、消防水抽吸完毕，重量约 150 t，同时对受污染的泥土进行清运，委托有资质单位进行收集处置。

陕西宁陕 210 国道“9・3”汽油罐车泄漏事故：2020 年 9 月 3 日 7 时左右，陕西省安康市宁陕县境内，一辆载有 32.45 t 汽油的罐车行驶至 210 国道平河梁段发生侧翻事故，导致约 20 t 油品泄漏，部分汽油进入道路旁边的长安河。长安河流经约 62 km 后汇入子午河。事发地下游的长安河、子午河无饮用水水源地。发生事故的汽油罐车如图 1-19 所示。

图 1-19　发生事故的汽油罐车

事故发生后，当地政府组织力量封堵油罐漏点，对剩余油品进行倒罐转储。分别在事发地下游 5 km、7 km、12 km 处构筑 3 道拦截坝，使用拦油索、吸油毡等物资吸附河道内油污（如图 1-20 所示）。对残留在河道石缝、淤泥、涵洞等死角的汽油，加派人手进行清沙清淤清渠（如图 1-21、图 1-22 所示），消防力量进行冲洗。在事故点下游 100 m 至 13 km 布设了 9 个水质监测点位。监测数据显示，石油类最高浓度出现在事故点下游 1.5 km 处，超标 126 倍。自 5 日 13 时起，各监测点位石油类浓度均持续稳定达标。

图 1-20　及时更换吸油毡

图 1-21　对边渠护坡附近吸附有汽油的沙土进行清理并妥善处置

图 1-22　利用高压水枪冲洗残留在涵洞及边渠内的汽油

四川什邡“7·29”汽油罐车泄漏事故：2020 年 7 月 29 日 12 时 30 分许，一辆载有 30 t 汽油的罐车行驶至四川省德阳市什邡市马祖镇邓通桥上方 150 m 处时，与一辆空油罐车发生交通事故，导致汽油罐车侧翻，造成约 2 t 汽油泄漏至绿化带两旁农灌沟，流至人民渠截污沟后通过下穿管道进入 142 号分水渠。事故发生后，什邡市生态环境局使用围油栏、吸油毡对事故现场油污进行吸附处置，在 142 号分水渠下游设置围油栏、吸油毡，并投加活性炭。对道路左侧绿化带中沉积罐体冷却水和消防泡沫进行收集，累计清理转运 18.81 t。什邡市监测站分别在事故点下游邓通桥、三水厂取水口、人民渠出境断面设置 3 个地表水监测点位。处置期间的数据显示，石油类有检出，但浓度未超出相应标准限值。

云南昆明绕城高速“6·4”汽油罐车泄漏事故：2020 年 6 月 4 日 13 时许，一辆载有汽油的罐车行驶至云南省昆明市绕城高速距洛羊收费站 500 m 处时，因车辆爆胎发生侧翻事故，导致部分油品泄漏。事故发生后，当地消防部门采用泡沫对油罐车滴漏的汽油进行稀释，使用布料对油罐车漏油的位置进行堵漏，调集空罐车进行倒罐转运，使用吸油毡对地面油品进行吸附。17 时许，应急处置结束。油水混合物未进入事发地周边的马料河。

河北涞源 112 国道“4·4”酚油罐车泄漏事故：2020 年 4 月 4 日 6 时 40 分许，一辆载有约 30 t 酚油的罐车行驶至 112 国道河北省涞源县塔崖驿乡乌龙背村铁路桥发生侧翻事故，导致酚油全部泄漏。大部分酚油进入公路东侧边沟内（边沟内含有山体渗水）。事发地距拒马河约 450 m，周边 1 km 内没有居民区等其他环境敏感目标。事故发生后，当地政府在事发地边沟上游构筑 1 道拦截坝，拦截上游来水；在下游构筑 3 道拦截坝，污染水体被拦截在下游第 2 道坝内。同时，使用罐车将污染水体抽运转送至有资质单位进行处置。4 日 17 时的监测数据显示，事发地拒马河下游 30 km 内的 23 个监测点位均未检出酚。

山西晋中龙城高速“3・23”汽油罐车泄漏事故：2020 年 3 月 23 日 16 时 22 分，一辆载有 35 t 汽油的油罐车行驶至山西省 S2002 龙城高速晋中段追尾一辆半挂车，造成约 20 t 汽油泄漏。事发地周边无水源、地表水体等环境敏感点。事故发生后，当地政府采取吸附、倒罐转储的方式进行处置，并将汇入高速公路旁泄洪沟内的汽油及消防污水、锯末及沙土等固体废物送有资质的处置单位进行安全处置。

陕西延安“2・9”原油罐车侧翻泄漏事故：2020 年 2 月 9 日 18 时 20 分许，一辆载有 32.5 t 原油的罐车行驶至陕西省延安市吴起县铁边城镇铁边城村附近时发生侧翻事故，造成约 0.8 m^3 原油泄漏。由于天气原因，泄漏原油部分在冰面上，少许进入头道川水体。事故发生后，延安市生态环境局立即赶赴现场进行处置。采取筑坝拦截、吸油毡吸附、倒罐转运的方式进行处置，污染水体被控制在事发点河道 20 m 范围内。2 月 10 日晚，受污染的水体全部清理完毕。

四川会理 353 国道“1・20”柴油罐车侧翻泄漏事故：2020 年 1 月 20 日 13 时 45 分许，一辆柴油罐车行驶至 353 国道四川会理段时与一辆硫酸罐车相撞发生侧翻事故，导致少量柴油泄漏。事故发生后，当地消防部门采用倒罐转运的方式进行处置，对泄漏的柴油使用沙土进行围堵，事发地点周边无地表水等环境敏感点。

辽宁大连“1・1”燃料油罐车侧翻泄漏事故：2020 年 1 月 1 日 7 时 40 分许，一辆载有 29.1 t 燃料油的危化品罐车行驶至辽宁省大连市高新园区龙王塘街道龙王塘村顺龙路时因坡陡路滑发生侧翻事故，导致约 17 t 油品泄漏，少量油品进入附近海面。事故发生后，当地生态环境部门立即赶赴现场进行处置，构筑十余道围挡，对泄漏在地面上的油品进行拦截，并铺撒吸油毡进行吸附处置。在海面布设围油栏，将污染油品控制在海岸 10 m 范围内。7 日 18 时许，事故现场环境应急处置完毕。

新疆乌鲁木齐乌奎高速路“12・17”煤焦油罐车侧翻泄漏事故：2019 年 12 月 17 日 8 时许，新疆维吾尔自治区乌奎高速路南向北路段乌鲁木齐市经开区德泽园三期小区处，一辆载有 29.26 t 煤焦油的槽罐车发生交通事故，导致约 12.5 t 煤焦油泄漏，形成约 300 m 的污染带。事故发生后，当地政府采取围堰封堵、吸油布吸附、倒罐转储的方式进行处置，并将产生的约 60 t 固体废物交有资质的单位妥善处置。

河南舞阳 330 省道“12・8”汽油罐车侧翻泄漏事故：2019 年 12 月 8 日 0 时许，一辆汽油罐车行驶至 330 省道河南省漯河市舞阳县康堡村东转盘（330 省道和舞阳县 011 县道交会点）处发生侧翻事故，造成约 2 m^3 油品从输油口泄漏。事故发生后，当地消防部门采取倒罐转运的措施进行处置，使用泡沫对泄漏罐体进行阻隔。当地政府对地面泡沫油水使用吸油棉进行吸附，并将底泥统一转送至有资质单位进行处置。

天津大东线公路“7·22”汽油罐车侧翻事故：2019年7月22日23时3分，天津市武清区大东线公路一汽油罐车发生侧翻事故，导致油品泄漏。消防油水混合物由铁路桥地下管道流入汉百户公路地道泵站的封闭水池内，未排入外环境。事故发生后，武清区生态环境局对周边空气质量进行监测，数据显示未超标。并将消防油水混合物抽运至有资质单位，进行无害化处置。

陕西宝鸡212省道“7·12”柴油罐车侧翻事故：2019年7月12日9时40分许，一辆载重32 t的柴油罐车行驶至212省道陕西省宝鸡市凤县黄牛铺镇时发生事故，车辆侧翻入黄牛铺大桥人工湖（该湖是在嘉陵江河道上依势而建的），约15 t柴油发生泄漏。事故发生地点和影响流域如图1-23所示。12日13时，车辆打捞出湖，进行倒罐作业。嘉陵江流速为3 km/h，事故点下游约40 km处为凤县地下水饮用水水源地，该水源地距河道约100 m，供水人口约1.8万人。当地生态环境部门在事故点下游构筑16道拦截坝，使用吸油毡等应急物资进行拦截吸附，并在事故点上游300 m至下游12 km布设5个监测点位。12日，宝鸡市人民政府发布了事件处置信息。监测数据显示，自7月13日16时起，人工湖及嘉陵江汇入点下游各监测点位石油类浓度均持续稳定达标。宝鸡市凤县人民政府于7月14日终止应急响应。

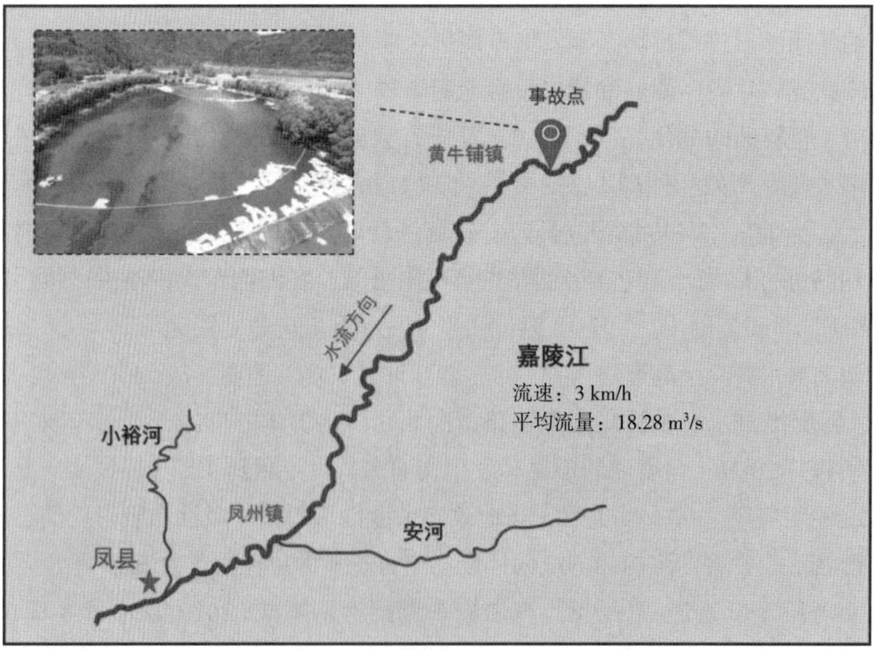

图1-23　事故发生地点和影响流域

湖南湘潭“6·28”汽油罐车泄漏事故：2019年6月28日9时50分许，一辆载有约10 t汽油的罐车行驶至湖南省湘潭市高新区科技一号路与铜霞路交会处时发生侧翻，致使约 5 t 汽油泄漏。当地消防部门采取淋水降温、倒罐转储的方式进行处理。少量消防污水通过雨水管网进入湘江。下游约 8.5 km 为湘潭县水厂取水口（供水能力 6 万 t/d）。事故发生后，当地生态环境部门立即赶赴现场进行处置，在事故点下游布设 2 道拦油索进行吸附。3 个监测点位的数据显示，各点位石油类浓度均低于标准限值。水厂取供水未受影响。

湖北武汉武麻高速“3·12”柴油罐车泄漏事故：2019 年 3 月 12 日 13 时 10 分许，一辆载有 32 t 的柴油罐车行至武麻高速湖北省武汉市黄陂区境内时，因司机操作不当造成车辆与三里桥护栏擦碰，罐体掉入四排渠，导致约 10 t 柴油泄漏。四排渠水体不流动，没有饮用水水源地，下游约 10 km 汇入长江。事发时入江前的防汛闸处于关闭状态，污染水体未进入长江。事件发生后，当地政府立即组织相关部门进行处置。13 日 6 时 20 分，损毁罐体被转送至安全区域。武汉市生态环境局在事发点下游布设 3 个监测点位，设置 4 道围油栏，并用拦油索等应急物资吸附回收含油废水。监测数据显示，13 日 6 时 30 分，事发点下游 1 km 处石油类浓度未超标。

陕西汉中 316 国道“3·10”汽油罐车泄漏事故：2019 年 3 月 10 日 2 时 30 分许，一辆载有 33 t 汽油的罐车行至 316 国道陕西省汉中市留坝县留侯镇桃园铺村时发生侧翻事故，导致 33 t 汽油大部分流入路边沟渠、旱地，少量从旱地渗入距事发点约 10 m 的北栈河中。事发点及下游北栈河、褒河沿线无集中式地表水饮用水水源地。事件发生后，留坝县政府立即组织相关部门，用沙土围堵泄漏到沟渠的汽油，在事发地点下游修筑 4 座拦截坝、16 道围堰，投放吸油毡等应急物资，吸附水体中的汽油，并在上下游布设 7 个点位，对水质开展应急监测。自 10 日 22 时起，各监测点位石油类物质均未检出，北栈河水质全部持续达标，汉中市人民政府终止应急响应状态。

甘肃泾川“4·9”柴油罐车泄漏事故：2018 年 4 月 9 日 15 时 40 分许，陕西省勉县致远运输公司柴油罐车行驶至甘肃省平凉市泾川县境内时发生交通事故，造成油罐车悬空于汭河河堤，罐体形成 5 处裂口且高度倾斜，导致约 24 t 柴油泄漏。其中泄漏至汭河河堤后清理转运 11.6 t，泄漏入河 12.4 t。此次事件造成汭河、泾河下游 182 km 河段水体受到不同程度污染，其中甘肃省境内 72 km，陕西省境内 110 km。经排查，沿河无集中式饮用水水源，未造成居民生活用水影响。

事故发生后，泾川县第一时间对柴油罐车进行了安全移置，防止罐体内残存柴油继续泄漏；沿事故点汭河河床修筑约 1 m 高围堰，减少柴油流入汭河；调用吸污车收集河床上相对集中的油污，铺设吸油毡吸附河床上分散油污；河床表面油污基本清除后，将受污染的河床土壤清运处置，并通过多次回填清洁土蘸和后再清运的方式切断污染源。

甘肃省平凉、庆阳两市先后设置吸油毡、拦油坝（索）72 道，其中水泥管活性炭拦截坝 3 道，利用天然河床构筑临时纳污坑塘 2 个，对河面浮油进行人工收集和喷淋降解。通过多种措施进行降污，延缓了污水出省界约 17 h，为下游应急处置争取了时间。陕西省咸阳市先后在长武、彬县、永寿三县境内设置活性炭拦截坝 5 道，将污染控制消除在咸阳市境内。

事件调查发现，事件初期对污染严重性预判不足，处置措施不够科学有效。由于对泄漏至汭河岸边上的柴油清理不彻底，柴油持续进入河道并向下游迁移，造成事件持续时间拖长；拦截吸附措施不够科学，初期仅使用吸油毡、拦油索、秸秆等开展处置。

4 月 11 日，在预判可能会造成甘肃省、陕西省跨界污染的情况下，平凉市及泾川县政府连夜召开新闻发布会，向社会和公众发布事件相关信息和应急工作开展情况。平凉市、庆阳市分别通过市政府门户网站、广播电视台、手机客户端等官方媒体平台对事件处置相关情况进行报道。12 日，咸阳市通过政府网站、广播电视台对事件处置情况进行通报和报道。通过甘陕两省三市及时公开信息，处置过程中未出现媒体集中炒作、恶意宣传报道等情况，舆论态势平稳，社会秩序良好。

新疆伊犁 218 国道“11・7”柴油罐车泄漏事故：2016 年 11 月 7 日 14 时许，218 国道新疆维吾尔自治区伊犁哈萨克自治州段一辆载有约 30 t 柴油的运输车因交通事故发生侧翻，车载柴油发生泄漏，并流入伊犁河主要支流巩乃斯河，事发地距中哈交界断面约 187 km。事故导致约 30 t 柴油泄漏，部分流入巩乃斯河，威胁到下游伊犁河水质安全。当地政府采取了源头工程阻断、多级拦油吸油、优化水利调度及开展应急监测等处置措施。

源头工程阻断。一是清理事故点受污染土壤，紧急调集 20 余辆挖掘机、翻斗车、铲车等大型机械挖掘换填污染土石方约 0.25 万 m^3；二是利用事故点江心洲型的河道自然特征，在事故点上下游建拦截坝，形成堰塞湖，切断污染源与河道的连通；三是在堰塞湖内用吸油毡等吸油，处理高浓度污染水体，最大限度地将污染封堵在源头区域。

多级拦油吸油。用钢丝绳、渔网为载体，覆上棉被、吸油毡、麻袋、稻草等材料，沿河各断面布设拦截吸附网，在事故点下游至出境断面河段共建成 21 道拦油吸油网（如图 1-24 所示）。通过多级拦油吸油，沿程逐步降低污染物浓度。同时，紧急请示新疆维吾尔自治区人民政府，协调国家民航局、南方航空公司派专机于 11 月 8 日 6 时从乌鲁木齐运送 2.3 万条吸油毡，分发至相关县市。

图 1-24　沿河各断面布设拦截吸附网

优化水利调度。商请伊河建管局优化调度特克斯河恰甫其海水库、喀什河吉林台水库下泄流量。在处置前期下闸蓄水，降低河流下游流量和流速，为下游处置争取时间，保障下游油污拦截作业；下游拦截措施布设后，适时开闸放水，加大下游稀释水量，降低污染物浓度。

开展应急监测。事故发生初期开展监测时，出现中间长达 104 km 的河道没有布设监测点位的情况，无法为研判污染状况和趋势提供参考。后及时调整方案，调动伊宁市周边 7 个县市的环境保护部门及第三方环境监测机构配合现场采样等工作，共计约 250 人日夜奋战，连续工作近 220 h，保证了应急监测工作的完成。

陕西汉中 108 国道“3・22”柴油罐车泄漏事故：2016 年 3 月 22 日，108 国道陕西省汉中市宁强县汉源街道何家坟村路段发生道路交通事故，致柴油泄漏污染潜溪河，威胁下游四川省广元市饮用水安全。3 月 28 日起，陕西省和四川省各监测断面石油类浓度值全线持续稳定达标，四川省广元市集中式供水安全得到有效保障，事件涉及的四川省广元市朝天区、陕西省汉中市宁强县先后终止应急响应。

事件调查发现，此次跨省界重大突发水污染事件中，运输柴油的重型罐式半挂车行至事故路段，遇湿滑水泥道路、连续下坡弯道，操作不当，导致车辆撞击道路左侧防护墩后发生侧翻。事故导致车辆罐体出现直径约 6.5 cm 的破口，同时罐体减压阀遭到破坏，罐体顶部直径 31 cm 的阀门被冲开，约 30 t 柴油在 30 min 左右时间内通过罐体顶部阀门及罐体破口处涌出、泄漏到外环境，加之事发时正下小雨，泄漏的柴油、道路上的雨水和约 5 t 消防水混合的含油污水沿山坡流入泄洪沟，进入潜溪河造成污染。事故车辆受到破坏的罐体如图 1-25 所示。

图 1-25　事故车辆受到破坏的罐体

截至 3 月 28 日 18 时，共发生环境应急处置费用 455.5 万元。肇事司机操作不当导致发生交通事故，经陕西省汉中市宁强县公安交管部门认定，应负事故全部责任。陕西省汉中市宁强县公安交管部门在对事故进一步调查取证的基础上，依法对肇事司机、车辆所属陕西省延川县永坪石油货运车队进行处罚，涉嫌犯罪的依法追究刑事责任。

（四）酸、碱罐车泄漏事故

广西钦州兰海高速“6・21”氢氟酸罐车侧翻泄漏事故：2021 年 6 月 21 日 6 时许，一辆载有约 31 t 氢氟酸（浓度为 55%）的罐车行驶至兰海高速广西钦州段因交通事故发生侧翻，导致部分氢氟酸泄漏，泄漏量约 20 t。12 时 50 分，泄漏点封堵完毕。泄漏氢氟酸经高速公路旁雨水沟流至沉砂池（约 10 m^3），少量溢流至附近水塘（死水）。事发地周边无居民区、河流等环境敏感目标。事故发生后，广西壮族自治区生态环境厅指导当地使用石灰对沉砂池内污染水体进行中和处置，并对事发地周边大气、水体开展应急监测。同时，从自治区环境应急物资库调用防护面罩、衣服、手套、鞋子等 175 件（套）应急物资并送至事故现场。监测数据显示，事发地周边大气氟化物浓度均达标。事故点下方沉砂池、水塘（死水）水中氟化物浓度分别超标 71.2 倍、4.59 倍。

辽宁东港鹤大高速“1・15”浓硫酸罐车泄漏事故：2021 年 1 月 15 日 6 时 3 分，一辆载有 30 t 浓硫酸的罐车行驶至鹤大高速辽宁省丹东市东港段，因路滑发生侧翻事故，导致约 30 t 浓硫酸全部泄漏到高速公路（丹东市方向）右侧荒地，污染面积约

30 m^2。事故地周边无饮用水水源地等环境敏感目标。事故发生后，当地政府采取沙土覆盖、生石灰中和的方式进行处置，最后将污染土壤运至有资质的单位进行无害化处置。

河南卢氏 209 国道“12・2”浓硫酸罐车泄漏事故：2019 年 12 月 2 日 2 时 55 分，一辆载有 31 t 浓硫酸的槽罐车行驶至 209 国道河南三门峡卢氏段因路面湿滑、司机操作不当，发生侧翻事故，造成罐体顶部阀门处出现泄漏情况，罐体完好。事故发生后，当地消防部门使用沙土对泄漏浓硫酸进行掩埋。3 时 20 分，泄漏阀门被关闭，仅有微量液体溢出。5 时 30 分，事故罐体被转移至安全地带。10 时许，当地使用石灰对泄漏浓硫酸进行中和处理。经卢氏县环境监测站监测，数据显示公路侧小河水质未发现异常。

浙江苍南 104 国道“11・28”磷酸罐车泄漏事故：2019 年 11 月 28 日 7 时许，一辆载有 29.7 t 磷酸的槽罐车行驶至 104 国道浙江苍南段因刹车失灵发生侧翻事故，造成约 10 kg 磷酸、货车油箱内约 20 m^3 油品泄漏。事故发生后，温州市生态环境局苍南分局立即赶赴现场进行处置，使用石灰、木屑及沙子进行吸附，并将产生的固体废物委托有资质的单位进行处置。监测数据显示，水体特征污染因子指标全部达标。

浙江杭州“11・4”浓硫酸罐车泄漏事故：2019 年 11 月 4 日 12 时许，一辆载有 31 t 浓硫酸的槽罐车从浙江省杭州市富阳区驶向桐庐县途中，在车辆调头时因轴承断裂，导致 3～4 t 浓硫酸泄漏，泄漏物未进入周边水体。事故发生后，当地政府立即构建 4 道围挡，使用石灰中和处理，并将固体废物运送至南方水泥（危险废物协同处置单位）进行处置。

辽宁锦州京沈高速“3・25”盐酸罐车泄漏事故：2019 年 3 月 25 日 8 时许，京沈高速辽宁省锦州市境内，一辆载有 29.5 t 盐酸（浓度 31%）的罐车行至大凌河桥时发生追尾侧翻事故，导致罐体裂口，约 2.5 t 盐酸泄漏。部分盐酸混合消防水沿桥墩流至桥下干河床。大凌河下游沿线无饮用水水源地等敏感点，约 45 km 后汇入渤海。当时大凌河正处于枯水期，泄漏盐酸在桥下形成小型液池，边缘距大凌河水面约 50 m，未进入水体。当地政府组织使用生石灰中和桥下盐酸，并连同周边土壤进行清运处理。截至 25 日 18 时，事故车辆已被拖离现场，并完成倒罐作业，大凌河桥恢复通车。锦州市环境监测站对事发地大凌河上下游水质进行了监测，水质未见异常。

青海玛沁花久高速“2・23”液碱罐车泄漏事故：2019 年 2 月 23 日 4 时 50 分，青海省果洛藏族自治州玛沁县花久高速公路（G0615）与昌大公路（S209）交叉路段因积雪结冰，造成 3 辆货车和 2 辆液碱罐车相撞，导致 1 辆液碱（48% 氢氧化钾）罐车发生泄漏，液碱流入路基旁的天然草地。事件发生后，当地消防人员用消防水对泄漏的液碱进行了稀释处理，并将处理后的液碱围堵在路基旁。事发地点周边无地表水。2 月 23 日 19 时 25 分，当地政府在官方微博通报了事件情况。

（五）苯系物罐车泄漏事故

山东东营“5·28”二甲苯罐车泄漏事故：2022 年 5 月 28 日 17 时 29 分，山东省东营市东营区南二路学府家园附近，一辆载有 34 t 二甲苯的槽罐车发生车辆追尾事故，造成二甲苯罐体阀门损坏并有部分二甲苯渗漏。驾驶员随即使用空桶进行接液，二甲苯未泄漏至外环境。当地生态环境部门会同消防部门指导现场处置人员对罐体进行覆盖降温，协调倒罐工作，对现场泡沫及消防污水进行收集处置。

青海西宁京藏高速“11·24”粗苯罐车泄漏事故：2021 年 11 月 24 日 18 时，一辆装有 33 t 粗苯的危险化学品运输罐车在湟源至西宁高速方向因法兰破裂发生泄漏。因粗苯含水量较高、夜间天气寒冷致使罐体底部水分冻结，经统计泄漏量约为 1 t。事故发生后，当地政府采用黄土拦截、覆盖等方式对泄漏物进行围堵，泄漏粗苯未溢流至路面以外。11 月 25 日 16 时，事故车辆完成倒罐并撤离现场。对事发点路面采用土壤吸附和泡沫冲洗方式进行清理，现场处置中产生的沾染土壤共 30 t，就近拉运至具有危险废物处置资质的企业进行无害化处置。

湖南湘西张花高速“8·5”苯肼运输车泄漏事故：2020 年 8 月 5 日 19 时左右，一辆载有 150 桶苯肼（每桶 200 kg）的货车行驶至湖南省湘西土家族苗族自治州张花高速永顺段，因护栏损坏导致 38 桶苯肼掉落，造成 5 桶发生泄漏，现场洒落约 500 kg，其余仍在桶内。事故发生后，当地政府使用沙土进行覆盖。6 日 9 时，产生的 5 t 沙土全部转运至有资质的湘吉环投公司进行无害化处置。

云南元谋永武高速“3·25”粗苯罐车泄漏事故：2020 年 3 月 25 日 19 时许，一辆载有 32.68 t 粗苯的槽罐车行驶至云南省永武高速云谋段发生垫圈损坏，造成少量粗苯泄漏。事发地周边无地表水、饮用水水源地等环境敏感目标。事故发生后，当地政府采取倒罐转储、沙土吸附的方式进行处置。泄漏面积约 5 m^2。将吸附使用的沙土、棉被送至有资质的单位妥善处置。

广东河源龙河高速“9·3”二甲苯罐车泄漏事故：2019 年 9 月 3 日 12 时许，一辆载有约 29 t 二甲苯的槽罐车行驶至龙河高速广东省河源市和平县境内的路岗隧道时发生追尾事故，导致危化品全部泄漏。部分二甲苯经隧道排水道进入和平县大坝镇银湖河（东江五级支流），事发地距和平河（东江二级支流）约 20 km，附近无饮用水水源地。当地生态环境部门在事发地点下游银湖河、石谷河（东江四级支流）上布设 5 道拦截坝，使用木屑、吸油棉等物资进行吸附。分别在事故点下游银湖河、石谷河、和平河、浰江、东江等河流上布设 8 个监测点位。当地政府采用罐车将受污染的河水全部抽取送至有资质的第三方单位进行处理。监测数据显示，4 日 2 时，各监测点位苯、甲苯、邻二甲苯等苯系物浓度均符合集中式生活饮用水地表水源地特定项目标准限值。5 日 15 时起，事故下游沿线河流各断面水质持续稳定达标。6 日 15 时，和平县人民政府终止应急响应。

江苏扬中 238 省道“8・6”苯罐车泄漏事故：2019 年 8 月 6 日 9 时许，江苏省 238 省道扬中八桥镇境内，一辆装载有 29.6 t 苯的槽罐车因碰撞发生泄漏事故，造成部分苯泄漏至路边河沟内。事故发生后，扬中市生态环境局立即赶赴现场开展应急处置工作，对涉污河沟进行封堵，将约 200 t 受污染水体抽送至有资质单位进行处置。6 日 15 时至 16 时的数据显示，苯浓度持续达标。

山东广饶长深高速“4・3”二甲苯罐车泄漏事故：2019 年 4 月 3 日，长深高速山东省广饶县境内发生二甲苯罐车侧翻事故，造成部分二甲苯泄漏。事故发生后，当地政府立即采取倒罐转运、稀释收集的方式开展应急处置工作。泄漏的二甲苯部分在高速路面经水稀释挥发，其余沿高速泄水槽流入底部水泥排水沟，未形成径流。当地生态环境部门将污染物按危险废物转移至有资质单位依法处置。

河北承德 244 省道“3・25”交通事故导致化学品泄漏事件：2017 年 3 月 25 日凌晨 1 时许，两辆邻氯硝基苯罐车和一辆柴油罐车在河北省承德市丰宁县 244 省道（丰宁—大滩镇）喇嘛山大桥处，相继翻入潮河的一条支流（季节性河流）内。事故造成 7 t 柴油、20 t 邻氯硝基苯泄漏。事发地点距潮河干流约 18 km，距密云水库约 150 km。事发时该支流内存有少量融雪水，在入潮河处断流，两种泄漏物质均未进入潮河干流。事故发生后，丰宁县政府组织相关部门采取上游筑坝截流来水、下游筑坝拦截污染物的处置措施，并对河道内残留的邻氯硝基苯晶体和柴油进行清理。25 日傍晚，涉事车辆被调离事故现场。25 日监测数据表明，部分点位苯系物有检出但浓度未超过地表水环境质量标准，石油类浓度超标。由于河道内存水量少，当地政府采取油罐车回收方式清运河道内含油污水。26 日晚，河道内存水及泄漏柴油清理完毕。结晶的邻氯硝基苯由原业主公司（葫芦岛世兴药业）回收处理，混杂邻氯硝基苯的污染土壤由张家口金隅水泥窑危险废物处置机构清运处理。

山西运城 108 国道“1・18”交通事故导致粗苯罐车泄漏事件：2017 年 1 月 18 日 9 时许，108 国道运城市新绛县一辆载有约 20 t 粗苯的罐车因交通事故侧翻坠入汾河（如图 1-26 所示）。事发地点下游汾河沿线无集中式饮用水水源地。为减缓污染物扩散，当地政府在事发地上下游 50 m，现场组织 20 台机械开挖河槽导流，绕过污染点，隔绝污染源，并对事故罐车进行吊装倒罐，防止发生更大泄漏；与此同时，在汾河下游的新绛、稷山、河津、万荣 4 县搭建了 10 道水泥管活性炭拦截坝（如图 1-27 所示），防止污染物进一步扩散。同时及时清理事故点附近用于处置吸附泄漏污染物的废弃草毡等，防止对下游造成二次污染。山西省运城市政府于 22 日 18 时许正式终止应急响应。该事件直接造成两名罐车司机死亡，同时对事发地周围的水环境造成了一定的污染，但经过连续奋战 33 h，成功排除了险情，将事故的影响范围和程度降到最小，此次粗苯泄漏事件最终被判定为微量粗苯泄漏。

图 1-26　粗苯罐车因交通事故侧翻坠入汾河

图 1-27　水泥管活性炭拦截坝

（六）酚类运输车泄漏事故

新疆伊犁 218 国道“11·10”邻甲酚罐车泄漏事故：2020 年 11 月 10 日凌晨，一辆运载约 31.9 t 邻甲酚的车辆发现泄漏后沿 218 国道新源县境内行驶 31 km，停靠在国道

373 km 处。罐体内危化品全部泄漏，大部分沿国道泄漏在路面上，部分在行驶暂停点、停靠点流经阿克仁河、巩乃斯河。停靠点下游约 100 m 进入巩乃斯河，约 272 km 汇入伊犁河。当地政府立即清运事发地污水和受污染土壤，在巩乃斯河依托 5 道分水闸对低浓度污水进行分流，在特克斯河调配水库增加水量以降解污染物，确保超标污染水体不进入伊犁河。活性炭坝如图 1-28、图 1-29 所示。监测数据显示，事故导致事发地下游阿克仁河、巩乃斯河水质挥发酚浓度出现超标。自 11 月 23 日 14 时起，事发地下游巩乃斯河沿线挥发酚浓度持续稳定达标。26 日，新源县事故应急处置指挥部终止应急响应。

图 1-28　5 号闸口两道活性炭坝

图 1-29　第二道活性炭坝

广东揭阳甬莞高速“9·9”苯酚罐车泄漏事故：2020年9月9日6时52分，在甬莞高速广东省揭阳市普宁市赤岗段，两辆分别装载液化天然气和苯酚的运输车辆发生追尾事故，导致1.1 t液化天然气泄漏、28.94 t苯酚溶液全部泄漏。泄漏的部分苯酚流入事故点附近的埔下坛渠，下游约8 km汇入榕江南河，入南河后即为揭阳市市级饮用水水源地，供应揭阳市第一自来水厂用水。最近的居民点距事发地约500 m。为防止液化天然气爆炸可能造成的危害，当地政府疏散了周边群众2 500余人。9日18时30分左右，揭阳市第一自来水厂改用备用水源取水。污染河水如图1-30所示。

图1-30　污染河水示意

事故发生后，揭西、普宁两地政府组织力量，采取筑坝拦截（如图1-31所示）、活性炭吸附的方式进行处置，将污染水体拦截在事发地下游8 km的榕江南河支流贡山电排内，主要污染团控制在事故点下游约2.9 km河段内，没有继续向下游扩散。同时，为防止受污染水进入榕江南河，当地政府第一时间关闭榕江南河汇入口的贡山电排站闸门，并加固了榕江南河电排站。

将拦截的污染水体按浓度分类处理，利用消防水车、吸污车将高浓度、中浓度污染水体转运至附近污水处理厂（如图1-32～图1-35所示），经芬顿氧化预处理进入系统处理后，达标排放；低浓度污水采取就地调水稀释、活性炭吸附、生物降解处理；铺设消防水带，将贡山电排内河段未检出挥发酚水体排向榕江南河三洲拦河坝（自来水厂取水点）下游，确保饮用水安全。9月29日，转运至各污水处理厂的污染水体全部完成处理，并达标排放。累计转运污染水体70 594.5 t；转运彰宁村沟渠污泥1 494 t；在贡山电排向榕江南河三洲拦河坝下游总共抽排水体23万m^3。

事故点下游1 000 m处拦截坝

事故点下游2 000 m处拦截坝

事故点下游2 500 m处拦截坝

事故点下游3 500 m处拦截坝

图 1-31　筑坝拦截

图 1-32　转运高浓度污染水体

图 1-33　高浓度污染水体被转运至污水处理厂

图 1-34　污水处理厂闲置生化池被改造为芬顿预处理池

图 1-35　英歌山（大坝）污水处理厂临时污水储存池

广东省生态环境厅从汕头、梅州、河源等周边地市调集监测力量，同时邀请相关优势监测企业派出走航车对污染水进行快速检测，弥补了前期“出数慢”的短板。监测数据显示，事故点下游 8 km 范围内，最高超标 28.2 万倍；榕江南河干流、榕江南河下游自来水公司取水点、周边村庄地下水均未检出挥发酚。自 9 月 30 日 15 时起，事故点下游水体挥发酚浓度连续稳定达标。处置期间，揭阳市第一自来水厂供水未受影响。9 月 30 日，当地政府终止应急响应。揭阳市政府加强正面宣传，及时在“揭阳发布”微信平台等新媒体发布事件处置情况信息，正面引导舆情，并发放科普小册子等。

陕西汉中 316 国道“4・24”粗酚罐车泄漏事故：2018 年 4 月 24 日 10 时 20 分，陕西省榆林市靖边县盛新宇实业公司一辆载有 32 t 粗酚的危化品罐车途经 316 国道留坝县境内陶沙坝村时罐体发生爆裂，所载粗酚全部泄漏，其中大部分泄漏至路面及周边土壤，约有 3 t 粗酚经沿线沟渠泄漏至北栈河。事故现场如图 1-36 所示。

图 1-36　危化品罐车事故现场

当地政府迅速采取源头阻断、清水导流、活性炭吸附（如图 1-37 所示）、高浓度污水异位处理（如图 1-38 所示）、水库回蓄削峰等措施，及时有效控制了污染。经过 11 天连续奋战，污染源切断并消除，北栈河及下游褒河水质全部持续达标。本次事件中，通过采取筑坝截流（如图 1-39 所示）和分流引流等措施，将高浓度污水引入人工湖等应急空间，有效降低了污染物迁移速度，同时极大地降低了河道污染负荷，在事件处置中发挥了关键作用。

图 1-37　如意湖内撒粉末活性炭从处理污水

图 1-38　北栈河河边挖掘的临时污水处理池（距事发点 15 km）

图 1-39　入褒河前 1 号坝（距事发点 16 km）

（七）其他化学品运输车泄漏事故

浙江金华沪昆高速“1・10”磺酰氯运输车泄漏事故：2022 年 1 月 10 日 10 时 13 分许，沪昆高速衢向 329K 浙江省金华市婺城区辖区内，一辆小车追尾厢式危化品运输车（共装载硫酰氯 20 t，为桶装装载，每桶 300 kg 左右），危化品运输车停靠在高速应急车道内，有部分分装桶落地。现场有 3 桶发生泄漏，救援人员用应急胶带封口，转运至浙江耐司康药业有限公司进行倒罐处置。现场处置时，空气中有轻微异味。当地生态环境部门在事故点下风向和周边村庄布设 4 个应急监测点位，监测指标为二氧化硫、氯化氢，监测未发现异常。未发现周边群众反映异味的举报投诉。处置现场未用水，不涉及水污染。

广东肇庆 321 国道“6・17”甲醛罐车侧翻泄漏事故：2021 年 6 月 17 日 12 时 27 分，广东省肇庆市德庆县 321 国道历麻村委会附近，一装有 32 t 甲醛的槽罐车发生侧翻，导致部分甲醛泄漏，随消防污水进入历麻河。事件发生后，当地政府采取措施封堵事发地点下游河道，将河道受污染污泥和水体抽运转移处置，使用沙子吸附路面泄漏甲醛，对上游清水进行拦截引流，并调度危化品槽罐运输车转运罐内剩余甲醛。生态环境部门在事故点周边布设了 5 个大气监测点位、14 个水质监测点位，开展应急监测。事故点周边大气甲醛浓度未见异常；历麻河至大冲河河段水质甲醛浓度出现不同程度超标。截至 18 日 17 时，历麻河至大冲河河段甲醛浓度持续下降，自 20 日 13 时起，事故点下游历麻河至大冲河河段水质已全线达标。事件处置期间，西江下游各监测点位水质均未见异常，六都水厂、五龙水厂取供水正常，群众饮用水未受影响。

青海都兰 109 国道“2・3”稳定轻烃化学添加剂运输车泄漏事故：2021 年 2 月 3 日 10 时，一辆装有 33.54 t 稳定轻烃化学添加剂的重型半挂车侧翻于 109 国道青海省海西蒙古族藏族自治州都兰县香日德镇。事故现场及周边无水源地及农用地等敏感目标。事故发生后，通过对罐体内注水、排空油品，再进行吊装转移处理等应急措施，险情得到妥善处置。事故造成约 95 m^3 土壤受到污染，污染土壤全部送至有危险废物处置资质的格尔木宏扬环保科技有限公司进行处置，并拉土回填。

四川若尔盖“11・12”丙烯酸正丁酯罐车泄漏事故：2020 年 11 月 12 日 13 点 15 分，一辆载有丙烯酸正丁酯的槽罐车行驶至四川省阿坝藏族羌族自治州若尔盖县红星镇发生侧翻（如图 1-40 所示），导致约 150 kg 丙烯酸正丁酯泄漏。事故地周边无饮用水水源地等环境敏感目标。事故发生后，当地政府采取挖建临时沟渠收集、采用棉被吸附的方式进行处置，并将产生的危险废物妥善处置。

图 1-40　丙烯酸正丁酯槽罐车侧翻泄漏事故

江西南昌 316 国道"9·4"二氯丙烷罐车泄漏事故：2020 年 9 月 4 日 5 时 30 分左右，一辆载有 33 t 二氯丙烷的槽罐车行驶至 316 国道江西南昌段新建区乐化镇岭背林场过磅称重时，发现罐体底部破裂、发生泄漏事故。当地政府采取水雾稀释降温、沙土围挡、捆扎封堵等措施进行处置。9 时 45 分，封堵完毕。10 时 15 分，倒罐完毕。南昌市新建区生态环境局组织开展应急监测，事发地雨水沟二氯丙烷液体浓度为 87.2 mg/L；事发地旁居民家门口、事故点下风向 100 m 处、事故点马路对面 3 个环境空气监测点位的数据显示，特征污染物均未检出。同时，组织力量对所有被污染的土壤及稀释降温水体进行收集，交由瀚蓝工业服务（赣州）有限公司进行无害化处置。

江西赣州"8·7"有机溶剂罐车泄漏事故：2020 年 8 月 7 日 20 时左右，一辆载有 30.26 t 有机溶剂（*N*- 甲基吡咯烷酮）的槽罐车行驶至江西省赣州市瑞金北高速口被追尾，造成尾部阀门损坏，导致有机溶剂泄漏。处置期间，未对距事发地约 3 km 的村级饮用水水源地造成影响。事故发生后，瑞金生态环境局派员赶赴现场，对泄漏的有机溶剂引流至土坑后，用木屑吸附。经核实，约 16.01 t 流入土坑；车内剩余约 9 t 用桶收集；其余蒸发。废木屑以及受污染的土壤被送至有资质的公司进行无害化处置。

云南安宁"4·3"一正丁胺罐车泄漏事故：2020 年 4 月 3 日 17 时 7 分，浙江建业化工股份有限公司装载 32.1 t 一正丁胺的车辆从浙江省前往云南省临沧市，途经昆明西收费站时发现罐体焊缝处泄漏，后到安宁东收费站匝道实施紧急避险。云南省安宁市组织应急管理、消防、生态环境、公安等部门赶赴现场进行处置。由专业人员将泄漏车辆中的化学品倒罐至另外一辆危化品运输车辆。3 日 22 时 30 分，倒罐作业完成，车辆安全驶离事故现场。倒罐过程中，消防部门采取喷淋措施稀释泄漏化学品，并在低洼处开挖约 20 m^3 的事故应急池，收集喷淋废水。处置过程产生约 15 m^3 喷淋废水，绝大部分通过导流沟收集引入临时事故应急池，并由罐车于 3 日 23 时 40 分运送至云南天安化工有限公司的污水处理设施进行安全处置。少量地表残留污水用沙土吸附后，清运至云南天安化工有限公司渣场进行无害化处置。3 日 22 时后氨气和甲醛均未检出，环境空气质量恢复正常。

浙江湖州“1·7”丙烯酸甲酯罐车侧翻泄漏事故：2020 年 1 月 7 日 9 时 17 分，一辆载有约 15 t 丙烯酸甲酯的槽罐车行驶至浙江省湖州市南太湖新区三环西路，与一辆空罐槽罐车相撞、发生侧翻事故，导致丙烯酸甲酯槽罐车出现小裂缝。9 时 55 分，现场堵漏成功，共泄漏约 100 kg 丙烯酸甲酯。事故点周边无地表水、居民区等环境敏感目标。事故发生后，采取倒罐转运的方式进行处置，并将现场消防污水收集送至凤凰污水处理厂进行处置。

浙江金华诸永高速连接线横坑隧道“7·22”溴乙烷罐车泄漏事故：2019 年 7 月 22 日 22 时 12 分，一辆载有 30 t 溴乙烷的罐车行驶至诸永高速连接线横坑隧道时，因安全阀松动导致泄漏（如图 1-41 所示）。经专家研判，现场不具备拖离、倒罐处置条件，浙江省金华市磐安县人民政府采取自然挥发的措施进行处置，对下风向里西告、外里告两村的村民进行疏散。当地生态环境部门在事发地点周边布设监测点位，监测水质和大气环境污染情况，并在事故现场设置 4 道拦水坝，投放 15.7 t 活性炭吸附高速路排水渠的泄漏溴乙烷。监测数据显示，15 个空气质量监测点位的溴乙烷浓度未超标；8 个地表水断面均未检出溴乙烷。7 月 24 日 7 时 30 分，车载溴乙烷液体挥发完毕。23 日至 25 日，浙江省金华市磐安县应急管理局在官方微信公众号上连续发布事件处置信息。

图 1-41　在隧道发生泄漏事故的溴乙烷罐车

湖北荆州二广高速“6·9”氯丙烯罐车泄漏事故：2017年6月9日7时许，一辆装载33 t氯丙烯的罐车行至二广高速湖北省荆门市沙洋县段时，安全阀松动导致泄漏。罐车司机在自行处置未果的情况下，驾驶罐车继续行驶约50 km，至荆州市沙市经济开发区9号公路空旷处停车并报警。估算共泄漏氯丙烯约20 t。公路沿线无地表水体等环境敏感点。因罐车在荆门市沙洋县（事发点）停留时间较长，该地泄漏量较多，泄漏化学品控制在路旁干沟内，长度约600 m。有关部门使用沙土覆盖吸收路面残留泄漏物，并回收干沟内泄漏物。荆州市沙市经济开发区政府组织相关部门开展泄漏点封堵和罐体喷淋降温防爆工作，并将现场泄漏的氯丙烯和消防污水全部收集送往污水处理厂进行安全处置。监测结果表明，6月10日至11日，事发点附近两个点位均未检出氯丙烯；二甲苯、乙基苯略有检出，但均未超标。

甘肃张掖连霍高速“3·23”交通事故导致二甲基二硫泄漏事件：2017年3月23日6时30分，一辆载有二甲基二硫（160桶、32 t）的车辆在连霍高速行驶至甘肃省张掖市山丹县境内时发生侧倾，导致8桶变形、4桶破裂，约600 kg二甲基二硫泄漏至高速路面和路肩，影响约10 m^2范围。事故点周边无居民、河流、饮用水水源等环境敏感点。张掖市政府组织安全转运事故车辆剩余的化学品桶，并调集活性炭和灰渣等物资吸附处理泄漏污染物。23日20时，现场处置工作基本完成。未破损的桶装二甲基二硫运往中盐甘肃高台盐化有限公司；收集吸附污染物的炉渣和活性炭混合物运至甘肃省危险废物处置中心安全处置。23日17时现场监测结果表明，硫化氢和苯均未检出。

湖北汉宜高速“5·18”硫酸二甲酯罐车泄漏事故：2006年5月18日凌晨4时，汉宜高速公路245 km处发生8车连环相撞的交通事故，一辆装载24 t硫酸二甲酯的罐车因强烈撞击导致液体全部泄漏（如图1-42所示），造成事发区域环境空气和地表水体污染。硫酸二甲酯大部分通过高速公路边的涵洞流入约3亩（1亩≈666.67 m^2）的农田里，农田里有约100 t水已被污染。湖北省枝江市政府将被污染的农田用推土机筑起土坝，防止污染的水进入其他区域。安装PVC涵管，将原来高速路涵洞与污染农田的通道引开，防止雨水通过涵洞冲入被污染的农田。在污染的农田里开挖了收集池（如图1-43所示），集中收集含硫酸二甲酯的高浓度污水，并送至湖北化肥厂进行综合处理。在收集污水的同时，向农田污染区投放烧碱和石灰，进行综合治理，降低硫酸二甲酯的浓度。将农田区污染的泥土彻底旋耕，并投放约3 t碳酸氢铵，对其进行充分混合。

图 1-42　交通事故导致罐车硫酸二甲酯泄漏

图 1-43　在污染的农田里开挖了收集池，并投放烧碱和石灰

在环境应急过程中，当地政府向施救人员和附近群众宣传硫酸二甲酯为高毒类危险化学品，并告知应采取的防护措施。同时，收缩隔离区，严控警戒区，将农田污染区用铁丝网进行完全隔离，严禁非污染处置人员误入农田。但是此次事件处置仍然造成中毒人员 44 人，其中消防官兵 13 人、交警 9 人、群众 22 人。应急救援人员中毒，说明在环境应急处置的开始阶段缺乏专业知识指导，未做好个人防护。

（八）运输车火灾、爆炸事故

四川德阳京昆高速“1·15”柴油罐车火灾事故：2022年1月15日21时10分许，京昆高速1 718 km路段（四川省绵阳市往成都市方向，德阳市境内）发生柴油罐车与砂石货车追尾起火燃烧事故，事发地周边无饮用水水源地和其他敏感目标，距离绵远河直线距离约1 km。柴油全部燃烧，空气质量监测未见异常。至16日8时，现场清理完毕，环境应急响应终止。

广东阳江阳茂高速“9·16”甲基叔丁基醚罐车火灾事故：2021年9月16日5时40分左右，阳茂高速公路广东省阳江市阳西段（K3317+300位置）发生交通事故，一辆装载30 t甲基叔丁基醚的罐车侧翻燃烧，造成一死一伤；事故产生消防污水约25 t，流入高速公路旁边下游高垌河（高速路桥下水沟）；事故点东南方800 m处有村庄，东北面约800 m有工业园区，下游高垌河汇入下游织篢河，直线距离约6.2 km，无饮用水水源保护区。甲基叔丁基醚属低毒性，用作汽油添加剂，对皮肤有刺激性；易燃，遇明火、高温或与氧化剂接触，有燃烧、爆炸风险。事故发生后，当地政府及相关部门主要采取以下应急措施：一是开展高速公路下游水体污染风险隐患排查，确定污染水体情况；二是分段拦截下游水体污染物，当地在下游水体设置了3道拦截坝，第1道拦截坝建在高速路旁，第2道拦截坝在事故点2 km处，第3道拦截坝在事故点3 km处；三是在现场用木屑吸附污染物；四是开展应急监测，样本送广东省茂名市环境监测站分析。根据专家意见，拦截坝内高浓度污染水体抽走送污水处理厂处理。

四川汉源“8·14”黄磷货车泄漏火灾事故：2021年8月14日15时许，一辆载有28 t黄磷的货车在四川省雅安市汉源县乌斯河镇发生侧翻，黄磷泄漏自燃。事故点风向主要为南风，风速约1 m/s。事故点周边800 m范围内无人员集中居住区，下风向约30 km为汉源县城。事故点临近大渡河，下游约172 km为四川省乐山市大渡河安谷水电站库区水源地。事故发生后，汉源县政府组织在事发点实行交通管制并疏散过往群众，使用泥沙覆盖泄漏黄磷，分类收集贮存，未产生消防污水。14日20时左右，明火被扑灭，烟点被消除。当地政府出动洒水车、雾炮车等，减轻事故对汉源县城的影响。雅安市生态环境部门组织开展环境应急监测，在事故点周边及下风向布设7个环境空气监测点位，下游布设3个水质监测点位。监测结果显示，14日22时左右，下风向五氧化二磷浓度最高超标37.2倍。自8月15日14时起，各监测点位特征污染物五氧化二磷浓度均符合相关标准。事故点下游大渡河水体中总磷浓度未见异常。8月15日，涉事车辆罐体转运至什邡市专业处置机构规范处置。

陕西延安包茂高速“7·17”柴油罐车火灾事故：2021年7月17日19点30分，在包茂高速榆林往陕西省延安方向镰刀湾出口处附近，一辆核装30 m^3的柴油罐车发生起火事故。车载柴油大部分燃烧，部分随消防水进入延河，事故点下游无饮用水水源地等敏感目标。当地政府启用延河上的 3 个拦截坝，在事发点入延河 3 km 范围内修筑 4 个土堆拦截坝，投放吸油棉、活性炭等物资对污染水体进行吸附，对部分高浓度污染水体采取抽运转至采油企业污水处理设施处置。同时对上游来水进行引流。经处置，污染水体控制在事发点入延河 3 km 拦截坝内。生态环境部门在事发地点周边布设了 6 个监测点位，开展水质监测。监测结果显示，事故点下游延河各监测点位石油类浓度超标 0.2～66 倍。自 18 日 16 时起，事故点下游延河各监测点位石油类浓度全线达标。

湖北赤壁东洲大桥“6・20”粗白油罐车火灾事故: 2021 年 6 月 20 日 2 时 40 分许，一辆 3 号粗白油罐车行驶至湖北省赤壁市东洲大桥桥东时，撞到限高架后起火，明火于 4 时 50 分许被扑灭，少量油品流入陆水河。当地采取拦截措施，将水面油污拦截在泄漏点 200 m 范围内，并调集吸油毡进行吸附收集。委托第三方监测机构在事发地点下游布设了 5 个水质监测点位。监测数据显示，拦截点前 4 个监测点位石油类浓度出现不同程度超标，最高超标 171.6 倍。截至 21 日 13 时许，事故点下游各监测点位均未见异常。

湖北黄冈“5・6”汽油罐车火灾事故: 2021 年 5 月 6 日 14 时 23 分，在湖北省黄冈市黄州区江北公路市委党校路段，因车速过快和雨天道路湿滑，发生汽油罐车侧翻火灾事故。油罐车装载汽油约 24 t，现场燃烧汽油约 10 t，剩余约 14 t 汽油安全转移，现场冲洗消防污水少量流入公路一侧雨水收集沟和路边池塘，大部分冲洗废水被集中收集转移至黄冈石油公司油库污水处理池。事故发生后，黄冈市生态环境局立即赶赴现场，会同有关职能部门进行应急处置。由于现场汽油浓度过高，为防止意外发生，现场指挥部要求各部门暂时退出火灾现场，由应急消防部门先行救援处置，待达到安全标准后，环保应急监测方可进入现场采样作业。按照现场事故指挥部要求，黄冈市环境监测站于 5 月 7 日再次赶赴现场，针对可能受污染的周边环境水体取样监测，监测结果正常。池塘含油废水收集至有资质单位进行无害化处理，防止二次污染。

湖北荆门“3・22”柴油罐车火灾事故: 2021 年 3 月 22 日 7 时 35 分许，湖北省荆门市漳河大道与荆楚大道路口，一辆实载 4 t 柴油的罐车着火，8 时许明火被扑灭，燃烧量大约为 1.2 t，泄漏量约 0.8 t。当地消防部门持续对高温油罐进行物理降温，并对事发地雨水管网及道路进行冲洗。当地生态环境部门对油品泄漏区域漳河大道雨水管网上游 100 m 处和下游 300 m 处开展应急监测。监测结果显示，雨水管内封堵的石油类有检出。同时对雨水管网含油冲洗废水进行收集，收集约 40 t，并运回由有资质单位进行处置。

浙江温岭沈海高速“6・13”液化气罐车爆炸事故: 2020 年 6 月 13 日 16 时 40 分，沈海高速浙江省台州市温岭市大溪镇良山村附近高速公路上，一辆液化气槽罐车追尾翻车爆炸，炸飞的槽罐车发生二次爆炸，造成路侧的两家阀门生产企业（厂内没有化学品）发生火灾和坍塌。13 日 20 时，明火被扑灭。部分消防污水进入附近河道良山溪。事故发生后，当地生态环境部门用沙袋在良山溪下游进行封堵，防止消防污水外溢对下游水质造成影响。事发地河道下游无敏感水体。6 月 13 日至 17 日的监测数据显示，事发地周边环境空气和事故地下游的良山溪水质总体未见异常。

河南三门峡连霍高速“6·8”汽油罐车侧翻火灾事故：2020 年 6 月 8 日 15 时 12 分，一辆载有 32 t 汽油的油罐车行驶至连霍高速河南三门峡段发生侧翻，导致火灾事故。15 时 49 分，明火被扑灭，产生约 20 m^3 消防污水及油品混合物。距事发地约 700 m 为苍龙涧河。事故发生后，三门峡市生态环境局在事发地采用沙土拦截、吸附等措施，有效防止消防污水进入地表水体。

广东珠海“4·10”航空煤油罐车追尾火灾事故：2020 年 4 月 10 日 8 时 29 分许，广东省珠海市斗门区黄杨大道与高栏港高速交会处，一辆泥头车与一辆载有 30 t 航空煤油的罐车相撞，发生后罐车侧翻，罐体破损，发生火灾事故。9 时 40 分，明火被扑灭。少部分混有航空煤油的消防污水流入事发地西南方向的五山引淡渠。该渠总长 20.3 km，无饮用水水源功能。事故发生后，当地生态环境部门在五山引淡渠布设 2 道隔油栏进行堵截；投放约 2 800 片吸油毯对溢流路面的含油消防污水进行吸附，使用泵车吸取拦截在地面上的含油消防污水，并转运至富山工业园危险废物处置单位进行无害化处理。五山引淡渠事发地上下游 3 个地表水质量环境的监测数据显示，石油类浓度均达标。

山东聊城济聊高速“3·24”汽油罐车追尾火灾事故：2020 年 3 月 24 日 10 时 10 分许，在山东省济聊高速聊城段，一辆柴油罐车追尾一辆汽油罐车，造成两车油品泄漏燃烧。事故点下风向约 300 m 处的油库未受影响。消防污水被截留在高速公路的侧水沟内（长约 200 m），当地政府将消防污水转运至有资质单位进行无害化处置。

深圳宝安京港澳高速“3·22”汽油罐车火灾事故：2020 年 3 月 22 日 9 时 6 分，京港澳高速广东省深圳市宝安段沙井入口 200 m 处，一辆装有 29 t 汽油的油罐车侧翻，发生起火事故，导致约 3 t 油品泄漏。9 时 50 分，明火被扑灭。部分消防泡沫与未燃尽的汽油流入路边排水沟，少量流入上寮河（茅洲河支流排涝河上游），离入海口 12.9 km，事故点下游无饮用水水源区。事故发生后，当地政府在事故点上寮河下游 300 m 范围构筑 5 道拦截坝，使用吸油毡等物资吸附处理，并在事故点下风向布设 4 个空气质量监测点位、4 个地表水监测点位。22 日 17 时 30 分的监测结果显示，空气监测 $PM_{2.5}$、NO_2 等 6 项常规污染物的浓度无明显异常变化，水质监测数据中石油类达地表水Ⅴ类标准。当地政府将事故产生的 1.34 t 吸油毡、含油废水 6.79 t 运送至有资质的单位进行安全处置。

江苏盐城盐都张庄高速“3・20”涂料固化剂车辆火灾事故：2020 年 3 月 20 日 9 时许，江苏省盐城市盐都张庄高速附近，一装载桶装涂料固化剂的车辆侧翻后发生火灾事故。事故点周边无敏感目标。事故发生后，经核实，消防部门主要采取泡沫灭火，通过筑坝拦截，事故产生的少量消防污水全部控制在高速路旁的河沟内。对事故点下风向 100 m 范围内的监测数据显示，大气环境质量未见明显异常。当地政府将消防污水、燃烧废物送至有资质的单位进行处置。

河北邯郸青兰高速“8・6”柴油罐车火灾导致泄漏事故：2019 年 8 月 6 日 8 时 49 分，青兰高速河北邯郸段一辆柴油罐车发生交通事故，导致起火。大部分柴油被燃烧，少量柴油混合消防污水流入高速护堤下防洪沟。邯郸市生态环境局会同丛台分局立即赶赴现场，采用油毡、海绵等应急物资进行吸附收集，并转移至有资质的公司进行无害化处置。

山东莘县德上高速“5・22”石脑油罐车火灾事故：2019 年 5 月 22 日 13 时许，一辆载有 32 t 石脑油的重型半挂罐车行驶至德上高速山东省聊城市莘县段时发生交通事故，导致车辆起火。事故发生后，当地政府组织生态环境、消防等部门进行处置。17 时 20 分，明火被扑灭。处置过程中，储运罐的石脑油被全部燃烧，约 10 m^3 消防污水残存在高速路基内。当地将消防污水收集送至莘县污水处理厂进行处置。23 日 9 时 5 分，当地政府在官方微博上发布了事故信息。

第五节　人为因素事故

一、存在的环境安全隐患

目前许多突发环境事件是因为企业员工操作不当或者企业偷排等人为因素而引起的，人为因素可能引发的事故包括：

企业员工擅离职守，导致生产工序化学品液体泄漏，污染水体和大气环境；不按照规范操作，导致生产设备破坏，造成化学品泄漏；人为破坏化学品包装，导致化学品外泄，污染环境；人为操作不当，导致生产容器、管道等破裂，化学品、废水泄漏；液体化学品及废液在储存、装卸过程中发生泄漏，污染地表水环境；化学品在装卸过程中发生泄漏，有机气体挥发，引起员工中毒或者引发火灾等事故；员工在仓库内吸烟、违章动火作业等导致易燃有机溶剂发生火灾、爆炸事故，影响周边的大气环境。

员工不良工作习惯、不按规范操作，导致污水处理设施、废气处理设施不正常运行，造成事故排放；未定期对储罐区围堰的地面及四周防腐防渗工程进行检修，导致化学品泄漏到外环境；用于覆盖的沙土、擦拭处理的抹布或吸收棉未得到妥善处置而危害环境。运输车辆未达到规定的技术标准，不按规定路线、时段运行，以致化学品泄漏，影响周边环境。

另外，企业缺乏环保意识、漠视环保法律法规、肆意违法排污也是引发突发环境事件的重要因素。虽然比例不大，但违法排污引发的突发环境事件往往因其巨大危害和恶劣性质引起社会的强烈关注。

二、环境安全隐患治理

坚决克服麻痹思想和侥幸心理，全面落实安全生产主体责任，全面加强厂长、安全管理人员、车间主任、班组长、各类特种作业人员及其他从业人员的配备调整和教育培训，提高从业人员安全生产素质，严禁不具备相应资质的人员上岗作业，有效防止因人员培训不到位、违章作业引发安全生产事故。企业运行检查维修、停工复产等作业时事故多发，必须严格作业管理，认真制定方案，强化风险分析，完善防护措施，加强现场监控，严格执行动火、用电、有限空间等特种作业规程，真正做到安全生产、平安发展。

建立稳定、成熟的环境应急队伍，配备企业环境安全管理员。加强员工岗位培训和安全教育，使环境安全意识切实深入企业和员工。培训时可采取理论结合实践的形式，要求员工对应急预案中的注意事项和自己应履行的职责必须做到熟知、熟会。新进员工及专业救援人员每季度进行一次消防培训，培训消防知识、逃生与疏散方式、企业内防火安全守则、各种消防设备认识与维护、灭火器与消防水系统操作演练等。企业专业救援人员每季度进行一次环境应急救援培训，培训对化学品泄漏和火灾、爆炸事故的处置等，培训对各种防护器具的认识与练习。

企业违法排污引发的突发环境事件是可防可控的，企业要加强宣传教育，增强环境法制意识。同时业务主管部门要加强对企业的排污监管，重点对无任何审批手续和污染防治设施的涉印染、化工、纺织、制革、造纸、电镀等行业的小作坊、小企业进行全面排查整治，尤其要对城乡接合部、“城中村”、“棚户区”、“厂中厂”和转租企业等存在的环境安全隐患展开全面排查，严厉打击违法排污企业。

三、事故应急处置措施

处置此类突发环境事件关键在于迅速查明并切断污染源，努力将损失降至最低，同时严肃追究肇事企业责任，按规定进行经济和行政处罚，后果严重的追究刑事责任，起到警示作用，避免类似事件再次发生。企业应配合相关部门做好事故的处置和调查工作，造成经济损失和人员伤亡的积极进行赔偿。

事故处理完毕后企业要做好事故总结工作，以案为鉴开展内部培训，加强对员工实际操作方面的培训力度，避免工作中操作失误导致事故发生。同时，企业领导层要克服麻痹大意和侥幸心理，落实相关责任和安全措施，把严防超标排污和偷排偷放等行为作为保障环境安全、预防突发环境事件的重点工作来抓。

四、典型案例

（一）违规操作导致事故

贵州遵义“7・27”华商酒业生物质燃油溢流事故：2022 年 7 月 27 日 9 时，仁怀市华商酒业工人实施生物质燃油倒罐作业时违规操作，导致约 2.5 t 生物质燃油溢流至外环境。当地政府立即组织开展应急处置工作：一是开展源头清理。对厂内罐区剩余的生物质燃油进行清理；在事发点下游溪沟设置 4 道活性炭坝，对残留油污进行拦截吸附，收集转运含油污水；对周边污染土壤进行挖掘清运。二是实施河道削峰。在习水县、赤水市共设置 11 道拦油索，铺设吸油毡进行处置；在赤水市葫市镇至丙安镇间投放化油剂及活性炭实施削峰。三是开展应急监测。布设 10 个监测断面，建设 5 座现场监测实验室，抽调 90 名专业监测人员参与应急监测，为污染团态势研判和应急处置提供数据支撑。经测算，约 0.3 t 生物质燃油进入赤水河，导致部分河段石油类浓度出现短时超标。受上游毕节市暴雨影响，28 日 17 时起赤水河流量大幅增加，污染团快速向下游推移，于 29 日 7 时许进入四川省，出境断面石油类浓度持续稳定达标，事件未对四川省造成环境影响。

山西孝义“9・14”晋茂能源科技有限公司因违规操作造成硫化氢气体泄漏事故：2020 年 9 月 14 日 9 时 20 分左右，山西省孝义市梧桐镇仁坊村的晋茂能源科技有限公司的员工在更换碱洗塔液体时，因违规操作造成塔内有毒有害气体硫化氢泄漏，导致 4 名员工死亡。事发地下风向有 3 家企业，无居民区。企业作业人员违反操作规程作业，违反了《中华人民共和国安全生产法》第五十七条（从业人员在作业过程中，应当严格落实岗位安全责任，遵守本单位的安全生产规章制度和操作规程，服从管理，正确佩戴和使用劳动防护用品）。

河北邢台“4・24”志通电动自行车厂违反生产工艺造成广宗县部分村庄饮用水水质异常事件：2020 年 4 月 24 日 9 时，河北省邢台市广宗县广宗镇五里庄村民家中自来水水质异常，水质发黄起泡沫并有异味。事件发生后，该县自来水公司立即关停部分自来水管网，防止水质异常的自来水外流。经调查，该事件系广宗县志通电动自行车厂技术员李某在4月23日晚违反生产工艺，利用自来水向酸洗槽注水，注水完毕后没有关闭注水管，夜间供水站停水后，酸液由于倒虹吸效应倒流入供水管网造成，广宗县公安局对犯罪嫌疑人李某以危险物品肇事罪立案侦查。广宗县政府组织人员对受污染村庄自来水管网内污水进行收集处理，有序组织各村对分支管网进行冲洗，污水和冲洗废水全部转移至平乡县恒盛电镀有限公司污水处理设施进行安全处理。4月30日所有村庄恢复管网生活供水。

江苏南京“3·20”南钢公司储油罐起火事故：2016年3月20日11时10分左右，江苏省南京市南钢公司因焊接施工人员现场焊接施工不当，引起当日刚试用的焦油罐起火，该储罐储油100 t左右，12时明火被扑灭。事故发生后，南钢公司立即启动环境管控措施，及时关闭厂区外排口，将消防水收集至事故池、进入废水处理系统，消防水未进入外水系。为防止焦油外泄，现场已用煤粉、沙包等将雨排口封堵，用焦粉等将地面残油吸附后回煤场配煤使用处理。南钢公司在废水处理完成后，经南京环境监测中心站检测合格后，向外水系排放。

山东日照“7·16”山东石大科技石化有限公司液化烃球罐爆燃事故：2015年7月16日7时40分，位于山东省日照市的山东石大科技石化有限公司一个0.1万 m^3 的液化烃球罐在倒罐作业过程中发生泄漏、着火。事发后，企业立即关闭厂区围堰闸门和总排口闸门，防止污水排出厂界。当地政府关闭了企业北侧的雨水排海口闸门，安排专人24 h值守，布设围油栏，做好环境应急物资调用准备，防止海洋污染；加大对周边企业雨水、污水管网和各类环境安全防控设施的排查，防止发生泄漏；在事发点下风向1.5～3.5 km范围内布设4个监测点位，开展大气环境监测；在日照环境政务微博及时发布事件处置和监测情况。经全力处置，消防污水全部控制在企业事故应急池内，事发点下风向大气环境中二氧化硫、二氧化氮、一氧化碳、臭氧、非甲烷总烃浓度达标；企业排水口下游、凤凰河入海口、苏鲁交界海域石油类浓度均达标。

河北邢台“3·26”新河县城区生产废水回流致供水管网末端水污染事件：2015年3月26日，河北省邢台市新河县万象生化制品有限公司（以下简称“万象公司”）因生产废水回流进入自来水管网造成供水管网末端水污染，导致新河县自来水厂26日停止取水和供水约3 h，11人住院观察治疗3天。截至30日11时，涉及停水区域约1 300名居民和32家企业的供水管网已全部更换完成，并开始试压、试水、冲洗管道，正常冲洗3 h后，经化验水质合格，于当天21时恢复全面供水。经调查，万象公司长期违法生产，员工违规操作造成污水进入自备井（如图1-44所示），引发自备井水体污染，之后又操作失误，将受污染的企业自备井水与城区自来水管网相连，直接造成此次重大饮用水污染事件。根据调查结果，新河县政府关停取缔了万象公司。

图 1-44 违规操作造成污水进入自备井

山西临汾“9·22”宝丰焦化公司拆解富液槽与脱硫塔下部连接管道时发生脱硫残液泄漏事故：2014 年 9 月 22 日 10 时 20 分，山西省临汾市古县宝丰焦化公司发生脱硫残液泄漏。该企业于 2014 年 3 月 15 日停产，正组织拆除相关设施设备。9 月 22 日 17 时，该企业在拆解富液槽与脱硫塔下部连接管道时发生泄漏事故，约 320 kg 脱硫残液通过雨水管网进入蔺河，蔺河下游 23 km 为沁河，蔺河沿线无集中式饮用水水源地。事发后，临汾市政府在蔺河设置 13 道拦截坝，投放活性炭 130 m^3、生石灰 170 t，对河水进行净化。临汾市环境监测部门布设 21 个采样点；监测结果显示，截至 9 月 23 日 9 时 30 分，所有监测点位 pH、COD、氨氮、挥发酚、硫化物、苯 6 项指标均达标，蔺河水质总体稳定。

重庆沙坪坝“3·5”宇冠生物液体燃料有限公司储油罐爆炸事故：2013 年 3 月 5 日 12 时许，重庆市沙坪坝区青木关镇石碾桥村内，宇冠生物液体燃料有限公司员工因操作不慎，引发油料燃烧并致 5 个小储油桶爆炸，厂内储有 20 t 柴油和 30 t 待提炼废油，火灾中燃耗约 40 t，现场无人员伤亡。当地政府调集吸油毡、围油栏等救援物资，组织企业对消防用水及油污进行多级围堵并引流至合元畜牧养殖场的应急池，避免其排入外环境。企业采取有效措施对厂区内的残留含油废水进行收集并妥善转移处置，严防二次污染。联系重庆利特环保有限公司对事故产生的危险废物进行收集处置。14 时 55 分，事故现场已经得到有效控制，废油未排入厂外环境，在事故周边未发现油污污染，监测结果显示空气环境指标正常。含油消防污水已全部引入事故应急池，剩余油料已全部妥善转移。

四川泸州“3·4”盗油导致柴油泄漏事故：2013 年 3 月 4 日 9 时 20 分，永宁河面发现大量油污；10 时 20 分，锁定距永宁河入长江口约 20 km 处的四川省泸州市天仙镇天仙玻璃厂为柴油泄漏点，泄漏点至入长江口河段无城镇集中式饮用水水源取水点。经查，该厂柴油被盗，由于盗贼离开现场时未关闭柴油罐阀门，导致柴油下泄入河。企业立即切断污染源，并将其厂区内含油废水回泵入淬火废水收集池内。纳溪区政府组织力量沿河设置 7 个断面，采用吸油毡、棉絮筑坝拦截等方式吸附油污。截至 3 月 5 日 2 时，永宁河入长江断面所有监测数据中水质石油类指标全部达标。

四川成都“6·30”望晖石油管有限责任公司含油废水泵入厂区雨水沟导致含油废水泄漏事件：2012 年 6 月 30 日，四川省成都市青白江区长流河发现漂浮油渍。经查，此次事件系成都望晖石油管有限责任公司员工擅自将热处理车间淬火废水收集池内含油废水泵入厂区雨水沟所致，泄漏量约 35 m^3。事发地下游河流在成都市境内无城镇饮用水水源取水点。事件发生后，成都市政府立即组织力量对污染水体进行拦截并对污染物进行吸附。截至 7 月 1 日 20 时，事发地下游所有监测断面水质石油类指标全部达标。

江西永丰“11·24”龙天勇有色金属有限公司因电焊工操作不慎导致火灾事故：2011 年 11 月 24 日 11 时 15 分，位于江西省吉安市永丰县的江西龙天勇有色金属有限公司新建的氧化锌车间发生火灾事故。经初步调查，火灾原因是该公司一电焊工操作不慎致使电焊火发引燃塑料。电焊工疏忽、未及时发现，离开后火势增大，引起反应釜着火。企业和消防部门将灭火用水全部排入事故应急池，消防用水约 50 t，没有消防污水外排。在厂区周边对环境空气进行监测（主要监测空气中的氨气），经监测，未造成大气环境污染。

四川成都“11·2”丽雅纤维有限公司颜料混合储存桶被叉车工误操作戳破导致颜料泄漏事故：2011 年 11 月 2 日 13 时 30 分，四川省成都市青白江区丽雅纤维有限公司一颜料混合储存桶被叉车工误操作戳破，约 200 kg 颜料泄漏，大部分颜料在厂区内被拦截，少量从雨水沟流入长流河。事件发生后，企业将颜料桶转移至安全位置储存，防止颜料继续泄漏，现场残留物用炭渣、絮凝剂吸附后妥善储存。同时，当地政府采取在长流河用吸油毡、棉絮、稻草等进行拦截，减少上游来水量等措施，对下游河道进行严密监控，防止污染物继续向下游扩散。监测结果表明：长流河水质基本未发生改变，与长流河本底值差别不大，但河流水质感观略呈蓝色，自 11 月 2 日 21 时以来，流域内河水感官已较为清澈。

广西南宁“4·25”金穗农药有限公司因工人操作不当引发火灾事故：2011 年 4 月

25 日 15 时，广西壮族自治区南宁市邕宾路广西金穗农药有限公司一车间因工人操作不当引发火灾，事故造成 1 人轻伤。大气监测结果表明，从当日 17 时 15 分开始，磷化氢、甲醛、乙醇含量均不超标。事故消防污水约 0.2 万 t，大部分被拦截在厂区外两个临时征用的鱼塘内，少量进入竹排冲（邕江的一条小支流）的消防污水也被拦截。收集、拦截的消防污水送污水处理设施处理，于 5 月 13 日处理完毕。

江苏无锡“2・23”全立化工有限公司生产车间因电焊工操作不慎导致火灾事故: 2011 年 2 月 23 日 15 时 10 分许，江苏省无锡市新区鸿山街道全立化工有限公司生产车间因电焊工操作不慎，导热油遇明火引发火灾。该公司主要生产羟基硅油、二甲基硅油等，灭火过程中有部分废油随消防水流入厂界徐塘河（两端均与外界不通）。19 时，事故现场火势已被完全扑灭。

江苏宜兴“3・4”生物化工厂擅自将生产设备出租给个人导致硫化氢气体泄漏事故: 2008 年 3 月 4 日 16 时许，江苏省宜兴市生物化工厂发生毒性气体泄漏事故，造成 2 人死亡。经调查，宜兴市生物化工厂擅自将生产设备（用于生产耐磨剂产品，主要生产原料水合肼和二硫化碳）出租给个人，未办理有关部门审批手续，违规操作，在连接管线设备生产时，由于管线密封性差，压力过大，造成车间的反应釜内硫化氢气体泄漏，2 名违规操作人员中毒致死。当地环境保护部门监测表明事发地周边环境空气质量于当晚恢复正常，被疏散群众已返回。

河北承德“1・11”鑫源矿业尾矿库溢洪管水泥挡板被人钩开导致尾矿浆泄漏事故: 2008 年 1 月 11 日 11 时，河北省承德市丰宁满族自治县钼矿企业鑫源矿业有限责任公司发现该企业尾矿库溢洪管的水泥挡板被人钩开，0.3 万～1 万 m^3 的尾矿浆泄漏进入附近的潮河。由于天气寒冷，潮河河面已经结冰，河流流速较小，流经下游滦平县，汇入北京市密云水库（距离事发点约 300 km），直接威胁北京市密云水库饮用水水源地。承德市、丰宁满族自治县政府迅速采取措施，确保密云水库水质安全。

重庆垫江“11・24”英特化工有限公司违规操作导致反应釜爆炸事故: 2005 年 11 月 24 日 11 时许，重庆市垫江县新民镇英特化工有限公司发生爆炸事故，造成 1 人死亡、5 人受伤。爆炸事故现场如图 1-45 所示。事故原因是该公司工作人员用双氧水处理苯中的含硫杂质时投料过快，造成反应釜因剧烈化学反应发生爆炸。事发后，当地政府紧急撤离附近学校学生和部分居民 6 000 余人，在灭火过程中消防冲水致未完全燃烧的苯（估算约 4 t）流入新民镇的桂溪河，威胁到下游的饮用水水源地。经过 5 天的打捞和吸附处置，绝大部分苯在曹家河内被吸附、打捞和挥发，经多层吸附处理，污染物在高滩河三河口至高安之间基本被消除。

图 1-45 爆炸事故现场

（二）违法排污导致事故

广西河池“12·5”刁江铊污染事件：2021 年 12 月 5 日 18 时，广西壮族自治区河池市境内刁江那浪水质自动监测站铊浓度出现异常，下游约 108 km 汇入红水河。经污染源分析核算，确定此次事件主要是由于刁江上游车河工业园内的南丹县吉朗铟业有限公司瞬时排放高浓度含铊废水、南丹县鑫锌有色金属有限责任公司排放含铊尾矿库渗滤液造成。当地在工业园区总排口修筑两道围堰（如图 1-46 所示），通过槽罐车将污水回抽转运至污水处理厂处理（如图 1-47 所示）。在刁江及主要超标支流构筑拦截坝，并利用 5 座水电站控制水体下泄流量，减缓污染水体下移。布设 5 个投药点位，投加硫化钠进行多级削污（如图 1-48 所示）。当地于 12 月 16 日终止事件应急响应。

图 1-46 总排口围堵防渗

图 1-47　将污水回抽转运至污水处理厂处理

图 1-48　投加硫化钠进行多级削污

安徽宣城“11·7”非法化工加工作坊违法倾倒废液导致水源地异味事件：2021 年 11 月 7 日起，安徽省宣城市港口镇、孙埠镇 2 个自来水厂和市级饮用水水源地水阳江玉山取水口相继出现异味。经嗅辨专家实验分析，确定涉事企业为宁国市南山街道高村的非法化工加工作坊（如图 1-49 所示），该企业于 2021 年 10 月起非法生产乙二醇；10 月 28 日至 11 月 10 日期间，分 10 次将 44 t 废液（如图 1-50 所示，含 4 t 蒸馏残渣）违法倾倒至瓦窑铺工地、东津河、中津河等 4 处，废液随水体迁移，造成水阳江沿线水厂相继出现异味。

图 1-49　宁国市南山街道高村非法化工加工作坊

图 1-50　宁国市南山街道高村非法化工加工作坊废液

当地政府对瓦窑铺非法倾倒点的污染土壤进行清理处置；在水阳江玉山取水口上下游分别构筑活性炭坝，并在各水厂投放活性炭，消除水体异味，保障群众饮水安全。针对嗅味异常带滞留问题，制定水利调度专项方案，通过暂停南漪湖调水，实施水阳橡胶坝小流量放水，加快嗅味异常带向下迁移和稀释。同时将事件有关情况通报下游安徽省芜湖市、马鞍山市和江苏省南京市，做好跨界联动应对处置工作。截至 11 月

22 日 18 时，所有监测断面均未检出乙基己醇，且嗅辨强度均为微弱级以下，全河段实现达标。当地政府于 24 日 12 时终止事件应急响应。

甘肃、陕西“1·20”两家企业含铊污水外排导致嘉陵江甘陕川交界断面铊浓度超标事件：2021 年 1 月 20 日 19 时，嘉陵江川陕交界断面水质自动监测站数据显示铊浓度超集中式饮用水水源地标准 0.38 倍。经查，甘肃厂坝有色金属有限责任公司成州锌冶炼厂、陕西略阳钢铁有限责任公司超标排放，分别造成嘉陵江支流青泥河、东渡河铊浓度异常。现场检测涉事企业矿石原料如图 1-51 所示。涉事企业采取断源措施，确保企业含铊污水不再外排。甘肃省、陕西省当地政府分别在青泥河、东渡河构筑拦截坝，分段拦截受污染水体，并投加沉淀剂、絮凝剂进行处置（如图 1-52 所示）。两地还铺设管道，将涉事企业排污口上游清水引流至下游安全区域。经处置，自 1 月 21 日 20 时起，东渡河水质持续达标；1 月 27 日 2 时起，青泥河入嘉陵江水质达标。2 月 1 日 0 时起，四川省广元市西湾水厂取水口水质稳定达标。当地政府依法追究两家涉事企业法律责任。

图 1-51　现场检测涉事企业矿石原料

图 1-52　玉带河东渡河交汇口投药

甘肃天水“11·26”染料生产小企业偷排染料废液导致清水河污染事件：2019 年 11 月 26 日 8 时 50 分许，甘肃省天水市张家川县一家染料生产小企业将生产阳离子翠兰染料废液非法排入清水河，致使河水呈蓝绿色。当地政府采取筑坝拦截、构筑消解池、降解吸附等措施，对污染水体进行无害化处理，并将污染物拦截在秦安县莲花镇上河村境内。11 月 26 日，事故点下游约 9 km 处化学需氧量超标 1.1 倍，水样呈淡绿色；事故点下游约 23 km 处化学需氧量超标 7.35 倍、氨氮超标 2.11 倍，水样呈雾霾蓝色。自 28 日 14 时许，各监测点位所有监测指标均持续稳定达标。天水市人民政府于 11 月 28 日 22 时终止应急响应。

广东江门“9·14”福久布匹加工厂偷排废矿物油污水导致龙田涌污染事件：2019 年

9月14日3时58分，广东省江门市蓬江区荷塘镇马山工业区的福久布匹加工厂将含高浓度废矿物油污水偷排至下水道，汇入龙田涌（蓬江区荷塘镇内的一条小河涌，主要功能为农田灌溉和养殖用水，一侧与西江连通，连接处建有水闸，事件发生前该水闸呈关闭状态），造成200 m长的污染带。事件发生后，当地政府采用围油栏、吸油毡等应急物资进行吸附，使用消油剂对油污进行分解。同时，分别在龙田涌水闸坝内、水闸坝外、西江上游、西江下游、污染河段设置了5个监测点位。数据显示，除污染河段石油类浓度超标外，其他各点位均达标。15日12时起，龙田涌水闸坝内石油类浓度达到地表水三类标准限值。

宁夏盐池县“9·20”储油罐偷排事件：2018年9月20日8时30分，宁夏回族自治区吴忠市盐池县麻黄山乡潘山村采油368-8井场发生偷排含油废水污染水体事件，约9 m^3 原油泄漏流入十字河。十字河为泄洪沟，经6.8 km进入陕西省境内后汇入东川河，再流经10.2 km进入甘肃省境内，下游无生活饮用水水源地。21日10时，陕西甘肃交界（黄天子断面）石油类浓度为3.1 mg/L，超标61倍。22日8时起，东川河入甘肃省境断面石油类浓度持续达标；十字河宁夏、陕西段及东川河各监测点位石油类浓度均达标。22日13时左右，现场污染物全部清理完毕，受污染水体水质符合标准限值。

此次原油偷排事件造成跨省级行政区域环境影响，判定为重大突发环境事件。事件后续应急处置和立案调查工作包括：一是全力做好危险废物安全处置。将应急处置过程产生的含油土、废吸油毡分别交由有资质第三方处置单位处置。共处置含油土7.97 t，废吸油毡1.42 t，处置费用共计2.02万元。二是依法依规严厉查处环境违法行为。盐池县检察院、公安局第一时间介入案件调查，召开联席会议研究推进案件侦办。经损失评估和危险废物鉴定，案件当事人随意向水体倾倒危险废物，致使公私财产受到重大损失（损失共计135.61万元）。2018年11月5日，盐池县公安局正式立案侦查，对其中一名嫌疑人进行网上追逃。三是源头治理。在事发地麻黄山乡十字河、浅井沟建设应急截污工程，减少此类案件造成的环境影响。

江西宜春“4·3”中安实业有限公司违法排污导致新余市仙女湖镉污染事件：2016年4月3日17时许，仙女湖泉塘附近水域发现有死鱼现象，从仙女湖取水的江西省新余市第三水厂水源地的镉浓度超标。新余市第四水厂满负荷生产供水，从5日下午开始新余市第三水厂停止取水，新余市约3万居民供水受到影响。调集10辆消防车，对少数地势较高缺水居民应急送水310 t，确保市民生活用水正常。自4月7日起仙女湖水体水质趋于好转；4月12日，新余市第三水厂实现正常供水；4月17日，仙女湖及下游水质全部达标；4月17日21时，应急响应终止。

事件调查认定，此次事件是一起因非法小冶炼企业违法排污致仙女湖水体污染、造成新余市第三水厂取水中断的环境责任事件。本次事件造成的各类直接经济损失约为 1 189.8 万元，其中，应急处置费用约 1 097.1 万元，约占本次直接经济损失总额的 92.2%。财产损害约 92.7 万元，约占本次直接经济损失总额的 7.8%。

经查，江西省宜春市中安实业有限公司（以下简称“中安公司”）生产场地位于宜春市袁州区彬江镇上苏自然村与新余市分宜县分宜镇角元村交界处管理薄弱地带。2016 年，中安公司从湖南衡阳等地购买或置换“除铁渣”、“机头灰”（钢铁厂烧结机头废气收集除尘灰）、“铅泥”等危险废物（如图 1-53 所示）为原料，生产铁渣和海绵铟等产品。

图 1-53　中安公司购买或置换的危险废物

自 2016 年 3 月 6 日开始违法生产。4 月 3 日，当地突降大雨，因事故应急池水太满，该公司将事故应急池水抽取到蓄水池中（如图 1-54 所示），混合后通过私设排污管道排入袁河；4 月 5 日，当地又降暴雨，该公司趁机再次抽取事故应急池内废水进入蓄水池，废水混合后再次通过私设排污管道排入袁河。产生的含镉、砷、铊等重金属废液从袁河进入仙女湖，导致水体中镉、铊浓度超标。污染物排入仙女湖后，随水流不断在湖区扩散、迁移，于 4 月 5 日逐渐下移至新余市第三水厂取水口，最终导致取水中断。

图 1-54　中安公司将事故应急池水抽取到蓄水池中

当地环境保护部门截断了排污管道，封存了生产设备、原料和厂房（如图 1-55 所示）。宜春市袁州区政府依法关停中安公司，依法吊销其营业执照；将涉嫌犯罪的中安公司有关责任人员移送司法机关依法追究刑事责任。

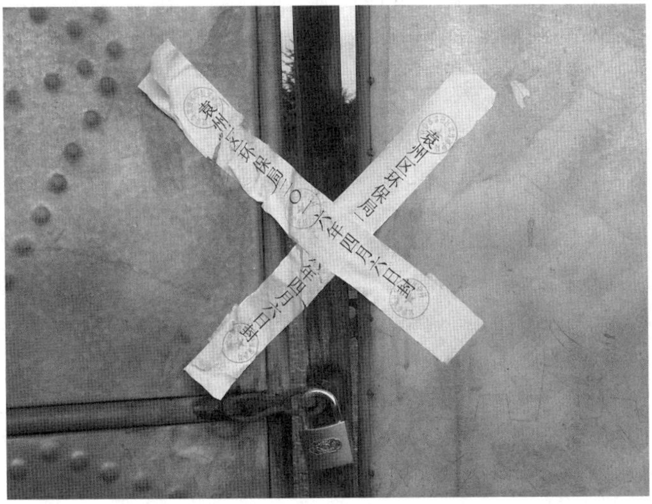

图 1-55　当地环境保护部门封存了生产设备、原料和厂房

这次事件的肇事企业不具备基本的生产条件，没有基本的污染防治设施，但长期在偏僻的两地管理薄弱地带，违法生产、违法排污，没有被发现，这说明对这类企业的监管还存在不少漏洞。此外，这次事件是中安公司违法购买、转移、处置危险废物导致仙女湖污染，充分暴露对危险废物监管不严，存在危险废物随意买卖、随意转移现象。

广东深圳“4·16”汉墨科技有限公司违法排污导致红色污染物泄漏事故：2015 年 4 月 16 日，广东省深圳市宝安区汉墨科技有限公司墨清洗废水通过潜水泵抽入下水道排放，流入铁岗水库排洪渠，导致排洪渠出水为红色。当地政府责令企业立即停产，通过围堵排洪渠、控制污染源头、调集专业车辆抽吸污染水、投放处置药剂 15 t 等措施开展处置。截至 4 月 18 日 9 时，处理污染物 110 t，排洪渠内已无红色污染物，地下管网残留污染物已清理干净。

四川内江“4·10”建业鑫茂瓷业有限公司违法排放煤气冷凝水引发群体性事件：2015 年 4 月 10 日，四川省内江市威远县建业鑫茂瓷业有限公司煤气冷凝水违法排放进入城市雨水管道，冷凝水中的挥发酚、总氰化物进入外环境，导致内江市威远县城南片区空气出现较重异味。事件发生后，当地政府责令威远县建业鑫茂瓷业有限公司立即停产整顿，涉嫌刑事犯罪的有关情况移送公安部门处理，城南片区所有使用煤气的企业全部暂停使用煤气。4 月 18 日至 23 日，对威远河及肇事企业厂区外排口处、鸿运佳苑等5个点位的大气环境开展监测，残留污染物被清除。13日上午，威远县城区出现部分群众聚集的群体性事件，自4月19日起未再发生群众聚集现象，社会秩序正常。

湖北恩施“8·13”磺厂坪矿业有限责任公司违法排污导致重庆市巫山县千丈岩水库污染事件：2014年8月10日，湖北省恩施土家族苗族自治州建始县磺厂坪矿业有限责任公司在试生产过程中，大风暴雨突至，导致电力中断，设备停止运转。若当时试生产设备产生的尾矿浆留在机器里，将直接导致价值千万元的机器损坏，操作工人在征询了副矿长的意见后，将400 t尾矿浆排至厂区附近沼泽。尾矿浆经过3天的渗透，通过地下溶洞混入地下水，流入3 km之外的重庆巫山县千丈岩水库，破坏了水库水质。本次事件的主要污染物为乙基磺原酸钠，是一种浅黄色有刺激性气味的粉末（或颗粒），可通过向水体中持续投撒生石灰、聚合氯化铝、聚丙烯酰胺等药物去除。事件造成巫山县、奉节县4个乡镇约5万人饮用水困难。巫山县和奉节县启用5个备用水源，并组织车辆供水，保障群众饮水。经检测，千丈岩水库局部具有有机物毒性，铁和悬浮物指标浓度较高，其余指标均达标。肇事企业加快清除尾矿浆和污泥，重庆市调运并投放药剂以净化水体，同时实施分流工程，防止污染物从暗河直接注入千丈岩水库。8月18日，水务部门完成应急供水管网的铺设工作，可满足群众日常用水，千丈岩水库水体及暗河出水均达标。8月19日，巫山县政府宣布终止应急状态。当地政府对肇事企业处以100万元罚款，并移交公安部门进行立案查处。

湖北省建始县磺厂坪矿业有限责任公司在配套的环境污染防治设施及尾矿库尚未建成的情况下，擅自试生产，废浆水直接排放至未经任何防渗处理的自然洼地，导致千丈岩水库水体污染，对此次突发环境事件负有不可推卸的主体责任。经建始县检察院批准，肇事企业厂长被逮捕。9月23日，该县公安局侦查终结，以涉嫌污染环境罪移送县检察院，追究刑事责任。

福建三明“1·15”永丰化工有限公司非法排污导致沙溪河镉超标事件：2014年1月15日中午，福建省三明市环境保护局监测发现流经该市的沙溪河镉浓度超标1倍左右。沙溪河流经福建省三明市和福建省南平市后进入闽江，下游三明市境内没有饮用水水源取水口，南平市境内未发现镉浓度超标，沿河居民供水正常。经排查，三明市永丰化工有限公司非法提炼生产金属铟，将含高浓度重金属镉的萃取废液通过雨水管道偷排到沙溪河的小支流渔塘溪，造成沙溪河污染。事件发生后，三明市立即查封并切断污染源，采取向污染河段投放石灰、聚合氯化铝和活性炭等处置措施，并科学调水以降解污染物。至1月29日，沙溪河各监测断面水质全线达标，肇事企业负责人被刑事拘留。

安徽安庆“4·9”京鹏交通工程有限公司罗家湖投毒污染事件：罗家湖位于安徽省安庆市宜秀区白泽湖乡境内，水域面积0.6万余亩，下游破罡湖水域面积3万亩左右。罗家湖被白泽湖乡政府承包给安庆京鹏交通工程有限公司用于水产养殖后，2010年4月9日，该公司向湖内投放农药甲氰菊酯560 kg，以达到杀死湖内鱼类、种植芡实的目的。农药投放后，湖内鱼虾大量死亡；随后，污染水体向破罡湖（被另一公司承包用于养殖大闸蟹等水产品）扩散，湖内虾蟹也出现死亡，打捞出死鱼虾约1 000 kg。该事件对湖泊生态的影响需较长时间消除。

重庆铜梁“5·9”久远防水材料有限公司煤焦油储存池被开闸排放事故：2009年5月9日4时30分，重庆市铜梁县久远防水材料有限公司煤焦油储存池（如图1-56所示）被人开闸排放，企业未进行清污分流，约50 t煤焦油沿该公司雨水沟直接排入小安溪河支流久远河内，形成约500 m油污带，威胁下游嘉陵江环境安全。通过采取油水分离、吸油毡、稻草吸附（如图1-57所示）、活性炭吸附坝吸附等措施，至5月12日，核心区污染物浓度显著降低，石油类浓度达到Ⅳ类水域标准，现场指挥部宣布解除应急状态。作为危化品储存经营场所，该公司储罐紧靠久远河和居民楼，选址明显不当，没有有效防范煤焦油泄漏的环境安全应急设备及措施，未进行清污分流，导致事故发生后没有任何阻隔和应急防范措施而直接通过雨水管网排入环境。

图1-56　发生泄漏的煤焦油储存池

图 1-57　久远河稻草吸附油污

湖南怀化“1·2”湖南金利化工有限公司违法排污造成群众砷中毒事件：2008 年 1 月 2 日至 11 日，湖南省怀化市辰溪县板桥乡中溪村陆续有村民反映身体不适。怀化市、辰溪县卫生防疫部门接报后，派人进行病情调查。据调查分析，事件系湖南金利化工有限公司非法排污污染地下水所致。1 月 28 日，怀化市卫生部门已累计发现此类病例 65 人，症状较重入院治疗 26 人，病情基本稳定。此次事件中出现的中毒人数高达 700 余人；此次事件未对下游沅江水质造成影响。

贵州独山“12·2”瑞丰矿业公司违法排污造成群众砷中毒和停水事件：2007 年 12 月 2 日至 12 月 24 日，贵州省黔南布依族苗族自治州独山县基长镇林盘村和水岩乡建群村部分群众相继出现呕吐、恶心、头昏、浮肿等症状。经查，独山县瑞丰矿业公司未经环境保护部门批准便擅自投入生产，治污设施不完善，使用高砷矿石生产硫酸，导致生产过程中排放的废水中砷浓度严重超标（超标 283 倍）。黔南布依族苗族自治州政府于 12 月 25 日晚停止了三都县水厂（供应县城城区 2 万多人生活饮用水）取水。当地政府采取有效措施，都柳江各监测断面砷浓度逐渐下降，三都县水厂于 1 月 6 日恢复供水。

四川沱江“3·3”川化股份有限公司违法试生产导致氨氮废水外排事故：2004 年 3 月 3 日，川化股份有限公司违法试生产，大量高浓度氨氮废水直接外排，通过青白江区排污截流工程进入四川省成都市青白江区污水处理厂后（因氨氮浓度太高没有进行处理）排入毗河，再经毗河进入沱江，导致沱江中游、下游地表水氨氮浓度严重超标，造成四川省简阳市、资中县、内江市 3 个城市的自来水厂和 8 个乡镇的取水站停产，沱江中游、下游地区 100 万群众连续 26 天饮水中断，内江市、资中县被迫开辟第二水源，简阳市完全依靠拉水解决群众的饮水困难，直接经济损失达 2.19 亿元。

第六节　自然灾害事故

一、存在的环境安全隐患

自然灾害包括暴雨、台风、雷暴、地震、高温等。

暴雨天气下，如果防护措施不当，易造成化学品浸水、内涝、电气设备短路等损失。危险化学品若泄漏于水中，可能会产生爆炸危险。进入仓库及生产车间等地的雨水中可能含有化学品，若不收集处理、随意排放，则可能使污水流出厂外、污染水环境。

在台风季节，当遭受台风正面吹袭时，如防护不当，有可能造成设备设施损坏、人员高处坠落、物体打击、环境污染等事故。

在雷暴天气时，如果防雷设施不符合要求，雷击可成为引火源，引起火灾、爆炸事故。如果设备接地不良，有可能引发火灾、人员触电事故。

生产车间和储罐区的化学品具有易燃易爆、有毒有害等特点，决定了地震的次生灾害比较严重，甚至危害远远大于地震本身造成的灾害。生产车间和储罐区一旦遇到破坏性地震，有可能造成的危害及后果有构筑物倒塌、储运设施损坏、化学品泄漏、环境被污染、发生爆炸燃烧、人员伤亡、生产受阻（断电、断水等）等。

高温天气会增加发生火灾、爆炸和人员中毒的危险。由于室外环境温度高，室内热量不易散发，若劳动组织不合理、未做好防暑降温，操作人员易发生中暑。气温过高会使操作人员工作失误增加，从而提高事故发生的可能性。

二、环境安全隐患治理

企业首先应当加强环境风险防范意识和环境责任感，做好灾害条件下的突发环境事件预测预警工作，及时排查各种环境安全隐患，切实做好整改工作，预防、控制和减轻自然灾害次生突发环境事件造成的影响。

（一）隐患排查整改

1. 防洪防汛措施

进入汛期，企业应注意气象信息跟踪，加强与上级部门的联系，确保在第一时间了解汛情，做好防范准备；当发生洪涝水患时，立即停车，做好安全防范工作。

制订防台风计划，分为三个阶段：第一阶段，气象局发布陆上台风警报时，企业就开始厂区原料、设备、成品、空桶等的加强固定工作；第二阶段，达中度台风且预测进行方向对准企业地区时，开始全面停车准备；第三阶段，已达强烈台风时，经应急领导小组总指挥命令开始停车，夜间或假日由企业值班人员经由电话请示上级，采取应变措施。

2. 防雷、防静电接地设施

防雷设施包括二类防雷建筑物，如对厂房、仓库等，在其屋面采用避雷针、避雷带、避雷网格、引下线并与接地装置采用焊接达到可靠连接；对液体罐区采用罐体本身做防雷接闪器，在储罐区不同方向布置接地板镀锌扁钢，与系统接地干线相连，构成良好电气通路。为防静电，在卸车处设置接地静电夹，输送易燃液体管道上法兰两端以金属片跨接，使用易燃液体的设备均设有防静电接地，在各电气设备的金属外壳做保护接地，接至专用的保护接地线（PE 线）。建筑物、构筑物将防雷接地、静电接地、保护接地做等电位连接，符合《建筑物防雷设计规范》的要求。

定期对防雷、防静电接地设施进行检测，对检测不合格的，应立即整改；及时了解天气预报，检查厂区内防雷、防静电装置是否连接牢固、有效；在雷雨季节来临前，事先做好各项预防工作，对一切设备和装置进行检查，一旦发现问题，立即整改；确保厂区内各设备的接地良好；一旦遭到雷击引起火灾时，立即启动相应预案，展开扑救工作。

3. 应急物资和装备保障

为保证自然灾害应急处置需要，在生产车间、储罐区适当位置放置应急器材，包括麻绳、沙袋、铁锹等，在需要时可及时获取并有效使用；所有防灾应急物资由专人管理，定点定量存放，并按月、季、半年不同周期分类对所有应急物资的状况进行检查，及时补充和维护，确保应急物资的数量和性能满足防灾应急需要。

应急指挥部配备应急指挥装备，包括指挥车、对讲机、手持扩音器、强力便携式照明灯具和个人防护器材等；医疗救护组配备简单医疗器械和急救药箱，包括外伤急救药物及止血器械、烧伤急救药物、担架等；对于现场处置组的个人防护器材，以部门或班组为单位配备并负责管理，包括救生衣、安全带、手套、防滑鞋等，集中放置于便于取用的地点；综合协调组负责应急物资的供应，应急时承担后勤保障任务，确保事故应急时后勤保障的有效性。

（二）建立预警机制

自然灾害由国家法定的专业机构负责监控，并按法定程序向社会发布。应急领导小组办公室通过网络、电话、广播、电视等渠道及时获取法定部门发布的自然灾害预警信息：接收气象局发布的灾害性天气预警信息；接收地震局通报的地震灾害预警信息；接收国土资源局通报的地质灾害预警信息；接收国家海洋局通报的风暴潮、海啸预警信息。

企业环境安全管理员通过上述渠道接收到自然灾害预警信息后，应迅速通知厂区负责人，厂区负责人视灾害预警的具体情况报告应急领导小组总指挥，总指挥决定发布相应预警信息。企业预警信息发布采用警铃、喇叭及内部电话（包括对讲机、手机等）线路等方式，由应急领导小组根据事态情况，通过向公司内部发布预警信息，发出紧急疏散和撤离等警报。

三、事故应急处置措施

一旦发生自然灾害导致的事故，应当及时启动自然灾害专项应急预案，迅速采取措施，避免可能引发的突发环境事件。阻断污染源是控制事故扩大的关键，企业主动采取工程措施阻断污染物的扩散，如有化学品因为自然灾害出了厂区，应立即上报当地政府，组织力量进行回收，或交由有资质单位进行无害化处置。

（一）暴雨、台风事故处置

应急领导小组办公室接到台风警告后，密切注意气象部门的进一步预告，做好相应防范准备，对厂区内易被大风刮落的物体进行加固，加强值班巡视，并在台风到来之前停用水电，启动专项应急预案。

当接到黄色暴雨信号或台风预报时，应急领导小组总指挥下达命令进入防汛工作的一级戒备状态，警惕暴雨对企业造成的影响，随时通过“121”气象咨询电话和其他有关联系方式了解暴雨和上游汛情的最新情况，密切注意其动态。

现场处置组采取关闭与切断措施，隔断被破坏的生产设施，并做好相关保护措施，防止化学品泄漏；对受灾区域内的生产设施、化学品输送管线应加强监控，采取必要的措施控制泄漏；台风、特大暴雨期间，停止作业和一切户外施工作业；特大暴雨期间，需特别注意围墙倒塌现象，储罐区要加固生产装置、生产设施旁的围墙；组织人员检查和处理排水系统，保持畅通；做好低洼、易受淹地区（如配电房等）的排水防涝工作，准备适量的黄沙、麻袋、水管等应急材料，防止配电房等进水、淹浸电气设备；密切监视灾情，切断低洼地带有危险的室外电源，防止人员触电或电气设备短路；对架空线路和路灯进行检查，需加固处理的，及时加固；对电气设备进行检查，以防各种防护设施被风和雨损坏，全面排查电源线、配电箱和开关，消除安全隐患；加固配电箱，不能固定的配电箱提前收拾好；若发生人员伤亡，医疗救助组全力抢救伤员。

当接到红色、黑色暴雨信号或上游洪峰警报时，企业进入防洪工作的紧急状态，企业应急领导小组总指挥在一线组织指挥，保持与上级防洪指挥部门的密切联系，组织应急救援小组把所有门窗栓紧扣牢；通过“121”气象咨询电话密切注意气象台站发布的暴雨或上游洪水最新信息，了解当前气象状况，以防天气突然恶化；各生产单位要在安全的地方加强值班，应急领导小组办公室准确掌握在岗人数，用对讲机或内线电话随时与在岗人员联系，了解和掌握人员动态，直到警报解除。

当发生台风与暴雨等极端天气时，事故水可通过地面的雨水口进入雨水渠；如果企业的雨水口处于常闭状态，雨水可截留在雨水渠内，对雨水水质进行监测，如监测达标，可打开雨水阀门排放雨水；如雨水监测不达标，打开雨水收集渠中通往事故应急池管线的阀门，自流或者使用水泵将污染雨水泵入事故应急池暂存；后将事故应急池污水泵至污水处理设施进行处理，监测达标后排放。

当暴雨警报解除或洪峰过去后，企业应急领导小组办公室清点各生产单位人数，组织人员到厂区、储罐区查看灾情，统计设备、设施损失情况，并及时向总指挥汇报；清除排洪沟内杂物，争取尽快排除厂区内涝积水；清理现场淤泥和垃圾，并组织力量尽快修复被破坏的设施，全力以赴投入救灾复产工作；做好灾后的卫生防疫工作。

（二）雷击事故处置

在遇到高强度频繁电闪雷击时，要停止一切收发化学品作业，以防化学品蒸气大量散发，用棉毛巾擦拭零星溅出的化学品；断开可燃气体报警、数据采集、监控系统和办公设备等易受雷击设备的电源；当雷击造成设备损坏，立即组织抢修，恢复生产，部分设备应事前配置必要的配件。

发生人员遭受雷击的情况时，应采取以下应急措施：人员遭雷击意外时，医疗救助组立即对伤员进行现场抢救处理，并立即拨打“120”急救电话请求医疗救护；如发现遭雷击伤者呼吸困难、心跳停止，立即进行现场人工呼吸和胸外挤压复苏术急救；在伤者没有恢复正常呼吸和心跳时，救护者应不间断实施人工呼吸和心脏按压复苏术（包括运送医院途中）；对雷击烧伤人员要采取现场急救措施，剪除被污染的衣物，对烧伤面进行简单清洁、消毒，待救护车到达后，送就近医院治疗；发生雷击火灾时，按火灾事故专项应急预案中的应急处置措施执行。

（三）地震事故处置

地震灾害发生时，企业要及时作出应急反应，避免因地震造成的伤害。正在作业的工人应迅速将所操作的设备处理至安全状态，离开危险的区域；电工应尽一切可能关闭配电室总电源，防止电气短路引发火灾；所有人员应立即就近找到安全牢固的地点避震，在确定安全的情况下远离建筑物，在空旷处避震，不要惊慌失措、以跳楼等危险的方式逃离，造成不必要的人员伤亡；首次地震后，应急领导小组立即组织清理厂区现场，清点各岗位人数，如出现电线杆倒塌、输电线路落地、管线破裂、设备损坏等情况，立即切断电源、关闭总阀门。如有失踪人员，应急领导小组立即组织搜救，并报当地政府，请求专业应急机构或驻军救援；应急领导小组应组织、指挥地震现场险情处置，防止次生灾害的发生；在受损建筑物周边设立警戒，防止建筑物垮塌伤人；有余震征兆时，立即组织现场人员撤离危险地带，远离建筑物、灯柱、电线杆等；震后组织人员对设备、管道、建筑等进行全面检查，尽快恢复生产。

加强厂区危险废物的处置工作。地震等重大自然灾害发生后，企业危险废物由于容器或仓库破坏而暴露在外环境中。此外，先期的抢险救灾工作往往侧重于救治伤者，产生大量医疗废物。由于环境应急处置工作相对滞后，出现厂区医疗废物简单堆放、大量危险废物未能得到及时妥善处置等环境问题，容易造成严重环境污染，威胁群众生命财产安全。因此，在地震抢险救灾的同时，要加强对各种危险废物的合理处置，如果暂时没有无害化处置的能力，可以先集中收储并派专人看管，以免直接进入环境、产生污染。

需要重视灾后重建的环境安全。地震等重大自然灾害下的环境应急工作只是阶段性的工作，当由抢险救灾逐步过渡到灾后重建阶段，要统筹规划企业受损房屋建设布局、危险废物的管理等，确保环境安全。防止抗震救灾过程中使用的消毒剂产生二次污染；土壤中溴氰菊酯和高效氟氯氰菊酯等化学药剂为地震后消毒喷洒引起的，应引起高度注意。

四、典型案例

（一）暴雨导致泄漏事故

1. 暴雨导致储罐区泄漏事故

辽宁大连旅顺口区“6・27”强昱港口服务有限公司因大雨导致重油储罐泄漏事故：2021 年 6 月 27 日 19 时许，辽宁省大连市旅顺口区强昱港口服务有限公司一重油储罐（容积 30 m^3，事发时储量约 6 t）因大雨导致罐体倾斜破裂发生泄漏事故。重油泄漏量约 5 t，大部分流至周边道路及绿地，污染道路约 300 m、绿地约 300 m^2，少量经雨水管道流经约 2 km 后进入旅顺新港港池（小型港口码头，不涉及浴场、海水养殖等）。当地政府采取措施对路面油污进行围堵清理，排查封堵雨水管道，并在入海口设置 5 道围油栏拦截油污，并采取人工方式对围油栏内油污进行清理。7 月 3 日，当地终止应急响应。

辽宁大连“8·4”西太平洋石化有限公司因强降雨导致含油污水外溢事故：2017年8月4日6时30分许，强降雨导致位于辽宁省大连市的大连西太平洋石化有限公司场外T09原储罐区隔油池中的含油污水外溢，约10 t含油污水通过泄洪渠流入附近黄海海域，在泄洪渠入海口附近海面上形成长约600 m、宽500 m的油膜，其中有1～2 m宽的油污带。当地政府组织相关部门在泄洪渠设置了4道围油栏，用吸油毡对浮油进行清理；利用海上船只在泄洪渠入海口附近设置了3道围油栏，对海上浮油进行拦截、清理作业。8月7日，大窑湾港池内水面油污全部清理完成，所有监测点位全部达标。

广西钦州“5·12”天锰锰业有限公司因强降雨导致硫酸泄漏事故：2017年5月12日16时20分，受降雨影响，广西壮族自治区钦州市钦州港经济技术开发区天锰锰业有限公司储罐区地基下沉，导致受挤压储罐内浓硫酸（浓度为93%）泄漏，泄漏量约600 t，全部控制在罐区基坑内。泄漏罐区如图1-58所示。临时事故应急池如图1-59所示。

图1-58　泄漏罐区

图1-59　临时事故应急池

当地政府一是加高硫酸罐区围堰，同时再增设一道围堰，严防硫酸外泄；二是向硫酸基坑投加粉煤灰和石灰石粉，对泄漏硫酸进行中和处置；三是加密监测周边环境空气质量状况，准确掌握事件环境影响情况；四是为稳妥起见，疏散安置周边群众170户共594人，停课小学3所、幼儿园23所。5月24日，天锰锰业有限公司罐区基坑和事故应急池内收集的泄漏酸液已填土覆盖完毕。当地政府组织企业开展储罐残存酸液转运工作，运至贵州瓮福集团进行安全处置。自5月25日18时起，事发地周边8个大气监测点位的二氧化硫、硫化氢、磷化氢等指标均未检出；事发地周边地表水、地下水各点位酸度无异常。涡喷消防车如图1-60所示。无人机辅助监测如图1-61所示。

图 1-60　涡喷消防车
（人为干扰风向以减少对周边群众的影响）

图 1-61　无人机辅助监测

陕西延安“8·2”延长石油集团西区采油厂因暴雨导致原油泄漏事故：2015 年 8 月 2 日下午，陕西省延安市志丹县境内突降暴雨，导致延长石油集团西区采油厂采油七大队 4195 井场内一储油罐倾倒，罐体内含水原油被洪水冲下山体，约 1 km 后流入脚扎川河。脚扎川河位于延安市吴起县境内，经白豹川河入洛河，泄漏点距洛河约 16 km，沿线无饮用水水源地。据估算，含水原油泄漏量约 3.8 m^3，其中约 1 m^3 进入水体。志丹县、吴起县在原油入河点下游 500 m 至 15.4 km 范围内，用草帘、吸油毡等构筑了 24 道拦截坝，同时开展油污清理和回收工作，全力防止污染扩散。8 月 5 日 7 时以来的连续监测结果表明，脚扎川河至洛河 6 个监测点位石油类浓度全线稳定达标，事件未对洛河水质造成影响。

河南漯河“10·12”兴茂钛业股份有限公司四氯化钛储罐泄漏事故：2014 年 10 月 12 日 16 时 30 分，因前期降雨频繁，造成土地地基松软，河南省漯河市兴茂钛业股份有限公司四氯化钛储槽地基下沉不均（其中南部下沉较多），致使四氯化钛罐体下管道拉裂，约 3.5 t 四氯化钛泄漏，形成雾气、向下风向飘散，约 100 t 强酸性废水通过雨水管网流出厂界，被封堵在厂外路边沟内。企业立即关闭储罐阀门，对泄漏点进行封堵，同时利用沙土及砂石对已泄漏的四氯化钛液体进行围堵。观察追踪雾气去向，在下风方向依次选择 3 个点位进行空气质量监测。12 日 19 时 30 分监测数据显示，自上而下各点位空气中氯气浓度均达标。企业加入碱水对泄漏的四氯化钛和被封堵在厂界外的冲洗废水进行中和处置，并回收至厂内污水处理系统。

2. 暴雨导致化工桶出厂区事故

四川雅安“8·17”弘利展化工有限公司原料桶因洪灾入青衣江事故：2020 年 8 月 17 日至 18 日，受强降雨影响，四川省雅安市遭受特大洪水。18 日 17 时左右，雅安市弘利展化工有限公司 678 个原料桶（桶内装有环氧树脂、水性固化剂、二亚乙基三胺等原料，容量为 200 m^3/ 桶）冲出厂区，有 124 个原料桶经厂区西侧河流进入青衣江，其余散落在厂区周边农田、房屋上。涉事企业立即开展应急处置，下游各级政府组织人员打捞原料桶，并安排专人看管，防止发生二次污染。21 日 15 时，原料桶全部打捞、清运完毕，未发生泄漏情况。事故处置期间，青衣江沿线断面挥发酚、环氧氯丙烷、苯系物、苯胺、丙烯腈等特征污染物浓度未超标，急性生物毒性显示为无毒。

浙江金华“6·17”思科化工有限公司因大雨导致化工桶冲入钱塘江流域事故：2011 年 6 月 16 日 2 时，由于连续大雨，浙江省金华市兰溪市思科化工有限公司厂区进水。17 日上午，101 个化工桶实桶被冲入下游，流失空桶的数量不详。兰溪市思科化工有限公司生产茚地那韦侧链（抗艾滋病药中间体），厂区内储存的化工原料桶为塑料材质，容量为 200 m^3，高约 1.1 m，密封较好。实桶内分别装有甲醇、乙醇、乙酸乙酯、异丙醇、硫酸、盐酸、氨水、石油醚、二氯甲烷、氯化亚砜、DMF、乙酰氯、硫氢化钠、冰醋酸等原料，其中装有乙醇、甲醇的部分桶内溶有丝氨酸，空桶也曾经装过甲醇、乙醇、乙酸乙酯和氯化亚砜等。截至 6 月 20 日，已流失的实桶已全部打捞上岸。钱塘江下游各市饮用水水源未受到影响，沿线水厂供水正常。

吉林永吉“7·28”化工公司因洪水导致危化品桶被冲入松花江事件：2010 年 7 月下旬，吉林省部分地区突降暴雨，形成山洪。2010 年 7 月 28 日，洪水淹没吉林市永吉县，水深达 5 m，造成该县新亚强生物化工有限公司、众鑫化工有限公司 7 000 多个化学品密封塑料桶被冲入温德河，部分进入松花江。被洪水冲出厂区的化学品密封塑料桶如图 1-62 所示。经核实，冲入松花江中的原辅料桶和空桶共计 7 138 个，其中空桶 3 476 个、原辅料桶 3 662 个（每桶 170 kg 左右），主要为生产原料三甲基氯硅烷、产品六甲基二硅氮烷和副产品六甲基二硅氧烷等。

图 1-62　化学品密封塑料桶被洪水冲出厂区

当地政府在松花江上共设置了 17 道防线，拦截被冲走的原辅料桶和空桶，共打捞原辅料桶和空桶 7 071 个。中国石油吉林石化分公司负责处置已打捞的化学品桶，确保所有化学品桶得到安全处置。为此，中国石油吉林石化分公司制定了严格的操作规程，组织了专门班子负责化学品桶的运输、分类、鉴定和安全处置，防止次生事故的发生和二次污染。7 月 29 日上午，吉林市政府组织召开了新闻发布会，向全国各主要媒体通报了此次事件的相关信息，并组织专家通过媒体向公众告知入江化学品的理化性质和相关知识，随后每日向媒体通报事件的处置情况和水质监测情况，有效控制了小道消息和谣言的传播，保持了社会稳定。

江西吉安“6・20”驰邦药业有限公司洪涝期间原料桶被洪水冲入赣江事件: 2010 年 6 月 20 日凌晨，赣江水位上涨迅猛，位于江西省吉安市峡江县境内的江西驰邦药业有限公司厂区进水深度达 1.5 m 左右。当晚 20 时，厂区北侧的围墙被洪水冲开 40 m 宽的缺口，来不及转移的部分原料桶顺水从缺口冲出厂区外。经调查，被冲走的各类原料桶和空桶为 1 823 个，其中空桶 867 个、原料桶 956 个。环境保护部门在相关地点设置 13 处水质监测点，每 2 h 监测 1 次；根据监测数据，各监测点水质均未出现超标现象，水中苯系物均未检出。

3. 暴雨导致的其他泄漏事故

河南登封“7・20”登电集团铝合金有限公司爆炸事故: 2021 年 7 月 20 日，受特大暴雨影响，河南省登封市登电集团铝合金有限公司发生爆炸事故。涉事企业紧邻颍河，下游 11 km 处的白沙水库是登封市备用水源地。企业临近的颍河的洪水进入厂区电解槽，高温溶液发生爆炸，特征污染物为氟化物。该企业两个主要合金生产车间炸毁，由于事故发生前企业已停止对电解槽供电并停产，爆炸未造成大量水溶性氟化物泄漏。颍河和白沙水库氟化物浓度超标，与电解铝生产日常排放氟化物、氟化物沉降累积并被洪水浸泡、冲淋、溶解有一定关系。

湖北宜昌“7・8”暴雨致原西陵化工厂因强降雨导致磷渣泄漏事故: 2016 年 7 月 8 日晚，湖北省宜昌市夷陵区乐天溪镇突降暴雨，造成原西陵化工厂厂区沿河堡坎塌方，原厂区内黄磷废渣随洪水进入莲沱河，遇空气自燃形成烟雾。9 日 9 时 40 分左右，沿河自燃情况完全消除，厂区堡坎处烟雾基本消散。截至 9 日 12 时，除莲沱大桥断面（莲沱河入长江口）总磷浓度超标 0.5 倍外，莲沱大桥下游 1 km 和长江南津关断面（莲沱河入长江口下游 20 km）总磷浓度均达标。

辽宁省葫芦岛“8・6”中储粮建昌直属库因强降雨导致磷化氢泄漏事故: 2012 年 8 月 6 日，辽宁省葫芦岛市中储粮建昌直属库受强降雨影响，存储杀虫、灭鼠等药品的地下室——药品库发生透水事故，其中磷化铝 2 244 kg。由于磷化铝遇水发生化学反应，产生高毒易燃易爆气体磷化氢，对周边大气环境构成威胁。建昌县政府第一时间组织周边 3 km 内的 2.7 万名群众紧急转移。通过采取向库区内投放片碱削减空气中有害物质，并抽取库内大部分积水后，用混凝土对药品库进行固化，隔断磷化铝与水的接触，防止其继续分解等措施，有效地防止了有毒有害物质的分解和扩散。环境保护部门现场全程监测，经过 17 h 的奋战，救援行动结束，无人员中毒和伤亡。至 8 月 7 日 7 时 30 分，核心区域地下水、地表水及空气质量的各项监测指标浓度均低于国家标准限值，被转移的 2.7 万名群众全部安全返回。

四川阿坝“7・2”鑫盐化工有限公司因泥石流灾害导致氯气泄漏事故：2011 年 7 月 2 日 23 时 50 分，四川省阿坝藏族羌族自治州茂县南新镇绵簇沟因强降雨突发泥石流。绵簇沟内茂县鑫盐化工有限公司的生产设备、大部分工业盐和成品氯酸钠被泥石流卷走，因生产设备损坏造成氯气外泄，引起周边部分群众感到呼吸道不适，县政府将 143 人送医院观察治疗。7 月 3 日，经环境保护部门监测，企业周边环境未检出氯气和氯化氢气体；对岷江干流茂县牟托村境内和杂谷脑汇合处七盘沟境内两个点位的监测结果表明，六价铬和氯指标达标；对岷江都江堰市断面的监测结果表明，水质常规指标、氯和重金属指标均达标，岷江水质未受影响。截至 7 月 4 日 9 时，所有住院人员已全部出院。

辽宁本溪“8・6”东方氯碱有限责任公司电石废渣场因暴雨导致泄漏事故：2010 年 8 月 6 日，由于暴雨，位于辽宁省本溪市的东方氯碱有限责任公司电石废渣场坝内水位上涨至 50 cm，同时排水口堵塞，导致坝体被洪水撕开 15 m 宽的溃口，约 0.4 万 m^3 的积水和 468 m^3 左右的电石废渣泄漏。同时，由于企业水合肼车间无应急事故处置设施，导致 53% 高毒水合肼（半成品）液体外溢 200 kg，随雨水排入草河，进入辽宁省丹东市凤城市瑷河流域。8 月 7 日上午，当地村民发现瑷河死鱼。当地政府责令企业停产，立即采取紧急措施，封堵电石渣场坝体缺口，关闭所有车间，封存高毒水合肼成品、半成品；要求本溪、丹东两市开展水质监测，对草河、瑷河主要断面及主要水源取水口进行采样监测；要求当地居民在事故处理期间不在瑷河受污染流域取水灌溉、捕食水产品。

（二）雷击导致火灾事故

辽宁抚顺“5・16”石油三厂因雷击导致缓冲池火灾事故：2020 年 5 月 16 日 21 时 33 分，因辽宁省抚顺市遭遇雷电天气，石油三厂供排水车间预处理的缓冲池被雷击着火。21 时 50 分，火被扑灭，无人员伤亡，装置生产未受影响。现场共计约 0.3 万 m^3 消防污水全部收集暂存于厂内事故应急池（容积 1 万 m^3）中。企业污水总排口在线监测数据显示出水水质正常。

辽宁大连“11・22”大连港油品码头公司因雷击导致原油储罐着火事故：2011 年 11 月 22 日 18 时 35 分，位于辽宁省大连保税区新港能源港区的大连港油品码头公司海滨北罐区 T031 号、T032 号 10 万 m^3 原油储罐（满罐）顶部密封圈因遭雷击引燃明火。经消防官兵全力扑救，22 日 19 时 45 分，明火被扑灭，现场无人员伤亡。经检查，确认罐区围堰内各处排水阀门处于关闭状态，无油品泄漏，消防污水全部存放于罐区围堰内，石油类等污染物未排入环境，现场无明显气味。

事件调查表明，事故原因是 T031 号油罐遭受直击雷、T032 号油罐遭受感应雷击后，油罐浮顶的一次密封钢板与罐壁之间、二次密封导电靴与罐壁之间的放电火花引起两个油罐的一次密封、二次密封空间内的爆炸性混合气体爆炸并起火。爆炸起火后，北罐区的固定消防系统因向其供电的变电所遭雷击损坏且无人看守而瘫痪，现场扑救时只能借助移动消防力量，加大了扑救难度。

调查事故后得出结论，原油储罐采用的密封技术形成的一次密封、二次密封空间在正常情况下均会产生爆炸性混合气体，当浮顶产生电荷时，又无法完全从等电位连接线将电荷释放，必然会产生放电火花，也就是说，这种结构决定了这种油罐在遭遇雷击事故时，发生爆炸起火的风险很大。若是该企业开展了环境安全隐患排查，就能够在很大程度上避免或减轻雷击事故带来的损失。

河北邢台“5・4”农药有限公司五硫化二磷原料仓库被雷电击中导致火灾事故：2010 年 5 月 4 日凌晨，河北省邢台市突发雷雨天气；1 时 30 分左右，邢台市农药有限公司存有约 100 t 五硫化二磷的原料仓库被雷电击中并起火。截至 4 日 14 时 30 分，大火已被扑灭，现场工作人员用沙土对着火现场进行了覆盖处置，该事件未造成人员伤亡。7 时 30 分的大气监测结果表明，二氧化硫浓度不超标。

（三）地震导致泄漏事故

青海门源“1・8”6.9 级地震导致门源回族自治县污水处理厂污水外排事故：2022 年 1 月 8 日 1 时 45 分，青海省海北藏族自治州门源回族自治县发生 6.9 级地震。青海省生态环境厅组织海北藏族自治州、西宁市、海东市、海西蒙古族藏族自治州、海南藏族自治州等 5 州（市）生态环境部门开展震后环境风险隐患排查，累计对集中式饮用水水源地、污水处理厂、垃圾填埋场、放射性废物库、医废危险废物处置设施、尾矿库等 436 个重要点位进行排查。排查发现，门源回族自治县污水处理厂（处理量约 5 000 m^3/d）提升泵管路破裂，部分污水外排进入浩门河。污水处理厂随即停止运行，并于当日 18 时许修复完毕。其他各点位未发现地震次生的环境污染问题。1 月 10 日 18 时数据显示，门源回族自治县 4 个饮用水水源地的水质稳定达到Ⅲ类标准，浩门河纳子峡国控断面、卡子沟省控断面水质监测指标均符合Ⅰ类标准限值。

四川泸县“9・16”6.0 级地震导致泸州陈年窖酒业股份有限公司原酒泄漏事故：2021 年 9 月 16 日 4 时 33 分，四川省泸州市泸县发生 6.0 级地震。地震造成泸州陈年窖酒业股份有限公司储酒坛破损，部分原酒泄漏，当地政府及时采取了源头截流、污水收集转运处置等措施，事故未对环境造成较大影响。

云南漾濞“5·21”6.4 级地震导致部分污染治理设施出现环境风险隐患：2021 年 5 月 21 日 21 时 48 分，云南省大理白族自治州漾濞彝族自治县发生 6.4 级地震。漾濞污水处理厂因设备损坏，自 5 月 23 日起停运，经抢修于 5 月 28 日恢复运行。停运维修期间，当地政府调集污水存储设施 8 个、污水罐车 9 辆、移动式污水处理车 1 辆，并确定平坡镇等 7 个污水处理站作为应急处置点，确保污水不外溢。漾濞县生活垃圾填埋场填埋区出现长 3 m、宽 5 mm 的裂纹及 4 个疑似渗滤液外渗点，经抢修于 5 月 29 日恢复运行，在填埋区大坝渗漏处安装简易设施将渗滤液接入调节池。

四川汶川“5·12”特大地震导致化工企业泄漏事故：2008 年 5 月 12 日，四川汶川特大地震发生后，灾区企业对环境应急设施进行了修整完善，对库存的危险化学品进行了紧急转运，对不能及时转移的危险化学品和危险废物进行了密闭封存，并对储存设施实施了加固，及时消除了安全隐患。

地震导致四川省什邡市蓥峰实业有限公司受损严重，一个 1 000 m^3 液氨球型罐和一个 400 m^3 盐酸罐出现倾斜泄漏，液氨罐中约 400 t 液氨泄漏约 6 h，对大气和水环境造成污染。在当地各部门的密切配合下，蓥峰实业有限公司及时将储存的液氨和 200 t 硫黄、1 500 t 盐酸安全转移，并安排人员对完好的硫酸罐进行 24 h 值守，确保了环境安全。

地震导致四川省绵竹市汉旺镇华丰磷化工公司全厂垮塌，因绵远河上游水体滑坡，河道阻断，当地政府计划实施爆破排洪。当地政府组织了 50 余名部队官兵赶赴现场，对储有泥磷污水的 4 个循环水池采取修筑围堤和加固办法，防止洪水冲击，同时转移厂内的泥磷和黄磷（如图 1-63 所示）。

图 1-63　地震后转移华丰磷化工公司厂内的泥磷和黄磷

地震导致陕西省汉中市略阳县煎茶岭矿业公司尾矿库出现严重溃坝，约 3 万 m^3 尾矿渣泄漏进入下游西渠沟的近 2 km 河道内，约 300 m 公路被覆盖，4 户民房共 20 间倒塌，危险区群众全部撤离，无人员伤亡。当地政府及时投放石灰处理，在西渠沟修筑 4 道拦截坝和导流渠，使事件得到控制。

地震导致四川省青川县和江油市交界处的皇嘉农业集团雁门硫铁矿发生垮坝，大约 1.5 万 m^3 尾矿渣泄漏，其中约 0.5 万 m^3 进入清江河，部分河道被淤塞，河水呈深灰色。据了解，清江河下游约 50 km 处进入广元市，最后进入嘉陵江。

（四）其他自然灾害次生事故

山西吕梁“3・27”道尔铝业有限公司低品位矿储存场矿体含水量高导致局部滑塌事故：2022 年 3 月 27 日 17 时许，山西省吕梁市交口县道尔铝业有限公司的低品位矿储存场发生局部滑塌，造成约 200 m 季节性河道（事发时为干涸状态）、农村公路堵塞，相邻企业部分围墙被冲毁，未造成人员伤亡。事件原因为 2021 年秋冬季连续降雨，矿体含水量增高，随着气温回升，矿体中的冰发生消融，从而导致局部滑塌。当地政府立即开展应急处置，一是加大清理力度，确保汛期来临前完成道路和河道的清理工作，同时严密监测矿体情况，防止发生二次滑塌；二是在堵塞河道上游构筑一道拦截坝，下游构筑两道拦截坝，并提前做好引流工作，防止雨水冲刷矿渣后影响下游地表水；三是采样分析滑塌矿体的组成成分，并对事发点周边村庄的浅水井进行连续监测，数据显示未超标；四是督促企业尽快完成低品位矿储存场规范化整治，并全面开展环境风险隐患排查，及时整改存在的问题。

湖南永州“8・2”湘江纸业有限责任公司因气温过高导致重油废渣泄漏事故：2020 年 8 月 2 日 8 时至 10 时 30 分，湖南省永州市湘江纸业有限责任公司在拆除废重油罐（如图 1-64 所示，2 个油罐均无重油，存有部分废油渣）时，因气温过高，重油废渣熔化、经雨水管网进入湘江。

图 1-64　被拆除的废重油罐

事故造成湘江石油类浓度最高超标 62.4 倍，导致事发地下游 7.5 km 的高溪市镇水厂在 2 日至 7 日 8 时期间停止河道取水。当地政府对排污口进行封堵，调派专业队伍和船只对沿江所有受污河面进行清理，在事故点下游设置拦油网进行处置。同时，关闭上游宋家洲电站和下游祁阳电站，以降低湘江流速，减缓污染团迁移速度。调用槽罐车给水厂提供水源以保障供水正常。处置期间，当地将约 750 t 受污染土壤、约 3 t 废油送至海螺水泥海创公司处置，将废吸油毡等含油废弃物送至光大环保能源有限公司处置。清理污染土壤如图 1-65 所示，8 月 7 日 14 时，各监测点位石油类浓度持续稳定达标。

图 1-65　清理污染土壤

重庆石柱“4·15”滑坡滚石砸破柴油罐导致泄漏事故：2020 年 4 月 15 日 12 时 45 分，中铁十九局集团第七工程有限公司承建的石黔高速万寿山隧道出口处发生滑坡，滚石砸破工地一柴油罐体（存有约 8 t 柴油），导致约 1.8 t 柴油泄漏，估计约 0.9 t 通过滑坡山体进入河坝场河。事发地位于河坝场河饮用水水源地二级保护区，事发地下游约 1.3 km 为重庆市石柱县自来水厂。4 月 16 日 11 时，自来水厂关闭了河坝场河取水口，其他 2 个取水口分别位于龙池坝水库和龙河饮用水水源地，自来水厂供水未受影响。重庆市生态环境局派员抵达事故现场并指导当地处置，在河坝场河受影响区域构设 10 道围油栏，使用吸油毡对油污进行吸附。监测数据显示，16 日 15 时，河坝场河取水口石油类浓度最高超标 2.2 倍。4 月 18 日 14 时 23 分，河道内石油类浓度达标。4 月 19 日 18 时，当地政府终止应急响应。

四川雅安 108 国道“7·7”山上飞石击中粗苯槽罐车导致泄漏事故：2019 年 7 月 7 日 11 时 19 分，一辆运载粗苯的槽罐车在 108 国道四川省雅安市石棉县境内擦罗段被山上飞石击中罐体，导致罐体开裂，装载的部分粗苯发生泄漏。泄漏罐车内共有 32.6 t 粗苯，其中 10.6 t 粗苯经山体侧边的排水沟和靠河侧的防撞栏坡面泄漏到外环境，约 5.2 t 粗苯进入楠桠河。当地政府采取活性炭等物资对泄漏的苯进行吸附处置，同时开展应急监测等工作。7 日，四川省生态环境厅在其官方网站上发布了事件处置信息。7 日 14 时的监测数据显示，下游 2 km 和 4 km 断面的苯浓度分别超标 32 倍和 0.8 倍，下游 2 km 断面苯乙烯浓度超标 1.25 倍，其余断面水样各指标均达标。自 7 月 8 日 22 时起，事故点下游楠桠河及大渡河各监测点位苯浓度均持续稳定达标。雅安市石棉县人民政府于 7 月 10 日终止应急响应。

内蒙古鄂尔多斯“3・20”神华集团塔然高勒煤矿暂存池坝体因解冻而垮塌导致污水泄漏事故：2014 年 3 月 20 日，位于内蒙古自治区鄂尔多斯市杭锦旗东部塔然高勒管委会内的神华杭锦能源公司塔然高勒煤矿厂区西南侧的暂存池下游一侧坝体因解冻而垮塌，池内近 2 万 m^3 矿井涌水外泄，将池底沉淀的部分煤泥冲进了厂区西侧、距厂区 500 m 的季节性河布日嘎斯太河。外泄矿井涌水沿河槽流经距离近 30 km（断流点至黄河干流还有 30 km），冲毁下游当地群众用于截水浇灌、改变水体流向的 10 座丁字坝，致河槽中临时道路部分无法正常使用。事故发生后，涉事企业当日紧急调运机械封堵溃堤，3 月 21 日完成封堵工程。清理排入河槽的煤泥，修复冲坏的临时道路，并将厂区西北侧暂存池内的矿井涌水抽回污水处理设施处理后回用，同时妥善解决当地村民的合理诉求。

上海“5・18”吴淞 6 号锚区供油船因风浪大导致沉船溢油事件：2012 年 5 月 18 日 20 时 45 分，上海通银石油化工有限公司所属加油船“通银 6”轮在吴淞 6 号锚区因风浪大而船舱进水；晚 21 时许，该轮在吴淞口锚地坐底，处于半沉状态。险情发生时，该轮载有燃料油 355 t、柴油 60 t。沉船前，船员已采取阻断货轮燃料油外泄措施。5 月 19 日 21 时，事故船只上的柴油在港区码头卸载完毕，船上残留燃料油于 20 日过驳完成，估计燃料油泄漏量在 10 t 以内。19 日至 20 日，上海海事局扩大了巡视范围，组织多支清污队伍，共计投入 45 艘清污船、19 艘拖轮、近 1 000 人次参与清污工作，共使用吸油毡 1.6 万 kg、围油栏 3.2 km、围油绳 2.2 km、围油拖栏 3.6 km、清油剂 1.6 万 kg。至 20 日晚，长兴南岸水域和沿岸滩涂的油污已基本清除。事件未对上海市饮用水水质造成影响，环境应急状态解除。

浙江嘉兴“12・18”浙江华辰能源有限公司丙烯储罐罐体保温层和罐体顶部输送管道冻裂导致火灾事故：2010 年 12 月 18 日 7 时 20 分，位于浙江嘉兴平湖市独山港区白沙湾的浙江华辰能源有限公司一个 2 万 m^3 的丙烯罐发生火灾。经查，火灾系罐体保温层和罐体顶部输送管道冻裂起火引发，起火时该丙烯罐尚在调试阶段，可存储丙烯 0.9 万 t，起火时实际存储丙烯 12～15 t。18 日 8 时 30 分，火被扑灭；18 日 16 时，现场处置基本结束，事故未造成人员伤亡。消防污水进入事故应急池，未对周边水环境造成污染，空气质量基本正常。

第七节　输入型事故

一、存在的环境安全隐患

当两个企业相距较近，如果相邻企业发生的事故得不到有效控制，可能会对另一企业造成影响。

相邻企业发生大气污染物泄漏事故，可能导致另一企业员工有毒有害气体中毒；相邻企业发生水污染物泄漏事故，可能影响到另一企业的饮用水安全，导致另一企业员工中毒；相邻企业水污染物泄漏进入另一企业的输送管道，可能导致另一企业出水水质超标；相邻企业尾矿库坝垮塌，可能冲毁另一企业的尾矿库坝，引发突发水环境事件。

相邻企业发生火灾、爆炸事故且火势蔓延到另一企业区域内，因连锁反应可引发另一企业发生火灾、爆炸事故，会产生有毒有害烟气、消防污水，存在污染周围大气环境、地表水环境风险；相邻企业火灾、爆炸事故放出大量的热量，使附近大气温度急剧上升，另一企业化学品可能会因高热而挥发或引发火灾、爆炸事故；相邻企业火灾、爆炸产生的大量有毒有害烟气四处扩散，对另一企业员工的健康造成威胁，并影响另一企业的正常运作；相邻企业灭火产生的消防污水溢流到另一企业，会对另一企业的地表环境造成污染。

二、环境安全隐患治理

相邻企业间签订环境应急联动协议并建立环境应急救援互助机制，规定一旦发生火灾、爆炸事故或者突发环境事件，相邻企业立即用统一的报警信号发出警报，并及时电话通知另一企业应急领导小组总指挥或联络人，告知发生了何种事故、对周围环境点可能造成的影响、工厂已采取或将采取何种应急措施、是否需要应急救援力量等情况，另一企业接到警报后立刻组织应急救援队伍做好救援准备。相邻企业都应做好环境安全管理工作，厂区配置消防设施和喷淋装置等应急处置设施，避免发生事故时给其他企业造成影响。

三、事故应急处置措施

当一家企业的相邻企业发生特大火灾，其燃烧释放的有毒有害烟气会影响到周围的大气环境，还有可能危害员工的身体安全，同时其火灾产生的消防污水通过地表径流影响到企业的水环境和土壤环境。

企业厂区立即广播预警信息，暂时停产，将工作人员撤离至安全区域；与事故发生企业取得联系，实时了解突发环境事件情况；召集环境应急救援队伍，准备环境应急物资，等待生态环境部门的统一调度。

若相邻企业灭火产生的消防污水四处流溢，企业可利用沙包等应急物资进行堵截，以防止外部消防污水进入企业，造成不必要的环境污染；如果消防污水进入企业，可堵住厂区雨水排放口，打开厂区内事故应急池的阀门，以便将消防污水引至事故应急池。

周边企业发生火灾事故时，将会放出大量的热量，从而使附近大气温度上升。为了防止化学品由于高热引起的燃烧、爆炸或挥发事故，企业应使用喷淋水对化学品存放区周围的空气进行喷淋，降低其周围大气温度。

四、典型案例

广东江门“9·16”霁虹涂料有限公司仓库着火导致相邻的嘉得乐化工水性生产车间火灾事故：2021 年 9 月 16 日 11 时 40 分，江门市蓬江区荷塘镇唐溪工业区霁虹涂料有限公司仓库（存有 5 t 二甲苯、2 t 甲醇、丁酯等原料）发生火灾事故，过火面积 850 m^2。事故引燃了相邻的嘉得乐化工水性生产车间，其生产车间存有 8 t 水性树脂、6 t 钛白粉、11 t 重钙、13 t 滑石粉。17 时 30 分，明火被扑灭，事故消防污水流入周边芦边涌（无水环境功能区划），芦边涌上游为顺成河，下游 1.1 km 汇入中心河，中心河下游 7.6 km 汇入西江。火灾事故现场如图 1-66、图 1-67 所示。

图 1-66　两家企业火灾事故现场

图 1-67　火灾事故现场

事故发生后，当地政府在芦边涌事故点上游 500 m 和下游 500 m 筑坝拦截，关闭全镇与西江相连的各个水闸，将拦截坝内污染水体抽运至污水处理厂处理（如图 1-68

所示）。现场清理危险废物如图 1-69 所示。9 月 20 日 13 时，当地政府终止应急响应，事件得到妥善处置，未对西江水质造成影响。

图 1-68　污水处理厂收集污水

图 1-69　现场清理危险废物

宁夏石嘴山“12·2”振洲精细化工有限公司氯气泄漏导致企业下风向宁夏大垠实业有限公司员工中毒事故：2019 年 12 月 2 日 11 时许，宁夏振洲精细化工有限公司发现氯气中间罐液位计失灵，立即组织人员将液氯中间罐气相液氯排至应急碱池进行中和，当时未发现异味，随后正常更换液氯中间罐液位计。12 月 2 日 18 时左右发现有未完全中和的氯气从液碱池逸出，立即向液碱池中补碱，并对现场进行警戒疏散。企业下风向的宁夏大垠实业有限公司宿舍楼门前氯气浓度超标 2 倍，出现不适症状员工共 26 人，其中 23 人被送至石嘴山市第一人民医院，3 人被送至平罗县人民医院，入院人员各项生命体征平稳，在留置观察无生命危险后陆续出院。

江苏响水“3・21”天嘉宜化工有限公司危险废物暂存间爆炸导致西侧之江化工有限公司破坏严重事故：江苏响水生态化工园区是新材料、新医药、石油化工产业区，是以生产丙烯酸以及酯类、染料、医药、农药、橡塑助剂为主的精细化工集中区。天嘉宜化工有限公司（以下简称“天嘉宜公司”）成立于2007年4月5日，位于生态化工园区东南部，东临301县道，南靠大和路，西南侧为德力化工，西临经三路，隔路与之江化工有限公司相对，北侧自西向东依次与华旭药业、富梅化工、鲲鹏化工和江苏神龙经达物流有限公司相邻（如图1-70所示）。

图1-70　天嘉宜公司及相邻企业分布

天嘉宜公司新固废库、旧固废库位于厂区西南侧。事故发生前，新固废库内主要存放精馏焦油、污泥、废保温棉、废催化剂铁桶和空焦油渣槽等。旧固废库内主要存放硝化废料、空吨桶和废空铁桶。共贮存硝化废料600吨袋左右，吨袋包装无内衬。2019年3月21日14时48分许，天嘉宜公司长期违法贮存的硝化废料因持续积热升温导致自燃，燃烧引发硝化废料爆炸，事故中心区北至纬一路，南至大和路，西至江苏之江化工有限公司，东至301县道，面积约为0.5 km^2。爆炸形成了直径120 m、积水覆盖的圆形坑。此次事件中，由于爆炸威力巨大，天嘉宜公司周边16家企业受损严重，陈家港化工园区其他企业的生产装置也不同程度地受到影响，各企业装置内残留的各类化学品种类和数量难以在第一时间统计，清运及后续处置难度极大。受损最严重的是肇事企业西侧的江苏之江化工有限公司，基本被夷为平地。爆炸后天嘉宜公司及相邻企业如图1-71所示。

图 1-71　爆炸后天嘉宜公司及相邻企业

江西上高“10·29”宏祥医药发展有限公司爆炸事故导致附近金安实业有限公司三氯化磷储罐泄漏事故：2015 年 10 月 29 日 9 时 30 分左右，位于江西省宜春市上高县的江西宏祥医药发展有限公司因工人操作不当引发蒸馏管（中间半成品 4- 乙氧基 -2,3-二氟苯酚）爆炸事故，导致距其 100 m 左右的金安实业有限公司三氯化磷储罐液位仪震裂，约 0.4 t 三氯化磷泄漏。涉事企业立即停止生产，开展应急处置，应对过程中 1 名员工轻微受伤，无生命危险。事故发生后，当地政府在事故发生地周边 150 m 范围外进行布控警戒，引导疏散周边企业员工；用熟石灰、沙土对泄漏的三氯化磷进行围堵、掩埋，现场泄漏的三氯化磷除少量流入工业园管网外，大部分被控制在厂内。29 日 12 时 30 分起，环境空气质量应急监测结果表明：14 时 30 分至 17 时，涉事企业厂界酚浓度最高为 0.003 mg/m^3，未超标；厂界氯化氢浓度在监测初期部分点位有超标情况，29 日 17 时起全部达标；事故现场下风向距离最近的廖家村（约 2.5 km）始终未检出相关污染物。

河北邢台“3·25”万象生物公司污染自备水井导致附近企业员工中毒事故：2015 年 3 月 25 日，河北省邢台市新河县三木纤维素有限公司 4 名员工因饮用电茶炉水出现不适。26 日，华兴机械制造有限公司部分员工在食堂就餐过程中发生头晕、呕吐、腹痛等现象。新河县水务局于 26 日 13 时起，对全县停止供水，并通知群众清洗管道，放掉自来水。30 日 21 时，新河县已全部恢复正常供水。经调查，万象生物公司为责任主体。3 月 25 日 10 时前，该公司回水阀损坏，致使清洗生产设施的水管产生虹吸现象，将生产设施中的原料反吸入自备水井中，公司自备水井受到污染。当重新开启自备水井抽水时，形成受污染的井水反供给自来水管网的状况。相关责任人被严肃追究责任。

甘肃兰州“4·10”中国石油兰州石化公司两起事故导致威立雅水务集团公司二水厂出水苯浓度超标事件：2014 年 4 月 10 日 17 时，位于甘肃省兰州市的威立雅水务集团公司二水厂出水及自流沟水样中苯浓度超标，3 号、4 号自流沟出口苯浓度分别超标 11.5 倍、122.7 倍。兰州市自 4 月 11 日凌晨 3 时起，向二水厂沉淀池内投加活性炭，并停运 3 号、4 号自流沟；在此期间，兰州市区降压供水，边远地区停水，限制生产用水，对缺水地区定点、定时供水。4 月 14 日，二水厂出水全部达标，兰州市居民生活饮用水全部恢复正常，应急响应终止。

事件调查判定了事故原因：一是当地的中国石油兰州石化公司曾于 1987 年 12 月 28 日和 2002 年 4 月 3 日发生两起事故，部分事故消防污水及泄漏物料在事故区域长期沉积，导致自流沟部分区段被长期浸泡；二是威立雅水务集团公司自流沟年久失修、容易破损，导致含苯污油渗入自流沟内，对输水水体造成苯污染。兰州市政府组织在 3 号、4 号自流沟的基础上，新铺设了直径 1.6 m 的铸铁管并投入使用。

陕西西安“8·11”中化近代环保化工有限公司氟化氢泄漏导致附近工厂员工中毒事故：2009 年 8 月 11 日 10 时 45 分左右，位于陕西省西安市高陵县泾河工业园的中化近代环保化工有限公司因加热器中部破裂，泄漏 133A（合成四氟乙烷反应过程中的一种中间体）、四氟乙烷、氟化氢等约 200 kg，其中氟化氢约 60 kg。事故地点附近无居民点，邻近工厂中有 40 余人出现恶心、呕吐等反应；截至 12 日 18 时，仍有 20 余人留院观察，无人员伤亡。

山西临汾“9·8”新塔矿区拦河坝溃坝导致下游塔儿山铁矿尾矿库溃坝事故：2008 年 9 月 8 日 8 时许，山西省临汾市襄汾县陶寺乡新塔矿区的拦河坝溃坝，造成下游塔儿山铁矿尾矿库发生溃坝；截至 9 月 19 日 8 时 30 分，死亡和失踪人数为 268 人。因溃坝造成尾矿浆大量下泄，形成了长约 3 km 的泥沙带，在冲毁房屋的同时，掩埋了部分空闲农田。泥沙流的前锋到达襄汾县东郭村附近一土沟前已基本沉淀，尾矿上清液积聚于土沟内一洼地处形成积水坑。采集积聚的尾矿污水分析，结果表明悬浮物（39 mg/L）浓度已达标，其他 10 项指标与 9 月 8 日的结果没有明显差异。尾矿下泄带周边没有饮用水井、灌溉水井、河流等环境敏感水体，尾矿污水不会影响当地的居民生活用水。

重庆渝北“9·3”新源兴制药厂溴素陶罐泄漏导致相邻企业员工中毒事故：2007 年 9 月 3 日 9 时 10 分，位于重庆市渝北区回兴工业园区的新源兴制药厂生产车间的溴素陶罐在搬运中发生破裂外溢，导致约 25 kg 溴素升华，散发出强烈刺激性气体，造成相邻 150 m 处的段记西服公司 166 名员工因吸入溴气出现不良反应被送往医院救治，其中 26 人被送往急救中心，10 人留院观察。

江苏苏州“1・25”精细化工有限公司二氧化硫气体泄漏导致相邻企业员工中毒事故：2007 年 1 月 25 日 21 时许，位于江苏省苏州市苏州工业园区的精细化工有限公司发生一起二氧化硫气体泄漏事故，造成相邻的绿点科技有限公司 66 名员工出现呕吐、呼吸道刺激等不适症状，入院治疗。

第二章　企业环境风险源

第一节　生产车间

一、存在的环境安全隐患

车间生产过程中的化学品原料容易出现“跑冒滴漏”等泄漏现象；生产过程中使用的具易燃性、刺激性、易挥发性等性质的化学品如果处理不当，容易发生泄漏、火灾、爆炸等事故，事故过程中会产生泄漏液或大量有毒有害烟气、灭火时的大量消防污水。因此，生产车间存在的环境安全隐患主要是废水、废气、化学品的泄漏及火灾、爆炸事故产生的有毒有害烟气与消防污水外泄。

（一）泄漏事故

1. 常见的泄漏隐患

设备设施设计不合理，未配置必要的防漏防渗措施，长时间使用导致老化带故障运行，主要表现是阀门、管件等的接头损坏，使得生产中出现“跑冒滴漏”现象；输送管道、阀门、法兰、泵等设备选型不当、密封不良、材质低劣或产品质量不符合设计要求而出现泄漏；储罐、输送管道焊接质量差，存在气孔或未焊透；输送管道系统因腐蚀、磨损、老旧而造成管壁减薄穿孔或破裂；储罐等装置的液位检测装置与高液位报警、联锁装置等失灵或不工作等导致泄漏；生产设备槽体、废水输送管道破损会导致废水泄漏；生产废水、废气集中收集效果不好导致泄漏等；车间临时贮存的化学品包装桶发生人为碰撞或老化造成化学品泄漏；员工在投料、搬运、生产过程中若操作不当或者不尽心也会导致化学品泄漏。

2. 应急物资保障不足

环境应急物资（设备）配备不全、损坏或已过保质期，例如风向袋损坏、擅自拆除淋眼器、防毒面具等应急物资失效等；未配备环境应急物资（设备），例如液氨使用场所无氨气泄漏报警及应急喷淋装置、应急喷淋装置无法完全覆盖液氨使用场所等；环境应急物资（设备）不方便拿取，例如应急物资箱上锁、应急物资取用不便、应急黄沙箱未配备铲子等。

3. 环境污染危害

若化学品泄漏至生产车间外，通过地下管道流出厂区，进入纳污水体，导致水体环境发生波动，水生动植物由于不适应水体环境变化而出现大面积死亡，从而造成水质恶化；灭火时，危险化学品随消防污水进入雨水管网，污染水环境；蒸气冷凝、设备清洗等工序产生的高浓度有机废水若发生泄漏或者未有效集中收集处理，会造成溢流、污染附近流域水体和土壤，造成土壤污染，从而对地面树木、花草的生长造成不良影响，或下渗至地下水系统，污染地下水，进而危害人体健康。

有机废气、粉尘废气等若发生泄漏或者未有效集中收集处理，会污染大气环境；若周围区域人员不慎吸入高浓度有毒废气，可能会引起呕吐、发晕甚至窒息；易挥发性化学品发生泄漏后，挥发产生的高浓度有机气体四处扩散，污染周边大气环境，甚至对周围区域人员造成急性、慢性中毒现象；处理事故时使用过的废抹布、消防沙、吸附棉等危险废物未妥善处理而影响环境。

（二）火灾、爆炸事故

企业生产过程中使用的易燃易爆化学品的蒸气与空气可形成爆炸性混合物，遇明火、高热或与氧化剂接触有燃烧、爆炸的危险性。因此，导致火灾、爆炸的原因有将火种带入生产车间、管道破裂、天然气泄漏、与强氧化剂接触、电线短路、雷电天气下防雷设施失效等。此外，聚合反应釜等生产设备因压力过大，可导致设备发生爆裂，从而引发火灾、爆炸事故。火灾、爆炸不可控时，可能导致相邻的企业发生连带火灾和爆炸。

进行灭火时，大量含化学品的消防污水产生，四处流溢，污水进入受纳水体后，会使水质恶化，对水生生物的生长繁殖造成影响；在火灾、爆炸过程中，大量有毒有害烟气产生，污染大气环境，有毒有害烟气主要成分可能为 CO、CO_2 等，甚至还有一些化学品氧化分解的中间产物。

二、环境安全隐患治理

（一）预防泄漏措施

1. 从硬件上防止泄漏事故

严格把守设备设施的设计、选型、材料采购、施工安装及检验质量关，消除质量缺陷这类事故隐患，同时加强设备设施的日常维修保养，避免或减少故障的发生，确保设备设施处于正常的工作状态；生产车间实现自动化控制，通过生产装置的温度、压力检测系统动态监测各危险源的工况，发现异常后装置操作人员及时进行控制和调整，使工艺指标运行在正常轨道；若无法调整到正常值，及时通过对讲机或电话向上级汇报，发生泄漏或设备异常等情况时通过中控系统切断泄漏源；车间内外配置视频监控设备，实时监控车间情况，以便及时发现事故并第一时间采取措施制止；进行危险化学品环境安全风险监测预警系统、环境安全监管信息平台迭代升级。

生产车间各工作区域做好防腐防渗措施，防止车间化学品及废水下渗；车间内各生产线四周设有泄漏收集沟或围堰（如图 2-1 所示），有效防止泄漏液外泄；生产车间设有废水管道，直接通往厂内自建污水处理设施；生产车间物料采用管道输送，加盖密闭生产，并设有废气集气罩，将废气收集后引至废气处理设施处理。

图 2-1　车间生产线四周设有围堰

2. 制定环境安全管理规范

严格按照规程操作，避免因操作失误而出现散失或泄漏；定期对生产车间的各设备、机泵、储存容器、污水管网等开展巡检、调节、保养、维修，及时发现有可能引起事故的异常运行苗头，消除事故隐患；设置专人监控生产车间临时存放的化学品是否存在泄漏风险，废气收集系统是否正常；制订日常点检表，专人巡检，做好点检记录；对每个危险源一周进行一次全面检查，由专人负责并做好记录；如果发现异常，要及时汇报以及分析问题并提出解决方案；定期对员工进行培训，提高员工的环境安全意识和事故应急处置能力。

对车间“跑冒滴漏”的管理重在日常检查，如建立密封点泄漏率考核制度，若日常巡检中发现问题，马上组织人员修理，解决问题，不留下环境安全隐患；不具备立即修理条件的，切实弄清楚产生“跑冒滴漏”现象的原因，尽量将“跑冒滴漏”现象控制在较小的范围内，并且注意加强巡视检查，尤其是做好交接班工作，待停车或者具备修理条件的时候完成修理；若“跑冒滴漏”现象十分严重，向有关领导申请立即停车修理，以免酿成事故。

3. 做好充分应急准备

对生产车间各种机械电器、仪表等设备，选择质量优良、事故率低、便于维修的产品；易损部件留有备用件，在出现事故时能及时更换；按规定配备足以应对预设事件情景的环境应急装备和物资；设置由专职人员或兼职人员组成的应急救援队伍；与其他企业或单位签订应急救援协议或互救协议；对现有应急物资进行定期检查，对已消耗或耗损的应急物资装备进行及时补充。

（二）防火、防爆措施

在生产车间设立严格的禁火管理制度，严禁吸烟和使用明火；保障疏散通道、安全出口畅通，设置相关标识标志；重大环境风险源企业要实施重点危险工艺装置和重点易燃易爆化学品生产全流程自动化改造，减少高危场所作业人员数量，提高环境安全水平；必须保证所有的电气设施符合防火规范要求，采用双回路电源供电，仪表负荷、消防报警、关键设备等按一类负荷设计，采用不间断电源装置，事故照明采用带镉镍电池应急灯照明；维修、检修必须进行电焊等作业时，必须经过主管领导批准，并采取严格的防火措施；生产车间设有可燃气体探测仪，若生产车间内可燃气体浓度超标，即会发出警报；生产车间门口设有漫坡，一旦发生火灾，可以将消防污水截留在车间内；生产车间门口设置静电消除装置，并配备灭火器、消防栓、消防沙、吸附棉等应急物资。

做好消防污水流出生产车间后的防控工作。企业四周设有围墙，进出大门设置漫坡，可防止消防污水从大门口外泄；厂区内的绿化地设围堰，防止消防污水进入绿化地，避免造成土壤污染；雨水排放口设置手动截留阀门或自动截留阀门，标识为“雨水总排放口阀门”，雨水总阀门处于常闭状态，事故状态下有效截留进入雨水管网的消防污水。下雨时，雨水检测合格后，方可打开雨水总阀门进行排放，平时定期对雨水管网内的积水进行检测；企业要设有事故应急池，当发生事故时，打开应急阀门，被截留的消防污水自流或用泵泵入事故应急池内暂存。

三、事故应急处置措施

（一）泄漏事故处置

现场操作人员立即紧急停车，找到泄漏源并设法切断事故源头，避免事故扩大和蔓延；现场应急救援人员应穿戴好劳动防护用品；综合协调组人员组织现场工作人员撤离危险区；若有受伤人员，应将受伤人员转移至紧急避难场所，并马上进行紧急施救；若有重伤人员，应马上拨打“120”急救电话；各岗位人员依疏散路线沿上风向转移至预定集合处，进行人员清点；封闭现场，禁止其他无关人员进入；立即向企业应急领导小组办公室报告事故情况。

要及时处理现场泄漏物，使泄漏物得到安全可靠的处置，防止二次污染事件的发生。泄漏物处置主要有 3 种方法。

封堵、引流：立即关闭厂区雨水渠排水阀，防止泄漏物扩散至厂区外；当已有部分泄漏物流入排水系统并流至厂区外时，应通知排水系统管理部门，请求关闭排水系统下游阀门；对于大量蔓延扩散的泄漏液体，一时难以收集处理，采用引流的方法，将泄漏的液体引流到安全地点。

覆盖、吸收：对于泄漏量不大的液体，可采用消防沙覆盖吸收泄漏的液体。

废弃物处理：对泄漏于地面上的化学品，在确保安全的前提下，使用相应的清除设施（如防爆泵、泥沙、木屑、干净的桶等）进行泄漏物清除工作，应采用适合的工具收集，收集的泄漏物存入适合的容器。在应急救援后，所产生的废弃物转由有资质单位进行无害化处理。

（二）火灾、爆炸事故处置

接到火灾、爆炸事故报告，通过预警系统向全厂广播，通报险情及通知危险地带人员撤离；转移重要物资、资料或易燃、可燃物资，保持消防救援通道畅通；组织搜救或通知消防人员搜救，遇有受伤人员，应及时抢救伤员；火势较小时，就地使用灭火器材灭火，组织人员集中周边移动灭火器协同扑救，将厂区雨水管网隔断措施关闭堵截；火势较大时，立即拨打报警电话进行求助，待消防人员赶到后，及时提供燃烧物质特性、储量、工艺设备等火场情况，服从消防部门的指挥，配合其进行灭火。

灭火抢险时，应视现场情况和人员力量、设施，按有利于灭火和控制火势蔓延的原则，灵活实施具体灭火抢险措施；抢险人员应注意做好自身防护，需要时佩戴呼吸防护器具；接近火场的抢险人员应穿着防火隔热服，注意用喷雾水进行掩护；在无把握扑救时，注意加强对设备和建筑物的冷却，控制火势，等待增援；如火势无法控制，或预测到燃烧的液体有可能发生沸溢、喷溅时，现场指挥部应果断下令全体人员撤离，根据着火部位及风向，确定安全撤退路线。

现场处置组立刻铺设消防污水的收集系统，将管网中的消防污水抽送至事故应急池中；抢险结束后，应用清水冲洗地面，冲洗废水同样抽送至事故应急池，严禁外排；须在现场洗消完毕、消防污水转移后，方可移走厂区出口处沙包。

四、典型案例

（一）油品车间事故

广东茂名“3·30”中国石化茂名分公司化工分部2号裂解装置3号炉火灾事故：2022年3月30日13时40分许，中国石化茂名分公司化工分部2号裂解装置3号炉发生火灾，燃烧物质主要为石脑油；14时2分，明火被扑灭。企业雨水排口下游约3.3 km为袂花江鳌头镇自来水厂取水口（日供水量2 500 m^3，服务人口约8 200户），约34 km后汇入南海海域。事故发生后，企业立即关闭雨水排口，共产生约0.5万m^3消防污水，均引入事故应急池（如图2-2所示），未外排。企业采用吸油毡、木糠、砂土等对地面油污进行吸附清理，共产生约4.8 t危险废物，均贮存在危险废物暂存间。当地生态环境部门在厂区周边布设5个空气质量监测点位，沿袂花江布设3个地表水监测点位，组织开展应急监测。30日和31日的监测结果显示，周边大气监测数据无异常，各点位水质监测指标均达标。31日17时，当地政府终止事故应急响应。

图2-2 消防污水引入事故应急池

广东珠海“1·14”长炼石化设备有限公司重整与加氢装置预加氢单元闪爆事故：2020年1月14日13时40分许，广东省珠海市高栏港经济区珠海长炼石化设备有限公司重整与加氢装置预加氢单元发生闪爆事故，设备内约有30 t石脑油，过火面积约100 m^2。16时16分，明火被扑灭。部分消防污水进入石化七路排洪渠，约4.5 km后汇入黄茅海。当地政府在排洪渠构筑2道拦截坝，采取水泵回抽、吸油毡吸附等方式进行处置，将污染水体拦截在事故点下游约700 m河道内。同时，将污染水体抽送至南水污水处理厂进行处理。17 日 17 时许，约 1 万 m^3 的污染水体全部抽送完毕。生态环境部生态环境应急研究所的专家在现场建立模型，推算污染范围。监测数据显示，污水处理厂出水口水质持续达标排放。事故发生后，当地政府通过微信公众号、微博、今日头条等媒体发布新闻通稿，及时公开事件基本情况、处置进展及相关监测结果，确保了舆情稳定。

山东淄博“11・23”齐隆化工股份有限公司碳九解聚装置闪燃事故：2019 年 11 月 23 日 21 时 6 分，山东省淄博市张店区东部化工区内的山东齐隆化工股份有限公司碳九解聚装置闪燃，发生火灾事故。23 时 20 分，明火被扑灭。事故发生后，部分消防污水经北厂界溢流至西侧沟渠，被两道拦河坝截流，未出园区。涉事公司使用罐车将消防污水抽运到污水处理厂进行处理。

辽宁大连“8・17”中国石油大连石化分公司燃料泵着火事故：2017 年 8 月 17 日 18 点 40 分许，中国石油大连石化分公司 140 万 t/a 重油催化裂化装置分馏区域燃料泵着火，少量含油消防水通过地面破损口渗漏至冷却水管网，经 42 号排海口泄漏至海水中。现场指挥部在排海口外设有 3 道围油栏，最外面两道围油栏之间有油膜集中分布，以喷洒消油剂和在海面铺设吸油毡的方式进行应急处置。至 18 日 11 时，环境监测结果表明，42 号排海口石油类浓度符合辽宁省《污水综合排放标准》（DB 21/1627—2008）限值要求（3 mg/L）；海域所有监测点位石油类均符合《海水水质标准》（GB 3097—1997）第四类标准限值。

甘肃庆阳“7・26”中国石油庆阳石化公司渣油换热器着火事故：2015 年 7 月 26 日 7 时 1 分，中国石油庆阳石化公司渣油换热器发生泄漏，引起火灾。11 时 55 分，火被扑灭。事故中产生的约 0.42 万 m^3 消防污水全部进入企业事故应急池，未进入外环境。环境空气质量监测结果显示，厂外各点位监测指标均满足环境空气质量二级标准限值。

甘肃兰州“8・4”中国石油兰州石化公司气体分馏装置空冷器液化气泄漏导致火灾事故：2014 年 8 月 4 日 8 时 39 分，中国石油兰州石化公司炼油厂 30 万 t/a 气体分馏装置发生起火。经分析，起火原因为气体分馏装置空冷器液化气泄漏。至 4 日 13 时，现场火势已明显减小，现场采取控制燃烧措施，直至物料燃尽。事发后，兰州石化公司立即启动环保三级防控设施，消防污水全部进入陈官营 7 万 m^3 的事故应急池内，未外排进入黄河。经甘肃省环境保护保厅监测，事故点周边大气环境质量未见异常。

（二）苯系物车间事故

江西宜春“3・11”佰利达制药有限公司反应釜爆炸事故：2022 年 3 月 11 日 1 时 40 分许，江西省宜春市铜鼓县佰利达制药有限公司甲苯回收工序反应釜发生爆炸，事故处置过程中产生的约 70 t 消防污水均引入厂区应急池，未外排。企业委托第三方检测机构开展空气质量监测，在厂区附近、事发点下风向的居民区共布设 6 个环境监测点位。3 月 11 日和 12 日的环境监测结果显示，甲苯、二甲苯、甲醇均未检出，硫酸雾达标，居民区氯化氢浓度超标约 0.5 倍。3 月 14 日，居民区氯化氢均未检出。企业对消防污水进行转移处置，防止降雨导致污水外溢。同时，收集事故车间遗撒物料及反应釜残渣，委托有危险废物处理资质的公司进行安全处置。截至 4 月 1 日，后续处置工作已基本完成，处置期间空气质量监测结果未见异常。

江苏南京“7·18”金桐化学工业有限公司反应塔火灾事故：2020 年 7 月 18 日 7 时 5 分，江苏省南京市金桐化学工业有限公司一反应塔发生火灾事故。8 时许，明火被扑灭。事故燃烧物主要是苯和煤油，消防污水全部被收集至厂区应急池内。厂界下风向环境空气质量应急监测数据显示未见明显异常。

辽宁葫芦岛“7·24”天启晟业化工有限公司二车间二氯苯胺装置火灾事故：2019 年 7 月 24 日 11 时许，辽宁省葫芦岛市龙港区天启晟业化工有限公司二车间二氯苯胺装置发生火灾事故。13 时许，明火被扑灭。事故原因系车间蒸馏塔再沸器物料管道法兰损坏造成物料泄漏。企业立即关闭雨污分流阀，将消防污水收集导入应急池，未外排。24 日 13 时 30 分，厂区下风向环境空气中硝基苯、二甲苯超标；自 17 时 55 分起，厂区周边环境空气质量恢复正常。24 日，龙港区人民政府在其官方微信公众号上发布了事件处置信息。

内蒙古阿拉善盟“2·21”立信化工公司对硝基苯胺车间爆炸事故：2017 年 2 月 21 日 9 时 20 分许，内蒙古自治区阿拉善盟立信化工公司对硝基苯胺车间（主要原辅料为氨水和对硝基氯苯）一反应釜发生爆炸事故。事故未引起火灾，处置过程中产生的约 50 t 消防污水全部进入厂区应急池（有效容积 1 500 m^3）内。厂区周边 5 km 范围内无居民区、学校、地表径流、饮用水水源地等环境敏感目标。监测结果表明，21 日 14 时 35 分至 15 时 35 分，厂界周边 2 个监测点位的特征污染因子氨浓度分别超标 3 倍和 1.5 倍。16 时 35 分至 19 时 35 分，各点位氨浓度均达标。

江苏常州“8·5”新东化工发展有限公司邻对氯甲苯车间火灾事件：2015 年 8 月 5 日 14 时 50 分左右，江苏省常州市新北区滨江经济开发区新东化工发展有限公司邻对氯甲苯车间发生火灾事故。事故发生后，开展以下应急处置工作：一是企业立即关闭雨水阀门，并将消防污水全部引流进厂内事故应急池（约 0.4 万 m^3）；二是对事故现场、下风向厂界、企业雨水排放口及周边河道上下游断面进行采样监测；三是将事故应急池内的消防污水排入厂内污水处理设施进行处理。至 8 月 5 日 16 时左右，事故现场明火被扑灭，消防污水全部进入厂区事故应急池。经监测，事故周边大气和水环境未见明显异常。

江西赣州“7·22”美康涂料厂火灾事故：2015 年 7 月 22 日 11 时 40 分，位于江西省赣州市南康区龙回镇半岭村的美康涂料厂发生火灾事故。火灾期间，无生产性废水排放，部分消防污水沿自然沟壑下流，进入下游小溪。该厂周边无较大河流，最近的小溪在 1 km 之外，距离章江入河口约 30 km，距离南康饮用水取水口约 40 km。17 时，火被扑灭，现场未造成人员伤亡。当地政府在消防污水下泄沟道上设坝进行了拦截，并投放活性炭进行吸附。监测结果显示，截至 7 月 23 日 17 时，该厂周边各大气采样点位的空气苯、甲苯、二甲苯均未超标；小溪入章江口、南康城区饮用水取水口等 7 个地表水点位水质各项指标均达标。

贵州贵阳“2・25”柏丝特化工有限公司车间反应釜火灾事故次生甲苯泄漏事故：2013 年 2 月 25 日 10 时 20 分，贵州省贵阳柏丝特化工有限公司一车间反应釜发生火灾事故，继而引发整个车间燃烧。该公司原料甲苯储罐区紧邻生产车间，车间着火后引发甲苯储罐火灾，当时 2 个甲苯储罐共储存约 20 t 甲苯，大部分原料在火灾中燃烧殆尽，部分未完全燃烧的原料随着消防污水进入厂区雨水管道，并流入厂区附近的农灌沟渠。当地政府对污染河道内的油污和漂浮物连夜进行清理，处置完毕后及时清除拦截用的稻草、吸油毯和麻袋等物资。

河北沧州“7・20”建新化工股份有限公司间羟基苯磺酸车间火灾事故：2011 年 7 月 20 日 18 时 30 分左右，位于河北省沧州市临港经济技术开发区的河北建新化工股份有限公司间羟基苯磺酸车间发生火灾。事故原因为天气潮湿，导致车间内泄漏的三氧化硫发生反应，引发硝基苯燃烧。至 21 时，大火被扑灭，过火面积约为 30 m^2，现场无人员伤亡，事故点下风向约 3 km 处辛庄子村 29 名村民因吸入火灾产生的有害气体后出现身体不适，在第一时间被送往附近医院观察治疗。据 21 日现场监测，企业周边大气环境中二氧化硫浓度已达标，事故产生的消防污水已全部进入企业事故应急池内，未进入外环境。当地政府责令肇事企业停产整顿。

浙江台州“9・10”解氏化工有限公司三车间二氟工段反应釜爆炸事故：2007 年 9 月 10 日 4 时 42 分，浙江省台州市三门县解氏化工有限公司三车间二氟工段 4 号反应釜发生爆炸，并引起相邻的 3 号反应釜倒塌。釜内物料为邻二硝基苯，属高毒物质。事故造成 4 号反应釜内大部分物料炭化，少部分呈液体泄漏，消防污水大部分进入事故应急池，少量进入企业外的海塘沟。

黑龙江哈尔滨“3・2”哈药集团供销有限责任公司精细化工分公司苯乙酸钠车间爆炸事故：2006 年 3 月 2 日 1 时 20 分左右，位于黑龙江省哈尔滨市道外区民主乡民富村的哈药集团供销有限责任公司精细化工分公司发生火灾，1 人窒息死亡、3 人烧伤。发生火灾时，物料罐中分别存有苯乙酸钠约 20 t（含量为 30%）、苯乙腈约 3 t，火灾过程中将贮存苯乙酸钠的 PVC 罐上部烤化，致使约 5 t 的苯乙酸钠、少量苯乙腈连同约 100 t 的消防用水溢流到厂区地面，液碱未发生泄漏。

（三）烯烃车间事故

内蒙古乌兰察布“4·24”伊东集团东兴化工有限责任公司氯乙烯气柜爆燃事故：2019年4月24日2时55分，位于内蒙古自治区乌兰察布市的内蒙古伊东集团东兴化工有限责任公司氯乙烯气柜发生爆燃事故。在专家的指导下，当地消防人员采取关闭爆燃点旁的球形罐体阀门、明火静态燃烧的方式进行处置。部分消防污水经厂区泄洪口外流至拐角铺河约1.5 km后被拦截坝断流。当地政府采取筑坝拦截、罐车回抽的措施对污水进行处置。用罐车将泄漏的80 m^3污水全部抽送至企业事故应急池暂存，并将污水流经处泥土清运至厂区临时场所堆放。

内蒙古包头“1·23”海平面高分子工业有限公司氯乙烯车间火灾事故：2018年1月23日20时许，内蒙古自治区包头市海平面高分子工业有限公司氯乙烯车间发生氯乙烯燃烧事故，明火于1月24日10时5分被扑灭。事故消防污水全部进入应急池，未流入外环境。对企业周围大气环境质量进行了布点监测，氯气、氯化氢、乙烯、苯乙烯等特征污染物环境监测数据未出现异常情况。

广东茂名“4·13”中国石化茂名石化化工分部（乙烯厂）成品车间火灾事故：2017年4月13日9时53分，中国石化茂名石化化工分部（乙烯厂）成品车间发生火灾。成品车间存有苯乙烯－丁二烯嵌段共聚物（简称SBS）约870 t。着火后，茂名石化对大部分成品进行了紧急转移。14时20分，火被扑灭。事故期间伴有短时浓烟，企业下风向500 m有村庄，村民未出现身体不适情况，茂名市应急指挥部经评估决定无需转移群众。1.6万m^3消防污水全部被引入厂区事故应急池（应急池容量约3.5万m^3），没有外排。13时20分，厂区着火点下风向5个大气采样监测点苯系物和非甲烷总烃浓度全部达标，下风向300 m左右的2个点位总悬浮颗粒物浓度超标2.4～2.5倍，其他3个点位总悬浮颗粒物浓度达标。

江苏南京“3·30”扬子石化烯烃厂丙烯泵泄漏火灾事故：2017年3月30日17时16分左右，江苏省南京市南京化工园区扬子石化烯烃厂1号乙烯装置丙烯泵泄漏起火；至20时45分，火被扑灭。灭火产生的约0.7万m^3消防污水被收集到烯烃厂应急池（有效容量3万m^3）中，未进入外部水体。监测数据表明，至3月31日0时20分，扬子石化烯烃厂外排水入马汊河断面及下游1.4 km断面COD和石油类浓度均符合地表水Ⅳ类水质标准，三氯甲烷、三氯乙烯、四氯乙烯、四氯化碳、苯、甲苯、乙苯、氯苯、二甲苯、苯乙烯、异丙苯、1,4-二氯苯、1,2-二氯苯等有机物浓度均未检出。事故点下风向厂界处VOC浓度均未超标；二氧化硫和硫化氢均未检出。

青海西宁“2·14”盐湖海纳化工有限公司氯乙烯装置精馏单元着火事故：2017年2月14日11时2分，青海省西宁市甘河工业园区盐湖海纳化工有限公司PVC生产线中间物料氯乙烯装置精馏单元着火。14 时，火被扑灭。企业对总排口进行封堵，并将消防污水引入临时中转池，但此前产生的部分消防污水已外排进入教场河。当地政府在教场河下游 4 km 和 10 km 处设立了拦截坝，并投放约 5 t 活性炭进行吸附处置。事故点周边 5 个大气监测点位氯气和氯化氢指标均未检出。15 时，盐湖海纳化工有限公司外排口和教场河事故点下游 4 km 处总汞浓度均不超标。18 时 30 分，下游湟水河小峡桥断面总汞未检出。

江苏南京“4·21”扬子石化烯烃厂环氧精制塔爆炸事故：2015 年 4 月 21 日 6 时，扬子石化烯烃厂乙二醇 T-430 塔（即环氧精制塔）发生爆炸。事故处置期间，共收集并贮存消防污水约 3.7 万 t；南京市环境保护局对企业污水、雨水排放口的监测结果表明，消防污水未外排。大气环境监测结果显示，截至 4 月 22 日 12 时，厂区外下风向 100 m 处挥发性有机物浓度远低于企业环境影响评价中确定的厂区边界无组织排放浓度限值。4 月 22 日 12 时，现场指挥部终止事故应急响应。

（四）树脂车间事故

广东茂名“3·15”中国石化茂名分公司化工分部顺丁橡胶装置碱洗塔闪爆事故：2021 年 3 月 15 日 11 时 43 分，中国石化茂名分公司化工分部顺丁橡胶装置碱洗塔发生闪爆。该公司第一时间启动应急预案，关闭雨水排放口，将消防污水全部引流至事故应急池，经该公司污水处理厂处理达标后排放。经现场核查，厂区雨水排放口没有水体排出。监测数据显示，大气监测点位苯乙烯短时出现超标。下游袂花江沿线及鳌头镇自来水厂取水口等点位水质均达标。事故爆炸现场如图 2-3 所示。事故产生的消防污水如图 2-4 所示。

图 2-3　事故爆炸现场

图 2-4　事故产生的消防污水

江苏高邮“7·6”彤天新材料发展有限公司丙烯酸树脂车间反应釜燃爆事故：2017 年 7 月 6 日 8 时 45 分许，江苏省高邮市天山工业园区内的彤天新材料发展有限公司丙烯酸树脂车间反应釜发生起火爆炸事故。10 时许，火被扑灭，消防污水全部封堵收集在厂区应急池和工业园区排水渠内，未进入外环境。事故未造成人员伤亡，当地政府组织疏散了事故点下风向 300 m 范围内的企业员工。经现场核实，企业周边 800 m 范围内无居民点等环境敏感目标。监测结果显示，12 时 55 分，下风向 20 m 处苯、甲苯、二甲苯浓度分别超标 5 倍、0.2 倍和 1.3 倍；下风向 300 m 和 800 m 处各项指标均未检出。

山东郯城“4·11”阳煤恒通化工股份有限公司树脂厂爆炸事故：2014 年 4 月 11 日 8 时 30 分许，位于山东省郯城县的阳煤恒通化工股份有限公司树脂厂内发生爆炸事故。经查，企业厂内装载氯化氢和乙炔的反应釜发生爆炸，事故处置过程中产生的消防污水未出厂区。应急监测结果表明，11 日 10 时，事故点下风向 200 m 处（仍在厂界范围内）氯化氢未检出。

（五）溶剂车间事故

江西宜春“7·6”奉兴化工有限公司火灾事故：2022 年 7 月 6 日 4 时 30 分许，江西省宜春市上高县奉兴化工有限公司 104 车间（以异辛醇、三氯化磷、液碱、片碱为原料生产稀土萃取剂）发生火灾；7 时 30 分，明火被扑灭。事故造成部分消防污水进入附近河道野鸡水，野鸡水下游约 2.4 km 汇入锦江，约 65 km 处为高安市饮用水水源地（县级，日供水量 6.8 万 t，服务人口约 36 万人）。事故发生后，企业立即关闭了雨水和污水排口，在涉事车间周边设置围堰，将消防污水收集至事故应急池。但由于火灾导致厂区停电，无法及时清理转运消防污水，加之突遭暴雨，造成部分消防污水从雨水排口溢流至野鸡水。地方政府将厂区事故应急池和雨水沟中存水抽运至调节池，将车间燃烧残渣清理收集至危险废物仓库。同时，在野鸡水布设围油栏、吸油毡以吸附河面油污。当地生态环境部门在事发点附近布设 2 个大气监测点位，在野鸡水和锦江布设 13 个水质监测点位。监测数据显示，厂界大气中挥发性有机物符合相关标准；事发点至良田大桥断面约 30 km 河段的化学需氧量和总磷浓度超标，分别最高超标 2.15 倍和 8.16 倍。自 7 月 8 日 6 时起，各断面化学需氧量和总磷持续稳定达标。处置期间，高安市饮用水水源地水质未见异常，高安市二水厂、高安水务沙湖水厂取供水未受影响。

广东佛山“8・29”和利环保科技有限公司溶剂车间火灾事故：2020 年 8 月 29 日 20 时左右，广东省佛山市三水区乐平镇范湖工业区的和利环保科技有限公司溶剂车间发生火灾事故，车间内存储有酒精、异丙醇等危险化学品。部分消防污水从厂区大门口溢流至厂外市政管网，经市政管网出口汇入西边涌，西边涌下游为乐平涌，沿线无饮用水水源地。事故发生后，当地政府关闭事故点上游西边涌和下游乐平涌水闸，并在西边涌入乐平涌交汇口上游修筑土坝拦截污水，控制污染范围。监测结果显示，5 个大气监测点位的挥发性有机物浓度均达标。事故点下游河段化学需氧量、石油类、挥发酚浓度出现超标。9 月 1 日下午，西边涌受影响河段全部河水被抽入附近污水处理厂处理后达标排放，下游乐平涌全线断面稳定达标。9 月 2 日 16 时，当地政府终止应急响应。

浙江台州“7・27”浙江司太立制药股份有限公司三车间正丁醇（溶剂）泄漏导致爆炸事故：2020 年 7 月 27 日 18 时 54 分，浙江省台州市仙居县经济开发区的浙江司太立制药股份有限公司三车间碘海醇粗品精制单位过滤洗涤干燥机在压滤过程中发生正丁醇（溶剂）泄漏，19 时 6 分发生爆炸事故。事故发生后，台州市、仙居县两级生态环境部门立即赶赴现场进行处置。经核实，企业雨水外排口阀门处于关闭状态，消防污水全部进入应急池，未外排。在厂界周边布设 7 个环境空气质量监测点位，数据未见异常。

福建泉州“1・4”福建联合石油化工有限公司闪燃事故：2019 年 1 月 4 日 16 时 37 分，位于福建省泉州市的福建联合石油化工有限公司在检修溶剂脱沥青装置过程中，打开了含硫污水泵入口阀门，部分污水夹带溶剂（主要成分为正丁烷、异丁烷、异戊烷）喷出，发生闪燃事故。16 时 44 分，现场明火被扑灭，消防污水全部收集到事故应急池中，未进入外环境。事发后，监测数据显示，厂界周边 6 个大气监测点位的硫化氢、二氧化硫和总烃均未超标。4 日，泉州市政府在其官方微信公众号对事件情况进行了通报。

（六）有机硅车间事故

浙江湖州“7・18”小禾电子材料有限公司合成车间有机硅油火灾事件：2022 年 7 月 18 日 15 时许，浙江省湖州市德清县小禾电子材料有限公司合成车间在出料过程中产生静电起火，约 10 t 有机硅油燃烧。事故发生后，企业第一时间关闭应急阀门，消防污水均流入事故应急池。当地生态环境部门在厂界周边和环境敏感点布设 6 个大气监测点位；18 时监测结果显示，甲苯、二甲苯、苯胺等指标均符合相关标准。

新疆生产建设兵团第八师石河子市“7・2”新疆大全新能源股份有限公司精馏车间氯硅烷泄漏引发闪爆事故：2020 年 7 月 2 日 2 时 30 分，新疆生产建设兵团第八师石河子市新疆大全新能源股份有限公司二期多晶硅项目精馏车间发生氯硅烷泄漏引发的闪爆事故，造成产生的氯化氢气体泄漏。事故发生后，当地政府组织疏散周边居民 900 余人；使用消防喷淋吸收泄漏物，并对设备进行冷却降温。16 时 50 分左右，泄漏储罐和管线封堵工作基本完成，泄漏得到有效控制。事故处置过程中共产生约 0.7 万 m^3 消防污水，未外排。2 日 22 时，疏散居民陆续返回。

江苏连云港“4・21”宏兴研磨材料有限公司碳化硅废料回收加工车间火灾事故：2020 年 4 月 21 日 21 时 10 分许，江苏省连云港市赣榆区城头镇后黄墩村宏兴研磨材料有限公司碳化硅废料回收加工车间发生火灾事故。事发地北侧约 800 m 为青口河。约 500 m^3 消防污水通过厂北侧排水沟流入东侧约 300 m 的排水渠。22 日 1 时许，当地政府在排水渠、排水渠上下游修筑 3 道坝以拦截，并开展应急监测。监测结果显示，排水沟水质呈强酸性，COD 浓度偏高。消防污水全部被拦截在排水沟、排水渠内，当地政府采取水泵回抽的方式，将污染水体转运至当地污水处理厂进行处理。24 日 17 时，受污染水体共计约 720 t 全部完成转运。

江苏常州“3・8”赛蓝光伏技术有限公司提纯车间中频熔炼炉设备火灾事故：2020 年 3 月 8 日 16 时 50 分许，江苏省常州市新北区薛家工业园内的赛蓝光伏技术有限公司提纯车间的中频熔炼炉设备在调试过程中，因铁水飞溅至炉旁硅粉吨袋，点燃硅粉，引发火灾事故。事故发生后，企业立即关闭雨排口。当地政府在企业周边的肖龙岗河约 1 km 处筑坝截流，消防污水被封堵在园区雨水管网和肖龙河园区段，河道内积存水量约 0.3 万 t。9 日 0 时起，将雨水管网和河道内积存的消防污水抽取至 16 km 外的江边污水处理厂进行处理，处理能力约 30 万 t/d。当地生态环境部门在下风向居民区、企业周边的河流组织开展应急监测。9 日 2 时的监测数据显示，下风向 3 个居民区空气质量中非甲烷总烃浓度和肖龙岗河水质 COD、氨氮、总磷、氟化物等的浓度均未超标。

（七）农药车间事故

辽宁葫芦岛“2·11”先达农业科技有限公司烯草酮车间甲苯中间转运罐爆炸事故：2020 年 2 月 11 日 19 时 50 分许，辽宁省葫芦岛经济开发区先达农业科学有限公司的烯草酮车间甲苯中间转运罐（事发时储存约 10 m^3 甲苯）发生爆炸事故。12 日 2 时 20 分许，明火被扑灭。该企业位于工业园区内，周边无居民区等环境敏感目标。11 日 23 时 20 分至 12 日 10 时的监测数据显示，厂界上风向 1 个点位和下风向 3 个点位的环境空气质量中特征污染物苯、甲苯均未检出。事故产生的约 780 m^3 消防污水全部被收集至企业事故罐和雨水收集池中，未外排。

江苏常州“4·17”外国语学校周边环境污染事件：2016 年 4 月 17 日媒体报道称，江苏常州外国语学校周边环境污染严重，学生体检异常。该校址北侧约 200 m 是原常隆地块，是原常隆化工等 3 家化工企业所用场地。常隆化工主营产品为农药原药、制剂和农药中间体、化工中间体、精细化工产品以及聚氨酯材料、聚碳酸酯工程塑料等。原常隆地块土壤和地下水污染严重，其中工地有氯苯、四氯化碳等有机污染物，还有萘、茚并芘等多环芳烃以及金属汞、铅、镉等重金属污染物。2016 年 2 月 15 日，原常隆地块土壤修复调整工程通过验收。经查，修复公司在常隆地块修复过程中，未落实建设密闭大棚及配套废气收集设备等环评要求是造成此次事件的直接原因。此地块大部分污染土壤尚未修复，在不利条件下土壤中污染物通过挥发和扩散释放，存在对地块及周边环境空气造成污染的风险。当地政府组织专家制定并实施此地块土壤修复方案，同时将地块用途由商业开发调整为绿化和配套设施用地，确保不再发生类似的污染事件。

吉林龙潭区“12·9”绿盛农药化工有限公司莠去津生产车间火灾事故：2015 年 12 月 9 日 19 时 50 分，位于吉林省吉林市龙潭区郑州路与龙北路交叉口的绿盛农药化工有限公司莠去津生产车间厂房发生爆炸、燃烧。大火于 21 时 15 分被扑灭，使用消防水约 440 m^3。企业在厂区周边构筑围堰，防止消防污水外溢，并将事故应急池雨污转换阀转向事故应急池方向，使厂区消防污水进入事故应急池（总容量 0.11 万 m^3）。火灾发生时，吉化消防队没有对明火部位采取动作，采取自行消耗方法，同时对附近罐区进行洒水降温。消防污水全部进入事故应急池，并通过管线被送至吉化污水处理厂处理，未外排。水质监测方面，北大沟入江口和松花江九站断面均未检出特征有机污染物，其他各项指标符合地表水环境质量标准Ⅳ类标准要求。大气监测方面，事故现场上风向未检出特征挥发性有机污染物，下风向定性检出二甲基二硫醚，其浓度符合恶臭污染物排放标准要求。

浙江台州“12·18”新农化工股份有限公司毒死蜱车间废气泄漏事故：2008 年

12月18日16时20分许，位于浙江台州市仙居县福应街道的新农化工股份有限公司毒死蜱车间生产过程中，因温度计损坏，反应釜与冷凝器连接阀发生破裂，导致约100 kg三氯氰基丁酰氯、甲苯混合物气体发生泄漏。19时30分，事发地周边村庄（周宅、三里溪村）百余名村民聚集到新农化工股份有限公司门口，推倒公司铝合金大门，打碎部分门窗。事件发生后，当地政府高度重视，成立了由公安、环保、安监、经贸等部门参加的处置组，通过教育疏导，安排部分村民在当地医院检查，事件得到快速妥善处置。企业及时开展应急处置，防止事故对周边环境的污染。事故污水没有外排，事发地附近没有饮用水水源，最近的居民点离事发地直线距离为426 m。经检测，事发地及周边村庄的大气质量符合国家标准。企业总排放口及下游三里溪桥下的水质无异常变化。

（八）电镀电解车间事故

浙江温州“6·9”创意表面处理有限公司镀镍车间火灾事故：2022年6月9日20时许，位于浙江省乐清市电镀园区的创意表面处理有限公司镀镍车间发生火灾。该企业主要从事电镀生产加工，发生火灾时企业未生产。10时30分，明火被扑灭，现场无人员伤亡。大部分消防污水进入地下室污水收集池（无外排口），经提升泵输送至电镀园区内荣禹污水处理厂处理；少量进入厂区雨水管（应急阀门关闭），企业启动雨水管网初期收集系统，将雨水管网内的消防污水收集转运至荣禹污水处理厂处理。事故产生的消防污水未进入外环境。

江西新余“1·17”沃格光电股份有限公司车间火灾事故：2022年1月17日21时43分，位于江西省新余市的沃格光电股份有限公司西城大道工业园南区发生火灾；23时14分，明火被扑灭。火灾造成1号蚀刻机的1个硫酸槽破损，约1.2 t硫酸外漏至车间地面。企业在车间设置围堰，使用沙袋对消防污水进行围堵，使用石灰对酸性废水进行中和稀释。外漏硫酸与消防污水积存于车间内部，未泄漏至车间外。采用沙袋封堵雨水外排口，并定时通过pH试纸检测，未发现污水pH异常情况。1月18日0时30分，将消防污水全部转移至事故应急池，通过污水处理设施处理。经排查，无外漏点，雨水沟pH正常。

湖南长沙“12·17”中航飞机起落架有限责任公司火灾致电解槽槽液泄漏事故：2018年12月17日16时15分，湖南省长沙市望城县中航飞机起落架有限责任公司发生火灾。当日19时40分，大火被扑灭。事故造成中航飞机起落架有限责任公司PVC电解槽燃烧破损，同时消防灭火用水喷淋进入槽内，造成槽液外溢。槽内主要有约0.5 m^3的盐酸溶液和约1.2 m^3的氰化物溶液。部分含槽液消防水经雨水管道外排至厂外雨水渠，进入马桥河（湘江支流）。

事发后，当地政府对受污染河流采取筑坝导流、关闭闸坝等方式，将受污染水体控制在马桥河内。在小湖河河闸下游 1.1 km 处新建了 1 座河坝，形成约 1.1 km 长的缓冲河道，容积约 22 万 m^3，一方面防止降雨冲走受污染水体，另一方面作为受污染水体强化处置和导排设施。优化处置方案，加大硫酸亚铁投加量以强化除铬，增投硫化钠以在弱碱性条件下除镉（如图 2-5 所示），待受污染水体达到污水综合排放标准后小流量排放。针对封堵在企业内的受污染水体，涉事企业采取前堵后封、投加药剂、泵吸转移、清水冲洗的方式，对厂内雨水排放沟进行了两次清空。在确保安全的前提下，组织人员进入表面处理车间。在投加氢氧化钠后，21 日晚开始，将车间内剩余污水泵出，交第三方环保公司处置。25 日 16 时，监测数据显示，湘江各监测断面稳定达标。

图 2-5　增投药剂除铬和镉

江苏丹阳“8·6”联龙表面处理有限公司电镀车间火灾事故：2016 年 8 月 6 日 4 时 50 分左右，江苏省丹阳市丹北镇埤城电镀整治园区内联龙表面处理有限公司发生火灾事故，电镀车间被烧毁，过火面积 1 100 m^2 左右。7 时左右，明火被扑灭。灭火过程中，电镀槽液和消防污水全部进入事故应急池，未排入外环境。监测结果表明，截至 15 时 30 分，园区下风向 4 个大气监测点位的特征污染物氯化氢浓度全部达标，下风向 20 m 处和 400 m 处氰化氢浓度未超标，其他点位未检出；在事发点附近跃进河（农业灌溉水）5 个水质监测断面，化学需氧量、氨氮、总氮、pH、高锰酸盐指数、氰化物、铜、锌、镍、总磷、石油类、六价铬等指标均无异常。

（九）其他车间事故

浙江宁波“3·19”四明化工有限公司烷氧胺车间闪爆事故：2022 年 3 月 19 日 12 时 40 分许，浙江省宁波市四明化工有限公司烷氧胺车间发生闪爆起火，燃烧物质为二甲基羟胺盐酸。13 时 15 分，现场明火被扑灭，消防污水通过槽罐车转运至宁波华清环保技术有限公司妥善处置。当地生态环境部门在事故点、下风向 100 m 和 2.2 km（石化区管委会）组织开展空气质量监测，结果显示挥发性有机物浓度均达标。

湖北仙桃“8·3”蓝化有机硅有限公司丁酮肟车间闪爆事故：2020 年 8 月 3 日 17 时 30 分左右，湖北省仙桃市西流河镇蓝化有机硅有限公司丁酮肟车间发生闪爆事故。大部分消防污水进入厂区应急池，少量消防污水经企业雨排口进入仙下河。事发时，仙下河下游横提闸、塘湾闸均处于关闭状态。事发地仙下河下游无生活饮用水水源地等环境敏感目标。在厂区下风向布设 3 个环境空气质量监测点位，特征污染物氯化氢未超标；在事发地仙下河下游布设 3 个地表水监测点位，事发地仙下河下游 10 km 处氨氮浓度超标 0.98 倍。

安徽蚌埠“1·24”海华科技股份有限公司甲醚生产车间火灾爆炸事故：2017 年 1 月 24 日 9 时，安徽省蚌埠市海华科技股份有限公司甲醚生产车间发生火灾爆炸事故。10 时 30 分左右，明火被扑灭。企业立即封堵雨水和污水总排口，处置过程产生的 600 t 消防污水全部收集进入事故应急池，未外排。厂界外下风向各点位一氧化碳、氮氧化物等指标符合空气质量标准。

重庆涪陵“12·27”彭凯精细化工有限公司主厂房生产装置爆炸事故：2016 年 12 月 27 日 12 时 57 分，重庆市涪陵区白涛化工园的彭凯精细化工有限公司主厂房生产装置反应器底部阀门发生泄漏、引发爆炸事故。经消防部门扑救，明火于 27 日 14 时许被扑灭。事故发生后，企业将消防污水引入事故应急池暂存。截至 15 时 10 分，空气环境应急监测结果显示，特征污染因子环氧乙烷未检出。消防污水被全部收集进入厂区事故应急池，未外排。

江苏南通“4·16”如皋双马化工有限公司硬脂酸造粒车间爆燃事件：2014 年 4 月 16 日 10 时，江苏省南通市如皋双马化工有限公司硬脂酸造粒车间发生爆炸起火，企业立即封堵雨水排口，将事故污水收集至应急池，同时对外围大气环境进行监测，监测结果无异常。

福建福州“12·19”中闽瑞闽铝板带有限公司热轧车间废乳液泄漏事故：2011 年 12 月 19 日 9 时 35 分左右，位于福建省福州市的中闽瑞闽铝板带有限公司在将热轧车间使用的废乳液（主要污染物为石油类）用泵抽到废乳液调节池过程中，因废乳液调节池满而发生泄漏事故。企业虽然采取回收措施，但仍有约 2 t 废乳液通过厂区二期雨水管网流入闽江。12 月 20 日上午，闽江马尾段 2 km 江面出现大面积油污染，事发地下游约 350 m 处江水中石油类浓度达 5.9 mg/L，严重超标（地表水Ⅲ类水质标准石油类浓度为 0.05 mg/L）。当地政府要求企业将雨水检查井和入江口用沙袋和吸附材料封堵，并清洗雨水管道，同时将管内剩余油污用泵抽走并经过滤处理，防止污染物再次流入闽江；采用人工打捞和吸油毡吸附等方法，清理江面油污，至 21 日 17 时，江面上油污已基本清理完毕。

吉林松原“11·6”松原石油化工有限公司气分装置液态烃罐爆炸事故：2011 年 11 月 6 日 23 时 55 分，松原石油化工有限公司气分装置液态烃罐（内含 8 m^3 的液态烃）发生爆炸事故，造成 3 人死亡、8 人受伤。截至 11 月 7 日 11 时 20 分，事故现场由爆炸引发的火灾已被扑灭，产生的约 800 t 消防污水全部收集进入厂区应急储罐中（储罐容量为 0.5 万 m^3）。在厂区出口至松原市江北污水处理厂入口之间共设立 8 个监测点，每 30 分钟对水质进行一次监测；结果表明，各监测点挥发酚、石油类、硫化物等指标均不超标，事故未对松花江水质造成影响。同时，在事故点上风向及下风向相关地区设立 10 个监测点，对大气进行监测；结果表明，各监测点非甲烷总烃、硫化氢等指标均不超标。

湖北黄冈“12·10”创新生化制品有限公司爆燃事故：2010 年 12 月 10 日 10 时 23 分，湖北省黄冈市创新生化制品有限公司一车间发生爆燃，大火于 11 时左右被扑灭，事故造成该公司 4 名工人死亡、5 人受伤。该公司以丙二酸二乙酯、盐酸、丙烯腈、氢氧化钠为主要原料，生产褪黑素，年产量 4 t 左右。事故发生时厂区内有刺鼻酸味；明火被扑灭后，气味明显消散，消防污水均被控制在厂区内，未流至外环境。监测结果表明，该事件未对周边环境造成明显影响。

山东阳谷“12·8”中石药业有限公司纤化车间起火爆炸事件：2010 年 12 月 8 日 5 时 40 分左右，中石药业有限公司厂区内一个纤化车间起火，约 10 min 后该车间发生剧烈爆炸，引发相邻两车间起火，造成 7 名工人受伤。车间附近一个装有酒精的罐体和两个装有液碱的罐体也因爆炸引发大火。事故发生后，政府对企业员工以及附近 9 个村 8 000 余名村民进行了疏散。工作人员将公司污水总排口彻底封堵，将消防污水导入厂区应急池，并使用挖掘机对周围沟渠进行了围挡，确保污水不排入下游河道。12 月 9 日 18 时许，现场火被扑灭，少量消防污水进入厂外沟渠，未对附近农田造成污染，工作人员投放活性炭及絮凝剂对污水进行处置，被疏散群众陆续返回。

广西宜州“8·26”维尼纶集团有限责任公司有机分厂生产车间爆炸事故：2008 年 8 月 26 日 6 时 45 分，位于广西壮族自治区宜州市城西开发区的维尼纶集团有限责任公司有机分厂生产车间发生爆炸并引发大火。截至 8 月 30 日，事故造成 20 人死亡、约 60 人受伤。事故发生后，当地政府紧急疏散事发地点及周边村民近 1.2 万人。爆炸中约 1 200 t 化工原料（甲醇、醋酸、醋酸乙烯酯）被燃烧或随消防水进入龙江河。环境保护部门监测结果表明，爆炸厂区外的周边大气环境已于 26 日晚恢复正常，龙江河未出现异常变化，截至 27 日下午，龙江河各断面水质均符合国家标准。

第二节　化学品仓库

一、存在的环境安全隐患

企业化学品仓库储存的化学品主要为桶装或袋装，部分化学品遇明火、高热或与氧化剂接触可发生燃烧、爆炸，因此化学品仓库主要存在泄漏和火灾、爆炸的环境风险。化学品仓库如图 2-6 所示。

（一）泄漏事故

在化学品储存过程中，可能由于包装桶自身材质缺陷、桶内气压升高、包装桶长期使用老化造成化学品泄漏。泄漏事故发生后可能引发火灾、爆炸事故；挥发性化学品会导致人员中毒或灼伤，以及造成化学品仓库周围大气污染；泄漏的化学品或冲洗废水具有腐蚀性、毒性、刺激性，通过雨水管道外排进入受纳水体后，会对水体造成严重污染，影响人们的正常生产、生活，并对水生动植物造成毒害作用；泄漏的化学品进入周边土壤，将影响植物的生长，造成土壤污染；若出现下渗现象，将对地下水系统造成污染，进而影响居民的饮用水安全；若事故处置过程中使用过的废抹布、消防沙等固体危险废物未得到妥善处理，会影响环境。

图 2-6　化学品仓库

在化学品贮存过程中，仓库管理人员违章作业（如野蛮装卸撞击、摩擦）可能导致包装破损；运输搬运过程中因叉车故障、交通事故可能造成包装容器运输过程损坏；未按要求操作可能导致化学品倾倒、泄漏而排入周围环境。

（二）火灾、爆炸事故

仓库管理人员未按要求使化学品保持合理间距，未分类储存化学品，日常未按时进行日常检查，可能导致化学品发生反应，进而导致火灾、爆炸事故；电气设备未采用防爆型或设备防爆性能下降，设备运转时可能产生电气火花，成为引火源，引起火灾、爆炸事故；企业进行灭火时，产生大量含化学品的消防污水，在流溢过程中所含的化学品可能渗入土壤或通过雨水管网进入地表水，进而污染地下水、地表水及土壤环境；在火灾过程中有大量有毒有害气体产生，污染大气环境，有毒有害气体的主要成分可能为 CO、VOCs 、SO_2、NO_x 等，甚至还有一些化学品氧化分解的中间产物；若火灾、爆炸事故应急处置过程中产生的各种危险废物未得到妥善处理，会危害环境。

二、环境安全隐患治理

（一）预防泄漏措施

化学品仓库内地面须做好地面硬底化，做好防腐防渗处理，门口设置缓坡；物料桶下可放置不锈钢托盘，有不慎泄漏时可控制于托盘范围内，不至于污染地面和周围环境，托盘内的化学品作为废料用容器妥善收集，交有资质单位处理；配置沙土箱和适当的空容器、工具，以便在发生事故时收集泄漏化学品物料；仓库地面呈一定的散水斜坡，周围设有泄流地沟，一旦发生泄漏，可流至或冲洗入地沟井中，届时将其收集到容器内，作为废弃物交有资质单位处理；化学品仓库需做好防雨措施，降雨等原因产生的废液不能直接排入雨水管道，必须排入事故应急池，通过泵送至污水处理厂进行处理。

仓库内设置专用化学品贮存区域，保证与其他贮存物料相分隔，储存量不超过一周的使用量；按化学品特性分类、分区、分库、分架、分批次存放，防止交叉污染；在转移或分装后的化学品容器上应贴安全标签，盛装化学品的容器在未净化处理前，不得更换原安全标签；配有危险化学品安全技术以及应急措施说明书；使用易制毒、易制爆、剧毒等危险化学品，需要按规定程序进行申购。

化学品仓库门口设有醒目的标识，设置门禁，由专人负责管理；加强车辆管理，具有防泄漏措施，进出仓库应严格限速，并划定路线，避免发生意外事故；化学品出入仓库要有严格的记录，要求供方尽量采用减少泄漏的包装及措施；入库后管理人员定时检查、核实化学品的存放量和包装情况，对其品质变化、包装破损、渗漏、稳定剂短缺等隐患及时排查并处理，尽早发现并处理泄漏事故。

严格执行各项规章制度和安全操作规程，定期做好日常的巡查、维护保养工作和安全防护措施，定期检查库内设施、消防器材、防护用具是否齐全有效，并多处配备吸附棉等应急物资；对作业场所的有毒有害气体浓度定期进行检测，确保有毒有害气体浓度在标准范围内；化学品仓库配置视频监控设备，直接连接到办公室监控显示屏。

（二）防火、防爆措施

根据国家有关规范及各建筑物的性质、耐火等级、建筑面积等情况，化学品仓库设置室内外水消火栓，同时配备足级足量的灭火器材；设有消防水管网，消防水源为自来水，由已建生产系统管网供给；库房内根据存放物品的特性，安装温感灭火装置，并对其定期校验；库房内有足够的自然通风或机械通风，应采取隔热、降温等措施；库内设备、工艺管道设置导除静电的接地装置；根据存放物品的特性，安装相应等级的防爆电器；操作人员必须穿工作服，戴手套、口罩或相应的防毒面具等必要的防护用具，操作中轻搬轻放，防止摩擦和撞击；仓库内设有可燃气体探测仪，若仓库内可燃气体浓度超标，探测仪即会发出警报。

三、事故应急处置措施

（一）泄漏事故处置

泄漏事故发生后，第一时间切断泄漏化学品物料源头，确保围堰内的出水口为关闭状态，并第一时间关闭该区域附近的雨水出水阀；固体化学品少量泄漏时，发现人应迅速穿戴好防护服，利用洁净的铲子或非金属工具，将泄漏的化学品收集于干燥、洁净、有盖的容器中。

液体化学品少量泄漏时，利用仓库门口的漫坡进行截留后，导流至收集池内暂存，用应急物资（如抹布、沙子、吸附棉等）吸收和覆盖地面残留的泄漏物，集中收集；收集泄漏物的容器及使用过的应急物资统一收集，交由有资质单位处理。

液体化学品发生大量泄漏时，第一发现人应立即上报应急领导小组办公室。应急领导小组办公室立即报告总指挥，总指挥接到报告后立即带领各应急救援小组赶赴现场；综合协调组在厂区内设置警戒线，严禁无关人员进入化学品仓库周围；现场处置组穿戴好防护用品，进入化学品仓库，尽可能堵漏，切断泄漏源，马上转移仓库内剩余的化学品，避免大面积液体化学品长时间蒸发、扩散；医疗救护组对受伤人员进行初步救治，并与协议医院取得联系，进一步救治伤员。

对于泄漏化学品，企业应尽量用消防沙进行围堵，防止其进入雨水管网，并利用空桶暂时收容，待后续处理；如果不慎流入雨水管沟，收集好泄漏化学品后，还应对雨水管沟进行冲洗，冲洗水通过管道自流或者泵入事故应急池暂存，事故处理完毕后抽至厂内污水处理设施处理达标后排放；事故救援过程中产生的危险废物应统一收集，交由有资质单位进行处理。

应急响应进行到泄漏的化学品被彻底清除干净，并经检测，确保无危险为止；如果泄漏化学品进入雨水管网外排，总指挥应立即报告当地生态环境部门。

（二）火灾、爆炸事故处置

企业一旦发生火灾、爆炸事故，若发现及时，由现场处置组直接对小型火灾进行扑灭，并在发生火灾的区域四周用沙包设置临时围堰，围堵灭火产生的少量消防污水；若发现不及时，火势已蔓延，应急领导小组总指挥应立即命令现场处置组关闭雨水总阀门，以将灭火过程产生的消防污水截留在厂区内；在消防人员到达事故现场之前，现场处置组应针对火灾现场的人员和管线设备采用保护性措施，如开启水喷淋，为其他未燃烧的物质喷洒冷却水，降低火焰辐射强度，撤离周围易燃可燃物品等，减轻人员伤亡和避免火势蔓延；及时根据火场的要求增加或减少消防泵的运行台数，确保现场灭火用水和泡沫混合液的供应；打开应急阀门，做好事故应急池及地上围堰接纳事故水的准备；灭火过程中产生的消防污水通过雨水总阀门截留后，自流或利用泵抽入事故应急池中暂存，待后续处理；事故产生的大量消防污水或废水已经流入外界水域，超出企业处理能力范围时，企业应立即报告政府相关部门，请求支援处理；当火灾扑灭后，现场处置组可用风机加强事故现场通风，加快事故现场残留的有毒有害气体的扩散速度，防止事故现场有毒有害气体浓度过高。

四、典型案例

（一）油品仓库事故

辽宁营口“2·26”三征有机化工股份有限公司石油焦仓库火灾事故：2022 年 2 月 26 日 11 时 30 分，辽宁省营口市大石桥市三征有机化工股份有限公司石油焦仓库发生火灾，事发点距大辽河直线距离约 2 km。当地消防部门使用泡沫进行灭火，并用消防水控制火势蔓延。明火于 16 时许被基本扑灭。现场共产生约 300 t 消防污水，均通过企业雨排管网进入雨水收集池，未进入外环境。26 日 15 时至 24 时，当地生态环境部门组织在事发点下风向 50 m 至 2 km 以及周边村庄等敏感点，布设 13 个环境空气质量监测点位。监测结果显示，氯气、氯化氢、氰化氢、一氧化碳、硫化氢、二甲苯等物质均未检出，二氧化硫浓度均未超标。事件发生后，一些媒体和微信群中流传发生火灾的企业涉及各类剧毒危化物、烟气可能有毒等不实消息。当地生态环境部门及时通过其官方网站、微信公众号和微博发布空气质量监测结果，对不实消息进行辟谣纠正，避免了谣言的大规模传播，确保了社情舆情稳定。

天津滨海新区“10・28”中国外运长航集团有限公司润滑油仓库火灾事故：2018 年 10 月 28 日 17 时 45 分，天津市滨海新区中塘镇大港安达工业园区内中国外运长航集团有限公司润滑油仓库发生火灾事故。经消防部门扑救，明火于 29 日 3 时 55 分被扑灭，现场无人员伤亡。大部分消防污水通过厂区污水管网收集到工业园区的污水处理厂，部分消防污水被封堵在厂区 700 m 的雨水管网中，没有外排。监测结果显示，截至 29 日 11 时 30 分，事发点下风向空气中挥发性有机物浓度未见异常。

山东平度“6・23”青岛双桃化工有限公司燃料仓库燃爆事故：2017 年 6 月 23 日 21 时许，山东省平度市青岛双桃化工有限公司燃料仓库发生燃爆事故。事故点为该公司燃料仓库，燃烧物为染料中间体。24 日 0 时 45 分，火被扑灭。事故现场产生消防污水和雨水共 200 m^3，全部导入该公司事故应急池（容积为 1 000 m^3），未排入外环境，由该公司污水处理厂进行处理。24 日 0 时 10 分，平度市环境监测站在事故点下风向布设大气监测点位并采样。监测结果表明，各点位氯化氢、苯、甲苯、二甲苯、非甲烷总烃、氨气浓度均达标。

陕西咸阳“7・21”环能精滤科技有限公司油桶仓库起火爆炸事故：2015 年 7 月 21 日 10 时 20 分许，位于陕西省咸阳市礼泉县西张堡镇工业园区内的环能精滤科技有限公司存放废矿物油的油桶仓库发生起火爆炸。企业仓库内约有 200 个油桶，油桶内存放约 20 t 废矿物油。消防产生的污水全部控制在企业围堰和事故应急池中，未外排。消防人员于 13 时 30 分许将明火扑灭，事故未造成人员伤亡。

（二）常规化学品仓库事故

浙江衢州“11・9”中天东方氟硅材料有限公司化学品仓库火灾事故：2020 年 11 月 9 日 11 时 25 分许，浙江省衢州高新园区内中天东方氟硅材料有限公司一仓库发生火灾事故。仓库主要存有高沸物甲基氯硅烷、含氢硅油等物质，燃烧主要产生二氧化硅、氯化氢、烟尘等，厂区内无放射源。火灾产生流淌火，随消防污水流入雨水排口，导致应急阀门损坏，且企业事故应急池满溢，造成部分消防污水外溢至厂外沙溪沟，下游约 1.5 km 处汇入江山港。厂区残留消防污水如图 2-7 所示。企业对消防污水进行清理如图 2-8 所示。

图 2-7　厂区残留消防污水

图 2-8　企业对消防污水进行清理

当地政府立即组织使用泡沫进行灭火，对周边危化品罐体洒水降温，产生的消防污水引流至企业事故应急池，后被抽至巨化污水处理厂处理。因泡沫灭火效果不佳，现场指挥部决定采取控制燃烧的处置方式，周边环境空气质量受到不同程度影响。企业用沙土围堰对外溢口进行拦截封堵。当地政府在沙溪沟内筑起 2 道隔油栏，对外溢消防污水中漂浮的硅油进行拦截，并及时调运碳酸钠等应急物资对外溢消防污水（酸性）进行中和处理（如图 2-9、图 2-10 所示）。同时，在事发地下风向、沙溪沟开展应急监测。自 11 月 12 日起，事故点下风向各监测点位持续稳定达标。沙溪沟水质化学需氧量、pH 未见异常。

图 2-9　投加碱性物质对沙溪沟受污染水体进行中和处理

图 2-10　投加的纯碱

山东菏泽“8·14”祥顺生物科技有限公司甲醇仓库火灾事故：2020 年 8 月 14 日 22 时 6 分，山东省菏泽市鄄城基础工业园区的祥顺生物科技有限公司仓库发生火灾事故，引燃仓库储存的甲醇。15 日 1 时左右，明火被扑灭。经菏泽市生态环境局鄄城分局现场核查，产生的约 41 m^3 消防污水全部收集至事故应急池，未外排。

浙江绍兴“6·5”恒业成有机硅有限公司硅油、硅树脂仓库火灾事故：2020年6月5日12时25分，浙江省绍兴市恒业成有机硅有限公司物料仓库硅油、硅树脂（非危化品）起火，发生火灾事故。14时40分许，明火被扑灭。事故发生后，当地生态环境部门在厂区下风向开展应急监测，厂界北侧及厂区西门苯浓度出现瞬时超标，最高超标3倍。企业雨水排放口阀门关闭，消防污水全部收集进入企业事故应急池和企业污水处理设施处理，未外排。

广东广州“9·16”慧谷化工厂过氧苯甲酸叔丁酯仓库火灾事故：2019年9月16日21时30分许，广东省广州市中新镇恒创工业园慧谷化工厂仓库发生火灾事故。过火面积40 m^2，约100 kg过氧苯甲酸叔丁酯燃烧爆炸。经核实，约60 m^3消防污水通过园区排口进入大田河（距离排口约1 km），随后进入西福河（距离排口约3 km），西福河汇入处距离东江约26 km，事发点至东江河段无饮用水取水口。应急监测数据显示，厂界下风向各监测点位的苯、甲苯、二甲苯、甲醛均未检出。

江苏常州“8·27”三方医药原料有限公司原料仓库火灾事故：2019年8月27日18时20分许，江苏省常州市金坛区后阳化工园区的三方医药原料有限公司原料仓库发生火灾事故。23时55分，明火被扑灭。大部分消防污水进入雨水管网，少量消防污水外流进入通济南河。事故发生后，使用吸油毡等应急物资进行分段截污；对封堵在园区雨水管网的消防污水，使用槽罐车运至园区污水处理厂处理。监测数据显示，27日19时至28日12时，空气中氯化氢、甲醛、氟化氢等10项污染物浓度均低于标准限值，事发地通济南河下游各点位监测指标均达到地表水Ⅳ类水质标准。

江苏宜兴“7·27”新宇化工厂甲醇乙醇仓库火灾事故：2016年7月27日6时许，江苏省宜兴市丁蜀镇新宇化工厂因电器线路老化，厂内临时堆放甲醇、乙醇的周转仓库发生火灾事故。经消防部门扑救，27日8时许，明火被扑灭，过火面积约500 m^2，无人员伤亡。大部分消防污水进入企业事故应急池，部分流入兴隆河。事件发生后，在事故点下风向布设2个空气监测点位，监测指标包括挥发性有机物、乙醇和甲醛，各项指标均达标；在下游5 km范围内布设9个水质监测点位，监测指标包括化学需氧量、氨氮和苯系物，除事故点下游1 km处化学需氧量浓度超标1.95倍外，其他点位和指标未见异常。

江苏常州“7·31”燕进石化桶装物料仓库火灾事故：2014年7月31日18时，江苏省常州市武进区燕进石化桶装物料仓库（主要储存醋酸乙酯、立邦漆、丁醇、间苯二胺等产品）发生火灾。企业立即启用应急池，关闭雨水排口，切断消防污水排入外环境的通道。8月1日3时30分，火被扑灭，消防污水收集在事故应急池中。8月1日5时，经监测，周边环境空气质量正常。

（三）危险化学品仓库事故

山东济宁金乡县“8·15”农资仓库火灾事故：2020年8月15日9时50分，山东省济宁市金乡县马庙镇马庙村农资仓库发生火灾事故，引燃仓库内存放的化肥和农药。事故发生后，消防污水未外排。事故点周边环境空气质量监测指标均未超标。事故现场残留物等127 t危险废物被收集转运至危险废物集中处置中心进行无害化处理。

江苏南京“8·4”合义化工公司固体工业萘仓库火灾事故：2020年8月4日5时40分，江苏省南京市六合区合义化工公司仓库发生火灾事故，仓库内储存物质为固体工业萘，过火面积约400 m^2。6时30分左右，明火被扑灭。经核实，消防污水被控制在厂区应急池内，未外排。在厂区下风向、长丰河共布设8个监测点位。监测数据显示，8时，事故点氯化氢浓度最高超标109倍；11时，厂界周边各点位均达标。4个地表水监测点位特征污染物均未超标。

江西南昌“7·29”金沙化工原料有限公司仓库二甲苯爆燃事故：2019年7月29日16时40分许，江西省南昌县小蓝工业园金沙化工原料有限公司9号仓库发生二甲苯爆燃事故（共4桶700 kg二甲苯）。17时18分，明火被扑灭，过火面积约100 m^2。事故造成部分消防污水经雨水管网外排。事故共使用消防水20 t，部分消防污水流入雨水管网南北支线。31日11时许，雨水管网中的36 t（含原有积水）消防污水全部被抽送至园区污水处理厂处理。

江苏南通“6·28”启东市涂料厂仓库爆燃事故：2019年6月28日10时许，江苏省南通市启东市吕四港镇南星桥一涂料厂发生爆燃事故。12时15分，现场明火被扑灭。着火点位于该企业仓库，主要存放二甲苯、汽油、柴油等。应急监测数据显示，事故点下风向甲苯、氯化氢、硫化氢等的浓度均未超出其标准限值。经核实，消防污水全部封堵在厂区旁水沟内。

天津港“8·12”瑞海公司危险品仓库特别重大火灾爆炸事故：2015年8月12日23时左右，天津港瑞海公司危险品仓库发生特别重大火灾爆炸事故，大量危险化学品爆炸产生的污染物以及周边被引燃物品持续燃烧产生的大量污染物进入环境，造成165人遇难，8人失联，798人住院治疗，1.7万多户房屋受损，1 700多家生产企业、3万多人受到影响。该事故产生的残留化学品与二次污染物逾百种，对事故中心区及周边局部区域大气环境、水环境和土壤环境造成了不同程度的污染。天津港爆炸事故产生的环境应急处置费用远远超出了肇事企业的赔偿能力。天津港爆炸事故现场如图2-11所示。

图 2-11　天津港爆炸事故现场

事故发生后，当地政府立即对全部 4 处排海口前泵站进行了关闸断电，停止向海域排水。围绕事故核心区，设置围堰，确保核心区高浓度废水与外部水环境的完全隔离，既可以防止外部雨水进入事故核心区、增加污染量，又可以防止核心区高浓度废水溢流至外环境；并封堵了 12 处雨污排水管道、3 处雨污水排水明渠，将受影响区域内水体划分为 5 个区域，开展针对性处置，同时切断受影响区域内污水与其他区域水体交换的通道。

事故调查表明，事故直接原因是瑞海公司危险品仓库运抵区南侧集装箱内的硝化棉由于湿润剂散失出现局部干燥，在高温天气等因素的作用下加速分解放热，积热自燃，引起相邻集装箱内的硝化棉和其他危险化学品长时间大面积燃烧，导致堆放于运抵区的硝酸铵等危险化学品发生爆炸。

瑞海公司长期违法违规经营和储存危险化学品，严重超负荷经营、超量存储。经调查，事故发生前，瑞海公司危险品仓库内共储存危险化学品 7 大类、111 种，共计 11 383.79 t。瑞海公司 2015 年月周转货物约 6 万 t，是批准月周转量的 14 倍多。多种危险货物严重超量储存，事发时硝酸钾存储量 1 342.8 t，超设计最大存储量 53.7 倍；硫化钠存储量 484 t，超设计最大存储量 19.4 倍；氰化钠存储量 680.5 t，超设计最大存储量 42.5 倍。运抵区内共储存危险货物 72 种、4 840.42 t，包括硝酸铵 800 t，氰化钠 360 t，硝化棉、硝化棉溶液及硝基漆片 48.17 t。

违规混存、超高堆码危险货物。不仅将不同类别的危险货物混存，间距严重不足，而且违规超高堆码现象普遍，4 层甚至 5 层的集装箱堆垛大量存在。

违规开展拆箱、搬运、装卸等作业。在拆装易燃易爆危险货物集装箱时，没有安排专人现场监护，使用普通非防爆叉车；对委托外包的运输、装卸作业的安全管理严重缺失，在硝化棉等易燃易爆危险货物的装箱、搬运过程中存在用叉车倾倒货桶、装卸工滚桶码放等野蛮装卸行为。

未按要求进行重大危险源登记备案。瑞海公司没有按照有关规定，对本单位的港口危险货物存储场所进行重大危险源辨识评估，也没有将重大危险源向天津市交通运输部门进行登记备案。

瑞海公司未履行环境安全主体责任，环境安全管理极其混乱，没有开展环境风险评估和环境安全隐患辨识评估工作，致使大量环境安全隐患长期存在。企业负责人、管理人员及操作工、装卸工都不知道运抵区储存的危险化学品种类、数量及理化性质，冒险蛮干问题十分突出，特别是违规大量储存硝酸铵等易爆危险品，直接造成此次特别重大火灾爆炸事故的发生。

环境安全教育培训严重缺失。瑞海公司违反有关规定，部分装卸管理人员没有取得港口相关部门颁发的从业资格证书，无证上岗。该公司部分叉车司机没有取得危险货物岸上作业资格证书，没有经过相关危险货物作业安全知识培训，对危险品防护知识的了解仅限于现场不准吸烟等，对各类危险物质的隔离要求、防静电要求、事故应急处置方法等均不了解。

未按规定制定环境应急预案等预案并组织演练。瑞海公司未针对理化性质各异、处置方法不同的危险货物制定有针对性的应急处置预案（包括环境应急处置预案）并组织员工进行应急演练。未履行与周边企业的安全告知书和安全互保协议。事故发生后，没有立即通知周边企业采取安全撤离等应对措施，使得周边企业的员工不能第一时间疏散，导致人员伤亡情况加重。

2016 年 11 月 7 日至 9 日，天津港“8・12”特大火灾爆炸事故所涉 27 件刑事案件公开进行了审理，并于 9 日对上述案件涉及的被告单位及 24 名直接责任人员和 25 名相关职务犯罪被告人进行了公开宣判。瑞海公司严重违反有关法律规定，是造成事故发生的主体责任单位。公安机关对 24 名相关企业人员（瑞海公司 13 人，中介和技术服务机构 11 人）依法立案侦查并采取刑事强制措施。

广东广州“11・24”福田化工厂化学品仓库爆炸事故: 2011 年 11 月 24 日 14 时 40 分，广东省广州市番禺区石基镇文边村福田化工厂存放约 300 t 氯酸钠、过氯酸钠和钾肥的 6 号仓库发生强氧化剂反应导致爆炸，过火面积约 350 m^2，事故未造成人员伤亡。大气环境方面，24 日 15 时左右，厂界周边特征污染物氯化氢浓度为 4.27 mg/m^3（标准为 0.25 mg/m^3）；17 时 20 分，爆炸仓库附近氯化氢未检出。事发后，为避免居民暴露在外环境中，当地政府提醒附近居民减少外出活动；约 6 000 名居民闻到刺激性气味后，出于恐慌心理，自发疏散；18 时，疏散居民陆续返回家中，未发生环境污染致居民伤亡情况。消防污水方面，消防人员使用了干粉灭火剂和少量泡沫灭火剂，少量消防污水被拦截在厂区附近的水塘中，当地政府组织投加石灰进行中和。经监测，消防污水 pH 约为 1，经中和处置后，水塘内水体 pH 约为 8（标准为 6～9），水塘下游的水道水质未受影响。

江苏丹阳“7・20”东方日用化工厂生产仓库爆炸事故: 2011 年 7 月 20 日 18 时 30 分左右，位于江苏省丹阳市延陵镇前青墩村的东方日用化工厂生产仓库发生爆炸。

事故原因为存放该厂主要产品过氧化二酸二异丙酯（IPP）的冰柜冷冻机发生故障，温度过高导致 IPP 发生爆炸起火（IPP 必须存放在 -20℃冰柜中，温度高于 0℃就会发生爆炸）。7 月 20 日 19 时左右，消防部门已扑灭明火，消防污水大部分进入事故应急池，少部分进入厂后农田灌溉渠。监测结果表明，此次事故未对居民和环境造成明显影响，周边大气质量达标。

重庆长寿“3·15”鑫腾炉料有限公司危险化学品仓库爆炸事故：2008 年 3 月 15 日 18 时许，重庆市长寿区川金公司（拆迁公司）在拆迁鑫腾炉料有限公司仓库房时不慎失火，引发仓库实验室化学药品发生爆炸，使周边环境安全受到威胁。事故灭火过程中产生的约 1 t 消防污水被砖体、拆迁废渣和土壤吸收。经现场调查，事故地点附近没有河流及敏感地区，事故未造成周边环境质量异常。

（四）固废化学品仓库事故

广东肇庆“4·2”新荣昌环保股份有限公司焚烧车间仓库火灾事故：2020 年 4 月 2 日 21 时许，广东省肇庆市高要区白诸镇廖甘工业园的新荣昌环保股份有限公司焚烧车间仓库发生火灾事故，该仓库内主要存放油性污泥、废树脂、废活性炭、蒸馏残渣、包装物等，共约 0.5 万 t。3 日 5 时 30 分许，明火被扑灭。部分消防污水经厂外排渠，流经约 1 km 汇入白诸河。白诸河下游约 5 km 汇入新兴江，约 23 km 汇入西江。新兴江入西江口下游约 6 km 为西江东区水厂取水口，供水量 5.5 万 t/d，约 40 km 为广州西江引水工程取水口。当地政府采取沙包堵截、回抽污染水体、投加石灰中和等方式进行降污处置，将部分消防污水回抽至企业事故应急池，少量消防污水暂存在附近由鱼塘改建的临时应急储存池，经企业污水处理设施处理后达标排放。监测数据显示，铜、镍浓度最高分别超标 2.4 倍和 38.3 倍，均位于事发地下游白诸河；新兴江入西江口、西江东区水厂取水口及广州西江引水工程取水口均未见异常。6 日 10 时，白诸河及新兴江上监测点位的铜、镍浓度稳定达标。

四川遂宁“3·4”华顺海天化纤有限责任公司废旧塑料仓库火灾事故：2020 年 3 月 4 日 16 时许，四川省遂宁市蓬溪县宝梵镇华顺海天化纤有限责任公司（采用废旧塑料生产涤纶丝）的废旧塑料仓库发生火灾事故。20 时 40 分，明火被扑灭。灭火期间共使用消防水约 800 m^3，部分消防污水流入厂区外 50 m 的小潼河（13 km 后汇入芝溪河，再经 14 km 后汇入涪江）。当地政府在事发地小潼河下游约 100 m 和上游 2 km 处构筑拦截坝，将污染水体全部拦截。受消防污水影响，5 个地表水监测点位的化学需氧量、氨氮浓度最高分别超标 1.95 倍、0.23 倍。当地政府把污染水体转运至污水处理设施集中处理，防止二次污染。

第三节　储罐区

一、存在的环境安全隐患

（一）泄漏事故

储罐一般分为立罐和卧罐两种（如图 2-12、图 2-13 所示。）导致储罐区化学品泄漏的原因主要有以下几个方面：储罐区各类储罐、机泵等设备、设施以及各类管道、阀门、法兰、焊口、密封等出现“跑冒滴漏”现象；储罐装卸接口破损，连接装卸软管松脱；罐体顶盖不严，不密封；储罐区基础沉降不匀导致罐体撕裂、长期使用因物料腐蚀性导致罐体腐蚀破坏、罐体焊缝开裂等原因将造成罐体的整体性破裂、物料的突然大量泄漏；储罐区物料装车操作较为频繁，因仪表控制系统故障或人为操作失误造成的满料、溢料、储罐进错物料、抽空等引起物料泄漏事故；储罐有围堰，但存在围堰有孔洞、围堰容积小、排水阀常开并锈蚀严重、围堰排水阀在围堰内、围堰内有雨水下水井等问题。

图 2-12　立罐

图 2-13　卧罐

罐体破裂、瘪罐或表面锈蚀严重有孔洞。例如，我国储油罐的使用年限为 50 年，但根据研究，油罐的泄漏平均年限仅为 17 年，因此这些油罐已进入泄漏危险期。当储油罐运行 10～15 年时，孔蚀次数不断增加，平均穿孔率达 14%。

化学品若发生泄漏，不及时处理，溢流到厂区，当渗漏化学品穿过土壤时，土壤层会吸附，可能造成植物的死亡；泄漏或渗漏化学品可能对地下水带来严重污染，导致地下水产生严重异味；化学品如果出厂区进入河道，将可能影响到地表水水质。

如果化学品蒸气浓度过高，现场未配备防中毒设施，人员吸入会导致中毒事故；夏季大量化学品蒸气从呼吸阀口飘出，增加了中毒可能性；储罐清洗维修时，进罐作业前没有对罐内气体进行检验或检验不合格，贸然进罐，或进罐作业时进料管未加盲板，阀门泄漏等原因造成中毒、窒息事故。

（二）火灾、爆炸事故

储罐内的易燃化学品火灾危险性高，操作失误或操作控制失灵导致泄漏，遇到明火（含电气）或者高热产生燃烧，在无法控制时产生爆炸；设备不严密，化学品蒸气挥发，或者泄漏在地面，随风散逸，达到一定浓度后遇到明火或者高热引起爆炸；抢修、检修时违章动火、焊接；空气进入含有可燃气体的设备、管道内都可以形成爆炸混合物；储罐防雷、防静电设施失效，在雷雨天气储罐遭受雷击或产生电火花，引燃物料，发生火灾、爆炸事故；在高温季节，储罐若无充足的喷淋冷却，因所储物料温度升高，加快挥发、罐内气相压力升高可导致火灾、爆炸事故；储罐区任一储罐若发生火灾、爆炸事故，可因爆炸冲击波、抛射物、辐射热或应急救援及扑救不当、消防设施故障等，造成其他储罐或储运设施的火焰蔓延、爆炸的事故。

储罐可能的火灾、爆炸模式主要有以下几种。

先爆炸后燃烧。储罐发生火灾后，大多数情况是先爆炸、后燃烧，这种情况一般是罐内气体浓度处在爆炸极限范围内，遇到火源，罐内先爆炸，罐顶炸飞，或罐顶部分塌落罐内，随后引起化学品在液面迅速稳定燃烧。

先燃烧后爆炸。储罐发生火灾后，在燃烧过程中发生的爆炸一般有三种情况：储罐在火焰或高温作用下，罐内的蒸气压力急剧增加，当超过罐所能承受的耐压强度时，会发生物理性爆炸；燃烧罐的邻近罐在受到热辐射作用时，罐内的蒸气增加，并通过呼吸阀等部位向外扩散，与周围空气混合达到爆炸极限，遇燃烧罐的火焰即发生爆炸；储罐发生火灾，罐盖未被破坏，当采取由罐底部倒流排出物料时，如排速过快，使罐内产生负压，发生回火现象，将导致储罐爆炸。

爆炸后不再燃烧。储罐内物料的温度高于闪点，其蒸气浓度处于爆炸浓度极限范围内；或储罐内虽无物料，但存在物料蒸气和空气的混合气体，一旦遇到明火，就会发生爆炸，把罐顶或整个储罐破坏。但爆炸后不再继续燃烧。在储罐清洗、通风和动火补焊时容易发生这种情况。

稳定燃烧。当罐内液面以上气体空间的蒸气与空气混合浓度达不到爆炸极限时，遇明火或其他火源，燃烧仅在液面稳定进行。如果外界条件不能使罐内混合浓度达到爆炸极限范围，将会在物料烧完为止。

发生火灾、爆炸时，可能产生有毒有害烟气，污染周边大气环境；在火灾扑救过程中将产生大量含油的消防污水，如果不控制排放，极有可能对厂区周围环境敏感点河流、厂区土壤以及地下水环境带来严重的影响。

二、环境安全隐患治理

（一）预防泄漏措施

储罐的结构材料应与储存的物料和储存条件（如温度、压力等）相适应。新罐应进行适当的整体试验、外观检查或非破坏性的测厚检查、射线探伤，检查记录应存档备查。定期对储罐外部进行检查，及时发现破损和漏处，对储罐性能下降应有对策。设置储罐高液位报警器及其他自动安全措施。对储罐焊缝、垫片、铆钉或螺栓的泄漏采取必要措施。

储罐区必须采取防渗漏措施，对储罐内外表面、防油堤的内表面、储罐区地面、输油管线外表面做防渗防腐处理，降低环境风险；充分重视储罐选址、设计、施工过程，如选址时尽可能远离河道，减少化学品泄漏进入河道的风险，同时也避免洪水对储罐可能产生的影响。

储罐区、槽车充装区等危险场所设有可燃气体检测仪和有毒有害气体检测仪，对库区进行实时监控和预警；建立健全环境安全巡查制度，现场巡检和操作人员配备便携式的可燃气体和有毒有害气体检测仪，以保证人员巡检和现场操作时的安全，可对泄漏点进行预警；储罐设置有温度、压力、液位等监测报警设施，对储罐装载容量进行监控；在储罐区安装摄像头进行实时监控，并设有手动报警按钮。

为了防止消防事故水污染储罐周围的土壤和地下水，储罐区四周设有围堰，扣除隔堤及罐体所占容积，储罐区围堰能完全容纳最大罐体的最大泄漏量，防止泄漏物料漫出围堰、造成大面积环境污染；保持围堰整体有效围闭、坚固，地面防腐防渗良好，非应急响应期间围堰中不得贮存或混入任何液体、固体或其他杂物；规范围堰内的阀门和管道（如雨水管道、事故水接入口、污水管道出口），要确保它们在不使用时处于关断状态，或将其封堵；围堰内废液、危险废物转移所需的泵机需醒目标明存放位置、配套简要的使用说明，泵机需随用即开，能源供应充足；围堰内应设导流沟，并外设排水切换阀，接入雨水或清净下水系统的闸阀常关，通向事故应急池或污水处理设施的闸阀常开（如图 2-14、图 2-15 所示）；每季度及应急停止后，需检查围堰堰体和围堰内地面是否有损坏、泄漏现象，以及下水道是否堵塞等，若发现需立刻修补；如果在围堰上从事维修或施工后破坏了围堰的完整性，需确保在工作结束前将其修复。

图 2-14　围堰内的导流沟

图 2-15　围堰外设排水切换阀（雨水阀常关）

罐区的储罐水泥承台内充装沙，每年定期检测承台内沙的干湿程度，以判断是否有泄漏；现场配备消防沙，对少量泄漏到围堰外的泄漏物可采用消防沙进行吸附收集；储罐卸料区四周设有泄漏物收集沟，并设有与事故应急池连通的管道。

（二）防火、防爆措施

把储罐设施的防火、防爆工作放在首位，储罐区的设计应符合行业设计规范的要求，并落实各项防火、防爆措施和制度，确保火灾、爆炸事故发生时，将事故对环境的影响减至最低；为避免各储罐之间的影响，对于易燃易爆物料存贮较多的储罐，均应设置防火防爆墙；采用固定式消防水系统，罐区四周消防水环状供水，并设有地上式消防栓及一定数量的消防水带；在储罐上方安装固定式水喷淋装置，一旦发生泄漏、引发火灾，立即开启水喷淋装置，对储罐进行冷却，而且对靠近着火储罐的储罐也需要进行冷却，在储罐地面四周设有防火堤，保证喷淋下来的废水不外流，可通过阀门流入收集系统中，防止污染环境；装车棚、罐区等相关场所配备干粉灭火器，供扑救初期火灾时使用。

电气线路采用电缆沟及埋地敷设，电气设备均为防爆设备；储罐、易燃液体管道、装卸鹤管等均有接地，并设有静电接地报警装置，已取得防雷设施合格证；在罐区设有可燃气体泄漏检测报警仪，检测和控制可燃气体浓度；推进动火作业数字化管理，严格落实火灾防控措施；有防爆电机、照明灯具等防爆设施。

三、事故应急处置措施

（一）泄漏事故处置

化学品泄漏事故发生后，发现人立刻关闭储罐进出料阀门，切断出事储罐与其他设备的连接管路，防止事态进一步蔓延，使事故区域围堰出水阀处于关闭状态，并通知企业应急领导小组总指挥；企业应急领导小组总指挥接报后，10 min 内召集所有应急人员赶往事故区域；企业应急领导小组总指挥到达事故现场后，选择安全位置设立现场指挥部，听取当班负责人对事故前期应急处置情况及目前事故现状的介绍后，当班负责人把事故处置现场指挥权交给现场指挥部；召集有关人员，研究决定救援方案，按照“先控制后处理，先局部后全面”的工作原则进行现场救援。需要进入泄漏区域的人员佩戴防毒面罩或自给正压式呼吸器，穿防静电工作服，从上风方向进入，并严禁携带明火进入泄漏区。

1. **储罐堵漏**

储罐发生化学品泄漏时，现场处置组查找泄漏点；若泄漏点位于储罐外（如管道、阀门等），应关闭管道或阀门两端的截止阀，在保证安全的前提下对破裂口进行维修堵漏；因罐体破损发生泄漏时，应立即将事故罐内化学品转移至其他同类（或有空余容量）储罐；现场处置组根据现场泄漏情况，制定堵漏方案，并在保证安全的前提下严格按照堵漏方案实施，所有的堵漏行为都应做好防爆措施，确保安全，并加强现场通风，防止火灾、爆炸、中毒、冻伤等次生事故发生。储罐堵漏常见方法如表 2-1 所示。

表 2-1　储罐堵漏常见方法

泄漏部位	泄漏形式	方法
罐体	砂眼	螺丝加黏合剂旋进堵漏
	缝隙	使用外封式堵漏袋、电磁式堵漏工具组、粘贴式堵漏密封胶（适用于高压）、潮湿绷带冷凝法或堵漏夹具、金属堵漏锥堵漏
	孔洞	使用各种木楔、堵漏夹具、粘贴式堵漏密封胶（适用于高压）、金属堵漏锥堵漏
	裂口	使用外封式堵漏袋、电磁式堵漏工具组、粘贴式堵漏密封胶（适用于高压）
管道	砂眼	螺丝加黏合剂旋进堵漏
	缝隙	使用外封式堵漏袋、金属封堵套管、电磁式堵漏工具组、潮湿绷带冷凝法或堵漏夹具堵漏
	孔洞	使用各种木楔、堵漏夹具、粘贴式堵漏密封胶堵漏
	裂口	使用外封式堵漏袋、电磁式堵漏工具组、粘贴式堵漏密封胶（适用于高压）
阀门		使用阀门堵漏工具组、注入式堵漏胶、堵漏夹具堵漏
法兰		使用专用法兰夹具、注入式堵漏胶堵漏

2. 有毒有害气体泄漏处置

储罐发生有毒有害气体泄漏时，进入现场或警戒区内的人员必须佩戴呼吸器及各种防护器具，穿着密封式防化服；发现有人员中毒或受伤时，应优先把伤员送到安全地带进行救护，重伤员应立即送往附近医院救治；在救援过程中，要及时向总指挥报告，请示并落实指令；当出现重大有毒有害气体泄漏事件时，总指挥命令全体应急救援人员撤离到安全地方。

在整个处置过程中，应急监测组测定现场及周边的风力和风向，不间断地对扩散周边区域进行气体浓度检测，掌握泄漏扩散区域面积，确定需要警戒的区域；综合协调组疏散影响范围内和可能受到污染危害的周边单位和居民；消防车要选择上风方向的入口、通道，停靠在上风方向的适当部位，使用上风向的水源；在扩散区上风、侧风方向选择路线接近扩散区，并设立水枪阵地和现场指挥点；组织一定数量的喷雾水枪，驱散、吸收、稀释有毒有害气体；现场处置组进行堵漏时，必须设喷雾水枪掩护；对储罐顶部开口泄漏，要用喷雾水枪托住下沉的有毒有害气体，往上驱散，使之在一定高度飘散；驱散、稀释时不准使用直流水枪，以免强水流冲击产生电。

3. 液态化学品储罐泄漏处置

少量化学品泄漏时，使用铝盆、铝桶在泄漏点进行接漏，并进行堵漏工作，组织力量用沙包进行封堵（封堵点不能高于雨水沟高度），然后在封堵点后段放置吸油毡截堵泄漏物；同时检查确认该区域的雨水截止阀处于关闭状态；对泄漏到地面的化学品，利用活性炭或其他惰性材料吸收后，交由有资质单位回收处理。

大量化学品泄漏时，现场处置组成员全程火灾警戒，并且在储罐区外围拉警戒线戒备；将泄漏储罐的化学品依次倒入其他储罐，尽快倒出泄漏储罐内的全部化学品；对破裂较严重的储罐，不得采用加压操作法倒罐；倒罐后封存储罐，交付检修。

对化学品储罐泄漏出来的化学品，用围堰阻挡，使用数倍沙土、泡沫等惰性材料覆盖化学品表面，防止化学品挥发，然后使用无火花工具收集，事故解决后作为危险废物交由有资质单位进行回收或无害化处理；确保围堰内雨水管道、事故水接入口、污水管道出口处于关闭状态；事故后围堰容积不够容纳事故水时，打开事故水接入口，或使用泵机将事故水转移至事故应急池；紧急情况下用泵将事故围堰内的化学品先导入其他储罐围堰内，并防止围堰发生崩塌；应急响应停止后，将围堰中废液、危险废物分别转移到污水处理设施和危险废物场所处理处置；检查地面及围堰损坏情况，对泄漏地面或坍塌围堰进行修补，确保地面防腐良好和围堰坚固结实。

流出围堰的泄漏物要及时得到安全可靠的处置，防止二次污染事故。对于四处蔓延扩散的液体，一时难以收集处理，采用引流的方法，将泄漏的液体引流到安全地点；关闭雨水切换阀，切断事故污水与企业外部的通道，防止事故污水流出储罐区外边界及流入河道并造成严重的水体环境污染；打开事故应急池进水阀，事故污水引流至事故应急池暂存，地面泄漏液的冲洗水也收集进入事故应急池，最后抽至污水处理设施处理；在应急救援后，利用所有可调用的化学品运输车辆参与废弃物的回收清理工作，作为危险废物转由专业公司进行无害化处理。

密切观察现场情况，随时做好扩大应急响应准备。当事件无法控制在厂区，升级为社会级突发环境事件时，企业应立即向当地政府和生态环境、应急管理、消防等部门汇报相关情况，并负责接待外界救援单位。

（二）火灾、爆炸事故处置

发生火灾、爆炸事故后，发现险情人员立即用最近的消防器材对火灾进行初期扑救，以防事故扩大，可用消防器材有干粉灭火器、CO_2 灭火器、泡沫栓、消防毡、沙土等；储罐区管线、阀门、仪表接口、焊缝等处着火，应立即关闭有关来料阀门，打开有关泄压阀门；若压力较大、温度较高，应用湿消防毡阻压、阻隔后再行灭火，用消防水冷却，防止复燃；在扑救的同时通知当班班长和应急领导小组办公室，本班人员按专项应急预案进行处理，同时启动消防报警器，向全体人员报警。

应急救援人员到达现场后，综合协调组设置防火警戒隔离区；现场处置组立即关闭工艺管线、油泵，停止一切生产运行，确认储罐区的雨水阀门处于关闭状态；开启罐区周边室外消防水栓，对着火点相邻储罐冷却降温；开启周边室外泡沫栓，对着火点进行灭火；根据火场的要求增加或减少消防泵的运行台数，确保现场灭火用水和泡沫混合液的供应；当着火罐液位较高并且成稳定燃烧时，现场处置组人员应迅速将着火罐阀门打开，将储罐下部的油品或化学品转移至邻近的储罐。

发现储罐内有响声且无烟或烟发黄、发蓝，将有爆炸的危险，企业应急领导小组应果断下令组织现场人员和企业员工撤离危险区域，用高压消防器材远距离灭火；如果火势太大，依靠企业内部力量无法扑灭，立刻拨打外部救援单位电话求助。

对灭火时产生的消防污水，利用储罐围堰进行收集，应先确保雨水管道阀门关闭，再打开污水阀门，将消防污水排入事故应急池暂存；待事故结束后，经监测达到污水处理设施进水设计标准后，方可分批引至污水处理设施进行处理，如检测不达标，则通知外部有资质单位进行回收处理。

对于在事故中产生的危险废物，统一收集后交由有资质单位进行处理；事故处理完毕后，将雨水沟的污水（含装置外泄的物料和消防泡沫液）清理干净，送至污水处理设施进行处理。

四、典型案例

（一）苯系物储罐事故

宁夏石嘴山“10·30”丽珠集团制药有限公司甲苯储罐火灾事故：2018 年 10 月 30 日 18 时 20 分许，宁夏回族自治区石嘴山市平罗工业园区内医药产业园的丽珠集团制药有限公司甲苯储罐（存有约 20 t 甲苯）着火。经消防部门扑救，明火于 31 日 3 时左右被扑灭。工业园区附近无居民区。消防污水大部分导入该企业污水处理设施，少量外渗出厂区。监测结果显示，31 日 7 时，空气中一氧化碳和总挥发性有机物浓度均未超标；消防污水中甲苯浓度为 39.3 mg/L（生活饮用水地表水水源地限值为 0.7 mg/L）。

山西太原“8·18”阳煤集团太原化工新材料有限公司粗苯储罐爆燃事故：2016 年 8 月 18 日 15 时 11 分，山西省太原市清徐县阳煤集团太原化工新材料有限公司 5 号粗苯储罐发生爆燃，并引起局部起火。经消防部门扑救，明火于 16 时 35 分全部被扑灭，无人员伤亡。消防水全部收集到企业 0.5 万 m^3 的应急池，经现场检查没有对周边水体造成污染。太原市环保局立即赶赴现场开展应急监测。19 时，爆燃现场及厂区周边大气中苯和挥发性有机物均未检出。

山东东营“8·31”滨源化学有限公司苯储罐火灾爆炸事故：2015 年 8 月 31 日 23 时 20 分，位于山东省东营市利津县刁口乡滨海新区的滨源化学有限公司的苯储罐发生火灾爆炸事故，储罐容积约 700 m^3，实际存储苯约 500 m^3。9 月 1 日 3 时 40 分，火被扑灭，企业周边无环境敏感点，距离企业最近的居民区在上风向 5 km 以外。大气环境方面，在下风向布设 6 个监测点位，每小时对特征污染物苯系物进行监测；9 月 1 日 6 时，所有监测点位苯系物均未检出。水环境方面，消防污水被全部封堵在企业旁边的雨水沟内。当地政府铺设管道，用泵将消防污水抽至东营市广悦化工有限公司事故应急池内暂存（在雨水沟北侧，距离约 400 m，事故池容积为 0.7 万 m^3）。加双氧水、三氧化铁降解后，进入广悦化工有限公司污水处理厂处理，达标后排放。对事故现场废弃物和雨水沟底泥化验后，进行无害化处置。

湖南资兴“8·10”科盛化工有限公司粗苯储罐阀门老化导致泄漏事故：2012 年 8 月 10 日，位于湖南省郴州市的资兴市科盛化工有限公司由于粗苯储罐阀门老化，导致发生粗苯泄漏事故，泄漏量大约 60 kg，距泄漏点最近的集中式饮用水水源为永兴县饮用水水源，距离大约为 35 km。事件发生后，当地政府立即采取工程措施控制污染，并使用活性炭对污染物进行吸附。8 月 11 日，事件处置完毕。经监测，事件未对永兴县饮用水水源水质造成影响。

河南偃师“7·15”洛染股份有限公司氯苯中转罐爆炸事故：2009年7月15日2时左右，位于河南省偃师市顾县镇的洛染股份有限公司一氯苯中转罐发生爆炸，并起火燃烧，事故造成7人死亡，无人员中毒。19日8时、14时两批次采样监测（伊河310国道桥、伊洛河七里铺入黄河口断面两个监测点位）结果显示，爆炸事故产生的3种特征污染物中，2,4-二硝基氯苯未检出，氯苯、硝基氯苯浓度均低于标准限值或未检出。

浙江嘉兴“3·27”正峰化工贸易有限公司原料储罐火灾事故：2006年3月27日9时45分左右，位于浙江省嘉兴市秀洲区王店镇王蚂公路3号桥旁的正峰化工贸易有限公司的原料储罐发生火灾。发生事故的储罐内储存4 t混合苯，事故后罐体内剩余1.35 t物料。事故发生时，操作工由储罐向塑料桶灌装物料，突然发生轰燃，操作工在逃离现场时未关闭出料阀，导致物料外漏，形成大面积着火。初步估计，此次事故流失和燃烧的混合苯约2 t，同时有2桶约320 kg甲醇燃烧和进入水体。10时35分左右，火被扑灭。约2 t含苯的化工原料随消防水流入距公司250 m的长水塘支流，长水塘支流宽10～20 m，深1.5 m左右。长水塘下游15 km处为嘉兴市南门水厂（处理规模为3万t/d）。

（二）油品储罐火灾、爆炸事故

河北石家庄“3·24”南宏新能源科技有限公司原料油中间罐火灾事故：2022年3月24日8时许，位于河北省石家庄市的南宏新能源科技有限公司厂区北侧2个200 m^3原料油中间罐起火，明火于9时50分被扑灭。起火原因为中间罐区C号罐上呼吸阀失效，在罐内输送原料时压力增大，呼吸阀突然起跳，高速原料气体从罐内逸出，与管道摩擦产生静电、引燃气体而导致火灾。火灾事故发生后，企业立即采取应急措施，关闭厂区内所有外排水管网，约300 m^3消防污水全部引入事故应急池，未外排。当地生态环境部门在事发地点周边开展空气质量监测，结果显示氯化氢、硫化氢、氨气、氰化氢等有毒有害气体均未超标。

河北沧州“5·31”鼎睿石化有限公司重油储罐火灾事故：2021年5月31日15时许，河北省沧州市南大港产业园区东兴工业区鼎睿石化有限公司6个重油储罐发生火灾，事发时储油量共约1万m^3。事故共产生消防污水约9 000 m^3，全部被封堵在园区雨水管网和园区内临时应急收集池（如图2-16所示）储存，未出现外溢。当地政府组织罐车将雨水管网内的消防污水抽运至园区污水池、空储罐等暂存，并委托有资质单位进行无害化处置。截至6月6日16时，入海口、廖家洼河的石油类浓度均低于0.03 mg/L，符合地表水环境质量标准要求。事故点下风向、侧风向、沿海高速等敏感点总挥发性有机物、硫化氢、二氧化硫、氮氧化物等均未见异常。

图 2-16　新建临时应急池收集消防污水

甘肃兰州“11·3”三欣新能源技术开发有限公司石脑油储罐闪爆事故：2020 年 11 月 3 日 8 时 12 分许，位于甘肃省兰州市西固区的三欣新能源技术开发有限公司在改造储罐外部管线时发生闪爆事故，事发时罐体内储存石脑油约 5 t。9 时 45 分许，明火被扑灭。事故未对其他罐体造成影响。事故消防污水及泄漏物全部收集在罐区围堰及应急池（容量约为 800 m^3）中，未进入外环境。监测数据显示，空气质量未见异常。

山东济南“8·20”方圆润滑油科技有限公司矿物油储罐火灾事故：2020 年 8 月 20 日 11 时左右，山东省济南市莱芜高新区方圆润滑油科技有限公司的 4 号原料罐发生火灾事故（矿物油）。12 时 46 分，明火被扑灭，事故未造成矿物油泄漏。灭火产生的约 1 200 m^3 消防污水收集至应急池内，未外排。

福建龙岩“7·12”卓越新能源有限公司储罐火灾事故：2020 年 7 月 12 日 10 时许，福建省龙岩市新罗区的卓越新能源有限公司发生火灾。13 日 17 时许，明火被扑灭。过火面积约 0.39 万 m^2，涉及大小罐体 27 个，主要储存地沟油、生物柴油、甘油、甲醇等。事故点西侧 500 m 是雁石溪，事发地下游无饮用水水源。当地政府在事发地下方 100 m 处临时构设 3 个容积共约 1.3 万 m^3 的事故应急池，事故处置期间共有约 0.2 万 m^3 消防污水进入事故应急池。当地政府在雁石溪下游的第一个水库电站——铁山平林水库电站发现小部分油污，立即使用吸油毡进行吸附处置。当地生态环境部门在厂界上下风方向布设 3 个空气质量监测点位，在事发地下游布设 4 个水质监测点位。事故处理完毕后，对应急池内的消防污水、污泥采取无害化处置方式，送至龙岩市龙麟环保公司进行处理。

山东淄博“5·16”长亿能源科技开发有限公司原料油（重油）储罐火灾事故：2019年5月16日8时许，山东省淄博市高新区傅山保税物流园区的长亿能源科技开发有限公司储存原料油（重油）的罐体发生火灾事故。9时30分，明火被扑灭。监测结果显示，事故点下风向5个监测点位甲苯、二甲苯均未检出。事故消防污水部分进入应急池，部分进入园区雨水管网。园区雨水管网闸门处于关闭状态，消防污水被全部截留在园区内，未进入外环境。当日16时16分，当地政府在官方微博上发布了事件信息。

安徽铜陵“2·8”恒兴化工有限公司溶剂油储罐爆燃事故：2017年2月8日22时45分左右，位于铜陵市金山路的恒兴化工有限公司储罐（事发时储存约40 m^3高沸点溶剂油）发生爆燃事故。23时57分左右，火被扑灭，部分消防污水排入狼尾湖排污沟。经查，恒兴化工有限公司未按环评要求在原料产品罐区围堰建设雨污自动切换装置。恒兴化工有限公司与邻近的千衍新材料科技有限公司共用一个容积为600 m^3的事故应急池。因排水收集设施不完善，事件处置过程中产生的消防污水未能进入事故应急池，导致消防污水通过雨水管网排出厂界，最终进入长江。恒兴化工有限公司擅自增建高沸点溶剂油储罐后，未及时评估修订应急预案。已有预案存在多处错漏，厂区平面布局与实际情况不符，未有针对性地设置突发环境事件情景并分析事故可能涉及的特征污染物，在事件应对中难以发挥应有作用。

江苏靖江“4·22”德桥仓储有限公司汽油储罐火灾事故：2016年4月22日9时30分左右，江苏省靖江市新港园区德桥仓储有限公司交换泵房发生火灾，泵房南侧2401号汽油储罐（罐容2 500 t，事发时储存约1 300 t）和有少量残留汽油的2402号储罐内油品沿损毁管道外泄并燃烧。23日凌晨2时许，明火被扑灭。企业第一时间封堵了入江闸门，将消防污水全部控制在厂区内部和周边护厂河内。同时，消防作业中充分利用四周护厂河内的水，最大限度地减少消防污水产生量。23日1时至13时，事故点3 km以外大气环境质量未见明显异常，事故点1 km范围内检出微量挥发性有机物，其浓度呈稳定下降趋势并在9时之后持续未检出；长江水质监测点位石油类等特征污染物未检出。

陕西延安“4·26”延安炼油厂成品油罐火灾事故：2014年4月26日0时48分，位于陕西省延安市洛川县交口河镇的陕西延长石油（集团）有限责任公司（以下简称“延长石油集团公司”）延安炼油厂3个成品汽油罐发生火灾事故。在消防灭火中产生的部分含汽油污染物的消防泡沫流入企业旁边的渭河二级支流葫芦河，并进入下游的渭河一级支流北洛河，从而引发次生突发环境事件。延长石油集团公司负责人迅速赶赴现场，组织企业力量投入灭火抢险。在紧急灭火的同时，延安市和延长石油集团公司成立联合指挥部，下设现场灭火、污染防治、交通管制、群众撤离、医疗救治、信息发布和后勤保障等小组，负责现场应急处置工作。

截至 26 日 17 时，企业对现场的消防污水进行了有效控制，停止其向葫芦河的下泄，污染源头得到了有效控制。延安炼油厂、铜川市环保局先后在事发地点下游葫芦河、北洛河构筑了 9 道拦截坝，投放大量活性炭、拦油索等拦截吸附物资，确保了北洛河水质安全。27 日 1 时至 10 时 30 分监测结果显示，7 个监测断面石油类浓度均达标，应急处置工作终止。事件终止后，企业对拦截坝内吸附物资及时更换，确保事发点残留的泄漏污染物得到彻底清除。同时，对处置中产生的废活性炭等危险废物进行安全处置，确保不发生二次污染。

内蒙古鄂尔多斯“1・21”汇金达清洁溶剂油有限公司轻油储罐火灾事故：2014 年 1 月 21 日 7 时 10 分许，内蒙古自治区鄂尔多斯市伊金霍洛旗圣圆煤化工基地汇金达清洁溶剂油有限公司生产装置换热器爆炸引发轻油储罐起火。消防部门灭火时，应急救援人员用沙土在厂区南侧低洼处建成临时围堰，防止消防污水对周边环境造成污染。21 日 18 时 30 分，火被扑灭，储罐区烟雾基本消散。经现场勘察，事发企业周边无环境敏感点，消防污水全部被封堵在事故应急池、储罐区围堰和临时围堰内，未外排，由企业自行回收并进行无害化处理。

辽宁大连“8・29”中国石油大连石化分公司柴储罐区火灾事故：2011 年 8 月 29 日 10 时 6 分，中国石油大连石化分公司一柴储罐区（共有 4 个大型储罐）发生着火事故，起火点位于 875 号柴油储罐（储量约 1.5 万 m^3，事发时储油约 800 m^3），危及邻近的 874 号柴油储罐（储量约 2 万 m^3，事发时为满罐）。截至 12 时 50 分，875 号储罐已过火垮塌，现场火势基本被控制，无人员伤亡。大火于 29 日 13 时 20 分被扑灭后，产生的约 7 500 m^3 消防污水及泄漏柴油均被拦截在 875 号油罐防火围堰内，没有入海，企业将消防污水及泄漏柴油通过水泵抽入该区域容量约 3.5 万 m^3 的事故应急池中进一步处理。大连市环境监测站对事故现场周边环境以及近海海域环境进行了应急监测，监测数据均符合有关环境质量标准。

上海浦东“5・9”高桥石化公司炼油事业部储罐火灾事故：2010 年 5 月 9 日 11 时 25 分，上海市浦区东高桥石化公司炼油事业部内一储罐发生火灾，估算起火时内存 600～700 t 石脑油；17 时 5 分，大火被完全扑灭；储罐内燃烧的残留物由炼油事业部综合回收利用。监测结果表明，下风向厂界外和浦西江边区域均未检出烷烃类有机化合物。

（三）酸碱储罐泄漏事故

浙江温州“9・9”凯立德化工有限公司氢氟酸储罐泄漏事故：2019 年 9 月 9 日 14 时 50 分许，浙江省温州市龙湾区海滨电镀基地的凯立德化工有限公司发生氢氟酸储罐泄漏事故，约有 3 t 氢氟酸泄漏。事故发生后，使用石灰进行中和，并将消防喷淋水全部收集至电镀基地应急池。监测数据显示，厂界周边 4 个空气质量监测点位和 2 个污水监测点位的特征污染因子指标未超出相应标准限值。

江苏常州“8・6”嘉润水处理有限公司废酸储罐泄漏事故：2018 年 8 月 6 日 9 时 41 分许，江苏省常州市嘉润水处理有限公司厂区西侧车间废酸储罐区一储存硝酸及氢氟酸等混合酸的储罐（约 300 m^3）底部发生泄漏，泄漏量约 130 t。其中 100 t 流入厂区应急池内，30 t 废液进入厂区周边雨水管道。当地政府一是对附近 500 m 范围内的人员进行疏散（无人员伤亡情况）；二是调集消防车辆及石灰、液碱等物资，采取酸碱中和方式处理应急池中废酸，同时采用雾炮车加液碱中和产生的酸雾，防止酸性气体扩散；三是对事发地周边雨水和污水管网进行封堵，防止有废酸外流，通过投放液碱中和处理后驳载至有资质的单位进行处置。19 时 56 分监测数据显示，厂界下风向 200 m 氮氧化物浓度为 0.2 mg/L（标准 0.25 mg/L），氟化物略有检出（未超标），水质监测未见异常。

河南三门峡“12・4”金源晨光有色矿冶有限公司硫酸储罐泄漏事故：2017 年 12 月 4 日 5 时 50 分，河南省三门峡市的灵宝市金源晨光有色矿冶有限公司硫酸储罐区一罐体因底部焊接点脱落，形成的裂缝导致罐储浓硫酸发生泄漏，共计泄漏硫酸约 90 t。4 日 7 时 30 分，泄漏得到有效控制，剩余的约 1 190 t 硫酸全部安全倒罐至备用储罐。泄漏硫酸用泵车回收约 50 t，厂区现场中和处理约 10 t，约 30 t 硫酸流入厂区西侧太平渠（污水渠，连接城市污水管网），污水处理厂受影响暂时停运，5 日 11 时起逐步恢复运行。

灵宝市政府对流经太平渠的污水进行集中处理，待 pH 等指标达到标准范围后，导入城市污水处理厂进一步处理，并制定了太平渠底泥清理方案，组织开挖清理太平渠受污染淤泥，对应急处置产生的固体废物和拦水坝内底泥等按照固体废物管理要求进行处置。同时，灵宝市政府责令金源晨光有色矿冶有限公司全面停产整改，对全市危化品生产企业进行拉网式排查，杜绝此类事件再次发生。4 日 11 时、15 时、22 时，灵宝市政府先后 3 次通过政府网站公开发布信息，通报事件处置进展，并由宣传部门全天候监控网络舆情变化，结果显示舆情反应较为平稳。

广东韶关“7・14”广氮化工有限公司盐酸储罐泄漏事故：2015 年 7 月 14 日 3 时 10 分，广东省韶关市曲江区广氮化工有限公司一盐酸罐底部发生破裂，部分盐酸泄漏进入北江。该罐体容积为 500 m^3，储存有 250 t 浓度为 31% 的盐酸。事件发生后，立即组织人员在事发地点周边设置围堰，投加石灰和液碱进行中和处理，委托专业处置队伍对盐酸罐内剩余的盐酸进行转移，并疏散了周边居民 70 多人。经连续监测，事发地点下游 4 km 及 6 km 处北江干流水质始终正常，事发点下风向乌石镇政府区域氯化氢气体未检出。事件得到妥善处置，未造成人员伤亡，未对北江干流水质造成影响。

浙江嘉兴“6·19”盛记贸易有限公司盐酸储罐泄漏事故：2014 年 6 月 19 日 14 时 25 分，浙江省嘉兴市南湖区大桥工业园区盛记贸易有限公司发生盐酸储罐泄漏事故。事发地下风向及周边无饮用水水源地、居民区。经查，盛记贸易有限公司一个 50 m^3 的盐酸储罐（盐酸浓度约为 31%）开裂，导致盐酸泄漏。事故盐酸储罐区域配备有高约 60 cm 的围堰以及容积为 33 m^3 的事故应急池。但由于事发点与伍子塘河道相邻，部分盐酸泄漏进入南侧伍子塘河道。事故造成该公司操作人员 1 死 1 伤。监测结果显示，15 时 15 分，事发点下风向氯化氢气体浓度峰值超标 75 倍；17 时，厂界氯化氢气体未检出。至 18 时 30 分，各点位 pH 监测结果达标。

广东广州“5·26”白云区仓储硫酸储罐泄漏事故：2014 年 5 月 26 日 15 时 30 分，广东省广州市白云区人和镇横沥村一临时仓库存储稀硫酸的储罐发生泄漏，泄漏量约 350 kg。事发地周边无饮用水水源地。经查，该仓库硫酸储罐阀门损坏引起泄漏。当地政府构建 300 m 拦截隔离带，投入 4 t 石灰中和，及时转运现场残留物。

江西九江“12·5”天赐高新材料有限公司硫酸储罐冒顶事故：2011 年 12 月 5 日，因天气寒冷，位于江西省九江市湖口县金砂湾工业园区的天赐高新材料有限公司电解质储罐区一个发烟硫酸储罐的呼吸阀被结晶物堵塞。12 时 55 分左右，该公司操作工打开储罐伴热管时，储罐内压力升高，发生顶盖冒顶事故，造成园区内出现带状硫酸雾。12 月 5 日 21 时左右，事故性废气排放得到有效控制，事故未造成人员伤亡。经监测，18 时 15 分，园区入长江东总排口水样未见异常。当日 20 时至 22 时，在事发现场的上风向、下风向、侧风向、湖口县城区等 5 个大气点位，硫酸雾浓度均处于正常状态。

新疆乌鲁木齐“7·28”中泰化学股份有限公司轮南酸站盐酸储罐泄漏事故：2009 年 7 月 28 日 14 时 30 分左右，位于新疆维吾尔自治区乌鲁木齐的中泰化学股份有限公司轮南酸站施工时盐酸储罐出酸口被碰断，造成 28 t 盐酸泄漏，泄漏面积为 360 m^2 左右。当日 15 时左右，盐酸停止泄漏，无人员伤亡。泄漏盐酸均流入事故应急池。

广东深圳“4·14”田景实业有限公司盐酸储罐阀门失灵导致泄漏事故：2009 年 4 月 14 日 13 时，广东省深圳市龙岗区坪地街道田景实业有限公司发生盐酸泄漏事故。经查，该事件是由田景实业有限公司盐酸储罐阀门失灵所致，共泄漏工业盐酸（浓度为 31%）约 3 t。截至 14 日 14 时，泄漏现场得到有效控制。监测结果表明，该事件未对周边环境造成明显影响。

甘肃榆中“7·19”金川金属材料技术有限公司硝酸储罐泄漏事故：2007 年 7 月 19 日 8 时许，甘肃省兰州市榆中县金川金属材料技术有限公司在停产检修期间，硝酸储罐内的硝酸出现泄漏，泄漏量约为 3 t。因该厂无事故应急池，导致部分污水未经处理流入下水管网后排入柳沟河，对黄河兰州河段水质造成影响。

（四）其他化学品储罐事故

广东茂名“6・8”中国石化茂名分公司乙烯球罐火灾事故：2022年6月8日12时45分许，中国石化茂名分公司化工分部乙烯球罐泵泄漏并引发火灾。12日6时许，明火被扑灭。企业雨水排口下游约3.3 km为袂花江鳌头镇自来水厂取水口，约34 km后汇入南海海域。事故发生后，企业立即关闭雨水排口，将消防污水控制在厂区内部。生态环境部工作组与当地政府会商提出“确保事故废水均得到有效处置并达标排放”的应急目标，以及消防作业区清污分流、消防作业用水回用、消防污水短流程处理等处置措施。应急处置期间，共产生约8.7万 m^3 消防污水，全部收集进入企业应急池和调节池等设施，经污水处理厂处理达标后排海。当地生态环境部门组织对厂区周边大气、雨水排口入河口及自来水厂取水口等开展应急监测。监测数据显示，处置期间事故点周边7个大气监测点位苯、挥发性有机物、硫化氢等指标均符合相关标准。雨水排口入河口、自来水厂取水口等7个水质监测点位化学需氧量、石油类、苯及苯系物等持续稳定达标。当地政府于6月12日17时许终止应急响应。

山东淄博“10・26”鼎鼎化学科技股份有限公司丁二烯储罐爆炸事故：2021年10月26日5时40分左右，山东省淄博市高青县经济开发区的鼎鼎化学科技股份有限公司（县城居民区5 km外）发生丁二烯储罐爆炸，事发时储罐内丁二烯约2 t。事故共产生约800 m^3 消防污水，企业通过设置临时围堰、关闭雨水排口等措施，将消防污水全部控制在厂区内，未排入外环境。

江苏淮安“10・14”江苏富强新材料有限公司双氧水储罐火灾事故：2021年10月14日，位于江苏省淮安盐化新材料产业园的江苏富强新材料有限公司一车间双氧水储罐发生爆炸、引起火灾，引燃旁边500 t二乙基蒽醌储罐（燃烧产物为一氧化碳和二氧化碳）。消防部门通过注水降温控制火情，并于14日21时扑灭火灾。厂区西侧约20 m为胜天河，胜天河与厂界间有一条2 km的灌溉渠，通过玉河泵站相连。企业立即关闭雨水排放口并开展环境应急监测。现场消防污水收纳在企业事故应急池及雨水管网内，事故应急池消防污水输送至园区污水处理厂处理，同时安排42辆槽罐车在园区收集雨水管网内的消防污水。由于消防污水水量大，部分渗漏至灌溉渠，当地政府立即在灌溉渠内构筑5道坝，分段拦截；加固玉河泵站，防止泄漏至胜天河，并关闭花河至白马湖段闸坝，确保污水不影响白马湖水源地。消防污水控制在灌溉渠内前300 m。

浙江绍兴“8・2”裕源建材有限公司戊烷储罐燃爆事故：2020年8月2日0时左右，浙江省绍兴市柯桥区漓渚镇的裕源建材有限公司在戊烷储罐加注过程中发生戊烷燃爆事故。9时左右，明火被扑灭。事发地周边无生活饮用水水源地等环境敏感目标。事故发生后，当地消防部门采取冷却抑爆方式灭火（让罐内气体烧尽），消防污水全部收集至厂区污水管网，未外排。当地生态环境部门在厂界下风向开展应急监测，结果显示可燃性气体、VOCs、一氧化碳、氯化氢、氰化氢、硫化氢等指标均未超标。

江西上栗“7·17”阿尔法高科药业有限公司氯化亚砜储罐泄漏事故：2018年7月17日，江西省萍乡市上栗县彭高工业园区内的阿尔法高科药业有限公司发生一起氯化亚砜泄漏事故。7月17日6时10分许，该公司员工发现液体储罐区氯化亚砜储罐罐体下人孔盖密封垫因腐蚀而发生泄漏事故，该公司立即启动环境应急预案；17日7时30分许，对氯化亚砜泄漏点进行了堵塞密封，并将储罐内的氯化亚砜转移至车间备用罐，及时消除了泄漏源，并采取沙土覆盖、加碱水分解中和等措施，将泄漏在围堰内的氯化亚砜进行处理，处理后的碱性污水通过事故应急池调节pH后，再泵至污水处理设施进一步处理。该公司残留废渣储存于危险废物暂存间，委托第三方公司进行处置。上栗县彭高镇人民政府组织附近109名村民进行了体检，除一位老人住院观察（由于本身存在冠心病）12天后，于7月29日出院外，其他村民检查均未发现异常后自行离开，此次事故未造成人员伤亡，事故造成直接经济损失约15万元。

宁夏宁东基地“3·1”神华宁煤集团烯烃二分公司乙烯储罐火灾事故：2018年3月1日0时许，宁夏回族自治区宁东基地神华宁煤集团烯烃二分公司乙烯罐区一个储罐发生着火事故。消防部门采用喷水降温方法控制火势，消防污水全部排入企业两个事故应急池。监测数据显示，截至4时50分，事发点下风向VOCs最大浓度为0.4 mg/m^3，上风向VOCs未检出。

江苏南京“6·12”德纳化工有限公司乙二醇丁醚储罐爆燃事故：2015年6月12日21时15分左右，江苏省南京市化工园区德纳化工有限公司乙二醇丁醚装置中间罐区发生爆燃事故，引发火灾，造成相邻的中间罐和200 m^{3}的包装桶着火，现场火势较猛烈。燃爆后，公安部门立即对现场实施警戒，消防部门实施抢险，对周边装置和罐区实施喷淋冷却。企业第一时间关闭雨排阀门，将厂内事故水收集到企业事故应急池。为了防止事故水从企业溢出、进入园区雨排口造成外环境影响，关闭园区2号雨水泵站阀门，确保消防污水控制在园区内。周边大气质量未见异常。

内蒙古乌审旗“7·31”博大实地化学有限公司液氨储罐泄漏事故：2014年7月31日21时40分，内蒙古自治区鄂尔多斯市乌审旗纳林河工业园区博大实地化学有限公司发生液氨储罐泄漏事故。经查，该公司合成氨工段液氨储罐底部发生液氨外泄，外泄液氨全部进入罐区围堰内。对外泄液氨通过大量消防水进行了稀释，围堰内液位距围堰上沿约有1 m。事件发生后，企业立即向当地政府及相关部门进行汇报并启动了安全生产事故应急预案，对企业周边2 km范围内2户居民进行了疏散，没有人员受到伤害。

安徽蚌埠“7·10”海华化工有限公司对氯苯胺储罐火灾事故：2014年7月10日15时15分，位于安徽省蚌埠市五河县沫河口工业园区的海华化工有限公司一个装有

10 t 对氯苯胺的储罐发生火灾事故。16 时，火被扑灭，储罐中剩余对氯苯胺约 2 t。事发后，企业立即切断厂区所有外排口，事故处置过程中产生的全部消防污水进入事故应急池，未外排。经蚌埠市环境保护局监测，企业周边未检出有毒有害气体。

湖北汉川“7・8”凌志化工科技实业有限公司环氧丙烷储罐爆炸事故：2014 年 7 月 8 日 11 时 43 分，位于湖北省孝感市汉川市分水镇播义村的凌志化工科技实业有限公司一环氧丙烷储罐发生爆炸，引燃相邻另一储罐，现场疏散 50 余人。事故未造成人员伤亡。7 月 8 日 13 时，企业就地挖池截留、围堵渗出的消防污水。21 时 5 分，渗水围堵成功，污水全部入池，后转移到有资质单位进行处置。

广东四会“5・30”权盛陶瓷有限公司煤气储罐爆裂导致酚水泄漏事故：2013 年 5 月 30 日 6 时 45 分，广东省肇庆市四会市权盛陶瓷有限公司煤气发生站的煤气储存罐发生爆裂导致酚水泄漏，泄漏的酚水有 60～100 t，其中约有 20 t 外排到周边的芙蓉排渠，并进入龙江河和绥江。肇庆市政府在污染物流经水域构筑 2 道由沙包和聚合氯化铝组成的水闸和 3 道隔油栏，并大量投放石灰、活性炭，对污染物进行拦截吸附。同时，通过在绥江下游马房水利枢纽工程关闭水闸、上游白沙电站加大过水量等措施，稀释绥江河段污染物浓度。5 月 31 日 14 时起，事发地点下游沿途各断面水质均已稳定达标，事件未造成沿线自来水厂停止供水。

甘肃兰州“1・7”中石油兰州石化公司烯烃储罐爆炸事故：2010 年 1 月 7 日 17 时 15 分左右，中石油兰州石化公司烯烃罐区发生爆炸。事故现场如图 2-17 所示。经现场监测，距事故现场 800 m 处，环境空气中粉尘颗粒物浓度超标 8 倍，二氧化硫浓度超标 20 倍，二氧化氮浓度超标 20 倍，有机物苯、二甲苯、苯乙烯、正已烷、环戊烷、壬烷均不超标。消防污水全部进入事故应急池，未对黄河水质造成影响。截至 1 月 13 日 2 时，事故罐区着火点全部熄灭，已无消防污水产生，厂区生产装置陆续恢复生产。

图 2-17　中石油兰州石化公司储罐爆燃事故现场

广西南宁“9·14”华妙公司甲醛储罐泄漏事故：2007年9月14日10时，南宁市华妙公司将10.9 t工业甲醛运至该公司租用地存放，当甲醛卸到储罐后，由于地基下陷，引起贮存罐体倾倒并导致阀门破裂，发生甲醛泄漏。事故发生后，现场及周边区域空气受到污染，该公司未向政府有关部门报告，在没有设置围堰的情况下，擅自用水冲洗、稀释现场，将含甲醛污水直接排放到南宁市内河心圩江上游，引发该河水体污染。污染发生后，该企业配合当地政府立即疏散周边群众，设立安全警戒范围；调用木糠覆盖储罐渗漏点以吸附储罐尚在渗漏的少量甲醛，控制泄漏甲醛液体继续扩散，吸附后的木糠送焚烧厂焚烧处理；同时用塑料薄膜封堵储罐阀门，控制甲醛挥发对空气的污染；并调储罐车抽运储罐中残留的甲醛。

事故发生后，当地政府组织从拦坝区内抽出高浓度甲醛污水到旁边的3个水塘内，同时降低拦坝区内的水位，以防发生垮坝。在拦坝区旁临时挖掘建设一个容量为5 000 m^3的生化处理氧化池，采用活性污泥和曝气降解拦坝区内的高浓度甲醛污水，处理达标后沿原河道排放。当地政府按照有关法规责令该企业停产并查封了企业的账户。成立事件调查组，开展对华妙公司的查处及事件调查取证工作，该公司副总经理、生产负责人被拘留。

江苏江都“12·1”江都化工厂丙烯腈储罐爆燃事故：2005年12月1日，江苏省江都市丁伙镇江都化工厂发生爆炸，事故现场如图2-18所示。当时储罐内共存放有8 t丙烯腈液体，由于部分灭火消防水夹带丙烯腈高毒物质溢流到了企业旁的小涵河和丁八桥河两条河流内，使水体受到了严重污染。12月4日，丁伙镇的空气质量完全达标。12月5日，两条河流水质全部恢复。

图2-18　丙烯腈储罐爆燃事故现场

第四节 装卸区

一、存在的环境安全隐患

装卸区一般在储罐旁边，主要的功能是通过泵和管道将罐区贮存的化学品通过槽车外运，或者将化学品装进储罐。装卸区装卸操作如图 2-19 所示。

图 2-19 装卸区装卸操作

（一）泄漏事故

装卸区导致泄漏事故的主要原因包括：装卸过程中设施、设备、管道破裂损坏；化学品罐车底部阀门故障；由于计量失误或操作失误，罐装化学品量超过槽罐容量，化学品溢出槽罐；操作人员操作失误、违章操作等。

化学品罐车罐口打开时向外部空间散发化学品蒸气，人员长时间停留在附近会有中毒危险；若装卸过程中发生泄漏事故，会挥发扩散出大量化学品蒸气，如果通风不良，就会引起局部化学品蒸气积聚，作业人员长时间停留在此区域会引发中毒、窒息事故；泄漏物没有得到及时收集和处理，进入企业周边水系，将会污染地表水和地下水以及土壤。

（二）火灾、爆炸事故

装卸区导致火灾、爆炸事故的主要原因包括：若装卸设备、管道设置的静电接地失效，在装卸危险品的过程中，会发生静电集聚放电；鹤管未做静电接地或接地电阻不符合防静电标准要求，进料、出料时流速过快等原因造成静电积聚；操作人员未穿防静电工作服或未做静电消除等；装卸的物料多属于易燃易爆液体，装卸时装卸工具摩擦产生的火花引燃装卸物或者产品引起燃爆；在装卸作业过程中化学品罐车罐口处向外部空间散发化学品蒸气，遇明火可能发生火灾、爆炸事故。

火灾、爆炸过程中可能产生有毒有害烟气，污染周边大气环境，导致员工和企业周边的居民发生中毒、窒息事故；在抢险救灾过程中产生大量的消防污水，一旦流出厂界范围，将会污染地表水、地下水以及土壤。

（三）加油站事故

加油站是特殊的装卸区。大部分加油站涉及的油品物质主要为 0# 柴油、92# 汽油、95# 汽油，所有柴油属于危险化学品，汽油属常用危险化学品“易燃液体”中的“低闪点液体”，其危险特性为：其蒸气与空气易形成爆炸性混合物；与氧化剂会发生强烈反应，遇明火、高热会引起燃烧、爆炸；有毒或其蒸气有毒。

加油站突发环境事件易发部位包括：

一是加油区。加油区是为各种机动车辆加油的场所。由于汽车尾气带火星、加油过满溢出、加油机漏油、加油机防爆电气故障等原因，容易引发火灾、爆炸事故；违章用油枪向塑料桶（瓶）加油，汽油在塑料桶内流动摩擦产生静电聚集，当静电压和桶内的油蒸气达到一定值时，就会引发爆炸。

二是贮油罐及管道。如地面水（雨水）进入地下油罐，使油品溢出；地下管沟未填实，使油气窜入，遇明火爆炸；地下油罐注油过量溢出；卸油时油气外逸遇明火引爆；油罐、卸接管等处接地不良，通气管遇雷击或静电闪火引燃引爆。

三是装卸油作业。加油车不熄火，送油品车静电没有消散，油罐车卸油连通软管导静电性能差；雷雨天向油罐卸油或向汽车车箱加油速度过快，加油操作失误；密闭卸油接口处漏油；对明火源管理不严等，都会导致火灾、爆炸或设备损坏或人身伤亡事故。

四是防雷装置及机电设备等其他缺陷。加油站安装的防雷装置损坏，在雷雨天如果产生电火花，就容易引起火灾和爆炸。机电设备出故障及外力因素破坏等引发火灾和爆炸等。

加油站泄漏或渗漏的油品一旦进入河流及周边地表水环境，将造成河流及周边地表水环境的污染。有机烃类物质难溶于水，大部分上浮在水层表面，形成一层油膜，使空气与水隔离，造成水中溶解氧浓度降低，逐渐形成死水，致使水中生物死亡；成品油的主要成分是 C_4～C_9 的烃类、芳烃类、醇酮类以及卤代烃类有机物，一旦进入水环境，由于可生化性较差，造成被污染水体长时间得不到净化。

地下水一旦受成品油的污染，将产生严重异味，并具有较强的致畸致癌性，根本无法饮用。又由于这种渗漏必然穿过较厚的土壤层，土壤层中吸附了大量的燃料油，土壤层吸附的燃料油不仅会造成生物的死亡，而且土壤层吸附的燃料油还会随着地表水的下渗对土壤层的冲刷作用补充到地下水，而污染地下水之后将难以恢复。

1 m^3 的汽油可使 2 000 m^3 的空气受到污染。若加油站的油品发生泄漏，会挥发出大量的烃类气体，含有挥发性有机物及多环芳烃类物质，造成周边大气环境污染。

加油站地下储罐油品泄漏后，往往会通过土壤渗透进入城市管网，造成密闭空间内大量高浓度油蒸气聚集，一旦遇到明火，会造成剧烈爆炸，导致大量人员伤亡。加油站发生火灾或爆炸时，消防灭火时会产生大量的消防污水，若消防污水没有得到及时围堵或进入事故应急池，消防污水可能会流入雨水管网中，将直接流入河流及周边地表水环境中，造成水体污染。

二、环境安全隐患治理

（一）装卸区域

装卸区现场安装视频监控摄像头，实时监控作业现场的安全状况；现场装有可燃气体和有毒有害气体探测仪，若发生的泄漏被其检测到，则会发出声光报警，环境安全管理员会调整摄像头并派人现场确认；设置防泄漏明沟，泄漏物可通过收集沟自流进入装卸区的事故提升池，通过泵和管道打入事故应急池中，可确保收集装卸区的初期雨水和发生事故时的事故污水（如图 2-20 所示）；装卸区配备消防喷淋系统以及其他消防、应急器材。

图 2-20　装卸区四周设置收集沟

（二）装卸过程

装卸作业使用的工具必须能防止产生火花。操作人员应根据不同物资的危险特性，分别穿戴相应的防护用具。防护用具包括工作服、橡皮围裙、橡皮袖罩、橡皮手套、长筒胶靴、防毒面具、滤毒口罩、纱口罩、纱手套和护目镜等。操作前应由专人检查用具是否妥善、穿戴是否合适。操作后应进行清洗或消毒，放在专用的箱柜中保管。晚间作业时，应用防爆式或封闭式的安全照明。暴雨时作业，应有防滑措施。

在装卸化学品前，要预先做好准备工作，了解物品性质，检查装卸的工具是否牢固，不牢固的应予以更换或修理。如工具曾被易燃物、有机物等污染，必须清洗后再使用；危险废物在本厂区内装卸时，应按腐蚀性、毒性、易燃性、反应性和感染性等危险特性，对危险废物进行分类、包装并设置相应的标志及标签；在装卸化学品时，不得饮酒、吸烟；化学品撒落在地面、车板上时，根据不同的危险特性，及时采取安全方式清理收集于容器；必须保持现场空气流通，如果发现恶心、头晕等中毒现象，应立即到新鲜空气处休息，脱去工作服和防护用具，清洗皮肤沾染部分，重者送医院诊治；在现场须备有清水、应急医疗物品等，以备急救时应用；尽量减少人体与物品包装的接触，工作完毕后根据工作情况和危险品的性质，以肥皂和水清洗手、脸，漱口或淋浴后才可进食饮水。

（三）装卸车辆

装卸物料前后，必须对车辆和仓库进行必要的通风、清扫干净，并对装料储罐的罐体进行检漏，确认罐体密封性，方可进行装卸工作。物料装车时存在轻质物料的喷溅、扰动和化学品蒸气，所以减少装车泄漏很重要，主要措施是加强装卸设备维护保养、采用浸没式装车。浸没式装车时，鹤管可伸到车底，并装有分配头，使化学品流不直接冲撞罐车底，绝大部分化学品从液面下流出，液面平稳上升，化学品流和罐车壁的摩擦少，从而大大减少物料蒸发损失。

所有机泵、管道、阀门、鹤管等连接部位、运转部分、密封点部位都应连接牢固严密，做到不渗、不漏、不跑气；控制装卸的温度和流速，介质温度高时容易挥发，如果流速快、压力高，喷溅和搅动就大，造成的损耗也大；为减少装车作业中的部分物料泄漏，采用性能良好的装车鹤管。

三、事故应急处置措施

（一）泄漏事故处置

1. 控制污染源

一旦发现泄漏，立刻通知应急领导小组，应急领导小组总指挥下令综合协调组立刻停止所有管线及泵的运转，所有现场车辆必须停驶、熄火并禁止一切点火源，一般情况下不得启动车辆；立即关闭紧急切断阀，找出泄漏部位；若属于装料过量导致产品溢出，应立即关闭卸料阀，检查车辆漏料情况，如能及时控制泄漏，应与收料等人员一起处理善后。

发生泄漏时，现场处置组在泄漏区域 200 m 内警戒，非应急人员不得进入事故现场；当泄漏量较小时，现场处置组利用就近的消防沙或吸油毡吸收，然后使用无火花工具收集，交由专业部门进行处置；当泄漏量较大时，利用装卸区四周的事故水收集沟进行收集，用消防泡沫进行覆盖，由有资质的单位对泄漏液进行收集、转移、回收或无害化处理；若化学品泄漏无法得到控制、无法围堵在装卸区内时，企业应请求当地政府救援，政府启动应急预案。

对于管道（包括鹤管）泄漏，按局部管道泄漏处置方案处置；对于万向装卸臂泄漏的，立即关闭罐车紧急切断装置，关闭槽车上的液相阀门，同时关闭储罐紧急切断阀，关闭管道上的液相阀门，并组织维修装卸臂；对于快速接头泄漏的，应找出原因，重新进行连接；对于槽车罐体破裂导致泄漏的，现场人员与司机协作，按槽车罐体泄漏处置方案处置，但应优先考虑在积极堵漏和严格监护的前提下，维持并加快卸车作业。

2. 泄漏物处置

关闭雨水井阀门，将含化学品废水引入污水处理设施，经处理达标后外排。污水处理设施内沉积污泥应交由有资质单位回收处理；地面泄漏液转移后，现场处置组应对地面进行清洗，清洗废水自流进入事故应急池中；如果事故应急池水位高，清洗废水先经收集沟进入装卸区的事故提升池，通过泵和管道打入事故应急池中。

当装卸区发生有毒有害气体大量泄漏时，环境监测人员迅速查明事故现场污染物浓度和扩散情况，根据当时风向、风速，对泄漏源下风向扩散区域进行检测并确定需要警戒的区域，迅速发出有害气体逸散报警，疏散影响范围内和可能受到污染危害的周边单位和居民；查明现场有无中毒人员，以最快速度将中毒者脱离现场，严重者尽快送医院抢救。

（二）火灾、爆炸事故处置

1. 火灾、爆炸事故救援

装卸区发生的火灾一般是车辆着火。如果能够利用现场的干粉灭火器或者消防沙等及时扑救，是完全可以及时扑灭初期火灾的；如果初期火灾不能得到及时扑救，就可能发生爆炸或火灾扩大，造成地面散火和扑救困难。因此，装卸区初期火灾的扑救是扑灭装卸区火灾的关键。

发生火灾、爆炸事故后，发现险情人员应立即向装卸区负责人和应急领导小组办公室报告，并启动报警器，发出火灾警报；应急领导小组办公室组织应急人员到达现场后，综合协调组设置防火警戒隔离区，非应急人员不得进入事故现场；现场处置组立即停止所有管线和泵的运作，确认装卸区的雨水阀门处于关闭状态；现场处置组利用装卸区配置的消防设施对着火点进行灭火；如果火势太大，依靠企业内部力量无法扑灭，企业应急领导小组应果断组织现场员工和周边居民撤离危险区域，并立刻拨打外部救援单位电话求助。

未装卸前槽车内剩余化学品着火时，装卸岗位员工应立即将车盖压紧盖好，窒息灭火，同时通知消防中控室启动消防水泵，从消防栓处接水带，用水枪对槽车及其周围设备进行冷却；若此举无效，可用毛毡、棉被、消防毡等盖在罐口上，压紧盖好，火即可熄灭；还可用干粉灭火器直接向罐内喷射，同时应尽快将其他槽车撤离装卸区。在扑救的同时通知应急领导小组办公室和当班班长，应急领导小组办公室接到报警后立即以对讲机、电话等方式通知应急救援小组按预定方案处理，同时启动消防报警器，向全体人员报警。

若装卸时槽车口发生火灾，操作岗位员工应立即断电停泵，关闭紧急切断阀，提起鹤管，然后用上述的方法灭火。在扑救的同时通知应急领导小组办公室和当班班长，应急领导小组办公室接到报警后立即以对讲机、电话等方式通知本班人员按预定方案处理，同时启动消防报警器，向全体人员报警。

若装卸时冒罐外流发生火灾，发现员工首先应断电停泵、停止装卸，同时用消防沙、消防毡等筑堤围堰以围堵溢油；当火灾初起、流淌面积不大时，应立即用干粉灭火器、推车式灭火装置灭火。灭火方法是对准火苗根部来回扫射，先扑灭地面火，再扑灭槽车火。当出现大面积地面流淌散火时，启动消防泡沫泵，向相关区域供给泡沫混合液，注意不能直接向着火地面喷射泡沫，而应该向着火部位上部喷洒泡沫。班长安排撤走其他车辆，尽量设法提起鹤管，盖好车盖，并注意冷却着火槽车罐体。在扑救的同时通知应急领导小组办公室和当班班长，应急领导小组办公室接到报警后立即以对讲机、电话等方式通知本班人员按预定方案处理，同时启动消防报警器，向全体人员报警。

槽车冒罐未着火时，应立即停止作业，通知当班班长，断电停泵，提起鹤管，盖好车盖，此时禁止启动任何车辆，严格控制火种，做好灭火准备，并立即使用不产生静电和火花的器具进行清理，待完全清理回收化学品后方可启动车辆。

在装卸作业过程中，附近地面、水沟、管线和阀门等处着火时，发现人员应立即停止作业，现场操作岗位员工提起鹤管，盖好车盖，其他操作岗位人员用灭火器材扑救，同时尽快将槽车撤离。在扑救的同时通知应急领导小组办公室和当班班长，应急领导小组办公室接到报警后立即以对讲机、电话等方式通知本班人员按预定方案处理，同时启动消防报警器，向全体人员报警。

2. 消防污水处置

关闭雨水井阀门，利用装卸区四周的事故水收集沟收集灭火时产生的消防污水，消防污水自流进入事故应急池中；如果事故应急池水位高，消防污水经收集沟先进入装卸区的事故提升池，通过泵和管道打入事故应急池中；采用临时防爆泵将事故应急池污水抽回至污水处理设施进行处理；当消防污水量超出污水处理设施处理能力时，应上报至当地生态环境部门，请求社会力量援助。

3. 后续处置措施

当事故状态得到控制，安排企业环境监测人员或第三方监测机构对现场有毒有害气体含量、事故污水进行监测分析。确认事故隐患已消除后，彻底回收全部污水和残余物料，不残留污染物在事故现场。事故处置结束后，积极配合政府有关部门的调查处理工作，并做好伤亡人员的善后处理。调查处理完毕后，经政府有关部门同意，立即组织人员进行现场清理，尽快恢复运行。

四、典型案例

（一）泄漏事故

四川彭州“3·14”驰力贸易有限公司装卸区柴油泄漏事故：2020 年 3 月 14 日 13 时许，四川省彭州市旺驰物流有限公司（以下简称“旺驰物流”）将购买的 15 t 柴油卸载至驰力贸易有限公司（以下简称“驰力贸易”）厂区的储油罐时，因油罐与加油机连接管路弯头脱落导致柴油罐泄漏，造成 5.67 t 柴油外泄。外泄柴油经 150 m 农灌沟渠进入排洪渠，再流经约 300 m 汇入鸭子河，流经 1 km 后进入人民渠。事发地下游约 13.5 km 为什邡市第三水厂取水口，约 31 km 为德阳市孝感水厂人民渠取水口。当地政府采取拦截断源、围油栏吸附、导流污水等方式进行处置。14 日 18 时，什邡市取水口停止取水；15 日 9 时，恢复供水。15 日 6 时 30 分，德阳市孝感水厂人民渠取水口停止取水；12 时，逐步恢复取水；16 时 30 分，恢复正常供水。德阳市环境监测中心站对什邡市第三水厂取水口、孝感水厂人民渠取水口以及导流至鸭子河、石亭江的水体开展水质监测。德阳市政府于 15 日 17 时召开新闻发布会，公开事件处置情况。

经事件调查，此次事件造成的人民渠成都彭州至德阳段跨界污染事件直接经济损失为 32.93 万元，是一起因柴油罐生产安全事故次生的较大突发环境事件。数十家媒体转载报道事件相关情况，舆论热度主要集中于澎湃新闻今日头条号，评论逾百条，网民要求尽快查明原因，严惩涉事企业。四川省生态环境厅官微公布初步调查结果后，多家媒体跟进报道。

调查组共同研究认为，旺驰物流员工王某在驰力贸易厂区向柴油罐卸载 15 t 柴油的生产作业过程中，未认真检查核实油罐和连接管路的完好性，未能及时发现连接管路弯头发生脱落，导致在卸油作业过程中，柴油自管路脱落处泄漏，经农灌沟、鸭子河并最终进入人民渠是造成事件发生的直接原因。

经查，旺驰物流未对泄漏至外环境的柴油进行拦截、收集、处置，未有效阻止柴油下水入河，也未向彭州市生态环境局报告，其行为违反《中华人民共和国水污染防治法》第七十八条规定。旺驰物流和驰力贸易均未编制环境应急预案，未制定油品等物料环境安全管理制度，未定期排查环境安全隐患和开展环境应急演练。

湖北襄阳“4·16”欧克达化工有限公司装卸区醋酸槽罐车冒烟事故：2019 年 4 月 16 日 10 时许，湖北省襄阳市襄城区余家湖园区的欧克达化工有限公司醋酸槽罐车发生冒烟事故。经调查，槽罐车在灌装醋酸过程中，醋酸与槽罐车内未抽取干净的化学品发生化学反应，从槽罐车顶部冒出大量黄烟。

湖北荆州“11·10”柳林洲油库装卸区油品运输船将油污水冲入长江导致柳林洲水厂取水口受柴油污染事件：2013 年 11 月 10 日 13 时 48 分，一艘油品运输船在湖北省荆州市柳林洲油库装载油品时，因输油管内部分柴油泄漏于船甲板上，油船用江水冲洗甲板，将油污水冲入长江，导致柳林洲水厂取水口石油类浓度超标 222 倍并停止取水；16 时 10 分起，荆州市沙市区、开发区约 40 万人供水中断。事发后，荆州市政府立即控制肇事油船及责任人，要求柳林洲水厂采取应急措施，使用吸油毡、消油剂等物资清理油污，对长江江面油污带进行排查。至 11 月 11 日 0 时 40 分，柳林洲水厂取水口浮油明显减少，经水厂处理，出厂水质已达生活饮用水卫生标准，水厂恢复正常供水。

河北沧州“9·4”建新化工股份有限公司沧县分公司装卸区槽车法兰垫撕裂造成三氧化硫泄漏事故：2011 年 9 月 4 日 17 时 30 分左右，位于河北省沧州市沧县张官屯乡小朱庄村东的建新化工股份有限公司沧县分公司内，一辆装载三氧化硫的槽车卸车后，吹扫罐内残留的三氧化硫时，因法兰垫撕裂造成残余三氧化硫泄漏。事故发生后，当地政府采取调用铲车运沙土等措施对泄漏车辆进行封堵，同时紧急疏散下风向约 3 000 名村民。9 月 4 日 20 时 30 分，泄漏点被成功封堵，疏散村民已安全返家。事发地周围未发现农作物及树木异常情况。监测数据表明，事发地周边二氧化硫浓度符合大气环境质量标准。沧县政府责令建新化工股份有限公司沧县分公司停产整顿，并在全县范围内开展了安全生产大检查，防止此类事故的发生。

内蒙古赤峰“8·5”赤峰制药集团装卸区液氨泄漏事故：2009 年 8 月 5 日 8 时 45 分左右，一辆装载约 30 t 液态氨的罐装车在内蒙古自治区赤峰制药集团卸载液态氨过程中，金属软导管突然发生破裂，造成液氨泄漏（如图 2-21 所示）。截至 8 月 7 日上午 10 时，液氨泄漏事故造成 21 人住院治疗，其中 3 人较重，88 人有刺激性反应并在门诊观察，137 人离院回家。事故原因：一是液氨罐车自带卸车金属软管存在质量问题。二是罐体的紧急切断阀失灵；液氨泄漏后，罐车司机马上到车尾部关闭紧急切断阀，阀门失灵，未能及时切断泄漏源。三是液氨罐车存在“超核定载重”现象。该液氨罐车核定载重 24.3 t，实际充装约 30 t。赤峰制药集团在紧急自救的同时，迅速将该事件初步情况报告当地政府和公安部门。当地公安部门及时封锁控制现场，消防部门用消防水对泄漏液态氨进行降温稀释，控制氨气挥发。约 1.5 h 后，事故现场基本处置完毕。

图 2-21　赤峰制药集团装卸区液氨泄漏事故

（二）火灾、爆炸事故

山东临沂“6·5”石化公司装卸区液化气爆炸事故：2017 年 6 月 5 日 1 时许，位于山东省临沂市临港经济开发区的金誉石化有限公司装卸区的一辆运输液化石油气罐车在卸车作业过程中发生液化气泄漏爆炸着火事故，造成10人死亡、9人受伤。事故原因是企业卸车时，先后将10号装卸臂气相、液相快接管口与车辆卸车口连接，打开气相阀门对罐体加压。打开罐体液相阀门一半时，液相连接管口突然脱开，大量液化气喷出并急剧气化扩散。值班人员未能有效处置，液化气泄漏长达2分10秒。泄漏的液化气与空气形成爆炸性混合气体，遇到生产值班室内的非防爆电器产生的电火花发生爆炸。至16时10分，明火被扑灭。消防污水被全部收集拦截在厂区事故应急池和排水沟内。监测结果显示，事发地下风向200～1 500 m范围内6个大气监测点位硫化氢、氯化氢和挥发性有机物均未检出；排水沟内消防污水COD、氨氮和pH符合《污水综合排放标准》。

河南南阳“7·23”天麟化学品有限公司装卸区苯槽罐车因下雨引起配电盘打火导致火灾事故：2009年7月23日4时30分左右，一罐车在南阳市天麒化学品有限公司续装苯的过程中，由于下雨引起配电盘打火，导致约1 t苯燃烧起火，5时火被扑灭。部分含苯消防冷却水和雨水流入十二里河（生活污水排污沟），下游白河水体未受污染。

（三）加油站事故

河南信阳“5·26”加油站柴油火灾事故：2022年5月26日21时40分许，油罐车驾驶员从河南省信阳市龙达石化桥头加油站（312国道竹竿大桥西100 m道路北侧）储油罐抽取24 t柴油。工作人员在操作设备时未去静电，导致火情发生。事故造成油罐车内300 kg柴油燃烧，油罐车后轮起火爆炸。燃烧地点为硬化路面，未对周围土壤造成污染。

四川南充营山县“7·22”加油站因洪水导致汽油泄漏事故：2020年7月22日6时许，四川省南充市营山县消水普岭片区突降暴雨，导致普岭乡众鑫加油站油罐上浮，拉裂储油罐至加油机的输油管线，造成约2 t汽油泄漏、通过附近小沟渠进入双河河，事故点下游约5.7 km进入消水河，经长滩河、黄渡河、流江河后，距事故点约100 km进入渠江。沿河有消水镇、黄渡镇、小桥镇、灵鹫镇4个镇的共6个乡镇饮用水水源地。事故发生后，石油公司对储油罐体残油进行转运；23日17时，加油站4个储油罐全部清空，并对罐体进行调运。26日，储罐区防渗池的168 t含油废水、388 t含油泥沙全部转运处置，加油站油罐坑回填硬化完毕。南充市、达州市在事发地下游部署拦油坝、拦油绳，采取吸油围栏、吸油毡等截油措施，布设18个水质监测点位。监测数据显示，处置期间事故点下游双河河至流江河石油类浓度出现超标现象，最高超标倍数为3.6倍；涌泉乡、带河乡饮用水水源地出现超标，但未停止取供水。自24日13时起，所有监测点位持续稳定达标。

辽宁大连“10·13”黑加油站油罐车卸油作业时火灾事故：2019 年 10 月 13 日 18 时许，辽宁省大连市普兰店区丰荣街道鑫和社区电视大学普兰店分校附近的黑加油站在卸油作业时，发生油罐车火灾事故。23 时 15 分，明火被扑灭，过火面积约 100 m^2。事故发生后，当地生态环境部门督促指导企业使用吸油毡对地面油污进行前期处理，对消防污水拦截后使用吸污车转运至污水处理厂。监测数据显示，22 时 15 分，下风向 200 m 处大气中 TVOC 超标 3.5 倍；1 时 15 分，稳定达标。污水处理厂出水水质石油类浓度未超出标准限值。

重庆秀山“5·3”加油站汽油泄漏事故：2017 年 5 月 3 日 14 时 22 分，重庆市秀山县民生石油化工有限公司由汽油储罐向加油区输油时，因员工操作失误导致约 2.4 t 汽油从阀门处泄漏并通过电缆沟进入雨水管网。由于企业未按要求关闭雨水排口阀门，泄漏汽油未能进入事故应急池而直接排入新齐河沟，加之企业控制油污工作不力，部分汽油进入下游梅江河。经监测，事发地点下游附近梅江河断面石油类浓度不同程度超标，峰值浓度一度达 15.6 mg/L。重庆市环境保护局立即调集吸油毡、围油栏、吸油卷等应急物资增援现场，督导肇事单位彻底清理厂内和新齐河残存的油污。5 月 5 日 22 时，残存在秀山县民生石油化工有限公司和新齐河内的泄漏汽油已基本清理干净。监测结果显示：梅江河水质从 5 月 5 日 12 时 30 分起全面恢复达标，新齐河水质从 5 月 7 日 12 时起持续达标，表明此事件对梅江河、新齐河的影响基本消除，未引发跨省界环境污染事件。秀山县人民政府于 5 月 9 日 17 时解除应急状态。事后，当地环境保护部门对民生石油化工有限公司相关违法行为处行政罚款 21.28 万元。

湖南益阳“7·4”加油站柴油泄漏事故：湖南省益阳市桃江县灰山港镇卫星加油站共有 4 个半地埋式储油罐，其中柴油罐 2 个。2016 年 7 月 4 日凌晨 3 时左右，因洪水致油罐上浮，输油管道连接口出现缝隙，导致油品泄漏。事件发生后，加油站立即关闭了油罐总阀门，灰山港镇政府、桃江县安监部门组织人员对油罐进行封堵和接漏。7 月 4 日 18 时，油罐内剩余油品全部转运完毕，初步估算共泄漏柴油 149.2 kg、汽油 174.55 kg，共计 323.75 kg。当地政府组织使用吊车扶正油罐，用专用车将油罐内剩余柴油和汽油安全转运，并用吸油毯吸收泄漏油污。在事故后续处置阶段，收集卫星加油站罐区残留的少量含油污水和含油泥土，并进行无害化处置，彻底消除污染源。

甘肃兰州“4·9”加油站油污泄漏事故：2015 年 4 月 9 日 11 时，甘肃省兰州市城关区万泉加油站北侧南河道水面（雁滩公园附近，距入黄河口约 7 km）出现漂浮油污。经查，此次渗漏为万泉加油站老加油站（老加油站原地面比现状地面低 2 m 左右）基底原有积油向外渗漏，沿地下水系从南河道护坡破损处渗出所致。现场勘查队在万泉加油站周边及厂内钻探 10 口探测井，基本确定了污染源范围，并利用探测井抽取收集部分受污染的地下水，减少油污向南河道的渗漏量。当地政府构筑围油坝用，专业吸油毡对水面油污进行吸附处理，安排兰州康顺石化公司对污染淤泥进行集中收集。兰州市公安部门、消防部门负责万泉加油站周边 70 m 内现场警戒与开挖过程中防火防爆应急工作。

重庆渝北“4·11”加油加气站油类泄漏事故：2014 年 4 月 11 日 11 时 5 分，重庆市渝北区红石路 88 号加油加气站发生汽油泄漏。经查，该公司于 2012 年 7 月停产，因准备恢复生产，于 2014 年 4 月 9 日至 10 日运入 30 t 汽油存于 4 个地下储罐中，由于地下加油管道出现渗漏，致使少量油类进入市政管网。消防部门对污水、雨水管网实施喷水雾作业，减轻挥发性气体的扩散。环境保护部门对事故核心区域和居民区空气环境质量实施监测。由市政部门对附近管网进行排查，寻找泄漏去向，并将井盖打开，防止可燃性气体在管道内积聚、发生爆炸。由中石油对地下储罐中的柴油和汽油进行安全转移。4 月 11 日下午，企业对油罐渗漏处进行了封堵，重庆市安监局组织企业对罐内剩余的汽油进行了转移。

此次事故中，加油加气站未经验收批准、私自向油罐注入汽油，在试压过程中发现油料不明减少时未及时采取有效的处置措施，没有及时通报周边可能受到危害的单位和居民，没有按规定及时向地方政府、相关部门报告；在应急处置初期隐瞒向油罐注入 30 t 汽油的事实，延误了政府相关部门排查和应急处置的时间。

第五节　油气管道

一、存在的环境安全隐患

截至 2020 年年底，我国油气管道里程已达 16.5 万 km。油气管道输送的介质多数为汽油、柴油、原油、石脑油等油类和天然气，运行连续性强，输送量大、输送压力高，一旦发生腐蚀破坏、人为破坏或自然灾害破坏，将会引发油品泄漏事故。由于油品属于易燃易爆品，当管道发生油品泄漏事故后，现场控制不当时，易引发火灾、爆炸等次生灾害。

（一）泄漏事故

油气管道产生泄漏的原因是多方面的，主要可分为三大类：腐蚀穿孔、疲劳破裂和外力破坏。

尽管采取腐蚀控制措施可以大幅度减缓腐蚀，但并不能绝对防止腐蚀。阴极保护不足时，管道腐蚀过程虽然会由于阴极保护而变缓，但不会停止；阴极保护被屏蔽时，对管道腐蚀起不到抑制作用。阴极保护不足是指阴极保护系统所提供的保护电流不能满足管道保护要求；阴极保护屏蔽是指阴极保护电流在流动中受阻，不能到达预定位置。涂层上出现大面积破损、连续漏点或整体绝缘性能下降时，容易导致阴极保护不足。涂层与管体金属剥离时对阴极保护系统产生屏蔽作用，特别是采用绝缘性能较高的有机合成材料制作的涂层，因此容易产生腐蚀穿孔泄漏。

油气管道长期在高压条件下运行，管道金属的机械性能会逐渐衰变，管道焊缝本身存在的以及由于应力腐蚀产生的微小裂纹就会扩展，裂纹发展到一定程度，则酿成突发性的管道破裂事故。此外，设备、管道和泵密封条件不良、管道挤压变形也会导致泄漏。

外力破坏主要包括天灾和人祸两方面。洪水、山体滑坡、泥石流以及地震等都有可能毁坏管道；人祸主要是指第三方破坏，包括各类建设项目的施工（如筑路、开挖等）所造成的无意破坏及打孔盗油、盗气等不法分子造成的蓄意破坏。

一旦油气管道发生泄漏，油品会顺着地势自然流淌，其可能聚集在低凹的地面，形成泄漏液池；穿越或跨越河流时，泄漏油品会进入溪流、湖泊、水库和江河中，扩散到更大的区域，进而导致更加严重的后果；由于管道沿线地形复杂，沿线河流、公路相伴相交很多，油气管道发生泄漏时，易引起水系、山林、农田、公路、附近电气设施等的污染；大多数管道沿线地域远离公路，交通不便，处理事故的难度大，一旦发生泄漏事故，环境污染面积较大，地貌恢复有一定的难度；油气回收装置事故导致油气挥发，造成周围的操作人员和群众中毒；泄漏油品还可能污染土壤，甚至渗透到地下水，造成地下水污染。

（二）火灾、爆炸事故

油气管道可能发生的火灾、爆炸事故类型如下：腐蚀穿孔泄漏火灾；泄漏的油品遇火花等引起火灾、爆炸；第三方施工破坏泄漏火灾；打孔盗油泄漏火灾；管道开裂泄漏火灾；自然灾害（如雷电、地震、塌方、山体滑坡等）造成泄漏火灾；其他意外原因造成泄漏火灾。

发生火灾、爆炸事故时，可能会造成大量的油蒸气、一氧化碳、二氧化氮等气体产生，对周边的居民群众造成影响，并对事故区域的大气造成污染；在火灾处置过程中，还会产生大量消防污水，消防污水可能泄漏到外环境，对水体和土壤造成污染；在暴雨等异常天气下，消防污水和被污染的雨水等导致产生更多的事故水，可能泄漏到外环境，对水体和土壤造成污染。

二、环境安全隐患治理

（一）预防泄漏措施

1. 确保油气管道质量、防止泄漏

油气管道设有紧急截断阀室，对输油管道分段截断；采用智能清管技术，定期进行清管、维护和检测，及时发现和掌握管道存在的问题；油气管道设计压力比工作压力高两倍，提高管道强度和安全系数，使管道不因破裂而发生油品泄漏；输油管道采用外防腐涂层与电化保护相结合的防腐体系，确保管道腐蚀率下降；管道外部采用3层PE防腐涂层及FB管道保护套（又名光固化套）；管道同时采用电化保护（阴极保护及牺牲阳极保护），可有效防止管道腐蚀破裂，避免因管壁渗出油品而污染土壤；持续推进环境安全隐患集中管段更新改造和管道本体缺陷排查治理。

2. 高度重视环境风险管理工作

各管道企业要定期对油气管道进行环境风险评估，对环境风险源进行全面调查分析，制定防范措施，企业无法解决的，报告当地政府解决；在环境风险评估的基础上编制环境应急预案，做好与政府预案的衔接。对输油管线开展泄漏环境安全隐患排查，并完善预防和应对措施，是有效防止突发水环境事件的关键。事前应当把油气管道和地面水体有关的区域作为防范突发水环境事件的重要区域；只有将泄漏后防止进入水体的防范措施是否有效等内容作为管道环境安全隐患的排查内容，才可以有效防范突发环境事件的发生，或在突发环境事件发生后防止事态扩大。

3. 完善环境风险防范措施

全面加强运行监控，加密管道沿线巡线，布控措施，尽可能在工作日上班期间安排管道启输运行压力提升和各种流程操作，保持运行压力平稳变化。调度值班人员实时监视分析管道运行压力变化，特别是在启泵、停泵和输油量调整以及流程操作期间，严密监控分析系统参数变化和泄漏监测系统的报警状况。调度值班人员发现管道压力异常变化或泄漏监测系统泄漏报警后，立即分析原因，严格按照“10分钟原则”果断停输，迅速进行分析、定位，查明原因，启动相应预案。

如果油气管道穿越大型河流段，河流两侧均设有禁止抛锚标志；全线设有油气管道经过标志桩；需要在地表架空管线，应在管廊内铺设；在管廊下方两侧，应建有水泥围堰防护，能将管廊内泄漏物料和事故污水控制在管廊范围内，便于收集和处理，从而降低对周边环境的污染；管廊下方水渠中设有控制闸板和沙池，能够及时控制油气管道污染物，使其随水渠流散，以防扩大影响范围。

与专业的管道抢修单位签订管道抢修协议，组织管道抢修单位定期开展输油管道应急抢修演练，提高环境应急响应能力；对操作人员进行定期培训；操作岗位持证上岗，严禁无证上岗，各岗位严格执行有关操作规程。

4. 制定全线联防和政企联动机制

对油气管道应制定全线联防机制，分段安排联防员每日对线路进行巡线；在汛期增加巡线次数，大雨过后立即巡线，及时发现问题并解决；在汛期，加强对运行参数的分析，发现问题时及时处理上报。

完善企业负主要责任、当地政府支持协调的政企联动环境安全管理机制。建立人员密集场所高后果区、地质灾害易发区的环境安全联防联控机制，强化企业和地方政府管控责任；企业及时了解管线周边敏感点的地方规划、部门规划及第三方施工计划，进行预警和跟踪；开展“工业互联网 + 环境安全”试点，推广空天地一体化环境监测预警等先进适用技术，强化高风险区域环境监测监控预警能力建设。

（二）防火、防爆措施

控制明火作业，使用电焊、气焊、气割或其他用火作业时，事先经有关部门审批，办理动火手续，并采取防火措施。例如动火前清除动火点周围的可燃、易燃物质，准备好灭火器材，派人到现场监护；作业后，认真检查，防止留下余火，确认安全后方可离开现场；大风天应禁止一切明火作业；严禁吸烟、用火，禁止燃放烟花、爆竹等。

在油库及分输站设备区设置紧急停泵按钮及火警报警按钮，一旦发生泄漏或出现火警，可立即按下紧急停泵按钮或火警报警按钮，关闭油罐进出口阀门；做好防季节性灾害（如台风、雷暴、雷雨等）的防御工作。

三、事故应急处置措施

（一）泄漏事故处置

1. 现场疏散隔离与防护

在发生泄漏的油气管道附近设置警示标志及警戒线，派专人警戒，所有外来非应急车辆一律不得进入油气扩散区，除应急处置人员进入外，其他人员禁止进入警戒区；当油气扩散浓度达到爆炸下限的 20% 以上时，应确保现场车辆全部停车熄火；应急救援人员穿戴防静电防火服，在保证安全的前提下携带救援设备进入泄漏现场；现场应急人员用可燃气体检测仪监视检测警戒区内的气体浓度，所有人员随时做好撤离准备；在发生泄漏事故的现场，务必按防火要求做好防火措施，以防事故状态扩大、造成爆炸事故，必须关闭除防爆对讲机以外的其他通信工具。抢险所使用的工具必须是不产生火花的专用工具。在油气扩散区域及下风方向 200～500 m 范围内（由现场监测数据决定）严禁一切火种，停止一般性生产活动。

2. 切断污染源

若是泵发生泄漏，关闭泵两端管道进出口阀门；若是管道发生泄漏，关闭管道两端阀门；若是阀门发生泄漏，则关闭连接阀门两侧管道的进口和出口。

当厂外长距离油气管道发生泄漏时，立即通知供料单位迅速关闭输料泵及事故管线送料段其他阀门，尽量减少物料泄漏量；立即通知收料单位停止收料，关闭事故管线收料段阀门，防止物料倒串并尽量减少物料泄漏量；下游站场加大下载流量，尽最大可能泄压，减少现场泄漏。

在保证安全的前提下对破裂口进行堵漏，随后收集泄漏油品。堵漏包括管道泄漏点封堵与补焊。

管道泄漏点封堵：紧急处理管道泄漏点，切断泄漏油源。具体处理办法与泄漏点形状有关，如果泄漏点是打孔盗油或腐蚀穿孔引起的圆形孔洞，使用金属螺钉加黏合剂旋拧，或使用木塞、硬质橡胶堵住泄漏孔；如果泄漏点是各种原因引起的管道条形裂缝，使用胶垫、铁皮和铁线临时包扎；法兰泄漏时，对因螺栓松动引起的泄漏，应使用无火花工具旋紧螺栓，制止泄漏；若因法兰垫圈老化导致带压泄漏，可利用专门法兰夹具，并在螺栓间钻孔、高压注射密封胶以堵漏。

管道泄漏点补焊：清理干净补焊点周围油品及确认动火条件满足后，进行动火以焊接泄漏点。

3. 外泄油品处理

不同地段管道泄漏时，现场处置方案不同。

厂区内管道泄漏：利用现场沙土装袋，构筑临时围堰，油品少量泄漏时用贮油桶对泄漏的油品进行收容，大量泄漏时用油罐车对泄漏的污油进行吸收；对于漫流到厂区其他地方的油品，采用吸油毡对泄漏的污油进行吸附；泄漏油品进入雨水系统时，关闭雨水阀门，在雨水沟沿线暗沟或管道入口处用沙袋进行拦截并用贮油桶对泄漏油品进行收容；将含油污水送污水处理设施处理；用干粉或砂土覆盖防火堤及雨水明沟内污油，再用吸油毡对泄漏的污油进行吸附；事后将吸油毡交有资质单位处理。

山地或农田段管道泄漏：厂外长距离油气管道泄漏时，在应急物资尚未运送到现场前，现场处置组应就地取材，用消防铲挖掘泥沙等，对泄漏油品进行围堵拦截，并利用地形环境，在事故点附近的低洼处收集泄漏的物料；根据管道油品泄漏位置与泄漏量，采取拦截、围挡、导流等措施，防止油污蔓延扩散；针对油类泄漏场地污染、地表水污染，采取挖建集油池、构筑拦截坝等措施开展紧急处置；用防爆工具（如铝桶、抽油泵）、吸油毡等回收油品至油罐车；喷洒消油剂以消解土壤中油品，彻底挖掘和收集被泄漏油品污染的土壤，委托具有相关资质的单位进行安全处置。

河流穿越处管道泄漏：如油品已经泄漏至附近的河涌，应充分利用河段下游设置的截断阀以及河岸上的泥沙，对泄漏河段的污染物进行筑坝拦截，防止污染物顺着河流扩散，并做好溢油回收；根据污染河道具体情况，在河道狭窄处或桥梁处设置活性炭吸附坝，对油污进行拦截吸附；当进入水面较宽的河流后，应采用多道围油栏，配合吸油毡进行拦截收油工作。

4. 有毒有害气体处置

若油气管道事故导致油蒸气等有毒有害气体泄漏、挥发，应在最短的时间内查明现场有无中毒人员，以最快速度将中毒者脱离现场，严重者尽快送往医院抢救。事故现场应使用防爆炸工具并在短时间内堵住泄漏源，稀释泄漏气体，防止油蒸气等可能遇火发生爆炸。

警戒人员接到救援通知后，配备相应的个人防护设备，立刻赶赴现场承担警戒工作，严禁闲杂人员和车辆进入危险区，避免不必要的伤亡；监测有毒有害气体、可燃气体的浓度，掌握有毒有害气体的扩散情况，严重泄漏时通知下风向潜在危害范围内的人员撤离现场，具体范围应根据泄漏物质的种类、半致死浓度及物质扩散速率来计算。转移时注意人员防护，防止继发性损伤，保证人员的安全。

5. 现场恢复

检查确认泄漏地点油品清理干净、水沟没有油品、泄漏点周围没有发现可疑油品、土壤更换、环境恢复，含油废物处理完毕或已移交有资质单位。

对污染区实施洗消，根据有毒有害气体的物理化学性质，利用喷洒洗消液、抛撒粉状消毒剂等方式，消除有毒有害气体污染；并对现场洗消废水进行回收处理，避免造成二次灾害和二次污染。

（二）火灾、爆炸事故处置

1. 火灾、爆炸事故救援

当油气管道泄漏引发火灾、爆炸事故时，发现人员立即通知企业应急领导小组；综合协调组到达现场后，隔离火灾、爆炸区域周边 200 m 范围，严禁无关人员进入隔离区；现场处置组穿戴防静电防火服，在保证安全的前提下携带救援设备，进入事故现场，进行先期消防灭火，时刻关注火势，随时做好撤离准备，待专业消防队伍达到后，配合其对事故区域进行灭火救援；对发生火灾的油气管道喷射干粉灭火，对相邻设施及管道喷水冷却，按规定转移事故设施剩余油品至贮油桶；若有流到地面上的油品着火，则用泡沫枪喷洒泡沫液覆盖灭火；火灾趋势严重、事故升级时，拨打外部救援电话，请求当地政府和周边消防、医院等单位开展救援。

2. 污染物处置

厂区内油气管道火灾、爆炸事故产生大量消防污水，应立即关闭雨水阀门，对管道、泵周边各雨水沟入口进行封堵，用沙土在消防水喷淋范围内地势较低处构筑围堰或截流沟，用临时防爆泵将消防污水泵至事故应急池；若消防污水进入雨水系统，及时关闭雨水阀门，将消防污水进行初步隔油后送污水处理设施处理；若含油污水在厂区地面蔓延，采用吸油毡等对油污进行吸附，并将水抽回至污水处理设施进行处理；事后将吸油毡、稻草等交有资质的单位处理。

对厂区外长距离油气管道火灾、爆炸事故产生的消防污水，企业立即采取挖建临时事故应急池、拦截、围挡等措施，尽一切努力避免消防污水进入附近河道。当拦截不力，消防污水进入附近河道后，应立即向当地政府和生态环境部门报告。当地政府根据现场情况启动相应的政府应急预案和部门应急预案，组织开展构筑活性炭吸附坝、设置围油栏等应急处置措施，企业应全力配合。

对火灾次生的一氧化碳、二氧化氮等有毒有害气体逸散进行处置。一氧化碳引起人员中毒时，及时组织现场人员的防护自救，出现较重症状时及时交由医务人员治疗；现场暂时留守人员需加强现场个人防护，佩戴相应的防护用品。

3. 后续处置措施

灭火结束后，注意保护现场，积极配合有关部门的调查处理工作，并做好伤亡人员的善后处理。调查处理完毕后，经有关部门同意，立即组织人员进行现场清理，尽快恢复运行。

四、典型案例

（一）管道破损导致泄漏事故

山东曲阜“2·7”鲁宁输油管道泄漏事故：2022 年 2 月 7 日凌晨，位于山东省曲阜市姚村镇颜家村北侧的鲁宁输油管道因管道老化造成约 50 t 原油泄漏。事发地周边为农田，南侧约 900 m 为泗河。事件发生后，鲁宁原油管道公司立即采取停压停输等措施。7 日 1 时 25 分许，排查到泄漏点位于鲁宁线 216 号桩 +200 m 处，距地面约 3 m。泄漏点周边约 10 亩农田受到污染，未发现油污进入泗河。企业调集油罐车和挖掘机等工程机械，收集转运泄漏原油和污染土壤，并封堵泄漏点，更换泄漏管道。将泄漏原油收集转运至国家管网山东运维中心宁阳泵站，污染土壤转运至菏泽万清源环保科技有限公司进行处置。截至 2 月 15 日，所有污染土壤转运完毕，累计清理 8 057.27 t，当地政府终止应急响应。

陕西榆林“4·23”定边采油厂输油管道泄漏事故：2021年4月23日6时许，陕西省榆林市定边县定边采油厂白马崾岘采油队罗崾岘村4821井场至樊八增站集输管道因腐蚀穿孔造成管线内余油泄漏。泄漏油品随雨水流经7 km后进入石涝川河，流经83 km后汇入北洛河。事发地下游石涝川河没有地表水生活饮用水水源地。4月23日20时，泄漏点封堵完毕。经核实，泄漏量约200 kg。当地政府在事发地下游投放拦油索、吸油棉进行吸附，沿河道构筑6道土坝进行拦截。污染团被控制在吴起县境内25 km处。当地政府对拦油索、吸油棉等按照相关固体废物处置要求进行无害化处置。

陕西榆林“8·28”长庆油田分公司第四采油厂输油管道泄漏事故：2020年8月28日10时42分，陕西省榆林市靖边县长庆油田分公司第四采油厂输油管线破裂，导致约9.5万 m^3 油水混合液泄漏，部分经崖畔沟河进入杏子河。长庆油田工作人员立即关闭输油管线上下游控制闸门。28日16时40分，管线漏点修复完成并恢复输油。当地政府组织在事发地下游构筑10道拦截坝（如图2-22、图2-23所示），调用吸油毡、拦油索等应急物资4万余件，投入活性炭4 t。2015年，延安市政府在王瑶水库上游建成“六闸六坝”防控设施。此次事故处置中，通过关闭其中的5道闸，有效封堵了污染团，王瑶水库未受影响，这也是“南阳实践”以空间换时间的例证。监测数据显示，事故点下游崖畔沟河石油类浓度出现超标。9月3日16时，泄漏的污染物全部清理完毕。自3日11时起，事发地点下游各点位水质达标。

图2-22　崖畔沟河2号土坝

图2-23　2号闸后再筑一道土坝，防患于未然

海南东方“8·17”东方化工有限公司罗带河河底输油管道渗漏事故：2020年8月17日16时许，位于海南省东方市的东方化工有限公司卸油完毕后，经计算发现油量耗损超出正常范围。经核查，发现位于罗带河河底9 m处的输油管道有渗漏，泄漏点位于距防坡堤顶面56 m处，泄漏量约为2.368 t。经调阅4月15日至8月17日期间

的卸油损耗量，发现该公司多次发生损耗量较大的现象。初步判断，此次河水出现油膜是多次卸油累积的结果。事发地下游约 200 m 为南海入海口。当地政府关闭事故点罗带河上游 800 m 处闸坝，组织人员在事故点上游 800 m 处至入海口布设 6 道围油栏，对渗漏点和污染带进行围堵，并使用吸油毡等进行吸附处理。8 月 23 日，当地在入海口构筑完成拦截坝，阻止受污染水体进入海域。

浙江宁波“11・12”中国石化镇海炼化分公司输油管道汽油泄漏事故：2015 年 11 月 12 日上午，浙江省宁波市北仑区小港街道厚生幼儿园旁的芦家河（村级河流，非饮用水水源）发生油污污染。经调查，污染原因为中国石化镇海炼化分公司纬四路段输油管破损，发生汽油泄漏，并经沟渠流入芦家河。汽油泄漏量约 1 t，河面油污带长约 300 m，宽约 5 m。事故发生后，立即开展应急处置，一是对现场进行临时隔离，紧急疏散周边人群，开展空气和河道水体应急监测；二是组织封堵管道泄漏点，于当日 9 时 30 分完成泄漏点封堵；三是在河道上设置十余道拦油坝，利用吸油毡等清理河面油污；四是调集大型槽罐车抽运含油污水，进行无害化处置。应急监测结果显示，周边空气未检出可燃性气体，挥发性有机化合物浓度符合空气质量标准；拦油坝内封堵的水体中石油类浓度较高，达 2.98 mg/L，拦油坝外水体中石油类浓度为 0.89 mg/L，符合地表水Ⅴ类标准（1 mg/L）。

陕西延安“3・26”长庆采油九厂输油管线原油泄漏事故：2015 年 3 月 26 日 4 时，陕西省延安市吴起县长庆采油九厂五谷城作业区内王园子村附近输油管线发生破裂，造成原油泄漏。6 时，作业区工作人员发现输油管线压力异常，随即停止原油输送。据估算，原油含水率约 50%，泄漏量约 10 t。泄漏原油沿山坡林地流下，形成长约 600 m 的油污带，未进入水体。该作业区于 4 月 5 日前完成了清理工作，将收集清理的油污交相关资质单位进行处置，并对周边群众财产损失进行赔偿。

辽宁葫芦岛“6・30”中国石油输油管线原油泄漏事故：2014 年 6 月 30 日 17 时许，辽宁省葫芦岛市八三泵站管内兴城小南庄附近输油管线发生爆裂，造成原油泄漏。发生事故的输油管线属中国石油铁岭—秦皇岛管线，泄漏原油共约 30 t，部分漫溢到 102 国道上，部分沿道旁排洪沟进入下游小河沟。该河沟为季节性河流，基本处于断流状态，下游无集中式饮用水水源地。当地政府及企业在河沟上距事故点 2 km 处修筑 1 道土坝以拦截泄漏原油，并向受污染的路面扬撒沙土，减轻溢油危害。泄漏点于 30 日晚间封堵完成，土坝下游无水流，泄漏原油全部拦截在坝体上游，事件不会对海洋环境造成影响。当地政府用吸油车回抽泄漏原油，收集并袋装受污染的土壤等固体废物，转运至辽宁正渤辽西环保产业园区开发有限公司进行处置，防止产生二次污染。

山东青岛“11・22”中国石化东黄输油管道泄漏爆炸事故：2013 年 11 月 22 日 3 时，位于山东省青岛市经济开发区的中国石化输油储运公司潍坊分公司东黄输油管道发生破裂，造成原油泄漏。事件发生后，企业于 3 时 15 分关闭输油管道，泄漏原油沿雨水管线进入胶州湾边的港池，企业在海面布设 2 道围油栏，围油面积约 400 m^2。10 时 30 分许，管线漏油进入市政管网，导致黄岛区海河路和斋堂岛路交汇处雨水管道内的原油发生爆燃，同时在入海口，被油污染的海面上发生燃烧，将两道围油栏烧毁，海面过油面积约 0.3 万 m^2。事件共造成 62 人死亡、136 人受伤、直接经济损失 7.5 亿元。

中国石化集团公司和青岛市政府成立了应急领导小组，启动一级响应，扑灭火灾，全力抢救伤员，在海面重新布设 3 道围油栏并组织力量打捞入海原油。在雨水涵管上游采取断流和导流措施，拦截进入雨水涵管的生活污水。在涵管出口处筑坝截断油污，利用青岛炼化公司的两个临海事故应急池储存油污，然后集中处置，以减轻海水污染。

事件直接原因是潍坊输油处东黄输油管道与刘公岛处排水暗渠交汇处管道腐蚀破裂，原油泄漏流入排水暗渠。泄漏原油挥发的油气与排水暗渠空间内的空气形成易燃易爆的混合气体，并且在相对密闭的排水暗渠内积聚。由于原油泄漏到发生爆炸时长达 8 h，受海水倒灌影响，泄漏原油及其混合气体在排水暗渠内蔓延、扩散、积聚，现场处置人员采用液压破碎锤在暗渠盖板上打孔破碎，产生撞击火花，引发暗渠内油气爆炸，最终造成大范围连续爆炸。

间接原因是中国石化集团公司及下属企业安全主体责任不落实，现场应急处置措施不当。中国石化管道分公司组织东黄输油管道隐患排查治理不到位，未对事故管道防腐层大修等问题及时跟进，没有配套建设规范化的对外出口拦截设施，也未采取其他措施及时消除环境安全隐患，导致引发突发水环境事件。对一线员工的环境安全教育不够，培训针对性不强。应急演练实战性不强、频次不够，救援人员业务知识、操作技能和处置经验难以适应工作需要，现场处置人员没有对泄漏区域实施有效警戒和围挡。抢修现场未进行可燃气体检测，盲目动用非防爆设备进行作业，严重违规违章。

广东茂名“1·13”茂名石化湛茂输油管线轻质原油泄漏事故：2013 年 1 月 13 日 15 时 15 分，广东省茂名市茂名石化湛茂输油管 529 号管线发生轻质原油泄漏事故。事故现场如图 2-24 所示。泄漏点距湛江市饮用水备用水源地赤坎水库约 350 m。原油泄漏量约 10 t，造成泄漏点下游 350 m 内和上游 100 m 内的河沟水体受到污染。企业采取筑坝方式，对受污染的河段进行两头封堵，防止原油扩散，并对河面油污进行收集（如图 2-25、图 2-26 所示）。开展河道清污清淤工作如图 2-27 所示。对周边群众进行相关宣传，要求加强火源控制，避免到受污染河段捞取污油等各类危险行为。1 月 13 日晚，湛江市政府召开新闻发布会，向社会通报了有关情况。

图 2-24　湛茂输油管泄漏现场

图 2-25　构筑拦河坝进行堵截

图 2-26　河道上设置的围油栏

图 2-27 开展河道清污清淤工作

辽宁铁岭“11·10”中石油地下输油管道泄漏事故：2012 年 11 月 10 日，辽宁省铁岭市昌图县毛家店镇太阳村附近中石油地下输油管道发生泄漏事故。经调查，漏油原因为管道老化破裂，泄漏的部分原油经黑嘴河流入二道河，下游为招苏台河、辽河，事发地距辽河入口约 129 km，事发地至招苏台河间无饮用水水源地。企业立即封堵泄漏点（如图 2-28 所示、图 2-29 所示），清运泄漏原油和被污染的土壤。当地政府组织在二道河上设置多道拦油吸附坝，并在沿途布设数道围油栏，大量抛撒吸油毡（如图 2-30 所示）。污染带被控制在二道河内并得到有效处置，确保不进入辽河。废油毡等危险废物得到安全堆存（如图 2-31 所示）。

图 2-28 封堵漏油点现场

图 2-29　封堵漏油点现场

图 2-30　河道上密集的吸油毡

图 2-31　废油毡等危险废物安全堆存

山东东营“5·2”中国石化公司输油管道原油泄漏事故：2010年5月2日18时30分许，山东省东营市中国石化公司东营向黄岛方向输送原油管道胶州市九龙镇工业园段破裂，原油从九龙工业园南侧废弃场地中泄漏，流到营里路上及东侧约200 m的沟渠中。距离漏点约500 m的跃进河和距离漏点约5 km的洋河（跃进河和洋河均非饮用水水源）未受泄漏原油影响。据管道管理单位估算，共泄漏原油约240 t，其中220 t原油被回收。截至5月4日8时，沟渠及路面原油已基本清理完毕，受污染土壤被挖出作无害化处理。

江苏盱眙“4·14”中石化鲁宁输油管道原油泄漏事故：2010年4月14日15时左右，在江苏省盱眙市淮河大桥下的中石化鲁宁输油管道突然爆裂，导致约80 m^3原油泄漏，其中约7 m^3原油流入淮河（事发点距洪泽湖入湖口约20 km，距离最近的淮安市饮用水水源取水口约60 km）。经全力打捞，截至15日23时，泄漏原油已基本打捞完毕。4月15日19时监测结果表明，淮河大桥下游15 km处石油类浓度未超标。事件未对下游饮用水水源造成影响。

陕西榆林“8·29”长庆油田公司采油四厂输油管线破裂导致原油泄漏事故：2007年8月29日13时左右，陕西省榆林市长庆油田公司采油四厂位于榆林市靖边县境内的云盘山作业区输油管线发生破裂，约20 m^3的油水混合物泄漏，流入杏子河，下游约50 km为延安饮用水水源地王瑶水库，造成少量原油进入库区。延安市政府暂停王瑶水库向市区的供水，临时启用储备水和备用水源，以保障延安城区供水。

（二）工程施工导致泄漏事故

陕西榆林靖边县“1·27”因施工作业导致原油管道泄漏事故：2021年1月27日9时25分，陕西省榆林市靖边县明阳新能源公司在沙洼沟村施工作业时，将长庆输油三处靖安至油房庄段的管线铲破，造成约2.9 t原油泄漏。事发地周边无地表水等环境敏感目标。事故发生后，当地政府和责任企业开展应急处置，累计清理约485.69 t油污泥，全部按照危险废物交有资质单位进行无害化处置。

辽宁大连“6·30”中石油输油管线因施工导致原油泄漏事故：2014年6月30日18时30分，辽宁省大连市岳林建设有限公司在施工过程中，将中石油新大一线输油管线钻漏，导致原油泄漏，并在市政污水管网出口处出现明火。事发后，明火很快被扑灭，输油管线阀门关闭。泄漏原油及灭火过程中产生的含油消防污水一部分进入市政污水管网，经金州新区污水处理二厂排入寨子河，另一部分经雨水管网流入寨子河。寨子河承担城市排污与泄洪功能，无集中式饮用水水源地。中石油在寨子河上布设16道围油栏，并用水泵抽取进入管网的含油污水。经监测，8个大气监测点位除起火点处挥发性有机物浓度超标10倍外，其余点位达标；寨子河上最后一道围油栏内石油类浓度超标 3 倍，围油栏外石油类浓度达标。

贵州遵义“11·26”中石化西南成品油输油管道因施工塔吊倒塌导致汽油泄漏事故：2013 年 11 月 26 日 22 时许，沪昆高铁第七标段施工塔吊发生倒塌，造成中石化西南成品油输油管道破损，汽油外泄。事发后，当地政府立即疏散泄漏点 2 km 范围内的约 1 500 名居民，关闭泄漏点上下游阀门，并堵漏清污。环境保护部门赶赴现场开展排查和监测工作。截至 11 月 28 日，泄漏点封堵成功，泄漏汽油及管道残油回收完毕，沪昆铁路贵阳至安顺段恢复通车，饮用水水源地未受影响。

山东淄博“5·25”中石化成品油管线因施工导致柴油泄漏事故：2012 年 5 月 25 日 8 时许，山东省淄博市叶脉建设工程有限公司在施工过程中，将中石化一条输送成品油的管线顶破，造成约 300 t 柴油泄漏。事发后，当地政府立即采取如下应急措施：一是在泄漏柴油入涝淄河的上下游采取筑坝措施，将泄漏柴油拦截在宽约 7 m、长约 500 m、进行了防渗处理的河道内；二是对河道内柴油进行打捞回收；三是协调 20 余辆罐车，运送受污染的河水到污水处理厂进行处理，以减轻对环境的影响。涝淄河事发地段及下游无饮用水水源地，周围无环境保护敏感目标。

云南楚雄“5·4”楚大输油管道因村民用挖机挖土导致柴油泄漏事故：2010 年 5 月 4 日 10 点左右，云南省楚雄市车坪盛家村一村民用挖机在本村盛家大桥附近山地里挖土时，损坏楚大输油管道，导致柴油泄漏。泄漏柴油大部分被抽入油罐车拉走，渗透到土壤的柴油约 5 t，约 150 m^2 土壤被污染。截至 5 月 5 日 11 时，管道漏洞已被修复，受污染土壤被转运、安全处置。事故现场周围无饮用水水源和河流，未对附近村民生产生活造成较大影响。

四川绵阳“3·11”兰州至重庆柴油输油管线因铁路施工导致柴油泄漏事故：2009 年 3 月 11 日 14 时 40 分，成都至乐山城际铁路在进行地勘施工时，损坏了位于四川省绵阳市龙门镇青霞村的兰州至重庆柴油输油管线，并导致约 110 t 柴油泄漏，约 2 t 柴油经农灌渠进入涪江。经紧急处置，该事件未造成绵阳城区和下游三台县、遂宁市自来水厂取供水中断。

（三）人为盗油导致泄漏事故

陕西榆林定边县“5·17”中石油管道公司长呼输油管道因盗油导致原油泄漏事故：2016 年 5 月 17 日 2 时许，陕西省榆林市定边县油房庄输油气站发现管道压力存在异常后立即停泵关阀，并于 4 时许排查确定了事发点。经公安部门勘查，该起事件系偷盗原油所致，泄漏原油量约 30 m^3，受污林地 261 亩，泄漏点周边无水体、无环境敏感点。泄漏管线于 17 日 17 时经焊接修复后投入正常使用。19 日 6 时，泄漏原油污染产生的污油土已全部运往定边县东港油污泥土处理厂进行无害化处理。

浙江湖州“5·20”中石化输油管线因盗油导致原油泄漏事故：2014 年 5 月 20 日，浙江省湖州市南浔经济技术开发区富强村中石化甬沪宁原油管道因打孔盗油发生破损，导致约 10 m^3 原油泄漏，泄漏点位于地下 1.5 m，部分漏油渗入苗圃雨水渠内，形成油水混合物，流至周边水泥灌溉渠道。除泄漏点附近外，周边土壤未见明显污染，未造成人员伤亡，事发地周边无饮用水水源地。渠道内受污染废水未流至外河道，约 240 t 含油污水和约 70 t 含油土壤全部运至湖州市工业和医疗废物处置中心处理。

江西九江“2·25”中国石化江西分公司九樟线汽油输送管道因盗油导致泄漏事故：2013 年 2 月 25 日，中国石化江西分公司九樟线汽油输送管道因人为盗油造成管道破裂、引发泄漏。永修县饮用水水源地水质受到影响，永修县供水公司于 25 日 8 时 50 分停止取水；至 11 时，永修县城自来水供水中断，影响人口约 8 万人。事件发生后，当地政府立即封堵泄漏点（如图 2-32 所示），并采取吸油毡吸附、围油栏拦截、投放消油剂、设拦油坝等清污措施（如图 2-33 所示）。永修县城自来水厂采取进水深度处理措施，于 2 月 26 日 11 时 20 分恢复供水。2 月 28 日 22 时，永修县城自来水厂取水口水质恢复达标。

图 2-32　封堵盗油管线破裂处

图 2-33　人工打捞油污

辽宁沈阳“4・26”中国石油铁岭至大连输油管线因盗油导致泄漏事故：2011年4月26日，中国石油铁岭至大连输油管线辽宁省沈阳市沈北新区蒲河新城段因盗油引发原油泄漏，泄漏原油约8 m^3，漏点随后被封堵。泄漏地点为干沟，沟内被筑坝拦截，附近无饮用水水源。由于当时降雨，沟内积存了一定的污水，企业用罐车抽取污水、送污水处理厂处理。

山东泰安“7・9”中国石化鲁宁输油管线因盗油导致泄漏事故：2009年7月9日凌晨，中国石化鲁宁输油管线山东省泰安市肥城市老城镇大石铺村段发生盗油事件，造成原油泄漏，估算泄漏原油100 t以上，肥城境内约70亩山地受到污染，长清境内约600 m河道受到污染。下游水井、河道水样中，石油类污染物未检出。全部处置工作于7月19日完成。

（四）暴雨导致管道泄漏事故

陕西延安“10・13”延长集团管道公司第二分公司因降雨导致原油泄漏事故：2017年10月13日6时58分，因降雨导致陕西省延安市杏子川采油厂郝家坪联合站外地面地基下沉，拉裂围墙外管线，导致输油管线原油泄漏。据估算，此次事故泄漏原油约3.7 m^3，进入河道约1 m^3。当地政府组织设置5道拦油坝，污染物全部被拦截在2 km范围内的第4道拦油坝内。14日上午，事故清理工作完成，应急响应终止，共清理含油泥污染物约60 t，全部运至有资质的油污处理厂进行安全处置。

重庆南岸“6・30”中国石化华南分公司因山体滑坡导致柴油泄漏事故：2016年6月30日18时许，重庆市南岸区峡口镇大石村发生山体滑坡，导致中国石化华南分公司成品油管道破裂。30日20时，泄漏封堵完成，共泄漏柴油约18.5 t。7月1日12时，事发地点下游长江沿线11个监测断面石油类浓度均达标。事发地点下游长江104 km范围内5个水厂均采取江心深层取水方式，取供水正常。

陕西延安“6・25”延长油田川口采油厂因连续降雨导致注水管线泄漏事故：2015年6月25日，因连续降雨导致地基下陷，位于陕西省延安市的延长油田川口采油厂注水管线发生泄漏，回注水进入延河一级支流。事发后，企业立即对管线破裂处进行了修补，并在泄漏点附近10 m范围内设置围堰，用泵车回收围堰内积水，进行现场清理，共回收围堰内积水5 m^3，清理污泥6袋。经延安市环境保护局监测，泄漏点处水体石油类浓度不超标，事件处置完毕。

甘肃庆阳“4・29”长庆油田采油二厂因降雨地面沉陷导致输油管线断裂原油泄漏事故：2015年4月29日20时18分，长庆油田采油二厂输油管线焊接处因降雨、地面沉陷，导致受扭力作用而断裂，原油发生泄漏，造成约5 t原油沿800 m荒坡流下，进入樊家川河，约1 km水域被原油覆盖。4月30日18时，事发地受污染水体和土壤基本清理完毕，共清理含油污水 28.8 t。根据监测结果分析，泄漏原油控制在泄漏点下游 3 km 范围内，未对下游樊家川水库及马莲河造成影响。

陕西延安“7・12”延长石油集团输油管道因连日强降雨造成山体滑坡塌方导致管线破裂原油泄漏事故：2013 年 7 月 12 日，陕西省延安市连日强降雨，造成子长县余家坪镇余家坪村山体滑坡塌方，导致延长石油集团管道公司输油管线破裂，约 13 t 原油泄漏流入永坪河。永坪河事发点距清涧河约 60 km，距黄河约 115 km。事发后，当地政府设 6 道拦油浮坝，全力抢险。至 7 月 13 日 18 时，流入河内的原油基本回收。7 月 15 日，在事发点的原油泄漏处，因暴雨导致山体二次滑坡，造成输油管线发生二次破裂，造成约 10 t 原油再次泄漏。经全力拦截打捞，7 月 15 日，各监测点位水质恢复正常，黄河水质未受影响。

陕西延安“7・12”长庆采油一厂输油管线因强降雨引发滑坡导致原油泄漏事故：2013 年 7 月 12 日，因强降雨引发滑坡，电杆和树木砸毁长庆采油一厂输油管线，导致约 2.45 t 原油泄漏流入杏河。事发点距陕西省延安市饮用水水源地王瑶水库约 16 km。事件发生后，当地立即组织抢修破裂管线，打捞泄漏原油，通过 6 道拦截坝拦截吸附污染物。截至 7 月 14 日 18 时，破裂的输油管线已修复，油污基本清理完毕，王瑶水库水质正常。

陕西榆林“9・3”延长油田靖边采油厂输油管道因山体滑坡发生管线破裂导致油水混合液泄漏事故：2011 年 9 月 3 日 19 时左右，位于陕西省榆林市靖边县的延长油田靖边采油厂输油管线因山体滑坡发生管线破裂，约 70 m^3 油水混合液发生泄漏，泄漏的油水混合液沿山坡流入坡下土坑内。事故发生后，该厂立即采取应急处置措施，泄漏点于当日 22 时被封堵，所有泄漏的油水混合液、消防污水等被回收到污水池。截至 9 月 4 日 10 时，现场已清理完毕，泄漏的油水混合物未进入水体。

陕西延安“8・11”吴起采油厂输油管线因连降暴雨导致管线破裂原油泄漏事故：2010 年 8 月 11 日 15 时许，陕西省延安市的吴起县境内连降暴雨，吴起采油厂的输油管线发生断裂，造成原油外泄。8 月 12 日 5 时，破裂管线焊接完毕，共收集外泄原油约 45 t，进入水体的原油约 3 t。8 月 14 日监测结果表明，洛河下桃水电站断面石油类未检出，洛河三眼桥断面、洛河永丰桥断面和洛河入渭口断面石油类均符合Ⅳ类水质标准，原油泄漏未对洛河地表水产生较大影响。

（五）管道火灾、爆炸事故

贵州晴隆“7・2”中国石油天然气管道因强降雨导致泄漏燃爆事故：2017 年 7 月 2 日 9 时 50 分左右，因持续强降雨引发边坡下陷侧滑，贵州省黔西南布依族苗族自治州晴隆县沙子镇中国石油天然气管道被挤断，引起泄漏燃爆事故。事件发生后，当地政府组织开展伤者救治、人员疏散、善后维稳、原因调查等工作。2 日 20 时，火被扑灭，涉事管道两侧闸阀关闭，天然气泄漏得到控制，共疏散周边 2 000 余人。事故处置过程中产生消防污水约 200 m^3，全部收集进入事故点附近一废水塘中。

辽宁大连“7·15”中国石油国际储运有限公司输油管道特别重大爆炸火灾事故：2010 年 7 月 15 下午，一艘利比里亚籍油轮装载 28.4 万 t 原油，开始向中国石油国际储运公司原储罐区卸油，企业违规向输油管道上加注脱硫化氢剂。7 月 16 日 13 时，油轮停止卸油，但加剂作业仍在进行，造成脱硫化氢剂局部富集；18 时许，输油管道发生爆炸起火，造成原油泄漏、污染海洋环境。爆炸起火后的现场照片如图 2-34 所示。

图 2-34　中国石油国际储运有限公司输油管道爆炸起火后的现场照片

保税油库爆炸点附近罐组由 6 座储罐组成，并设有 1.8 m 高的防火堤围堰。事故发生时，罐组内的消防污水及溅入罐组内的泡沫、油品全部流入 0.3 万 m^3 事故应急池或残存在 103 号罐内，而罐组外管道爆炸流出的热油和消防污水在地面流淌，经雨水井系统进入泄洪渠排海口入海。中国石油国际储运有限公司在项目建设过程中只考虑了储罐和罐区的环境安全防范，在每个罐组设置了围堰，使罐组出现生产安全事故后消防污水和泄漏物料能够得到有效收集，并自流进入事故应急池，但未考虑库区输油管道出现问题后的应对措施，此次输油管道爆炸因缺少消防污水回收系统，导致泄漏原油随消防污水进入雨排系统、造成海洋污染。

2010 年 10 月 24 日 17 时许，在事故烧毁的 3 号油罐，在工人拆卸过程中电焊火花引发起火；25 日 2 时，大火被扑灭。灭火过程中产生的消防污水都控制在防火堤内，没有进入海域。

第六节　输送管线

一、存在的环境安全隐患

企业输送管线主要包括：运输车辆和储罐之间、储罐和生产车间之间、生产车间之间输送生产原料、中间产品及成品的管线；生产车间废水和事故应急池污水至污水处理设施的管线；生产车间废气至废气处理设施的管线等。

（一）泄漏事故

输送管线可能发生泄漏的原因包括：管道、阀门、法兰、泵等连接处由于运行时间太长导致密封不严；其他原因使密封圈损坏；防腐不良导致输送管线锈蚀穿孔；输送管线缺少防护栏，失控车辆容易撞击管道，导致管道破裂、引发泄漏事故；未设有标识，人为因素造成泄漏。

气态化学品或废气输送管线泄漏，产生大量刺激性气体，污染周边大气环境，并造成周围区域人员的急性、慢性中毒。

液态化学品或污水输送管线泄漏，若泄漏液随雨水进入纳污水体，导致水体环境失衡，水生动植物由于不适应水体环境的变化而出现大面积死亡，从而造成水质恶化；若泄漏物不慎进入土壤环境，将造成土壤污染，从而对地面树木、花草的生长造成不良影响；地下输送管线发生泄漏将污染土壤及地下水，而地下污染较难及时发现及查找泄漏源，土壤及地下水修复处置也较难；泄漏处理时产生的冲洗废水、消防沙、擦拭处理的抹布、吸附棉等危险废物若未得到妥善处理，会危害环境。

（二）火灾、爆炸事故

输送管线可能发生火灾、爆炸事故的原因包括：输送管线设计不合理，液态化学品灌注储罐或反应釜时直接高速向下喷溅，易导致产生和积累静电；输送管线没有防静电跨接、接地；管线泄漏煤气等易燃易爆气体遇火花等引起火灾、爆炸；泄漏的物料易挥发，且能与空气形成爆炸性混合物；下方长有杂草树木，不仅易造成管道被高大乔木损坏的危险，也存在火灾危及管道的隐患；其他意外原因。

火灾、爆炸事故产生大量有毒有害烟气及消防污水，污染周围大气及水体环境。

二、环境安全隐患治理

（一）预防泄漏措施

1. 确保输送管线质量

选择高质量的管线，进行高质量的施工，确保输送管线不发生腐蚀性泄漏。特别是两节管线之间的接头一定要焊接牢固，防止物料在输送过程中发生泄漏；重要部位的阀门（如管线接头处阀门、安全阀、进出口管道上的阀门等）采用耐腐蚀、安全系数高、性能优良的阀门，并加强检查与防护；对不能满足输送要求或老化、破裂的管线，要及时进行更换修补，防止在高速、高温、高压情况下管线发生胀裂；完善管线防腐设计，除采用可靠的防腐涂层、保护层外，还应配置相应的阴极保护措施。

2. 加强输送管线环境安全管理

物料输送管线应为多阀门控制，在储罐区、泵房设有送料阀门，在车间用料端设有用料阀门，一旦送料端或用料端发生物料泄漏，均可通过阀门切断泄漏源；企业物料输送管线实现自动化控制，一旦出现输送管线泄漏或管线压力异常等情况，可通过中控系统切断泄漏源。

对于车间内的物料输送管线，各生产线四周设有泄漏收集沟，可有效防止管道破裂时导致的泄漏液外泄；加强地面管线防护管理，设置必要的防护距离，设置警戒标志，制定管线泄漏应急防范程序，配备抢修力量及抢修器材、应急设备；每天安排专员进行巡视，并且通过厂区安装的视频监控，对输送管线的日常情况进行实时监控，以便及时发现管道泄漏事故并第一时间采取措施制止；输送管线沿线设有可燃气体检测仪，有助于及时发现易燃物料的泄漏；地下管道应采用防腐蚀材料，并在埋设的地面作标记，以防开挖时破坏管道；地上管道应防止汽车碰撞，并控制管道支撑的磨损；管道施工应按规范要求进行，埋地管道应有阴极保护。

废水和废气收集管道预留应急支管和阀门，并设有下游截止阀门（按水流和气流方向）。管网建有压力事故关闭系统，如果管道压力变化，报警会启动，并开始阀门关闭步骤。企业组织巡查部门定期检查废水和废气收集管线，长期备有管道紧急维修的设备和配件，以便管道的保养和维护。

（二）防火、防爆措施

输送管线的设计应符合行业设计规范的要求，并落实各项防火、防爆措施和制度；厂区设有地上式消防栓及一定数量的消防水带；生产车间等相关场所配备干粉灭火器，供扑救初期火灾时使用；输送管线接地，并设有静电接地报警装置，取得防雷设施合格证；设有可燃气体泄漏检测报警仪，检测和控制可燃气体浓度；推进动火作业数字化管理，严格落实火灾防控措施；有防爆电机、照明灯具等防爆设施；厂区严禁吸烟、用火。

三、事故应急处置措施

（一）泄漏事故处置

发生局部管线泄漏时，立即停止作业，禁止一切点火源；切断泄漏部位与其他管线、设备的通道；对于管线泄漏部位可封闭到很短一段的，可考虑放空消散法；若管线壁泄漏，可使用不同形状的堵漏垫、堵漏楔、堵漏胶、堵漏带等器具封堵，或采用木楔子、堵漏器堵漏或卡箍法堵漏，随后用高标号速冻水泥暂时封堵；若带压管线泄漏，可用捆绑式充气堵漏袋，或用金属外壳内衬橡胶垫等专用器具堵漏；对于法兰连接处的轻微泄漏，可先上紧螺栓，再做处理。

少量液态物料泄漏时，发现人应立刻切断泄漏管线的液体来源，并用消防沙截堵泄漏至地面的泄漏液，防止泄漏范围进一步扩大，并使用吸附棉将少量泄漏液吸附，吸附后的废物统一收集、交由有资质单位进行处理；气态物料泄漏时，采用喷雾状水进行稀释。

当发现大量液态物料泄漏流出车间，或车间外的输送管线大量泄漏且不可控时，发现人应第一时间通知车间主管，车间主管应立即下令停止相应工段生产，并上报应急领导小组；应急领导小组接到报告后，立即命令现场处置组打开应急阀门，穿戴好防护用品，对泄漏管线进行维修，切断来源；对于已进入公司雨水管网并截留的液态物料，通过管线自流进入事故应急池内暂存，事故后抽至厂内污水处理设施、处理达标后排放；对于残留在地面的液态物料，利用吸附棉将其吸附后，作为危险废物交由有资质的单位进行处理；应用清水冲洗雨水管网，冲洗水自流进入事故应急池内暂存，事故后抽至厂内污水处理设施、处理达标后排放；委托外部有资质的监测单位在雨水排放口取样监测，确保水质正常。

（二）火灾、爆炸事故处置

火灾、爆炸事故发生后，发现险情人员应立即向应急领导小组报告，并启动报警器、发出火灾警报；应急领导小组组织应急人员到达现场后，综合协调组负责设置防火警戒隔离区，非应急人员不得进入事故现场。

如管线、阀门、仪表、金属软管接头等处着火，立即用干粉灭火器对准着火部位进行扑救，然后进行停止相连管线作业、关闭前后阀门、消压、堵漏等工艺处理。当火不能立即扑灭时，应立即停止作业，关闭距着火点最近的阀门，继续用干粉灭火器灭火，并立即通知当班班长和应急领导小组，启动应急预案进行处理。

现场处置组立即打开应急阀门，灭火时产生的消防污水通过雨水总阀门（常闭）截留后，自流进入事故应急池内暂存；现场处置组通知消防中控室立即启动消防泵，利用消防设施对事故区域周边设备、管线或罐体进行喷淋降温，防止因高热再次引发火灾、爆炸事故；对于输送管线火灾、爆炸时产生的大量有毒有害烟气，现场处置组应利用消防设施对烟气进行喷淋覆盖，降低烟气的浓度并减少其扩散范围；如果火势太大，依靠企业内部力量无法扑灭，企业应急领导小组应组织公司员工和周边居民撤离危险区域，并立刻拨打外部救援单位电话求助。

四、典型案例

甘肃平凉“7·11”天然气管道泄漏事故：2022年7月11日16时12分，位于甘肃省平凉市的甘肃红太阳热力有限公司在富春园小区门口检修施工过程中，将平凉市广汇天然气有限责任公司埋设的天然气主管道挖破，造成约13 600 m^3 燃气泄漏。周边200余人被紧急疏散。挖破点上下游阀门于16时30分许完全关闭。当地消防部门使用水幕对泄漏的天然气进行稀释。生态环境部门在事故点附近布设4个大气监测点位，11日21时至12日0时监测结果显示非甲烷总烃和硫化氢均未检出。

上海“6·18”中国石化上海石油化工股份有限公司原料输送管线火灾事故：2022年6月18日4时30分许，中国石化上海石油化工股份有限公司化工部乙二醇装置区域发生爆炸，爆炸碎片击穿碳五、碳八、乙烯、氢气输送管线而引发火灾。事故发生后，企业立即关闭雨水排口，消防污水全部拦截收集在企业事故池、污水处理站调节池以及厂区内部河道中，通过企业污水处理系统处置达标后排放。19日16时30分，火灾区域保护性燃烧结束，继续采取喷淋方式降温。截至6月28日，约33万 m^3 消防污水全部妥善处置完毕。当地生态环境部门组织在事故点下风向及周边河道开展环境应急监测。在大气环境质量方面，工业区空气自动站及走航监测数据显示，事故点周边区域总挥发性有机物浓度短时超过事发前水平，最高约为事发前的100倍。事故点下风向金山城区居民区在事件初期受短暂影响，自6月20日9时起，全区居民区等敏感点的总挥发性有机物浓度与环境本底水平基本一致。在水环境质量方面，厂区内部河道拦截闸外、企业外排口以及杭州湾的水质各项指标均符合相关标准，未见明显异常。

宁夏银川“7·11”宝丰能源集团有限公司煤气输送管线泄漏事故：2020年7月11日13时40分左右，位于宁夏回族自治区银川市的宝丰能源集团有限公司精细化工厂输送煤气管线在加装盲板过程中发生闪爆事故，导致焦炉气管因着火被迫关停，造成管道内含苯等有害物质的气体通过应急管排出。消防污水经污水管网进入事故应急池，未外排。17 时至 18 时 20 分的监测数据显示，厂界下风向环境空气质量监测点位的硫化氢、一氧化碳、挥发性有机气体、可燃性气体和苯均未检出。

山东淄博“6・6”济维泽化工有限公司液氯储罐输送管线泄漏事故: 2020 年 6 月 6 日 3 时 20 分许，山东省淄博市临淄区齐鲁化学工业园区的济维泽化工有限公司的液氯储罐输送管线破裂，发生液氯泄漏事故。事故发生后，当地政府及时组织厂区及周边企业人员撤离，对相关区域进行管控，封堵泄漏点位。11 时 35 分，泄漏点封堵完毕。处置过程中产生约 360 m^3 的消防污水，被全部导入厂区事故应急池（容积 1 200 m^3）。当地生态环境部门在泄漏点上风向 1 km 至下风向 1 km 的范围内布设 6 个空气环境质量监测点位，开展连续监测。6 日 8 时 40 分至 12 时 43 分的数据显示，空气中氯气均未检出。

内蒙古通辽市奈曼旗“9・19”原化工园区龙盛化工有限公司硫酸泄漏事故: 2019 年 9 月 19 日 16 时许，内蒙古自治区通辽市奈曼旗原化工园区龙盛化工有限公司因输送管线老化，导致约 3 t 硫酸泥发生泄漏，造成硫酸液流至罐区围堰外侧的水泥路面上，造成白色硫酸烟雾。事故发生后，企业使用沙土进行封盖，并对输送管线连接的罐体内剩余发烟硫酸进行转储中和。通辽市环境监测站在下风向布设 5 个空气质量监测点位，并对周边 3 个村庄的集中式生活饮用水进行水质监测。数据显示均未超出相应标准限值。

山东聊城“3・2”鲁西化工集团硅粉输送管线泄漏事故: 2017 年 3 月 2 日 7 时 48 分，位于山东省聊城市的鲁西化工集团硅化工分公司单体合成单元硅粉输送管线出现漏点，泄漏硅粉遇空气自燃产生烟雾，生成二氧化硅粉尘。鲁西化工集团立即启动应急预案，使用专业消防车对泄漏部位进行喷水降温。8 时 30 分，事件处置完毕，应急响应解除。事故处置中产生约 200 t 消防污水，全部收集进入厂区事故应急池。聊城市高新区环境保护部门对厂区周边大气质量开展监测，未检出有毒有害物质。

甘肃白银“7・11”白银有色集团股份有限公司选矿矿浆输送管线破裂事故: 2016 年 7 月 11 日 6 时许，位于甘肃省白银市的白银有色集团股份有限公司选矿矿浆输送管线破裂，7 时 30 分紧急停输。初步估算约 250 t 尾砂浆泄漏，部分尾砂浆流入东大沟。事发地距东大沟入黄河处约 27 km。事件发生后，该选矿公司停产，沿东大沟排水企业停止排水。白银市政府在东大沟沿河的崖渠水、民勤、双合和永丰等村共修筑 7 道拦截坝。地方政府组织救援力量对泄漏矿浆进行集中清理，并及时回抽、清理拦截坝内积存的污水与污染底泥。矿浆拦截在第三道坝内。7 月 11 日 13 时，第一道坝、第二道坝处水质砷浓度分别超标 12.6 倍和 1.1 倍，第三道坝处水质砷浓度达标。7 月 12 日 2 时 30 分，各监测点位监测数据均达标。

安徽蚌埠“2・6”博远化工厂物料三氧化硫输送管线泄漏事故：2014 年 2 月 6 日 9 时 22 分，安徽省蚌埠市博远化工厂物料三氧化硫输送管线发生泄漏事故。事故发生后，当地政府立即疏导宁洛高速车辆，拉运黄沙覆盖泄漏的三氧化硫以减少酸雾产生。当日 11 时 32 分，泄漏物料输送管线阀门被关闭，高速公路逐步恢复通行；16 时 30 分，所有泄漏物料形成的结晶体全部被黄沙覆盖，酸雾浓度降低，处置人员开始对现场残余物进行清理收集，收集的残余物作为危险废物运往有资质单位进行处置。截至 2 月 7 日 6 时 30 分，现场全部清理完毕。

广西贵港“7・28”贵港钢铁厂煤气输送管线泄漏事故：2011 年 7 月 28 日，广西贵港钢铁集团有限公司炼铁高炉正常生产，轧钢车间和带烧车间停产。在正常情况下，炼铁高炉产生的高炉煤气通过输送管线分别输送到轧钢车间、带烧车间及发电厂利用，因轧钢车间和带烧车间停产，炼铁高炉产生的大量煤气无法消耗，导致输送管线内压力过大，从而冲开轧钢车间煤气输送管道水封，造成煤气泄漏。当时有 104 人住院治疗，其中 97 人中毒，无生命危险。企业立即关闭煤气总阀，从源头切断煤气，并继续往水封装置加注水，防止煤气外泄。7 月 29 日 6 时的监测结果显示，企业及周边环境各监测点位一氧化碳浓度均达标。

第七节　码头

一、存在的环境安全隐患

（一）泄漏事故

码头作业时，码头平台的化学品储罐、输送管道、法兰、阀门及输送泵等由于老化或者意外碰撞导致泄漏；人为操作失误造成物料泄漏，例如装卸臂与船舶输送管线连接不良，造成管线脱落、物料泄漏；装卸量过多造成船舱内液体满溢；船舶等储运设备因穿孔、破损、撞击、自然因素和人为因素导致泄漏。

码头或正在码头作业的船舶发生泄漏事故后，泄漏物直接进入附近水体，影响水体功能。水运接卸码头如图 2-35 所示。

图 2-35　水运接卸码头

（二）火灾、爆炸事故

码头作业时发生泄漏，当泄漏量达到一定程度，化学品蒸气与空气形成爆炸性混合气体时，一旦遇到明火、电火花、电弧、静电火花等点火源，就会发生火灾、爆炸事故。点火源产生原因包括：人为因素（在码头上吸烟，引入明火）、电气设备老化产生点火源、自然因素（雷击）和机械撞击产生明火等。

码头或正在码头作业的船舶发生火灾、爆炸事故时，含有化学品的大量消防污水进入水体，影响水体功能；事故产生大量有毒有害烟气，污染周围大气环境。

二、环境安全隐患治理

（一）预防泄漏措施

严格按照操作规程进行码头平台装卸作业，定期检查和维护码头装卸臂、管线阀门、法兰及输送泵等容易发生泄漏的设备，确保状态完好、无磨损迹象，杜绝泄漏隐患；定期检查压力表、流量计等装卸过程计量仪表，确保准确计量。

装卸作业前严格检查船舶安全状况，确保其输送管线、输送泵完好，防止船舶输送系统发生泄漏；严格检查舱内液态化学品的温度、压力及稳定性，确保处于正常状态，防止舱内液态化学品状态异常、影响输送安全；严格按照操作规程引导船舶靠泊或离岸，防止碰撞事故的发生。

码头平台应设有监控系统，将码头所有信息传送到控制室，控制室内可看到码头航道以及码头出入口、平台等的现实状况画面，采用视频服务器和以太网技术，使系统网络化、数字化、信息化及智能化；在码头工作平台设置气态化学品浓度探测器，以便探测气态化学品泄漏情况。

在码头平台相关区域设置围堰，同时每个区域均设置污水收集池，通过管道与泵站和事故应急池联通；在码头前沿每根管线的最前端设置紧急切断阀，以防意外事故发生，或出现异常情况时可以在最短时间内关闭阀门，使危险降到最低限度；在引堤根部设置紧急切断阀，意外事故发生时可以切断码头前沿与后方罐区的管线联系；企业在码头底部配备永久布放型围油栏，同时配置可移动围油栏作为应急备用，防止码头溢油事故扩散；在码头设置环境应急器材室，购置的防污设备和器材主要包括围油栏、消油剂、吸油毡、临时储存装置和溢油监视报警装置等；通过与专业清污作业单位签订防污合作协议，委托专业服务公司承担码头日常作业围油栏布放和环境应急清污工作。

（二）防火、防爆措施

严禁在未按规定办理动火手续的情况下，在码头内进行施工动火或生活用火；设备检修需要动火作业时，按规定办理动火作业许可手续，并采取严格的安全防范措施。焊接作业时，焊接处 10 m 以内不得有可燃物、易燃物，高空作业时更应注意火花的飞向；要保证焊接设备、橡皮结缘电缆的连接部分无松散破损的现象，结缘良好，防止漏电和过热。

严禁在码头内吸烟及未经批准携带火种和易燃易爆、易腐蚀物品进入码头；码头内严禁使用黑色金属或易产生火花的工具敲打、撞击作业。码头内严禁使用汽油及其他易挥发溶剂擦洗设备、衣物、工具及地面等；严禁未经批准的各种机动车辆进入码头区域；严禁在码头就地排放易燃易爆物料。

控制静电积聚，防止静电火花引发的燃爆事故；码头入口设置除静电装置，进入码头的人员必须按规定触摸除静电装置，严禁穿戴易产生静电的服装进入码头工作；码头装卸作业前，应先连接好船岸间的静电接地线，再进行接管作业；码头作业区的照明、通信和其他电气设施必须具有防爆功能，严禁在码头内使用非防爆电器（如手机等）；应经常性检查、维护码头内的电气线路，严防电气短路引发火灾、爆炸；雷电和暴风雨天气以及附近有火情时停止码头装卸作业。

定期检查、维护、码头内的消防设施，证完好、有效；严禁人为堵塞消防通道及随意挪用或损坏消防设施；消防控制台接收到码头储罐区与装卸区火焰报警信号后，可以远程启动每个储罐和装卸设备旁的消防水泵、泡沫泵与喷淋电动阀。

三、事故应急处置措施

（一）泄漏事故处置

码头配备设施积极依靠自身能力进行泄漏处理，当出现中小规模的化学品泄漏事故时，尽量由码头配备的设施回收。码头应急设施如不能及时清除泄漏化学品，则应立即向上级部门报告，请求外部支援。

当发现化学品泄漏事故时，立刻通知码头负责人，并通过对讲机通知企业应急领导小组办公室；企业应急领导小组办公室接警后，通知船方停泵，或通知罐区停下用于装船的输送泵；10 min 内召集所有环境应急人员赶往事故区域，综合协调组在泄漏区域 200 m 内警戒，紧急疏散现场无关人员，非应急人员不得进入事故现场；需要进入泄漏区域的人员根据泄漏物的化学性质佩戴防护用品，并严禁携带明火进入泄漏区域。

在确认安全的情况下，现场处置组负责迅速切断泄漏地点管道连接的有关管路，关闭所有进入事故部位的阀门（除消防水外），断开输送软管、静电接地电缆，以及船舶与码头有关的连接设备、设施，松开系船缆绳、锚杆，让船舶安全离开事故码头，驶至安全的水域，防止事态进一步蔓延；迅速切断危险范围区域内的电源（必须保证消防泵能启动）；启动码头水炮，对泄漏现场进行冷却、稀释。

利用平台围堰收集码头平台上产生的液态泄漏物；当泄漏量较小时，现场处置组利用就近的消防沙或消防毯吸收，然后使用无火花工具收集，交由有资质单位进行处置；当泄漏量较大时，立即用消防沙或陆用围油栏、平台围堰将液态泄漏物围住，然后利用隔膜泵将泄漏物泵入废料桶进行回收，再用抹布或吸油毡吸收干净余下的液态泄漏物；地面液态泄漏物转移后，现场处置组应对地面进行清洗，清洗废水经码头污水收集池收集后，通过管道引至事故应急池中暂存；对于泄漏量大而容易积聚、有可能发生爆炸的，应考虑在确保有足够冷却水量，能冷却有关设备的情况下点火燃烧；若有人员中毒，将其运离现场并及时送医院就医；密切观察现场情况，随时做好扩大应急响应准备。

化学品泄漏进入水体的，根据泄漏化学品情况并结合现场的气候、水文、潮流条件，决定需要增布围油栏类型及围油栏的布设方式；协同船主查找事故部位，并采取堵源、接漏等各类措施防止泄漏的化学品落水；利用撇油机吸除水面上大量漂浮的泄漏化学品；对少量泄漏化学品，可采用吸油毡吸附；对水面残余泄漏化学品，可采用喷洒消油剂的方法加以消除；对清理出的泄漏化学品，可以回收的尽量回收，不能回收的转运至有资质的单位处置；使用过的吸油毡或其他固废经统一收集后，交有资质的单位处置。

（二）火灾、爆炸事故处置

码头火灾、爆炸事故发生后，发现险情人员应立即向码头负责人和企业应急领导小组办公室报告，并启动报警器、发出火灾警报；企业应急领导小组办公室组织应急人员到达现场后，综合协调组设置防火警戒隔离区，非应急人员不得进入事故现场；现场处置组立即关闭码头输送管线紧急切断阀，并立刻停止码头一切装卸工作，利用码头配置的消防设施对着火点进行灭火；如果火势太大，依靠企业内部力量无法扑灭，企业应急领导小组办公室应果断下令组织现场员工和周边居民撤离危险区域，并立刻拨打外部救援单位电话求助；利用码头污水收集池收集灭火时产生的消防污水，通过管道引至事故应急池中暂存；应急监测组应配合外部监测部门在码头四周布点，进行实时监测，一旦监测结果显示严重超标，应及时上报企业应急领导小组办公室，企业应急领导小组办公室应立即上报当地生态环境部门，配合相关部门组织受烟气污染较重人员进行撤离；在火灾、爆炸事故中产生的危险废物统一收集后，交由有资质单位进行处理；综合协调组在事故后进行调查，将事故原因、影响范围、是否有人员伤亡上报至企业应急领导小组办公室。

四、典型案例

（一）泄漏事故

辽宁大连“10・6”金普新区新港码头油轮原油泄漏事故：2022 年 10 月 6 日 11 时 32 分，喀麦隆籍油轮“莱克西”号在靠泊大连新港码头泊位、准备进行卸油作业时，两根船舶缆绳突发断裂，造成船舶漂离泊位，导致输油臂破损，约 3 m^3 原油泄漏到海面和码头。当地政府通过布设围油栏、吸油毡和投放消油剂等方式，对泄漏油污进行吸附清理，同时组织对周边海域开展环境应急监测。10 月 6 日和 7 日的监测数据显示，事发区域海水水质符合《海水水质标准》（GB 3097—1997）第四类限值要求。

云南昭通“7・23”向家坝码头磷矿货船断裂倾覆导致油箱柴油泄漏事故：2021 年 7 月 23 日 11 时 43 分，云南昭通水富市向家坝翻坝码头一艘船舶发生船体断裂倾覆事故（现场如图 2-36 所示），事发时载有约 4 900 t 磷矿石，油箱有 0.5 t 柴油。事发地下游约 2 km 为向家坝电站右岸水厂取水口，下游约 10 km 为金沙江云南入四川国控断面。

图 2-36 码头船舶船体断裂倾覆事故现场

生态环境部环境应急与事故调查中心、生态环境应急研究所工作组赶赴现场。当地生态环境部门在事故船舶周围布设隔油栏（如图 2-37 所示），使用吸油毡等吸附泄漏油污（如图 2-38 所示）。7 月 23 日下午，事故点附近水面发现零星油污。监测数据显示，23 日 21 时，事发地及隔油栏内 5 个监测点位石油类浓度最高超标 473 倍。7 月 27 日起，云南、四川两省境内各监测点位石油类、总磷、氟化物等指标均持续稳定达标。事故未对右岸水厂取水造成影响。当地政府组织专家制定沉船打捞方案，并做好打捞过程中的环境风险防范工作。

图 2-37 事故船舶周围布设隔油栏

图 2-38　使用吸油毡等吸附泄漏油污

福建福州“2·10”江阴码头丙烯货船泄漏事故：2020 年 2 月 10 日 16 时许，一艘装载 2 252 t 丙烯的利比里亚籍外轮“天才”号汽船到达福建省福州市的福清市江阴港中江化工码头，在向中江化工码头输送丙烯时，船舶货舱输送泵出口发生丙烯泄漏，现场作业人员立即对泄漏点采取打水幕措施。事故发生后，中江化工码头立即启动应急预案，采取减少压力等措施控制泄漏量。10 日 22 时 21 分，拖船牵引事故船离开中江化工码头后，依靠自身动力前往 8 n mile 外的江阴港区危险品锚地；23 时 55 分，船舶到达锚地停泊，由船方持续用水喷淋稀释泄漏点；13 日、18 日、23 日先后进行 3 次封堵，但效果不理想，未能实现完全封堵。2 月 29 日，采用在锚地船船对接方案进行处置。3 月 1 日 17 时 30 分，接驳处置完毕。

福建泉州“11·4”福建东港石油化工实业有限公司肖厝码头碳九泄漏事故：2018 年 11 月 3 日 16 时左右，“天桐 1 号”船舶靠泊福建东港石油化工实业有限公司（以下简称“东港石化公司”）码头，拟接运东港石化公司工业用裂解碳九。18 时 30 分左右，岸上人员开始从东港石化公司码头输油管道进行工业用裂解碳九装船作业的准备工作。在码头吊机处于故障状态的情况下，操作员违规操作，通过人工拖拽，用输油软管把岸上和船舶联系起来，两侧均用绳索固定。19 时 12 分，后方油库通过库区专用装船泵向“天桐 1 号”货船输送裂解碳九物料。11 月 4 日凌晨，随着潮位降低、船体不断下沉，连接岸、船的软管也随之不断被下拉，由于连接岸、船的两端软管都被绳索固定，致使下拉的长度受限。11 月 4 日 0 时 58 分许，因潮位下降产生的强大拉力将软管拉裂，裂解碳九从管壁破裂处（连接船一侧段）外泄。11 月 4 日 1 时 21 分，泄漏源头被切断，估算约 69.1 t 裂解碳九泄漏。虽然该公司采取了停泵关阀、回收油污等措施，但当时海水已由退潮变为涨潮，仍有部分油污逸散。11 月 14 日，事发海域及附着在修复鱼排、礁石、岸滩的残留油污完成清理。11 月 27 日，泉州市泉港区政府宣布终止应急响应。事故相关照片如图 2-39～图 2-42 所示。

图 2-39　涉事码头和船只

图 2-40　涉事码头和船只作业防护围油栏

图 2-41　当地组织人员清理残留油污

图 2-42　回收的围油栏和受腐蚀的鱼排浮球

上海金山“1・10”倔石港临时码头装卸作业时化工副产品泄漏事故：2013 年 1 月 10 日 19 时，“赣天宜化 0003 号”船在上海市金山区朱泾镇倔石港临时码头装卸化工副产品作业时发生泄漏，化工副产品主要是苯乙烯等 C_8～C_{10} 类化学物质，周边大气及水体受到污染，松江泖港水厂停止供水。事件发生后，当地政府采取布设围油栏、吸油毡等方式对污染物进行吸附。至 1 月 14 日，所有监测断面指标恢复日常状态，事件对水体的影响基本消除，松江泖港水厂于 13 日 18 时恢复取水，当日 24 时恢复供水。

江苏镇江“2・2”李长荣综合石化工有限公司化工码头货轮苯酚泄漏事故：2012 年 2 月 2 日至 3 日，一艘韩国籍货轮在江苏省镇江市李长荣综合石化工有限公司化工码头卸货，其间船方违反操作规程作业，未关闭通向舷外的水下排放管路盲断阀和舱底单向截止回阀，该管路的手动蝶阀操作系统虽已关闭，但因缺乏维护保养，致阀体与阀盘存在间隙，导致卸货过程中部分货物（苯酚）通过该船的水下排放管道泄漏，对长江水体造成影响。

湖南资江“8·3”中国石化益阳会龙山码头金和石油有限公司油船卸油作业时发生柴油泄漏事故：2011 年 8 月 3 日 19 时，金和石油有限公司“湘汉 0078 号”油船装载 1 164 t 柴油运往益阳，到达中国石化益阳会龙山码头进行卸油作业时发生漏油事故，约 4 t 柴油进入资江，造成位于油库下游的益阳市资江河道取水口受到一定程度的油质污染。益阳市政府紧急停止益阳市二水厂、三水厂（供水能力均为 10 万 t/d）的取水，同时启用城区备用清洁水源，于 5 日 12 时至 13 时实行有序供水，并紧急调用 20 多台次洒水车，从邻近的桃江县取水，对城区实行定点供水；并在当地主要媒体就此次事件有关情况向社会进行通报。监测结果显示，益阳市城区二水厂取水口石油类浓度超标 0.8 倍（国家标准为 0.05 mg/L）；三水厂取水口石油类浓度超标 3.2 倍。受污染河段及饮用水水源地石油类浓度下降趋势明显，逐步恢复正常。益阳市二水厂、三水厂分别于 5 日 16 时、20 时 50 分恢复正常供水。

辽宁大连“11·25”大连保税区新港码头海域润滑油罐油污染事件：2009 年 11 月 25 日，船舶向位于大连保税区新港码头的 G204 罐卸润滑油时，因罐底部含油污水阀门（用于排放清洗罐过程中产生污水的阀门）密封不严导致少量油泄漏，并由缓冲池入口处渗漏进入附近海域，导致近岸近 400 m^2 海域出现浮油现象。企业及时对受污染土壤、海域进行了清理，并将污水缓冲池中含油污水及海面浮油进行了转移。12 月 3 日，围油栏内海域石油类浓度超标 1 倍（GB 3097—1997 标准为 0.5 mg/L）。截至 12 月 7 日，事件已得到妥善处置，受污染海域基本恢复正常。

湖北宜都“12·14”枝城港五码头烧碱货船泄漏事故：2007 年 12 月 14 日凌晨 4 时，湘汉寿危 0298 危险品运输船在湖北省宜都市枝城港五码头（长江中游里程约 571 km 右岸）通过管道直接输送 609 t 烧碱（48%，液态）到船舱，完成装载后，船首下沉（尾部机舱未沉）。在下沉过程中，船员及时将 6 个船舱的 12 个舱盖关闭。但由于舱盖没有密封，部分烧碱泄漏。事发地下游 200 m 和 3.5 km 处有工业企业用水取水口，下游 10 km 处有一乡镇取水口。为确保下游饮用水水源安全，位于下游 3.5 km 的枝城港务局自来水厂停止供水。当地政府主要采取了以下施救措施：一是对沉船进行扶正加固定位，防止船舶进一步下沉和侧翻；二是派潜水员下水，对 6 个船舱的 12 个舱盖加固，防止烧碱外泄；三是对沉船过驳减载，从货舱舱盖钻孔放入潜水泵，将烧碱过驳到调来的运输船只，由于过驳的液态烧碱浓度较低，该项工作随即停止。15 日 16 时，枝城港务局自来水厂恢复供水。

（二）火灾、爆炸事故

广西北海“11·2”铁山港区液化天然气码头储罐火灾事故：2020 年 11 月 2 日 11 时 25 分左右，广西壮族自治区北海市铁山港液化天然气码头 2 号储罐罐顶发生火灾事故，罐体容积为 16 万 m^3，储存液化天然气（主要成分为甲烷）约 8 万 m^3。12 时左右，明火被扑灭。事故发生后，当地政府立即组织力量进行应急救援，对铁山港实施交通管制，禁止所有船舶进出，并对罐顶 BOG 装置（蒸发器）开展安全隐患排查。消防污水全部收集至事故应急池，未外排入海。2 日 15 时至 22 时 30 分的监测数据显示，2 号储罐上风向 250 m 和下风向 500 m 处的总挥发性有机化合物浓度达标；距码头 2 km 的海水自动监测站数据未见异常。

江苏常州“7·9”长江石化码头火灾事故：2017 年 7 月 9 日 22 时 40 分许，一艘名为“天盛 18”号的货轮（装载 5 万 t 水渣）航行至江苏省常州市长江华润石化码头附近失控，撞击靠泊在码头的“双龙海”号货轮（装载 2 500 t 邻二甲苯，尚未卸货），导致“双龙海”号船体倾侧，造成码头坍塌并致装卸管线撕裂发生燃烧（管线内残留粗苯等物质）。“双龙海”号货轮货舱未破裂，装载的邻二甲苯未泄漏。监测结果显示，10 日 8 时许，江阴小湾取水口苯浓度最高超标 0.5 倍，其余时间各点位苯浓度均未检出；所有监测点位二甲苯均未检出；下游苏州、南通、泰州三地饮用水水源地水质未见异常。沿江水厂水质及供水未受影响。

浙江杭州“11·13”荣圣化工有限公司码头船只爆炸导致硫酸泄漏事故：2008 年 11 月 13 日 7 时 40 分，浙江省杭州市余杭区塘西镇北村京杭大运河支流河段荣圣化工有限公司化学品码头一艘装载液态二氧化碳的船只发生爆炸，导致该码头同时停泊的其他船只装载的 200 t 左右发烟硫酸和少量双氧水（浓度为 27%）发生泄漏。当地政府就地调用码头库存液碱 220 t（浓度为 30%）注入污染水体，对硫酸进行中和处理，并调集 40 t 固体纯碱在下游投放，同时派出液碱救援船只至新安桥一带布防。至 11 月 14 日，事发地与新安桥（距事发地 4.5 km 处）之间及德清县境内各点位 pH 均稳定达标，事发地下游水质恢复正常。

湖北武汉“9·2”陈家墩危险化学品码头货轮火灾事故：2007 年 9 月 2 日 14 时 30 分左右，汉江武汉江段陈家墩危险化学品码头 4 艘载运甲醇的货轮中，1 艘载有约 49 t 甲醇的船只突发大火，引燃了其他几艘货轮装载的甲醇。最先起火的船只因船体进水而沉没，其他 3 艘装载甲醇的船只顺汉江往下游漂流 1 km 左右后被拦截；截至 2 日 22 时，大火已全部被扑灭。共设置 4 个监测断面、36 个监测点位，严密监测，确保水源安全。从 9 月 6 日 12 时至 9 月 9 日 15 时的监测结果显示，所有点位甲醇均未检出。9 月 11 日，火灾中的 4 艘船只全部被拖离事故现场，打捞工作完成。整个过程中饮用水水源未受影响。

第八节　钻井

一、存在的环境安全隐患

（一）陆上油气钻井事故

内陆油气田开发中会发生井喷失控、油气泄漏、火灾爆炸、中毒等事故。井喷通常具有突发性特征，来势凶猛。由于井喷逸出气体通常对人体具有强致毒性，而且源于地下，发展态势极为不确定，特别是含硫化氢油气田一旦发生井喷事故，将会严重威胁附近群众的生命安全。

（二）海洋油气平台事故

随着国民经济的快速发展，我国海洋石油勘探开发等活动日益频繁。截至 2021 年，我国共有海上油气平台近 500 个、油气管道超过 3 万 km，海洋石油产量已占全国石油总产量的 1/4。随着海洋石油勘探开发规模不断扩大，以及平台、管线老化，海洋石油勘探溢油事故的环境风险不断加大。

二、环境安全隐患治理

（一）预防陆上油气钻井事故

从井喷污染事件发生的瞬时性和影响程度的严重性考虑，应对此类污染的法律措施应当更为规范、严格。建立切实有效的井喷污染防范制度，采取行之有效的井喷污染事故预防措施。在油气田工程设计、施工和投产使用过程中，应严格进行环境影响评估，及时开展细致的环境监测工作，尽量通过源头控制措施防范井喷污染事故的发生。

各油气田开发企业应建立有效的应急预案，完善突发环境事件应急处置体系。在应急预案中，首先应明确规定在井喷失控后的限定时间内立即点火，这是保证环境安全的首要措施；其次，结合油气田开发的特殊性，应建立大气环境风险模拟系统，且在井喷事故发生后，立即协调组织附近居民撤离。按照环境应急预案定期组织不同类型的桌面演练和实战演练，提高防范和处置突发环境事件的能力。

应落实油气田开发企业一线员工的技术和环境安全教育。井喷前的采油现场一般会有特殊的现象出现，如果当班的员工责任心强、技术过硬，可以及时发现井喷隐患，使其危害减至最小。

完善企业全面负责、地方政府精准监管的环境安全监管机制。重点加强新油气井系统性安全风险和重点地区井控风险管控。对高风险井，深入开展环境安全隐患排查和井控安全专项治理，全面实施隐患整改和井控装备升级计划，落实防井喷和防硫化氢泄漏措施。加强大型油气集输场站、废弃油气井等的环境安全风险管控。

（二）预防海洋油气平台事故

海洋油气平台防范溢油事故发生的最有效途径是从工程设计、施工建造和安装以及生产管理上采取有效的防范措施，消除事故隐患，及时制止事故苗头，尽可能避免油气泄漏事故的发生。严格按照设计标准，保证工程各系统结构强度、稳性和抗疲劳程度。如海底管道和立管的设计以国际上认可的规范和标准为依据，外防腐采取防腐涂层与阴极保护的联合保护方法，留出腐蚀裕量，防止海管腐蚀；对于易发生泄漏的管路，全部根据最大压力和最高温度设计，并设置应急安全阀，在紧急情况下进行关断保护，防止油类泄漏入海。

开钻之前制定周密的钻井计划及溢油应急预案，建立健全井控管理系统，配备安全有效的防喷设备以及良好的压井材料、井控设备；对溢油风险环节，进行危险源的辨识与更新；对关键岗位的操作人员进行专业技术培训，加强随钻观测，一旦发生井喷，及时采取相应的应急措施；在钻采过程中，通过对地层孔隙压力及破裂压力的预测，防范钻采过程中可能产生的地质性溢油风险；注水作业中，通过注采井网合理设计、注入压力控制、注入监测与防范、注水方案严密论证等措施，防范注水作业中可能产生的地质性溢油风险。

通过制定相应的管道保护和检测程序，设置相应的压力、液位和温度报警系统，安全泄压保护装置以及应急关断系统，防控海底管道事故；在钻台、钻井液池等场所设置通风系统和烃类气体探测器，自动探测烃类气体，并配备反应灵敏的灭火系统，一旦发生火情，及时启动灭火系统；对于海上设施（包括平台、管线、储油设施、作业船舶等）和作业流程，在可能产生溢油部位安装监控装置，并对监控设施、仪表进行定期检测；制定海面 24 h 观测制度，安排值守船舶 24 h 对海面进行监控，所有作业人员都有义务报告溢油隐患，并积极采取力所能及的措施控制隐患；对于可能产生溢油的上述环节，安排人员定期进行巡视；按照应急预案规定的频次，定期开展灭火演练和溢油事故环境应急处置演练（如图 2-43、图 2-44 所示）。

图 2-43　油气平台灭火演练

图 2-44　溢油事故铺设拦油索演练

顺应海洋石油开发规律和发展需要，推动构建与高质量发展相适应的海洋石油环境安全监管体制。建立企业全面负责、第三方独立监督、政府精准监管的工作机制，完善海洋石油环境安全监管工作规则。建立中介机构年度工作报告制度，加强海洋石油环境安全中介机构监管。对有人值守的海洋油气平台（设施）进行全覆盖排查整治，对老化海上固定式生产设施主结构开展安全评估和分类整治，推动人员密集型油气生产作业设施自动化、数字化转型和“减人”改造，严格落实台风等极端天气的防范措施。推动建成海洋石油环境安全风险监测预警系统，实现远程监测、智能预警、分类管控。

三、事故应急处置措施

（一）陆上油气钻井事故处置

发生井喷事故后，企业配合当地政府，迅速组织事故发生地周围的群众撤离危险区域，维护社会治安，同时做好撤离群众的生活安置工作；设置警戒线并划定安全区域，封锁事故现场和危险区域，迅速撤离、疏散现场人员，设置警示标志；设法保护相邻装置、设备，严禁一切火源，切断一切电源，防止静电火花，并尽量将易燃易爆物品搬离危险区域，防止事态扩大和引发次生事故；事故现场如有人员伤亡，立即调集相关（外伤、烧伤、硫化氢中毒等方面）的医疗专家、医疗设备进行现场医疗救治，适时进行转移治疗；对事故现场和周边地区进行可燃气体分析、有毒有害气体分析、大气环境监测和气象预报，必要时向周边居民发出警报；及时制定事故的应急救援方案（如放喷点火、压井、灭火、堵漏等），并组织实施；做好现场救援人员的安全防护，避免烧伤、中毒等人身伤害事故发生；保护当地重要设施和目标，防止事故对当地江河、湖泊、交通干线和其他敏感环境区造成重大影响；积极开展二次污染防范工作，通过严格的污染检测，确保井喷污染对环境造成的损害彻底清除，在此基础上协调组织居民回撤。

与其他应急事件不同，井喷事故的首要工作即是疏散事故周边群众。这项工作是与事故信息的公开与上报密不可分的，公开是对群众的公开，上报是对政府与生态环境部门的上报。只有同时做到以上两点，才能保证群众疏散的快速完成。此外，事故处置对象为流动性气体，因此决策者的快速响应更加重要。要在事故发生后的短时间内组织各方专家赶赴现场参与处置，整合各方环境应急监测力量，最大限度地集中技术与科研的力量，保障环境安全。

多数井喷事故是油气田开发中钻井过程不当直接引起的，而钻井是一项多学科、多工种、技术复杂的工程，现场操作人员往往最了解地层基础情况及工作环境条件、现场物资条件，因此事故方要全程配合政府应急人员，共同做好应急处置工作。

（二）海洋油气平台事故处置

在海洋石油勘探开发溢油污染应急处置中，事故企业要及时组织堵漏，搜集信息，按照报告流程报告并启动溢油应急程序。在溢油事故发生后第一时间内，报告企业应急领导小组办公室，企业应急领导小组办公室在最短时间内报告生态环境部门及相关单位，必须在规定时间内向政府有关部门递交书面报告。事故发生后，采取全天候海面溢油监视措施，增加海面观测次数和守护船海面巡查频次，夜间加密探照次数，发现海面异常时及时上报。

事故企业应及时控制溢油源，拦截清除海域及海岸带油污，防止海面油污蔓延扩散，做好有毒有害物质的收集、清理和安全处置工作。在必要情况下，可酌情使用消油剂清除浮油。在事故企业无法及时清理近岸海域油污、阻止油污上岸时，地方政府应当及时开展本行政区近岸海域油污拦截、清理及污染防治工作。

海洋石油勘探开发溢油事故与陆上环境事故相比，有其特殊性。一是溢油源不明确，一个油田通常包含多个平台、多条管线，当海面出现溢油后，往往不能立即确定溢油源；二是控制污染范围难度大，油类入海后立即随着海流扩散，没有缓冲余地。因此，出现溢油后，应第一时间查明溢油源，并及时采取停钻、停注、关井、关闭管线等措施控制溢油源，防止油类进一步进入海洋环境，以减少环境影响，并为后续处置赢得时间。

海上溢油污染控制的主要原则包括：首先是控制溢油源，阻止油类进一步泄漏；然后布置围油栏、吸油毡等，防止海面上的油污进一步扩散；再采取机械、人工等措施将溢油回收；在海面油膜无法回收的情况下，使用消油剂消除海面油膜。主要应急物资包括围油栏、撇油器、吸油机、吸油毡、消油剂等。

四、典型案例

（一）陆上油气钻井事故

陕西延安宝塔区“9·13”南泥湾采油厂原油泄漏事故：2021 年 9 月 13 日 11 时 52 分，位于陕西省延安市的南泥湾采油厂刘渠采油队丛 391 井场的平 1 号井发生井喷原油外泄，部分原油流至井场坡下沟渠，少量原油泄漏至距离井场约 800 m 的死水塘内（水池面积 500 m^2 左右）。事件起因是井下压力异常，造成井喷原油外泄，共计外泄原油 5 m^3 左右。事件发生后，南泥湾采油厂组织刘渠采油队出动 55 人、1 部钩机、1 部铲车，动用 78 袋吸油棉（每袋 4 片）、10 根吸油索等相应抢险物资清理污染物。

四川德阳“5·19”新场气田井喷事故：2009 年 5 月 19 日 19 时 50 分，四川省德阳市旌阳区的新场气田 926-2 号井发生井喷事故，该气田距德阳市城区约 20 km，距孝感镇约 2 km，为低硫浅层气田。当地政府紧急疏散了周边 1 万余名居民，该事件未造成人员伤亡。20 日 5 时，井喷天然气被点燃，疏散群众陆续返回。

四川达州“12·21”清溪 1 号井发生井涌事故：2006 年 12 月 21 日 19 时左右，达州市中国石化南方公司清溪 1 号井发生井涌事故。事故当晚 22 时左右，当地政府协同中石化南方公司人员组织点燃气体，并在现场 1 km 范围内安全疏散群众万余人，第一时间确保了群众安全。为防止压井废水、废物产生二次污染，利用已扩大的事发地附近的水塘，拦截压井过程中产生的压井废水。

（二）海洋油气平台事故

渤海蓬莱“4·5”中国海油天津分公司蓬莱19-3V平台井涌着火事故：2021年4月5日18时左右，中国海油天津分公司蓬莱19-3V平台V29井发生井涌事故，随后进行压井作业，作业过程中造成闪燃。事故平台于20时45分左右着火，平台火势较大，现场海面发现2 km海面亮带。中国海油先后调配各类船舶60余艘参与应急处置，在事故平台周边布设11道各型围油栏，开展海面巡查和溢油回收处置，排查潜在溢油风险。生态环境部国家海洋环境监测中心前往事故海域开展水质监测和海面巡查，持续开展遥感监测和油膜漂移预测。截至4月底，平台及周边海域海水石油类指标整体保持稳定，大部分符合一类、二类水质标准。中国海油继续排查并消除溢油风险，切实做好海面油膜控制回收，严格防止油污扩散上岸。

渤海蓬莱“6·4”中国海油渤海蓬莱油田油气平台溢油事故：2011年6月4日起，中国海油渤海湾蓬莱油田开始发生漏油事故，该油田是中国海油与美国康菲石油中国有限公司的合作项目。漏油事故发生在B平台、C平台两个平台，溢油主要覆盖附近海域，最远影响范围在蓬莱19-3油田西北约60 km。19-3油田单日溢油最大分布面积为158 km^2，使周围海域840 km^2的海水水质迅速从一类下降到了劣四类。其中B平台溢油范围覆盖158 km^2，C平台形成了长13 km、宽100～150 m的油带，溢油覆盖范围为138 km^2。总共造成至少5 500 km^2的海域污染，其中劣四类海水海域面积总计达870 km^2。

康菲石油中国有限公司作为油田作业方，在溢油事故发生前，已经发现由于B23井注水造成浅部L70油层存在高压点的风险，但没有及时封堵此层。B23注水井井口压力出现重大变化，明显下降近50%，预示B23注水井井筒内出现了新的异常出口，理应立即停注、排查原因，但管理制度中并没有将上述现象列为风险隐患，同时也没有针对此现象的应急措施，最终引发了漏油事件。

发生溢油事故后，康菲石油中国有限公司对B平台进行减压措施，对C平台进行水泥封堵措施。9月2日，国家海洋局责令蓬莱19-3油田停止回注、停止钻井、停止油气生产作业。9月5日，事发油田正式全面停产。

此次事件处理过程中信息披露不及时、不充分，在事故发生1个月后，相关方在媒体和舆论压力下才开始首次回应公众，披露相关信息。企业自身监管不力，环境责任缺失，当出现事故征兆时，没有及时停止作业、查明原因，而是继续作业，造成溢油污染进一步扩大。

第九节　废气处理设施

一、存在的环境安全隐患

企业废气包括有机废气、硫酸雾、盐酸雾、硝酸雾、氨气、粉尘、发电机尾气、储罐呼吸废气、污水处理设施恶臭等，企业将废气分别收集并处理达标后再外排。

（一）泄漏事故

1. 设施不正常运行

废气处理设施的不正常运行包括无处理设施、未运行、现场无法勘查。例如，喷淋塔等废气处理设施无收容措施，酸雾喷淋塔未进行防腐处理，废气喷淋、降膜吸收装置无截流措施等；废气排放口无标识或标识不规范，生产工序废气无组织排放；现场在生产，但废气处理设施未运行或损坏；运行或处理效果不佳等。

2. 故障导致事故性排放

一旦废气处理设施出现故障（高效过滤器故障、风机异常、集气管道破裂发生泄漏、除尘设施异常、喷淋装置异常、一氧化碳处理系统异常、氮封系统异常、生物塔异常、活性炭吸附饱和等），或者停电造成废气处理设施停止工作、操作不当或违反操作规程等，极易导致生产废气得不到及时处理，直接外排，污染大气环境，进而引发环境问题。例如尾气收集系统发生故障，会造成废气得不到有效处理，造成事故性排放；生产车间内通风抽风机发生故障，会造成车间的大气污染物无法被及时抽出车间，进而影响车间操作人员的健康；废气处理装置活性炭饱和，导致无吸附效果，废气出现超标排放；废气管道发生破裂等情况下会导致有机废气、烟粉尘、VOCs 等泄漏，对大气环境造成污染。

此外，企业废气中的含硫化合物、含氮化合物等大气污染物除造成一次大气污染外，还会通过化学反应或光化学反应生成二次污染物，造成酸雨、光化学烟雾等环境危害。

（二）火灾、爆炸事故

1. 企业主体责任不落实导致火灾、爆炸事故

废气处理设施等环保设施非主工艺生产设施，对生产的影响不是很大，而且只看得见投入、看不见收益，导致企业对环保设施安全的重视度不够，火灾、爆炸等事故频发。企业引入第三方运行模式，对废气处理设施等环保设施全托管运营，认为这样可以不用承担责任。

2. 废气处理设施检维修中发生火灾、爆炸事故

废气处理设施检维修包含大量有限空间、动火等危险作业，存在火灾、爆炸、中毒、窒息等多重危险；环保设施数量的增长速度远超专业队伍的增长速度，设施检维修操作人员岗位和技能不匹配；定检定修能够有效保障设备的稳定效果，但实际工作中很难切实做到，基本还是哪里坏了就修哪里，缺少定期的检修加大了发生火灾、爆炸事故的概率。

3. 通风设施故障导致生产车间粉尘爆炸事故

粉尘的粒径小，会飘浮在空气中；表面积大，从而其表面能也大。粉尘与空气混合能形成可燃的混合气体，若遇明火或高温物体，极易着火，顷刻间完成燃烧过程，释放大量热能，使燃烧气体温度骤然升高，体积猛烈膨胀，形成粉尘爆炸。粉尘爆炸后，由于冲击波的作用，将地面、设备、管道等表面沉积的粉尘扬起，更多的粉尘参与燃烧、爆炸，引发二次或多次爆炸，其破坏性更大。

通风设施如果发生故障，导致车间内粉尘浓度升高，将有可能造成粉尘爆炸事故。粉尘爆炸的其他条件包括：粉尘本身具有爆炸性（可燃性），如塑料粉尘等；有氧化剂或者助燃剂，一般为空气中的氧气；有足以引起粉尘爆炸的热能源，如明火、高温物体、电气火花、撞击与摩擦、光线照射与聚焦、静电放电等。

二、环境安全隐患治理

（一）预防泄漏措施

1. 对废气排放情况进行监测

涉《有毒有害大气污染物名录》的企业定期监测，或委托外部有资质的监测单位定期对厂区内的废气排放情况进行监测，并提供相关数据；发现废气处理设施运行不正常、废气事故性排放、排放的气体存在浓重异味时，立刻停止对外排放，及时上报企业环境应急领导小组办公室，并进行实时连续监测，分析事故产生的原因并采取相应的措施进行整改，待检修完成后，生产车间方可生产；配有废气在线监测系统，实时监测废气情况，如监测废气浓度达到报警值，立即发出警报，现场作业人员立即停止投料等产生废气的操作。

2. 确保废气处理设施正常运行

按相关的标准要求设计、施工和管理废气处理设施；对于系统的设备，选用耐腐蚀材料，并充分考虑对喷淋水的抗击、抗震动等要求；加强对废气塔的运行管理，确保废气系统具备良好的收集及处理效果；风机等重要设备应一用一备，发生故障时

可自动启动备用设备；要定期维护保养废气处理设施，及时清理设备内外的沉积物；现场作业人员定时记录废气处理状况，对抽风机等设备进行点检工作，并派专人巡视，防止由于人为原因不开启废气处理设施；企业废气处理设施处理能力出现不足时，生产车间立即采用停产或限产的方法降低废气排放，保障排放的废气都经过处理并达标；定期对冷凝器进行维护保养，更换饱和的活性炭，确保工艺废气得到有效处理。

3. 保护环境风险受体

制定完善的管理制度及应急处理措施，确保废气处理设施发生故障时能及时有效应对；企业与周边重要环境风险受体的各种防护距离符合环境影响评价文件及批复的要求；涉《有毒有害大气污染物名录》的企业在厂界建设大气环境风险预警体系；建立突发环境事件信息通报机制，能在废气处理设施大气污染物泄漏事故发生后，及时向可能受到污染危害的单位和居民通报。

4. 加强环境治理设施的安全监管

环境治理设施涉及废气废水处理、化学品储存、工程建设、设备安装等，其涉及专业范围较广，而被忽略了安全监管问题。化工等行业对其危险化学品、特种设备等均有特定的安全管理条例条款，环境治理设施却是侧重于环境保护功能，忽略了其运行过程中存在的生产安全问题。因此，安全监管问题也被弱化。应急管理部门、生态环境部门要跨前一步，加强配合，齐抓共管，筑牢环保设施安全防线。

应急管理部门要将环保设施的运行安全纳入监管范围。督促企业加强安全生产管理，落实全员安全生产责任制，改善安全生产条件，建立健全环保设施安全生产规章制度和操作规程，贯彻落实相关安全生产标准规范，组织建立并落实安全风险分级管控和隐患排查治理双重预防工作机制，健全风险防范化解机制，加强对从业人员的安全生产教育和培训，组织制定并实施生产安全事故应急救援预案，强化事故应急救援处置。

生态环境部门要加强对企业环境安全隐患的排查，向应急管理部门及时通报环保设施基本情况。在环评批复中提醒督促企业落实环保设施安全生产工作要求，督促企业委托有相应资质的设计单位对建设项目重点环保设施进行设计。依据生态环境法律法规，加强对第三方环保服务机构的监督管理，对建设项目环保设施设计、施工、验收、投入生产或使用情况进行监督检查，对企业重点环保设施未经验收便投入生产和使用等违法违规行为进行处理。

（二）防火、防爆措施

1. 加强对合作方的安全监管

国务院安全生产委员会强调“企业主要负责人必须严格履行第一责任人责任”，发生事故后要直接追究企业主要负责人、分管负责人的责任。因此，企业要加强对承包、承租单位生产和环境安全工作的统一协调、管理，严格履行协议中约定的各方安全职责。企业要全面摸排本企业废气处理设施情况，对全托管运营、外委作业等不同合作模式项目的安全管理情况进行全面梳理，严禁以包代管、违法分包转包。要求合作方劳务派遣人员严格执行用工比例规定，切实做到先培训后上岗。对发现存在突出问题的合作方立即终止合作。

环境影响评价机构受企业委托开展环境影响评价文件编制时，要按照国家和地方相关规定开展环境风险评价、提出相应的环境风险防范要求。在辅助企业开展环境保护管理过程中，要提醒企业同步落实安全风险辨识和隐患排查治理要求。设计单位、安全评价单位要按照法律法规和国家标准或者行业标准要求，开展设计和评价工作，对设计和评价结果负责。安全生产社会化服务机构要积极辅助企业落实环保设施安全管理各项要求。鼓励环境保护和安全生产中介机构加强合作，提升服务能力。

2. 避免维护检修时发生事故

定期对废气管道、风机、阀门等零件进行维护保养，检查各种设备的运行情况和管道的密封性，尤其应当注意对接口的检查，采取有效措施及时排除漏气风险；为确保处理效率，在车间设备检修期间，废气处理设施也应同时进行检修，日常应有专人负责维护；加强维护检修时的现场安全监护，严格作业审批制度，配齐配强应急处置装备，避免发生火灾、爆炸事故并由此引发突发环境事件。

3. 防范粉尘爆炸事故

企业要重点检查爆炸危险场所的通风除尘等设备设施的配备及运转情况，泄爆、抑爆、隔爆等装置的安装情况，防火、防爆、防静电等安全措施的落实情况等。生产车间应有良好的通风设施，室内空气应及时排出室外，不应循环使用；送风、排风管道宜分层设置，采用防爆型的通风设施，并设置导除静电的接地装置；严禁现场吸烟和把火种、火源带入作业区；禁止带电气焊等明火操作工具进入作业区内，在不得已的情况下应采取严格的安全措施，并得到主管安全领导批准方可动火；为有效防止运作设备发生静电放电，还必须将运作设备的金属外壳接地；对防静电的接地线要定期进行检查，发现损坏时及时修复；作业人员应穿棉质服装，在进入工作场所时应对人体采取消除静电措施，防止人体携带静电。

三、事故应急处置措施

（一）泄漏事故处置

事故现场第一发现人发现废气处理装置异常，如设备处理效率骤降或停止工作时，应立即向现场负责人报告。若事故仅为废气处理设施一般性故障或一时操作不当造成，短时间内可自行解决，可由现场负责人协调生产车间人员处理。

发生废气泄漏时，通知各岗位及时停止投料、停止产生废气的作业。关闭产生废气的设施；如果是排气管堵塞，应清除堵塞物，使排气管畅通；如果是废气处理设备的风机出现故障，应立即启用备用的风机；如果是废气处理设备的易损部件（如皮带、轴承等）出现损坏，应立即更换新的部件。

烟气净化装置超标排放时，如果酸性气体（如氯化氢、二氧化硫）超标，首先确认石灰浆制备系统、雾化器系统运行正常，雾化器石灰浆调节阀门手动控制，加大石灰浆流量；仍无法控制时，手动投加石灰或启动干法脱酸系统。检查湿法脱酸系统输送泵是否发生故障、填料是否发生堵塞。检查气换热器运行情况，如果发生管壁腐蚀泄漏，需对泄漏管道封堵约 48 h，此时湿法脱酸系统退出，可将备用干石灰喷砂系统切入。一氧化碳超标时，加强燃烧调整，合理调整二次风量，必要时启动辅助燃烧器。

脱酸塔雾化器发生故障时，立即检查、确认报警内容并复位；如 30 min 内无法修复，应吊出雾化头、投入备用雾化头，启用干法脱酸系统，配合湿法脱酸系统运行，密切监视酸性气体排放指标和石灰浆制备系统、活性炭喷射系统、布袋除尘系统、烟气在线监视系统的运行参数，保证烟气排放达标。检修、抢修雾化器的变频器等设备，处理好后重新恢复锅炉正常燃烧。

若废气处理设施故障较为严重，无法在短时间内解决，应第一时间向应急领导小组汇报。应急领导小组即刻通知应急救援小组赶往现场检查，分析事故原因、及时抢险；加大通风系统通风量，同时组织员工安全有序撤离生产车间，防止大量废气在车间内聚集、危害员工生命安全；废气收集管道破裂、堵塞时，应迅速查找堵塞、破裂处，对其进行补漏处理；抢修结束，废气处理装置运行正常后，环境安全管理员通知各生产岗位恢复生产。

必要时请专家咨询组到现场对废气存在的问题进行会诊，提出防止类似事件的对策；自行监测或者配合第三方监测单位在企业四周进行实时监测，并及时将监测结果上报至企业应急领导小组；若废气长时间事故性排放，企业应上报当地政府和生态环境、应急管理、消防等部门，并通知周边企业、居住人员等，告知其事故的严重性，并随时做好撤离的准备；现场处置组穿戴好防护装备，对废气处理设施进行维修，待故障排除后可恢复生产。

（二）火灾、爆炸事故处置

在接到废气处理设施火灾、爆炸事故发现人的报告之后，应急领导小组应详细询问事故时间、原因等具体情况，按照实际情况请求消防部门进行救援。专家咨询组前往现场或通过电话等方式及时了解现场引起火灾、爆炸的物质种类和应急处理情况、对环境造成的污染及下一步趋势，向应急领导小组反馈处置技术及措施。

迅速拉响警报，按照疏散撤离路线迅速撤离企业人员到各疏散集合点；在疏散撤离路线上安排人员维持秩序，引导人员有序安全地撤离；若事故发生在夜间，则应开启应急照明灯或使用其他照明设备，保证企业人员撤离至上风向方位，统计好人数，同时确保消防通道畅通。

当灭火产生大量消防污水时，可开启围堰排放口处的阀门（平时处于关闭状态），将消防污水排入导流渠。如消防污水量过大，可能溢出导流渠而外流到周边的雨水管网或其他外环境时，可放置沙袋围堵，防止消防污水外排。同时关闭相关雨水排放口总闸，移动泵车就位，将泄漏的消防污水泵入事故应急池。

四、典型案例

（一）泄漏事故

浙江余姚“4·17”吉宏表面处理有限公司吸收塔硫化氢气体泄漏事故：2022 年 4 月 17 日 8 时 10 分，浙江省宁波市余姚市吉宏表面处理有限公司发生化学气体泄漏事故。事故发生后，当地政府组织应急管理、公安、消防、生态环境等部门第一时间赶往现场处置。截至 4 月 19 日 24 时，事故共造成 3 死 3 伤。经查，企业原使用氢氧化钠喷淋的工艺在去除酸雾中氮氧化物的效果不好，后企业改变了原有药剂成分，在五级吸收塔内添加硫化钠处理氮氧化物，以达到更好的废气处理效果。负责投料的员工错将本应在五级吸收塔循环水槽使用的硫化钠投入一级吸收塔循环水槽，硫化钠与水槽中的酸性液体反应释放出硫化氢气体，导致员工中毒，施救人员未穿戴安全防护用品、盲目施救，导致中毒事故扩大。

江苏南通“8·13”南通天文铸造有限公司布袋除尘器高浓度一氧化碳高炉烟气泄漏事故：2021 年 8 月 13 日 18 时 20 分，位于江苏省南通市如东县的南通天文铸造有限公司在检维修作业时发生一起一氧化碳中毒事故，造成 3 人死亡、2 人受伤。经查，检修人员发现 3 号布袋除尘器二层平台检修孔渗漏出烟气灰渍，就打开检修孔盖板，重新密封时发现布袋脱落，检修人员未佩戴防护装备便进入充满一氧化碳的布袋除尘器内进行处置，吸入高浓度一氧化碳而导致中毒；施救人员也未采取防护措施进行施救，致使事故后果扩大。企业未严格遵守“先通风、再检测、后作业”的原则开展有限空间作业，也未对从事有限空间作业的现场负责人、作业人员进行有限空间作业专项安全培训。

湖北武汉“5·12”武钢有限焦化公司三回收鼓风机故障导致煤气放散事故：2020 年 5 月 12 日 18 点 25 分，位于湖北省武汉市的武钢有限焦化公司煤精分厂三回收鼓风机发生跳电故障，该公司紧急启动人工放散，点燃放散管，现场有可见火光及烟尘逸出，跳电故障未造成其他影响，现场安全受控。风机的作用是把焦煤气按照风机吹送的方向输送出去，风机故障会导致煤气滞留在管道内，使管道压力增大，最终会导致管道爆炸，因此采取人工放散。人工放散即管子压力到一定程度，焦炉煤气排放口打开，周边有点火器点火，把排放出来的煤气烧掉，避免安全事故和煤气直接排放造成的更大污染。

甘肃陇南“5·27”成州锌冶炼厂二氧化硫风机故障导致二氧化硫泄漏事故：2019 年 5 月 27 日 9 时 10 分许，甘肃厂坝有色金属有限责任公司成州锌冶炼厂由于制酸二氧化硫风机突然跳闸，造成焙烧炉内二氧化硫烟气逸出。9 时 13 分，企业停止加料，并对设备进行检修；11 时 30 分，二氧化硫风机恢复正常运行，二氧化硫烟气停止泄漏。经初步核算，二氧化硫泄漏量约为 260 kg。事故造成企业周边学校部分学生及居民出现身体不适。27 日 10 时 51 分，甘肃省陇南市成县环境监测站分别在企业上下风向布设 4 个监测点位，开展二氧化硫浓度监测。27 日至 28 日，当地政府在官网上连续发布了事故信息。此次事故共有 329 人就医，其中大多数人员经医学检查处置后离院。经联合专家组认定，1 人为二氧化硫轻度中毒，88 人为接触反应。二氧化硫烟气逸出导致企业周边植物树叶枯黄（如图 2-45 所示）。

图 2-45　二氧化硫烟气逸出导致企业周边植物树叶枯黄

陕西韩城“7·7”新丰清洁能源科技有限公司汽化炉旋风除尘器防爆板破裂导致一氧化碳和硫化氢气体泄漏事故：2018 年 7 月 7 日 3 时 40 分左右，陕西省韩城市新丰清洁能源科技有限公司（以下简称“新丰公司”）在试运行期间，汽化炉旋风除尘器防爆板破裂，导致一氧化碳和硫化氢气体泄漏，西昝工业园气味难闻，部分村民感觉身体不适。在当地医院吸氧、输液、观察治疗后，38 名群众于 7 月 10 日 12 时前全部返家。新丰公司在巡检过程中发现气体泄漏问题，但始终未将有关情况上报当地政府，将有毒有害气体泄漏等同于一般生产设备故障，忽视了有毒有害气体对周边环境的影响，未按要求及时通报可能受到危害的单位和居民，存在侥幸心理，存在思想认识不到位、瞒报事件信息等问题。分别给予新丰公司副厂长等 3 名责任人行政拘留 7 日等行政处罚。

河北唐山“1·2”中润化工有限公司喷淋泵和排烟机断电无法正常工作导致荒煤气泄漏事故：2015 年 1 月 2 日 10 时 5 分，河北省唐山市中润化工有限公司因电缆老化短路，致使喷淋泵和排烟机无法正常工作，大量荒煤气外排。企业采取点燃方法处理，其间未发生爆炸，未造成人员伤亡。10 时 30 分，供电恢复，荒煤气排放得到控制。经监测，事故点下风向二氧化硫、氮氧化物浓度均低于环境空气质量二级标准。

重庆南岸“6·29”圣华曦药业有限公司尾气氨回收系统故障导致氨气泄漏事故：2008 年 6 月 29 日 21 时许，重庆市南岸区圣华曦药业有限公司操作工人处理尾气氨回收系统过程中，因操作不当，导致 2 号回收罐观察孔玻璃破裂，发生氨气泄漏，持续时间 6～7 min，约 1 600 m^3 氨气泄漏，造成周边居民 19 人被送往医院观察治疗，当晚出院 17 人，2 人留院观察。事发后，监测显示，厂后门、厂界外居民区等监测点氨气浓度均低于《恶臭污染物排放标准》（GB 14554—93）中氨气厂界标准值。截至 6 月 30 日 1 时 9 分，泄漏孔无泄漏情况发生，厂区内、居民区氨味已消失，环境空气质量恢复正常。

（二）火灾、爆炸事故

内蒙古包头“3·14”包头钢铁（集团）有限责任公司脱硫设施火灾事故：2022 年 3 月 14 日 2 时 8 分，内蒙古自治区包头市包头钢铁（集团）有限责任公司的球团脱硫设施在维修作业时发生火灾。3 时左右，明火基本被扑灭。事发地东侧约 1.4 km 为昆都仑河，下游无饮用水水源地。消防污水经厂区排水管线收集至企业污水处理中心进行处置，未外排。当地生态环境部门在事发地下风向布设 4 个空气质量监测点位。14 日 7 时、8 时两次监测数据显示二氧化硫、一氧化碳浓度均未超标。

经查，此次事故是因作业人员在安装旋流器固定装置而进行气割作业时，掉落的切割熔渣点燃可燃材料、引发火灾，由于作业空间环境复杂、逃生通道不畅，作业人员无法快速撤离。发生事故的脱硫脱硝项目是包钢钢联板材委托山东国舜公司投资、建设、运营的。在作业过程中，焊接与热切割作业人员无特种作业资格；有限空间动火作业未履行审批手续；作业人员疲劳上岗；安全措施落实不足，现场仅配备2具灭火器，且未按作业方案要求做消防水引接，火灾发生后不能满足扑火需要。包钢钢联板材对山东国舜公司的检维修作业内容、安全防范措施等失管失控，此次脱硫脱硝检维修项目现场施工的121人中，仅9人为正式员工，其余全部是劳务派遣工，且未进行系统性的安全培训。

江苏苏州“8·2”昆山中荣金属制品有限公司除尘系统未按规定清理导致特别重大铝粉尘爆炸事故：2014年8月2日7时34分，位于江苏省苏州市昆山经济技术开发区的昆山中荣金属制品有限公司（以下简称“中荣公司”）抛光二车间发生特别重大铝粉尘爆炸事故，当天死亡75人、伤185人；截至2014年年底，遇难者增至146人，直接经济损失达3.51亿元。经查，事故的直接原因是事故车间除尘系统较长时间未按规定清理，铝粉尘集聚。除尘系统风机开启后，打磨过程产生的高温颗粒在集尘桶上方形成粉尘云。1号除尘器集尘桶锈蚀破损，桶内铝粉受潮，发生氧化放热反应，达到粉尘云的引燃温度，引发除尘系统及车间的系列爆炸。因没有泄爆装置，爆炸产生的高温气体和燃烧物瞬间经除尘管道从各吸尘口喷出，导致全车间所有工位操作人员直接受到爆炸冲击，造成群死群伤。

2016年2月3日，江苏昆山市人民法院认为，中荣公司无视国家法律，违法违规组织项目建设和生产，违法违规进行厂房设计与生产工艺布局，违规进行除尘系统设计、制造、安装、改造，车间铝粉尘集聚严重，安全生产管理混乱，安全防护措施不落实，是事故发生的主要原因。中荣公司董事长、总经理、安全生产主管分别在中荣公司4号厂房除尘系统、生产工艺和布局及安全防护等事项上违反国家规定，严重不负责任，引发重大伤亡事故，情节特别恶劣。此3名被告人均构成重大劳动安全事故罪。

第十节　污水收集及处理设施

一、存在的环境安全隐患

（一）泄漏事故

1. 污水收集管网风险

污水收集管网风险包括：管网质量较差导致污水泄漏；没有抽水设施与污水收集

管网连接，未将所收集污水送至厂区内污水处理设施处理；管沟低点没有设置收集池，泄漏的污水不能及时收集输送至污水处理设施；污水收集管道没有预留应急支管和阀门，且设有下游截止阀门（按水流方向）等。

污水收集管网泄漏将会导致污水无法顺利进入污水处理设施，并有可能通过雨排水系统直接进入外环境、造成突发环境事件。

2. 事故应急池环境安全隐患

事故排水收集设施包括事故应急池、事故存液池或清净下水排放缓冲池等。其中，事故应急池又称为事故应急池或应急事故水池，是指为了在发生事故时，能有效地接纳装置排水、消防水等污染水，以免事故污染水进入外环境而造成污染的污水收集设施。在实际事故处置过程中，通过事故应急池收集事故污水，最大限度地降低事故次生突发水环境事件的发生概率，保障环境安全。

企业厂区一旦发生火灾，消防过程中同样会产生二次环境风险，主要体现在消防污水如果没有进入事故应急池，直接经过雨水或污水管网进入纳污水体，含高浓度污染物的消防污水势必对地面水体造成极为不利的影响；直接进入污水处理设施则可能因冲击负荷过大，造成污水处理设施的故障。

企业事故应急池常见环境安全隐患包括：无事故应急池或容量小；事故应急池水位高（如图 2-46 所示）；未与相关场所连通，例如事故应急池仅与污水管网或储罐区连通；事故应急池兼作其他功能池，例如兼作养鱼池等；无观察井，无法及时了解水位状况，例如事故应急池位于地下，无法观察液位情况；事故应急池观察口有石板盖住，不便于观察池内情况。

图 2-46　事故应急池水位高

3. 故障导致事故性排放

污水处理设施故障导致的事故性排放包括：污水处理设施如遇设备故障，长时间停水、停电，进水量突然增大或污染物浓度突然变化等突发情况，可能致使污水处理效果下降，未经处理达标的废水通过雨水管网流至厂外；雨水、污水分流不清，生产废水流出车间、进入雨水管网；污水处理设施收集输送管线破裂造成生产废水泄漏；污水收集系统的废水收集池存在裂缝，污水井外溢；鼓风机或提升泵等处理设施出现故障，导致无法正常处理污水，致使污水超标排放；污水处理设施活性污泥中毒后短期内无法恢复处理功能；事故状态下，泄漏的化学品或火灾、爆炸等产生的消防污水等污水进入污水管网，对污水处理设施造成冲击；暴雨、高温、低寒、雷击等自然灾害对设备设施、构筑物造成破坏，导致污水超标排放或直接经雨水管道流入外环境。

企业污水处理设施外排的尾水中污染物浓度虽然满足污水排放标准，但是由于浓度仍然较高，需要进入市政管网，然后进入城市污水处理厂进行深度处理，外排进入水环境。尾水输送管线破裂会造成尾水泄漏，对纳污水体造成污染。

4. 设施不正常运行

污水处理设施不正常运行包括：在污水处理设施未建成之前开工生产，导致污水排放进入外环境；设施建成后，为节省经费，长期闲置，企业污水直排；工作人员未按操作规程操作或操作失误，导致污水处理效果差或者失效，未经处理达标的污水外排至外环境中。

未经处理达标的高浓度污水进入纳污水体，导致水体中有机物的含量增加，进而使水中的溶解氧减少，破坏水体平衡，对鱼类等水生生物造成直接中毒；未经处理达标的高浓度污水进入土壤环境，造成土壤污染，从而对地面树木、花草的生长造成不良影响。

5. 有毒有害气体泄漏

在污水处理设施运营过程中，污水调节池及相关污水反应工序产生部分酸性废气，其主要成分为挥发性有机物、硫化氢及其他含硫气体等。该废气成分复杂多变、具有毒害性，可能对人体呼吸系统、消化系统、心血管系统、内分泌系统及神经系统造成不同程度的危害。

污水处理设施产生臭气的池体密封盖出现破损或者臭气处理装置发生故障，导致臭气排放事故；吸附污水处理设施恶臭的活性炭经过一定时间后会达到饱和，如果得不到及时更换，恶臭气体将直接外排。

废气和恶臭气体泄漏影响周围工厂和居民的正常生产生活与身体健康。若周边敏感点居民不慎吸入有毒废气，可能会出现呕吐、中毒等现象。

6. 有限空间作业事故

一切通风不良、封闭或半封闭、容易造成有毒有害气体积聚和缺氧的设备、设施和场所都是有限空间，在有限空间的作业称为有限空间作业。有限空间作业环境复杂恶劣，例如污水处理设施中的硫化氢和甲烷气体因日常积聚和搅动而从污水中飘逸出来；如果员工个人防护意识不强，未规范穿戴防护装备，违规进行污水处理设施的淤泥清理等有限空间作业，将导致吸入硫化氢等有毒有害气体，造成人员急性中毒、缺氧窒息等严重后果；有限空间内含有大量易燃易爆气体，违规作业时遇明火发生火灾、爆炸事故；作业人员遇险时施救难度大，盲目施救或救援方法不当容易造成伤亡扩大。

发生中毒事件的危害范围主要涉及在有限空间作业环境中的作业人员、监护人员、救援人员，主要是一氧化碳、硫化氢等造成急性中毒。中毒者一般会出现昏迷、惊厥、呼吸困难、休克等，引起全身各系统与组织的损害，甚至造成中毒者的死亡；发生缺氧窒息事件，其危害后果主要是中毒人员昏迷、死亡。根据有限空间氧气含量及消耗量不同，其后果有轻有重。

（二）火灾、爆炸事故

企业污水中常常存在可溶性与可燃气体。在一定的环境下，这些气体与液体很容易形成爆炸性混合物。一是若设备系统出现密闭性损坏或者由于违反操作出现溢料，易燃、易爆气体很容易进入污水中；二是在高温蒸汽与污水进入到下水道之后，会导致污水温度上升，蒸发出的可燃性气体可能引起爆炸；排入下水道的各类物质会发生反应，很可能产生易燃、易爆甚至自燃性物质；污水管道是遍布企业区的，出现的爆炸或者火灾常常会沿污水处理系统进行传播，如未及时阻止，就很可能发生连锁性破坏。

二、环境安全隐患治理

（一）预防泄漏措施

1. 预防污水收集管网事故

确保污水收集管网质量。收集管网均应采用地埋式 U 形钢筋混凝土管沟敷设方式，管沟配备相应的检查井、集水井及阀门井，U 形钢筋混凝土管沟、检查井和阀门井内壁均采用防腐漆防腐处理；重要部位的阀门（如管道接头处阀门、安全阀、进出口管道上的阀门等）采用耐腐蚀、安全系数高、性能优良的阀门，并加强检查与防护，防止泄漏、污染地下水。对不能满足输送要求或老化、破裂的管道，要及时进行更换、修补，防止在高速、高温、高压情况下管道发生胀裂。

大型企业分时段收集不同工段的污水，每次排水须核对两端流量计读数，确保数据一致，能及时发现是否有泄漏发生。同时，管沟有较大空间，能储存一定量的废水，管沟低点设置集水井，用于收集“跑冒滴漏”、管道意外破损处泄漏的废水、地面和地下入渗水以及雨水。其中，经过检测后的入渗水和雨水采用移动泵输送至市政雨水井；泄漏废水采用移动泵抽至移动槽车，再送到污水处理设施进行处理；接纳消防污水的排水系统具有接纳最大消防水量的能力，设有防止消防污水和泄漏物排出厂外的措施。

应防止污泥沉积堵塞而影响管道的过水能力，淤塞时应及时疏浚，管网干管和支管设计中，选择充满时的最小设计流速，即大于 0.75 m/s，防止污泥沉积；污水收集管道预留应急支管和阀门，并设有下游截止阀门（按水流方向）。管网建有压力事故关闭系统；如果管道压力变化，报警会自动启动，并开始阀门关闭步骤。企业组织巡查部门定期检查收集管线各检查井，定期对管道进行水静压试验，仓库长期备有管道紧急维修的设备和配件，以便管道的保养和维护。

2. 预防事故应急池事故

企业应根据下游环境风险受体敏感程度和易发生极端天气情况，设置事故应急池，容积满足环境影响评价文件及批复等相关文件要求。事故应急池的总有效容积应满足：

$$V_{总}=(V_1+V_2-V_3)_{max}+V_4+V_5 \quad (2-1)$$

式中：$(V_1+V_2-V_3)_{max}$——对收集系统范围内不同罐组或装置分别计算 $V_1+V_2-V_3$，取其中最大值；

V_1——收集系统范围内发生事故的一个罐组或一套装置的最大储罐物料量，m^3，储存相同物料的罐组按一个最大储罐计，装置物料量按存留最大物料量的一台反应器或中间储罐计；

V_2——发生事故的储罐或装置的消防水量，m^3；

V_3——发生事故时可以传输到其他储存设施或处理设施的物料量，m^3；

V_4——发生事故时仍必须进入该收集系统的生产废水量，m^3；

V_5——发生事故时可能进入该收集系统的降雨量，m^3。

根据《建筑设计防火规范》（GB 50016—2014）和《消防给水及消防栓系统技术规范》（GB 50974—2014），查找各单元对应的消防给水量和火灾延续时间，并计算消防用水量。

正常状态下应保持事故应急池空池状态，并确保雨水排口阀门、事故应急池连通闸门、移动式应急水泵等相关设备处于良好的备用状态，事故应急池和其他区域的导流渠连接口需关闭，不得有杂物堵塞；严禁随意向事故应急池排放、倾倒超标废水、工业废渣、生活垃圾和其他废弃物，应及时清理事故应急池池内杂物及淤泥，以免对污水处理设施产生不良影响；在非事故状态下需占用事故应急池时，要符合相关要求，并设有在事故时可以紧急排空的技术措施；应采取切实有效措施防止污水、油类等物料串入事故应急池系统；初期雨水、含油污水等及时排入污水处理设施，避免冒池互串。

即便按目前的事故应急池容量计算依据确定容量的事故应急池，在遇到叠加风险时，也有可能容纳不下事故发生时实际产生的污水量而出现外溢，因此事故应急池位置应合理，一般位于企业地势最低位置，消防污水和泄漏物能自流进入事故应急池；如消防污水和泄漏物不能自流进入事故应急池，应配备有足够能力的应急水泵及软管等装备，并有备用电源，确保泄漏物和消防污水能够全部收集，避免事故应急池形同虚设；明确在厂区围墙开设门洞处采取预备沙包等措施，防止事故应急池污水外溢、流淌至厂区外水体，同时应明确相应的临时移动存储设施（如有组织地进行槽车转运等）。

事故应急池使用期间，应保持封闭，防止倒入的废液、废水等挥发散逸有毒有害气体，同时应留有观察窗以观察液位；每季度及应急处置停止后，需检查事故应急池的内壁和底部是否有渗漏现象，若发现，需立刻修补；异常状态下收集的消防污水、生产废水、物料水及前期雨水应尽快处理完毕，保持事故应急池处于低液位状态。

事故应急池“一池多用”或“他池替用”的情况也是影响二级防控措施效果的重要因素。例如，初期雨水收集池可与事故应急池共用，但前提是事故应急池容积必须在初期雨水计算容积的 3 倍以上，且设置必要的排空措施，确保事故应急池及时空置；小型企业受场地所限，可以采取事故应急罐的形式，但是事故应急罐的有效容积应满足要求，同时厂内环境风险源附近应有污水导流渠和收集池，并配备应急水泵及软管，可以将收集池内的污水导入事故应急罐，且为避免事故发生时厂区停电，应急水泵应有柴油发电机等备用电源。

石化行业等的高风险企业在完善自身事故应急池的基础上，充分利用周边资源，整体统筹考虑小概率、极端事件应对，与周边企业建立战略合作机制，各企业的事故应急池通过管道实现连通，具备相互调配的功能，最大限度地发挥事故应急池收集事故污水的能力；将企业事故应急池与园区事故应急池连通，既增强企业对事故废水的防范能力，又防止污水在园区内失控排放。

在企业外寻找能实现清污隔离的“临时应急池”。一是做好污水进入河道前的应急防控措施。开发利用厂区外界的滩涂地、池塘等天然屏障，使其在极端突发水环境事件状态下具备事故应急池的功能，且在可能排入的冲沟上进入水体前筑坝，拦截事故污水；二是事故污水进入河道时，借鉴“南阳实践”模式，利用河道上的应急空间与设施，如引水式电站、湿地、干枯河床、江心洲型河道、引水管道、坑塘、槽车、排水管道、连通水道、多级拦截坝等，通过挡水、排水、引水的综合运用，制定流域应急响应方案。

同时，企业应加强消防应急演练，进一步降低火灾类事故救援消防用水量，在保证安全的前提下推广循环使用消防水，实现消防污水和生产原料废水按水质分类收集、循环使用，全面提高应急处置能力。

3. 预防污水处理设施事故

企业污水处理设施所有池体应采用高强度防渗钢筋混凝土建筑而成，具有较高的抗震防裂等级，对废水收集池及处理池做好防腐防渗处理，防止废水下渗、污染地下水；对污水处理设施各种机械电器、仪表等设备采用双路供电，选择质量优良、事故率低、便于维修的产品；关键设备（例如水泵）一备一用，易损部件留有备用件，在出现事故时能及时更换。

定时清除格栅所截留的废渣，遇到大块杂物及漂浮物时及时清捞，以防损坏除污机部件，保证水流畅通；注意观察各种仪表显示是否正常、稳定，每半年检查、调整、更换水泵机械密封、润滑油一次；在反应池沉淀时间内，观察曝气管、曝气头有无漏气现象，如有大量漏气，申报抢修曝气管线。

采用高效、稳妥的工艺进行处理，严格控制处理单元的水量、水质、停留时间、负荷强度等，确保污水处理设施能稳定运行、连续达标排放；在废水外排口设有阀门，发现排水不达标，可以关闭此阀门，防止不达标废水外排；清水池设有三通管，一旦排水不达标，可以将不达标废水返流回调节池再处理；污水处理设施集水池与旁边的事故应急池之间有管道互通，由阀门进行切换，当污水处理设施发生故障时，集水池废水可进入事故应急池中暂存，经检测达到污水处理设施进水设计标准后，方可引至污水处理设施进行处理，如检测不达标，通知外部有资质单位进行回收处理；为使在事故状态下污水处理设施能够迅速恢复正常运行，应在主要水工建筑物（如调节池、废水收集池）的容积上留有相应的缓冲能力（容积大于企业 1 日的废水产生量），并配有相应的设备（如回流泵、回流管道、阀门及仪表等）。

企业自行维护污水处理设施或者委托专业公司负责日常运营维护；针对部分污染物设在线监控设施，对处理后污水进行实时监测，监测达标后方可排放；对水泵、阀门等定期检修维护，防止泄漏；产生的污泥定期收集，外运处置；严格控制处理单元的水量、水质、停留时间、负荷强度等工艺参数，确保处理效果的稳定性，操作人员及时调整，使设备处于最佳工况，如发现不正常现象，就需立即采取预防措施；委托外部有资质的监测单位，定期对厂区内的废水排放情况进行监测，并提供相关数据；加强污水管网日常维护人员的基础理论知识和操作技能的培训，每天安排人员对污水管网进行巡视，并且通过厂区安装的视频监控对污水输送管线的日常情况进行实时监控，以便及时发现管道泄漏事故并第一时间采取措施制止。

4. 预防尾水外排管道输送事故

企业尾水外排管道采用耐腐蚀、安全系数高的管道，埋地铺设，沿线设置多个阀门井和检查井，并在下游出口设止回阀门。管网应建有压力事故关闭系统，如果管道压力变化，报警会启动，并停止启动提升泵，安排抢修队进行抢修。企业组织巡查部门定期检查管线各检查井，仓库长期备有管道紧急维修的设备和配件，以便管道的保养和维护。

5. 防范有毒有害气体泄漏事故

为防止污水处理设施产生的废气对空气环境造成的影响，需要实施污水处理设施废气收集与净化工程，完善污水处理设施各装置单元密封盖板，增设气浮等工序的废气防控措施，收集废气后经过填料喷淋法处理后排放。

污水处理设施发生臭气排放事故，往往会造成周边居民向生态环境部门举报企业。如果应对措施不当，还会发生环境群体性事件，因此企业应高度重视，确保池体密封盖严密、没有臭气排放，臭气处理装置运行正常，定期更换活性炭，有效治理恶臭气体；同时做好周边居民的安抚解释工作，保持良好的企群关系。

6. 预防有限空间作业事故

（1）将有限空间纳入许可作业的管理范畴

未取得《有限空间安全作业证》，任何人员不得进行有限空间作业；应在醒目处设置警示标志。安全监护人员应对将进入环境污染治理设施作业的人员进行身体检查，有禁忌症者禁止入内作业；作业结束，安全监护人员应确认现场处于安全状态后方可离开，并收回《有限空间安全作业证》。

（2）细化和落实有限空间作业流程

进入有限空间作业前，必须先利用鼓风机进行长时间的强制通风，以输入新鲜空气，但严禁直接向废水处理池输入氧气或富氧空气。如果不能做到强制通风，应尽可能地打开一切可能的通气孔，进行自然通风，确保有限空间的有毒有害气体或易燃易爆气体已被排出。

在进入有限空间作业前，要检测有限空间内部有毒有害气体和氧气浓度。需要确认硫化氢、一氧化碳的浓度分别在 10 mg/m^3 、30 mg/m^3 以下，且空气的含氧量不低于 19.5%。实施检测时，检测人员必须处于安全环境。未经检测或检测不合格的，严禁作业人员进入有限空间进行施工作业。许多有限空间作业环境会不停变化，随着工作时间的延长，沉积在残存物内的有毒有害物质会逐渐散发出来，所以要定时进行动态检测。若作业中断 30 min，作业人员再次进入有限空间作业，应当重新通风，检测合格方可进入。

作业人员必须采取个人防护措施，方可进入有限空间作业；严禁作业人员在有限空间作业区域内脱卸个人防护用品，同时应采取轮换作业，避免在有限空间作业时间过长；进入有限空间作业时，应首先拟定紧急情况时的外出路线和方法；作业人员在与输送管道连接的密闭设备内部作业时，必须严密关闭阀门，装好盲板，并在醒目处设立禁止启动的标志。

作业人员进入有限空间过程中，应由专人实施安全监护，监护人员不能少于 2 人；当发现作业人员出现中毒或窒息症状时，监护人员必须戴上防毒面具或自给式呼吸器，方可进入施救；作业人员与监护人员应事先规定明确的联络信号；作业人员进入有限空间作业前和离开时应准确清点人数；对于作业过程中发生的意外情况，无论是作业人员，还是监护人员，都要高度敏感，该撤离的及时撤离，该救援的从速救援。

作业现场应配备呼吸器具、梯子、绳缆以及其他必要的器具和设备，以便在非常情况下抢救作业人员。进入有限空间作业最安全的办法就是提前放下保险绳，并保证作业人员在作业过程中将其随时拴在身上，遇到险情时外部监护人员可以立即将遇险人员牵引拽出。动火作业还需配置消防器材。

（3）定期开展有限空间作业专项排查

进行有限空间盘点，填写有限空间清单，评估作业风险，对排查中发现的安全隐患进行系统梳理，制定切实有效的防范措施。保证有限空间作业的安全投入，大力加强应急队伍和装备建设，分析现场应急处置的资源需求，配备呼吸器具、应急通信报警器材、现场快速检测设备、大功率强制通风设备、应急照明设备、安全绳、救生索、安全梯等安全防护设施和个人防护用品，保障作业安全。

（4）开展全面的安全教育培训

对涉及有限空间作业的相关人员和部门，有针对性地进行有限空间作业专项培训、考核、演练（如图 2-47 所示），确保有限空间作业人员掌握相关作业技能，熟悉作业环境的安全风险，严格按照要求开展作业活动。培训内容包括：有限空间作业的危险有害因素和安全防范措施；有限空间作业的安全操作规程；检测仪器、安全防护用品的正确使用方法；紧急情况下的应急处置措施等。

图 2-47　有限空间事故救援应急演练

（二）防火、防爆措施

对于工艺设备排放的污水，严禁直接排放到下水管道中，在进行排放前，需要将其中的易燃气体与液体完全除去，在车间中设置局部脱气以及蒸出系统；应避免直接排放超过 40℃的污水；严禁将几种会反应产生易燃、易爆物质的污水混合在一起排放；在工艺设备至下水道排水管线中需要设置法兰与液封设备。

对于车间地面与清洗设备的管道与水井，必须采用干净的水清洗，防止易燃、易爆物质堆积在管道中；在清理危险品设备产生的污水时，需要先进行净化处理，将其中的有害物质、易燃与易爆物质排出，在排放物符合标准要求后才能够进行排放。

对于污水处理设施，需要设置水封井，避免燃烧与爆炸沿着管道扩展。如果两个水封井间管道长度超过 300 m，就需要增加水封井。在工艺装置中的炉、泵、塔以及换热设备位置需要设置水封。在隔油池的进出水管中需要增加水封，检查井需要使用密闭式模式；如果生产设施需要设计明沟排水，就需要采用水封井隔开明沟，长度需要控制在 20 m 之内。

对于积存蒸汽与可燃气体的下水道，在未将危险排除以前严禁作业。在散发火花与明火位置的 15 m 之内，严禁设置排气管。若在生产过程中可燃气体与可燃液体无法正常排出、需要维修，必须要提前进行事故警报，防止排出的可燃气体与可燃液体引爆火源。

三、事故应急处置措施

（一）泄漏事故处置

1. 废水收集或输送系统异常处置

当废水收集管网出现事故，废水不能正常稳定地排入废水收集池时，发现人通知相应车间负责人，停止相应工段排水，同时立即就近召集人员进行围堵截污，防止废水排入下水道；当厂内污水输送管道发生破裂时，应关闭破裂管线的相关阀门；如遇停电或者检修期间导致废水输送系统不能正常工作，视情况采取部分或全厂停止生产的方式，减少废水产生量，避免废水收集池废水外溢；现场处置组人员进行抢修，排除事故原因，恢复废水收集管网和输送系统的正常运作；如果围堵截污不成功，则关闭厂区雨水排放口总阀门，防止废水外排，使废水自流或利用泵抽入事故应急池内暂存；事故处置后，清洗现场，将清洗废水引入事故应急池。

2. 事故应急池暂存污水处置

发生事故时，现场处置组立即关闭雨水、污水截流阀门，事故污水自流进入雨水管道后，再流至事故应急池暂存；若判断事故应急池不足以容纳事故污水，则使用泵机泵入另一事故应急池或空闲围堰中；污水处理设施发生故障时，关闭废水收集管与污水处理设施调节池之间的阀门，将停产过程中未被阀门截留的生产废水引入事故应急池。

事故污水一般为泄漏的物料、消防污水及雨水的混合物，收集后在事故应急内暂存，需要根据事故污水的性质，分批对其采取合适的处理措施。如果经过评估，事故污水的水质适合自建污水处理设施处理，由自建污水处理设施处理达标后再排放至市政管网；如果事故污水的水质不适合自建污水处理设施处理，则通知有资质的单位将事故污水通过槽车运走处理；严禁将事故污水直接排入雨水系统或者附近水体。

3. 污水处理设施异常处置

当现场人员发现经污水处理系统处理后的污水浑浊或超标时，立即上报应急领导小组办公室，现场人员关闭废水排放口阀门，防止事故扩大化；污水处理设施管道破裂或池体破裂时，污水通过雨水总阀门（常闭）截留后，自流或通过水泵进入事故应急池内暂存；当调节池水位超过 90%，应急领导小组办公室判断短时间内不能排除故障的情况下，下令生产车间停止生产，切断废水来源。

现场处置组穿戴好防护服，对破裂管道或池体进行检修，排除故障；污水处理设施经修复使用后，要对废水排放进行不间断的监测，或委托外部有资质的监测单位对水质进行监测；如果监测发现出水水质依然不达标，将排放水池废水回流至调节池或切换调节池与旁边的事故应急池之间的管道阀门，将废水转移到事故应急池中暂存，并邀请第三方单位对污水处理设施进行检修；待维修完成后，方可恢复生产。

厂区内因特大暴雨或危险化学品泄漏导致污水处理设施无法处理时，要迅速关闭排水口，水量太大时采用沙包对排水口进行封堵，将污水围堵在厂区内，再进行下一步的处理；如果污水已大量外排，组织相关技术人员或者协助相关部门在排水口附近水体四周进行布点，进行实时监测，评价事故对环境的影响，并采取投放合适处理物料等相应的措施，将对环境的影响降到最小；企业应急领导小组办公室应第一时间上报当地政府和生态环境、应急管理、消防等部门；若大量异常废水外排进入纳污水体，已超出企业应急能力，企业应联系水利部门关闭水闸，控制泄漏污染物随水流的扩散；向水域附近农户、企业等单位通报情况，告知做好应对准备，并配合相关政府部门对纳污水体进行治理。

4. 有限空间作业事故处置

监护人员或现场发现人一旦发现污水处理设施有限空间作业事故，应立即报告应急领导小组办公室，做好启动应急响应的准备工作；发现人不得在无人监护的情况下进入有限空间救人；发现人在应急救援小组人员到来之前，在保障自身安全的前提下，可尝试通过安全带将遇险人员拉上来；应急救援小组到达现场后，应使用鼓风机立即向事故发生场所进行简单、快速鼓风，救援人员穿上全面罩正压式空气呼吸器和防护服，采取必要的防护措施后，才可以进入有限空间实施救援；应急监测组迅速判断污染物的种类，按采样要求在事发点采样，利用有毒有害气体检测仪检测气体浓度，查阅相关标准，并及时报告；用消防水枪喷淋，稀释空气中的有毒有害气体。

在抢险过程中，有限空间内的救援人员与外面的监护人员应保持通信联络畅通并确定好联络信号，在救援人员撤离前，监护人员不得离开监护岗位；救援人员将作业人员救离危险区域至地面以上或通风良好的地方，如遇伤势严重的，用安全带系好两腿根部及上体，妥善提升，使伤者脱离危险区域，避免影响其呼吸或触及受伤部位；佩戴呼吸器的救援人员一旦感到呼吸不适，迅速撤离现场，呼吸新鲜空气，同时检查呼吸器问题，及时更换呼吸器。

医疗救援组利用事先准备的急救药箱和器具，对伤者进行救治；对窒息或心跳骤停的伤员，必须先进行人工呼吸或心脏复苏，后再搬运；一旦发现受伤人员出现头晕、头痛、耳鸣、四肢无力、恶心、呕吐、心慌、气短、呼吸急促等中毒症状，应立即送至附近医院救治。

在所有有限空间作业人员被救出来后，应急领导小组办公室根据情况终止应急救援；如出现险情扩大或局势不能控制，应急领导小组办公室应立即向当地政府请求增援，配合和服从相关政府部门应急指挥系统的领导。

（二）火灾、爆炸事故处置

污水处理设施火灾、爆炸事故发生后，迅速拉响警报，按照疏散撤离路线迅速撤离企业人员到各疏散集合点；在疏散撤离路线上安排人员维持秩序，引导人员有序安全地撤离；若事故发生在夜间，则应开启应急照明灯或使用其他照明设备，保证企业人员撤离至上风向方位，统计好人数，同时确保消防通道畅通。当灭火产生大量消防污水时，消防污水自流或利用泵抽入事故应急池内暂存；火灾、爆炸事故处置后，清洗现场，将清洗废水引入事故应急池。

四、典型案例

（一）事故应急池事故

云南怒江“6·19”金鼎锌业有限公司应急池溢流事故：2022 年 6 月 19 日 8 时 25 分许，云南省怒江傈僳族自治州生态环境局兰坪分局金鸡桥断面水质自动监测站工作人员发现讹江水体颜色发生变化。经查，云南金鼎锌业有限公司四选厂选矿产生的尾矿经输送管线排入老姆井尾矿库过程中，因闸阀损坏，导致部分尾矿进入应急池，应急池满池后尾矿水外溢进入讹江。8 时 30 分接报后，企业关闭尾矿输送。兰坪县政府组织抢险人员 100 余人，利用沙袋封堵外溢尾矿水，调集 3 台挖掘机、5 辆货车在应急池旁紧急开挖 3 个尾矿水收集池，阻止污染物入河。19 日 10 时 30 分，污染源全面阻断。事故造成约 630 m^3 尾矿水进入讹江，厂区应急池和临时开挖的应急池共收集约 1 200 m^3 尾矿水，均回抽至厂区处置。怒江傈僳族自治州和大理白族自治州地、县两级生态环境部门对外溢尾矿水汇入讹江口下游 7 个断面开展加密监测，结果显示各监测点位铅、锌、镉等指标均符合相关标准。

河南三门峡“7·19”义马气化厂重大爆炸事故: 2019 年 7 月 19 日 17 时 45 分左右，位于河南省三门峡市的河南省煤气（集团）有限责任公司义马气化厂空气分离装置冷箱泄漏发生“砂爆”，导致液氧贮槽破裂，引发周围可燃物爆炸、燃烧。事发后，大量消防污水一部分通过厂区东门流出，沿公路进入附近铁路边干沟，顺铁路涵洞进入涧河。另一部分消防污水流入该厂生产用水回收池（事发时生产用水回收池剩余容量约 1 000 m^3）；因厂区爆炸断电，生产用水回收池中废水未能被及时抽入事故应急池，于 7 月 19 日 20 时左右开始外溢。

对从东门溢流的消防污水，采取挖塘截流方式进行拦截；对厂内生产用水回收池的废水，采取调集发电车、安装水泵回抽至事故应急池方式控制外流。至 7 月 20 日 4 时左右，废水外流得到基本控制。经估算，共计约 1 000 m^3 废水排入涧河。当地政府组织人员在事发地点下游构筑 4 道拦水坝，使用活性炭过滤吸附等方式处理污染水体。

义马气化厂的事故应急池地势高，事故污水不能自流至事故应急池。在事故状态下，厂区一旦断电，移动电力保障无法及时到位，依靠泵抽难以保证事故污水不出厂。企业建立自流式事故应急池是防止安全生产事故引发突发环境事件的关键措施。动力式事故应急池无法在断电情况下发挥拦截储存的作用。另外，企业回用池不应有向外环境的溢流口，应全部关闭，防止事故状态下排入外环境。

福建漳州“4·6”腾龙芳烃有限公司重大火灾爆炸事故: 2015 年 4 月 6 日 18 时 56 分，位于福建省漳州市的腾龙芳烃有限公司（以下简称“腾龙公司”）二甲苯装置在停产检修后开车时，二甲苯装置加热炉区域发生爆炸着火事故。腾龙公司二甲苯装置开工引料操作过程中出现压力和流量波动，引发液击，存在焊接质量问题的管道焊口断裂，管线开裂泄漏的物料扩散后被鼓风机吸入风道，经空气预热器后进入炉膛，被炉膛内高温引爆，此爆炸力量以及空间中泄漏物料形成的爆炸性混合物的爆炸力量撞裂储罐，爆炸火焰引燃罐内物料，造成爆炸着火事故。有焊接缺陷的管线受开工引料操作波动引起的液击冲击，造成 21 号焊口断裂，是本次事故的直接原因。当班岗位员工未能按照应急预案进行关阀、打开事故喷淋装置和切换备用罐等应急处置，从而使物料大量泄漏并蔓延，最终导致事故的进一步扩大。航拍事故现场如图 2-48 所示。

图 2-48　航拍事故现场

事故发生后，厂区技术人员关闭输送管道阀门，开启罐区尚未破坏的自动喷水冷却系统，采取喷水降温和泡沫隔离措施，重点冷却保护中间罐区周边的储罐和装置，防止火势蔓延。救援期间持续的强风给扑救工作带来了难度，被泡沫覆盖熄灭的罐体先后两次发生复燃，4 月 8 日凌晨甚至出现流淌火情，导致两台消防车烧毁。当地政府将群众疏散范围扩大至企业周边 5 km 范围，确保人员安全；加强沙袋、灭火泡沫等扑救物资保障；理顺组织指挥体系，明确专家咨询组解决核心问题、制定施救处置办法的职能；全力做好现场火情稳控，将扑救重点转向隔离冷却、稳定燃烧，防止火势蔓延、灭后复燃；及时抽出罐区围堰内的消防积水，防止着火储罐漏油溢出扩散。经过 56 h 连续奋战，终将大火完全扑灭，取得了应急救援工作的成功。现场应急救援工作照片如图 2-49～图 2-51 所示。

图 2-49　消防官兵奋力扑救大火

图 2-50　成功扑灭大火

图 2-51　灭火后对现场进行清理

在事故应急池拦截方面，腾龙公司按照环评要求，在已建成 1.6 万 m^3 事故应急池（如图 2-52 所示）的基础上，于 2014 年建设了 4.2 万 m^3 事故应急池（如图 2-53 所示）。在此次事故处置后期事故应急池容量可能不足的情况下，征用相邻的翔鹭石化（漳州）有限公司事故应急池（如图 2-54 所示）和附近废弃的养殖池共计 3 万 m^3，因此在事故处置中，事故应急池容量是足够的。同时，建议消防部门控制消防用水，将未着火罐区围堰内积存的冷却消防水（如图 2-55 所示）以及事故应急池冷却水循环使用。但也存在一些不足：一是腾龙公司连通 1.6 万 m^3 事故应急池至 4.2 万 m^3 事故应急池的管道管径太小，为防止厂区内 1.6 万 m^3 事故应急池满溢，不得不使用大流量水泵全天抽水以保持两池间连通。二是临时征用的翔鹭石化（漳州）有限公司事故应急池与腾龙公司事故应急池缺少连通设施，需要通过水管和水泵抽水实现连通，增加了应急处置的工作量。三是在排查中还发现部分事故应急池外排闸门闭合不严，有少量池水外泄现象，由于企业采取封堵措施，才未造成外环境污染。

图 2-52　厂内 1.6 万 m^3 事故应急池

图 2-53　厂区外 4.2 万 m^3 事故应急池

图 2-54　翔鹭石化（漳州）有限公司 2 万 m^3 事故应急池

图 2-55　未着火罐区围堰内积存的冷却消防水

江苏南京“6·9”扬子石化炼油厂硫回收装置爆炸事故：2014 年 6 月 9 日 12 时 40 分许，江苏省南京市扬子石化炼油厂硫回收装置配套的 6 号酸性水罐爆炸起火并坍塌，随后引发附近 5 个酸性水罐陆续起火燃烧、坍塌，6 个酸性水罐体积均为 2 000 m^3。6 月 9 日 16 时左右，明火被扑灭。但由于罐体温度较高，罐内可燃物与消防泡沫未能有效隔离，大火于 9 日晚间复燃。同时，因消防水量较大，扬子石化炼油厂事故应急池阀门发生渗漏，部分消防污水进入厂区西侧马汊河。马汊河下游约 3.8 km 为夹江，夹江为长江支流，距长江约 10 km。硫回收装置配套的酸性水罐中污染物主要为氨氮、硫化氢、酚和油等。

企业立即采取以下处置措施：一是封堵事故应急池阀门，彻底阻断泄漏；二是封堵消防污水入事故应急池通道，并用潜水泵回抽事故应急池内消防污水至厂内污水处理设施；三是在厂区内低洼处挖坑，对消防污水实施就地收集；四是将消防污水最大限度地回用于罐体降温，减少消防污水产生总量；五是在事故应急池排口附近设置两道围油栏，并用潜水泵将进入马汊河的消防污水回抽至事故应急池，同时投加纤维活性炭进行吸附处理；六是采取限产措施，减少生产废水产生量，厂内污水处理设施全力处置事故产生的消防污水。经全力封堵，6 月 12 日 4 时 40 分起，事故应急池排口被堵死，事故消防污水停止外排。企业增设 2 台 480 m^3/h 的抽水泵抽吸转移事故应急池内存水，部分进入企业污水处理系统，同时腾空 2 个 2 万 m^3 的储罐接纳事故应急池、炼油厂事故区域围堰内以及雨水管网中的消防污水。6 月 14 日，马汊河、入江口和夹江各监测断面水质均稳定达标，本次事件应急响应终止。

很多企业存在事故应急池收集消防污水、雨水能力不足，进入应急池的输水通道不通畅，厂界雨污水、冷却水排放口不规范等问题，导致本不该发生的突发水环境事件发生。因此，企业应定期开展现场风险隐患排查，发现问题、解决问题，做到事前防范。

安徽蚌埠“12·28”八一化工股份有限公司氯苯车间火灾事故次生苯泄漏事故：2012年12月28日22时左右，安徽省蚌埠市八一化工股份有限公司氯苯车间发生火灾，消防部门共使用消防水约3 000 t，消防污水量超出了事故应急池以及管道等设施的承载能力。29日11时，事故产生的含苯消防污水发生漫溢，经总排口流入市政管网后进入下游污水处理厂。由于浓度过高，超出实际处理能力，污水处理厂关闭了进水口，含苯污水未经任何处理直接排入淮河，造成淮河干流蚌埠段水域出现大面积污染。企业通过关闭总排口闸门，对厂区内各沟渠和总排口实施活性炭、黏土分层封堵等措施，阻止了厂区内含苯污水再流出厂界。当地政府立即在淮河干流蚌埠段水体超标断面采取控制流量、活性炭吸附等措施，对污染水体进行处理，将污染峰值控制在淮河干流皖苏省界断面上游。

此次事件暴露出企业对安全生产事故易引发突发环境事件的敏感性以及危害性认识不足，在火灾事故发生后，未充分考虑消防污水水量、事故应急池规模以及下游污水处理厂实际处理能力等情况，事故应急池设计规模不够且不能自流，事故发生后消防污水得不到有效收集和控制，工程措施未起到防范作用。

广东惠州“7·11”中国海油惠州炼油分公司火灾事故：2011年7月11日4时10分，位于广东省惠州市大亚湾经济技术开发区的中国海油惠州炼油分公司北厂区的重整生成油塔底泵因机械密封泄漏着火。事故现场照片如图2-56所示。

图2-56　事故现场照片

经消防部门扑救，7时10分，火势得到控制；为防止生产设施爆炸，消防人员继续喷水冷却，消防污水通过雨水沟流入北厂区事故应急池。现场应急处置照片如图2-57所示。8时，消防喷水全面停止，整个过程共消耗消防水约5.87万m^3。其中，约 4.8 万 m^3 进入北厂区事故应急池（容量约 6.3 万 m^3，事发前事故应急池内存水约 1 万 m^3），其余消防污水存于厂区内雨水沟和 1 号、2 号原油储罐围堰内。18 时 30 分，当地出现第一场暴雨，降雨量约 10 cm，企业北厂区雨量约为 1.7 万 m^3，事故应急池基本蓄满，没有外排。虽然加大从雨水沟向原油储罐围堰泵入的力度，但仍有少量经雨水稀释的消防污水经雨水沟溢流出厂界。23 时，当地出现第二场暴雨，企业北厂区雨量约为 6.8 万 m^3，雨水连同雨水沟内消防污水通过雨水沟外溢出厂，流入附近的岩前河，导致岩前河污染（如图 2-58 所示），造成鱼类死亡。

图 2-57　现场应急处置照片

图 2-58　附近的岩前河受到污染

事故发生后，企业立即启动应急预案，现场工作人员及时切断进料，并将事发区域与其他区域进行有效隔离，全厂外排系统关闭，其他生产单元降量生产，使上下游装置得到有效隔离。同时，企业立即将事故情况报告相关部门。

由于消防用水，导致在事故核心区雨水沟内存有约 800 m^3 高浓度的泄漏物料、消防污水等混合液体。为防止产生二次污染，企业对事故核心区内雨水沟采取上下游截断的措施；对雨水沟中液体，在采用吸油毡清除表面油污后，用罐车运送至企业污水处理厂处理，对使用后的吸油毡按危险废物妥善处理。

消防污水的处置：一是将消防污水导入事故应急池。事故发生后，消防污水通过雨水沟流入北厂区事故应急池。同时，企业密切注意事故应急池水位，逐步将北厂区事故应急池内废水向南厂区事故应急池转移。二是截在雨水沟。事故发生后，企业立即将消防污水拦截在厂区的雨水沟内。三是降低事故应急池水位。由于出现强降雨，事故应急池中水位迅速升高，现场指挥部决定将厂区事故应急池中存放的消防污水和雨水泵入附近 1 号、2 号原油储罐的围堰和企业污水处理厂，同时使用槽罐车转运至大亚湾石化工业区的污水处理厂，以便迅速降低水位，预防再次强降雨导致事故应急池溢流，严防泄漏物进入外环境。截至 14 日 7 时，共转运转输消防污水和雨水约 1.6 万 m^3，事故应急池水面下降约 1.6 m，事故应急池压力得到缓解。四是降低围堰水位。为进一步做好处置工作，现场指挥部决定对 1 号、2 号原油储罐围堰内存放的约 1.3 万 m^3 消防污水和雨水，采用吸油毡进行收油处理，并将收油处理后的消防污水和雨水转输至企业污水处理厂处理。为了降低 1 号、2 号围堰溢出风险，现场指挥部决定从底部打通 1 号、2 号原油储罐围堰与相邻空置的 3 号、4 号原油储罐围堰，使围堰内水位大幅下降，为消防污水和雨水的进一步转输处置赢得了时间，缓解了事故应急池溢流的压力，大大降低围堰中消防污水和雨水进入外环境的风险。

防止消防污水出厂：为了做好防泄漏扩散的最后防线，企业堆垒沙袋，封闭加高厂界（钢丝网）围墙，在厂界沿线堆垒沙袋 0.4 m，长度约 400 m，同时对事故应急池采取加高措施，事故应急池堆垒沙袋加高约 0.4 m，有效防止再次降雨可能引发的泄漏物污染外环境。

防止消防污水入海：事发后，大亚湾经济技术开发区管委会启动海事与海洋应急响应，当地有关部门在岩前河（实际为泄洪道、总长约 3 400 m；企业厂区雨水排口以下至入海口约 1 000 m，周边无其他企业和居民）入海口布控 3 道围油栏，防止污染物进入海洋，并由惠州市环境保护局大亚湾分局组织专业救援队伍对围油栏油污进行清理。13 日，惠州市政府组织人员在做好围油栏拦截的基础上，在岩前河河道第 2 道、第 3 道围油栏中间修筑了活性炭吸附坝，并使用聚丙烯酰胺对河道中的有害物质进行沉淀处理，严防海洋污染。

企业应急准备不足：事故发生前，企业未能采取有效措施减少事故应急池已储存的 1 万 m^3 水，导致事故应急池有效容积利用不充分。企业水泵储备不足，事故处置期间不能及时调集足够的水泵，无法满足从北厂区事故应急池和围堰向南厂区事故应急池、污水处理厂快速传输消防污水的需要，致使南厂区 2.4 万 m^3 的事故应急池没有充分发挥应有的作用。此外，事故应急池设计容量不足，消防喷水降温持续时间长达 14 h，消防污水量约 5.87 万 m^3，超过设计最大事故用水和初期雨水总量以及事故应急池的容量极限。

对强降雨影响估计不足：11 日中午，广东省环境保护厅现场人员从气象部门了解到当天将有强降雨，及时通知企业做好应急准备。15 时，当地三防办通过短信发布强降雨预报，地方政府现场指挥部以及省、市、区三级环境保护部门再次要求企业做好防范准备。企业虽采取了一定的防范措施，但因对消防污水产生量和事故应急池贮存能力、降雨强度等因素引发的环境风险估计不足，未做好充分应对准备工作。短时间内两场强降雨的雨量大，且企业厂区集雨面积大，雨水沟地势低，没有采取在厂界内和雨水沟周围设置围堰的措施，大量雨水和消防污水漫过雨水沟，通过厂区地面溢流出厂。

（二）泄漏事故

陕西榆林“7·26”靖边采油厂污水池溢流事故：2022 年 7 月 26 日 4 时 40 分，位于陕西省榆林市靖边县的靖边采油厂二队十号联合站污水池发生溢流，约 2.2 m^3 油水混合物通过站外排水渠流入大理河。经排查，事故原因为一号除油罐排污阀门损坏。采油厂立即组织更换排污阀门，并启动污水提升泵，降低污水池液位。在大理河布设 8 道拦油坝，利用吸油索、吸油毡等对河道进行吸附清理，安排吸污车回抽污染水体。26 日晚，现场处置完毕。

四川成都“4·17”普兴工业园污水处理厂溢流事故：2022 年 4 月 17 日，四川省成都市新津区普兴工业园内污水处理厂生化池发生故障，导致进水异常，污水从管网溢流进入龙溪河。初步估算溢流污水约 1 050 m^3，入河污水约 600 m^3。事发地距龙溪河入岷江口约 5.4 km，龙溪河、岷江无饮用水水源地等环境敏感点。当地政府采取以下应急处置措施：一是封堵溢流污水井所在道路两侧的雨水沟盖板，并在道路筑土坝以拦截污水；二是设置阻拦索，防止泡沫流向下游；三是安排槽罐车转运溢流污水至附近企业事故应急池；四是使用消泡剂对河道积存泡沫进行消泡处理；五是要求沿途排水户减少向管网排水；六是在路边设置约 4 000 m^3 的暂存池备用；七是要求污水处理厂立即采取应急措施，尽快恢复产能；八是组织发布官方通告，回应社会关切。4 月 18 日 2 时 20 分许，污水停止外溢。截至 4 月 18 日 3 时 30 分，监测结果表明，龙溪河水质已恢复正常。

陕西咸阳“1·7”正通煤业有限公司矿井水泄漏事故：2021 年 1 月 7 日 12 时许，陕西咸阳正通煤业有限责任公司因煤泥堵塞企业污水处理设施管道，导致约 5.2 万 m^3 矿井水外排进入泾河。事发地泾河为陕西与甘肃两省界河，下游无饮用水水源地。8 日 5 时许，污水处理设施基本恢复正常运行。当地政府在事发地下游 16 km、24 km、41 km 处的桥上投加絮凝剂，对含煤泥污水进行絮凝沉淀。同时，在事发地下游 41 km 处构筑活性炭拦截坝，对水体进行吸附处置。自 1 月 9 日 13 时起，事发地泾河下游各监测点位的氨氮、化学需氧量和石油类浓度均持续稳定达标。1 月 11 日 10 时，当地政府终止应急响应。

甘肃张掖“9·14”耀邦化工科技有限公司污水处理厂硫化氢气体中毒事故：2020 年 9 月 14 日 22 时 1 分，位于甘肃省张掖市高台工业园区盐池工业园的耀邦化工科技有限公司污水处理厂发生硫化氢气体中毒事故，造成 3 人死亡，直接经济损失 450 万元。经查，企业污水处理厂当班人员违反操作规程，将盐酸快速加入含有大量硫化物的 6 号废水池内进行中和，致使大量硫化氢气体短时间内逸出，当班人员吸入高浓度的硫化氢气体、导致中毒。企业污水处理厂中和车间内未安装有毒气体检测报警系统、视频监控系统、自动排风机等设施。

四川遂宁“5·7”城南第二污水处理厂变压器故障致污水进入涪江事故：2020年5月7日11时，四川省遂宁市船山区城南第二污水处理厂因变压器故障停运，导致约10万 m^3 污水外排。事发地下游约23 km为川渝跨省断面，涪江入重庆市后约35 km为潼南区涪江人工运河城区饮用水水源地。当地政府关闭下游电站闸坝，拦截污染水体，加大沿线水利设施生态下泄流量以稀释污染水体，调集运输车收集转运污水。监测数据显示，事发地点下游各点位化学需氧量、氨氮、总磷等指标均达标，水质未见异常，事故未对下游重庆市潼南区饮用水水源地造成影响。

浙江嘉兴“12·3”海宁市龙洲印染有限责任公司污水罐坍塌事故：2019年12月3日17时19分许，浙江省嘉兴市海宁市许村镇荡湾工业园区内海宁市龙洲印染有限责任公司污水罐体（呈圆柱形，由碳钢构造，直径24 m，高30 m，容积约1.3万 m^3）发生倒塌，砸中邻近海宁市都彩纺织有限公司、海宁市亿隆纺织有限公司部分车间，罐体内大量污水向厂房内倾泻，造成部分厂房楼板倒塌，厂区内正在作业的工人被倾泻的污水冲散，部分工人因厂区内囤放的布匹坍倒受压，造成10人死亡、3人重伤。嘉兴市生态环境局立即赶赴现场开展环境应急处置工作，组织围堵事故现场泄漏污水，对涉事企业所有排污口实施封堵，并协调水利部门通过调水稀释的方式进行处理。经处置，大部分污水被引入厂内事故应急池和调节池暂存，部分污水进入泥坝桥港河道。在高浓度污水河段选择合适点位，将河道内高浓度污水用泵抽入污水管网，流至污水处理厂处理。对河道内的低浓度污水，利用许村翻水站等水利调控设施，根据水位、监测情况调整翻水量，进行生态补水。

事故调查组认定，海宁市龙洲印染有限责任公司“12·3”污水罐体坍塌重大事故是一起环保设施提升改造项目中污水罐未经设计、未按标准制造导致坍塌的重大生产安全责任事故。

事故直接原因：事故厌氧罐未经正规设计，施工制造质量达不到钢制焊接储罐相关国家标准规范要求，存在罐体壁厚、强度不足、严重未焊透等问题。在两年多使用过程中，第6罐节与第7罐节焊接接头焊缝处介质渗入、发生腐蚀，强度持续减弱，在水的静压力作用下发生破裂，裂缝继而沿环向、纵向焊缝瞬间发展，撕裂罐体，最终导致坍塌。

事故间接原因：海宁市龙洲印染有限责任公司违规进行项目建设，1号厌氧罐未经正规设计，存在未批先建违规行为；违规将1号厌氧罐建设项目发包给不具备资质条件的单位施工；明知1号厌氧罐体在试水试验时发生鼓包现象，虽经加固，但未竣工验收就投入运行。施工方江阴市五环化工机械有限公司无环保工程专业承包资质，违规承揽罐体施工；无罐体设计相关资质，违规帮助绘制罐体设计草图；未按规范要求进行焊接施工；未按要求执行施工过程及试验等质量安全记录制度。

海宁市龙洲印染有限责任公司法定代表人、分管环保及污水处理设施项目负责人，江阴市五环化工机械有限公司负责人、焊接工艺负责人、焊接工作现场负责人，因涉嫌工程重大安全事故罪，于 2020 年 12 月 25 日被海宁市人民检察院提起公诉。对海宁市龙洲印染有限责任公司分管公司安全生产工作的副总经理、污水处理设施具体负责人，给予撤销其与安全生产有关资格的行政处罚。

河北辛集“5・29”欧赛皮革有限公司污水处理厂中毒事故：2017 年 5 月 29 日 10 时 10 分，位于河北省辛集市的欧赛皮革有限公司污水处理厂在维修曝气池电机过程中发生中毒事故，造成 4 人死亡。经查，企业作业人员移动盐酸罐时将罐内剩余盐酸排放至灰水池（曝气池），与池内硫化物反应，产生硫化氢气体，开启搅拌曝气后，导致硫化氢加剧逸出，致作业人员中毒。

湖北黄石“9・22”驰顺化工厂污水处理设施管道阀门破裂导致废水泄漏事故：2008 年 9 月 22 日凌晨，位于湖北省黄石市阳新县木港镇的驰顺化工厂（生产农药中间体甲基一氯化物）在试生产期间污水处理设施出现故障，该厂安装在木港镇上西湖村的管道阀门焊接处出现约 7 cm 长的裂缝，4～5 t 废水从裂缝中喷出，运维公司擅自启动排水泵，将废水排入木港镇上西湖村附近的富河支流西湖港，污染带长约 3 km，污染西湖港水面约 2 km^2，对当地农田灌溉造成影响。同时，企业厂区及其下风向农药气味明显，影响沿岸群众的正常生产生活。

新疆昌吉“2・23”玛纳斯澳洋有限责任公司排污专用管线爆裂事故：2006 年 2 月 23 日晚，玛纳斯澳洋有限责任公司 60 km 排污专用管线在离厂址 30 km 处发生爆裂事故，排污 10 h，造成污水直接排入玛纳斯河，部分农场、农田及 8 户农民住房被淹。

（三）火灾、爆炸事故

甘肃兰州“6・16”滨农科技有限公司爆炸事故：2022 年 6 月 16 日 18 时 58 分，甘肃省兰州市兰州新区秦川精细化工园区滨农科技有限公司污泥干燥车间发生较大爆炸事故，造成 6 人死亡、8 人受伤。事故企业处于试生产阶段。据初步分析，事故直接原因是离心母液干燥后的物料中含有有机磷化物、氯酸钠等，形成不稳定的爆炸混合物，可能在高温或明火作用下，急剧分解爆炸并殉爆了车间现场堆放的其他废料。

辽宁阜新“7・11”氟产业开发区碧波污水处理厂爆炸事故：2020 年 7 月 11 日 20 时 40 分许，辽宁阜新氟产业开发区碧波污水处理厂水解酸化车间发生爆炸事故。22 时，明火被扑灭，约 50 t 消防污水通过管线收集至企业污水处理设施调节池内，未外排。事故发生后，当地生态环境部门在厂界下风向布设 3 个环境空气质量监测点位，氨气、氯气等大气指标浓度均未超标；对污水处理厂下游河流开展应急监测，下游阜新市细河高台子断面水质无明显波动。

江苏泰兴“4・3”中丹化工集团污水收集处理车间废水收集储罐火灾事故：2019年4月3日20时49分，江苏省泰兴市经济开发区中丹化工集团污水收集处理车间高浓度废水收集储罐（内含少量甲苯、氰化物等废液）发生火灾事故。21时42分，明火被扑灭。事件发生后，消防污水全部收集在企业事故应急池内，未外排。监测数据显示，4日0时5分，下风向1 km处空气中苯、甲苯、二甲苯等指标均未检出。厂区外东西两侧清水池中化学需氧量、氨氮、总磷等指标浓度均未超标；苯、甲苯、二甲苯、苯胺类等特征污染物均未检出。

陕西延安“8・23”子长采油厂石油废水缓冲罐闪爆事故：2018年8月23日18时30分，陕西省延安市子长采油厂马鞍山联合站石油废水缓冲罐发生闪爆；18时49分，明火全部被扑灭。罐内废水泄漏约103 m^3，产生消防污水约32 m^3，其中120 m^3废水混合物收集在场内，约15 m^3从围墙裂缝处流出，全部拦截在沟底坝内。经处置，消防污水和含油废水得到收集，残留物被清理干净。

（四）设施不正常运行

湖南洪江“1・4”辰州矿产开发有限责任公司污水处理设施涉嫌不正常运行环保设施导致平溪河锑浓度异常事件：2021年1月4日，湖南邵阳市与怀化市交界断面和洞口县二水厂取水口断面锑浓度分别超标6.4倍和0.3倍。经排查，涉事企业为湖南省怀化市洪江市辰州矿产开发有限责任公司（以下简称“辰州矿业”）。该企业已于2020年10月停产，为回收井下设备，仍在持续抽取矿井水，污水处理设施不正常运行导致外排废水超标。超标废水经响溪流入平溪河，影响下游邵阳市。截至1月29日，事发初期被拦控的锑浓度异常水体全部下泄，洞口县二水厂取水口及下游河流锑浓度全面达标；2月1日，邵阳市终止应急响应，事件未对邵阳市洞口县、隆回县群众用水产生影响。

辰州矿业立即开展断源工作。一是停止采矿井下抽水泵运行并使用混凝土封堵矿井口（如图2-59所示）；二是将涵管排水接入污水处理设施处理后再打入尾矿库；三是邀请有关专家对废水处理工艺进行诊断整改；四是在排水河沟构筑三道拦水坝（如图2-60所示）并投加混凝沉淀剂和活性炭；五是在尾矿库废水收集池上段筑坝，用管道将上游净水引流至污水处理设施以下，同时对河沟溪水全部进行回抽处理。1月21日，所有尾矿库排水、渗水已闭环收集处理，污染源头已切断。1月23日，完成上游筑坝引流和河沟溪水回抽，进一步减小污染风险。

图 2-59　混凝土封堵矿井口

图 2-60　河沟内构筑拦水坝

事件发生后，邵阳市立即关闭平溪河上段 9 座水电站，拦控 300 万 m^3 锑浓度最高超标 7.5 倍的污染水体，成功阻断了高浓度污染团的快速下行，为下游做好水厂工艺改造、药剂调配等应急处置措施提供了必要时间。在生态环境部生态环境应急研究所应急专家指导下，研究制定了污染水体放流处置方案。方案分为两个阶段：第一阶段为少量放流 + 调水稀释 + 水厂投药；第二阶段采用了河道投药降锑方式，26 日 9 时开始，在大湾电站坝下投放聚合硫酸铁混凝剂（如图 2-61 所示）以削减污染团，同时增大支流放水稀释。河道投药方案取得良好效果，下游水厂预警断面和取水口锑浓度迅速下降至标准限值以内。截至 28 日，上游被拦控的污染水体全部安全下泄，河道累计投药约 200 t。

图 2-61　大湾电站持续补充聚合硫酸铁药剂

1 月 22 日，洞口县政府主动在政府网站发布了事件信息。1 月 26 日，针对河道投药导致 1 km 内河水暂时变黄的情况，洞口县政府及时向周边群众进行解释，同时密切关注舆情。

四川“11・6”泸州电厂在污水处理设施尚未建成情况下安装调试燃油系统导致柴油泄漏事故：2006 年 11 月 6 日，川南发电公司泸州电厂在污水处理设施尚未建成的情况下，开始安装调试燃油系统。由于燃油系统 1 号供油泵机械密封装置损坏，约 80 t 柴油泄漏混入冷却水管道、进入污油池暂存。11 月 15 日 14 时，该厂将污油池中 16.945 t 高浓度含油污水抽入排水管道，外排至小溪沟（距入长江口约 6 km），导致长江水体污染，泸州市城区两水厂停水 5 h，约 40 万人口受影响，并由于部分油污进入重庆市，形成跨界污染。

（五）有限空间作业事故

山东淄博“5・18”中国石化齐鲁分公司供排水厂中毒事故：2022 年 5 月 18 日 7 时左右，山东省淄博市临淄区的中国石化齐鲁分公司供排水厂发生一起中毒事故，造成 2 人死亡，直接经济损失为 393.95 万元。该事故发生的直接原因为瀚昇公司试验装置作业人员未佩戴防护用具进入有限空间，吸入试验装置反应仓内浮渣挥发出的硫化氢气体，导致急性中毒死亡。

四川成都“6・13”四川邑丰食品有限公司污水处理设施生物接触氧化工序间有限空间中毒和窒息事故：2021 年 6 月 13 日 10 时 30 分许，位于四川成都大邑县青霞街道的四川邑丰食品有限公司污水处理设施生物接触氧化工序间，在准备抽排污水作业时，发生有限空间中毒和窒息事故，造成 6 人死亡，直接经济损失超 542 万元。6 月 13 日 16 点 30 分，在 2 号池上方使用便携式气体检测仪对硫化氢浓度进行检测，结果显示超过工作场所空气中硫化氢最高允许浓度 5.8 倍。事故发生后，市、县消防救援部门立即出动前往救援，应急管理部门调集 3 支应急救援队伍参与现场秩序维护、运输救援装备并辅助救援处置，医疗部门展开医疗救援，生态环境部门对该公司雨、污外排口进行封堵，在入河排污口处设置围堰，建立污水蓄水池，对污水进行拦截。

事故调查组认定，此次事故是一起生产安全责任事故。事故的直接原因是企业在接触氧化工序间准备抽排污水作业时，作业人员在未开启抽风机进行通风、未采取个体防护措施的情况下，进入硫化氢等有毒有害气体逸出积聚的相对密闭空间，吸入硫化氢等有毒有害气体，导致中毒窒息，施救人员盲目施救导致事故扩大。事故暴露出企业未落实有限空间作业“先通风、再检测、后作业”的原则，未开展有限空间作业安全条件确认，未对进入有限空间作业人员进行相应的安全教育培训和安全风险提示，未安排相关管理人员进行现场监护作业，第三方劳务承包管理不规范、不到位。

浙江湖州“6・13”浙江美欣达纺织印染科技有限公司污水处理站中毒窒息事故：2020 年 6 月 13 日 14 时 23 分，位于浙江省湖州市吴兴区的浙江美欣达纺织印染科技有限公司污水处理站发生中毒窒息事故。共造成 4 人死亡、5 人受伤，直接经济损失超600万元。经查，污水处理站检维修作业时，因硫酸与污水、淤泥中的硫化物发生化学反应，产生大量硫化氢，高浓度集聚于初沉池内。作业人员进入初沉池平台后因吸入过量硫化氢而中毒窒息。施救人员进入初沉池盲目施救，导致事故扩大。浙江美欣达纺织印染科技有限公司安全生产管理不到位。作为污水处理站所有人，该公司将污水处理站发包给湖州久久现代服务发展有限公司运营管理后，未有效将污水处理站安全管理及有限空间作业纳入本公司日常安全管理，未履行对湖州久久现代服务发展有限公司安全生产工作的统一协调、管理。在当地政府部门监督检查污水处理站时，湖州久久现代服务发展有限公司员工均以浙江美欣达纺织印染科技有限公司员工身份接受监督检查。

陕西安康“10·11”恒翔生物化工有限公司污水处理设施絮凝混合池中毒窒息事故：2019年10月11日，陕西省安康市恒翔生物化工有限公司停产期间，污水处理设施絮凝混合池发生一起中毒窒息事故，造成6人死亡，经济损失达715万元。经调查，此次事故是一起生产安全责任事故。事故直接原因包括：一是企业污水池为除臭，新增设了玻璃钢密封罩棚，该企业因原材料短缺停产，污水处理设施的净化装置设备关闭停运，造成污水池内硫化氢等有毒有害气体积聚；二是企业女工唐某未严格按照有限空间作业要求，擅自进入有限空间，违章操作，导致事故发生；三是企业5名员工在不清楚絮凝混合池内气体环境且未佩戴防护用品的情况下盲目进入絮凝混合池中施救，引发事故死亡人数增加。

事故的间接原因包括：企业主体责任落实不到位，一是未有效开展有限空间辨识和建立管理台账，未制定有限空间作业方案，未进行危险有害因素检测，未严格执行作业审批制度，现场未设置有毒有害气体报警器；二是未组织开展有限空间作业现场负责人、监护人员、应急救援和作业人员专项安全培训；三是未根据有限空间存在的危险有害因素的种类和危害程度，配备足够劳动防护用品，未建立详实管理台账；四是隐患排查、巡查检查和应急演练等工作落实不到位。

第十一节 尾矿库

一、存在的环境安全隐患

尾矿指金属或非金属矿山开采出的矿石经选矿厂选出有价值的精矿后排放的“废渣”。由于这些尾矿数量大，含有暂时不能处理的有用或有害成分，如果随意排放，会造成资源流失，且可能大面积覆没农田或淤塞河道、污染环境。尾矿库是由筑坝拦截谷口或围地构成的，用于堆放金属或非金属矿山进行矿石选别后排出的废矿石、煤矸石或其他工业废渣的场所，是一类具有高势能的人造泥石流危险源，一旦发生泄漏或溃坝事故，将给工农业生产及下游人民生命财产造成重大的危害和损失。

（一）泄漏事故

1. 尾矿料浆外泄和回水系统泄漏事故

尾矿料浆外泄主要是由于管涌、裂缝等坝体损坏现象，排水系统堵塞或坍塌，造成的后果是不同量的尾矿料浆外泄。回水系统的作用是将尾矿水在尾矿库澄清后全部抽回厂区回用，不外排。排尾和回水管道穿越敏感区域（农田、河流、湖泊等）时未建设管沟、套管等防渗漏设施，存在“跑冒滴漏”污染；在运行过程中，由于暴雨、生产用水回收池内排水系统损坏会导致水位剧增，存在溢出等险情，对尾矿库坝体安全和下游人员的生命和财产构成严重威胁，会引起地表水体和地下水体污染。

2. 排洪系统泄漏事故

排洪系统堵塞或泄漏将使雨水汇至尾矿沉淀池及生产用水回收池，导致池体水位升高过快，加重坝体的负重，甚至会引发溃坝等次生危害，造成渗滤液泄漏甚至漫坝，从而对下游的地表水体、土壤及生态环境产生一定的影响。

3. 渗漏事故

渗漏事故主要是因尾矿库、渗滤液收集池、生产用水回收池内防渗层损坏等引起渗滤液下渗，进入下游地下水系统，造成周边地下水系统、土壤及下游村庄的地下水环境受到污染。

地下水监测存在不足，无法准确掌握尾矿库周边地下水环境：未建立或者未规范建立地下水水质监测井；地下水监测方案特征污染因子监测项目不齐全、污染物的检测方法不正确；没有定期开展监测。

（二）坝体损坏事故

1. 裂缝事故

若尾矿沉淀池、生产用水回收池出现裂缝，导致池内的渗滤液及含矿泥污泄漏，从而对周边土壤及下游村庄的水环境造成影响。

2. 垮坝、溃坝事故

尾矿库垮坝、溃坝的原因主要是尾矿库的建设不符合专业部门的设计要求，最大可能性发生在后期坝，浸润线的位置处于高位，坝体饱和区扩大，使坝的稳定性降低。事故前兆表现为坝体出现开裂或泄漏、变形或位移；坝体连接处及坝底出现渗漏；排水井出现倾斜，有倒塌迹象。

发生垮坝、溃坝事故，会造成尾矿库内尾矿渣由固态变成泥石流，具有较大的冲击力和破坏性，对企业效益、员工人身安全、河水水质、周边林地等造成不可估量的损失，其环境影响主要表现为尾矿沉淀池内的渗滤液随溃坝外排，污染周边的表层土壤、地下水环境；尾矿渣随地表径流水进入下游河道，会对水体水质造成影响，并对下游山坡两侧树木造成大面积淹没。

3. 自然灾害次生尾矿库溃坝事故

尾矿坝的险情常在汛期发生，而重大险情多在暴雨时发生。汛期尾矿库处于高水位工作状态，遇到特大暴雨，极易造成洪水漫顶。洪水危及尾矿库的方式包括：通过提供过大的入库水量，漫坝而引起坝破坏；或者通过坝趾侵蚀，引起坝面损坏或最终破坏；风浪冲击也易造成坝顶决口溃坝。此外，尾矿库排渗系统因地震、雷击、撞击或山体滑坡等不可抗拒的自然因素，存在渗排水系统堵塞、坝基变形、开裂、漫决、渗漏或管涌等情况，进而导致垮坝、溃坝事故。

（三）风险防控措施不到位

我国尾矿库数量众多，其中很多是危库、险库和病库，还存在相当数量的尾矿库企业没有认真落实安全管理主体责任，风险防范措施不到位，日常监管不落实。

1. 环境安全管理制度隐患

环境安全隐患排查治理制度不健全：未明确承担环境安全隐患排查工作的部门和专职技术人员；汛期前未开展隐患排查工作；未落实上一次隐患排查治理工作中的治理措施或未开展成效核查等。

尾矿库环境应急预案体系问题：尾矿库发生安全事故时，一般都会造成较大范围的次生环境污染事件，在这种情况下单独依靠企业是无法有效应对的，必须依靠政府统一协调、多方共同努力，但尾矿库环境应急预案缺少与政府环境应急预案的有效衔接；未按照环境应急预案要求，存储充足的环境应急物资；未向当地生态环境部门备案环境应急预案（含超过三年未更新备案）；未按要求组织开展环境应急演练。

2. 环境风险防控设施隐患

缺少环境风险防控设施有效性评估：尾矿库企业一般都会建设各种事故应急池、应急池、截渗坝等环境风险防控设施，但是缺少对这些环境风险防控设施有效性的评估，造成发生突发环境事件时很多设施未起到应有的作用。

事故应急池：未针对泵房、废水处理设施等建设事故应急池；事故应急池未采取有效的防渗措施；事故应急池中有废水或其他杂物存放；容积无法满足泵房或废水处理设施突发停电或检修、排尾或回水管道泄漏等情况下收集管道内尾矿或废水的应急需要。

渗滤液收集设施：尾矿库有渗滤液流出，但未建设渗滤液收集设施；渗滤液收集设施未采取有效的防渗措施；尾矿库的渗滤液未全部流入渗滤液收集设施（包括途中通过支流或其他方式流入外环境）；渗滤液收集设施存在漫流。

废水处理设施：存在尾矿水超标排放的尾矿库未按要求建设废水处理设施；废水处理设施未正常运行，或记录不完整；沉淀池潜水泵同时故障、厂区突发停电、厂区事故停产时，可能会造成沉淀池内的水溢出；当事故导排渠闸板松动、脱落时，可能会漫过闸板，造成尾矿水超标外排；尾矿水特征污染因子监测项目不齐全，监测频次未达要求；排放有毒有害水污染物的尾矿库企业未对周边受纳水体开展定期监测。

企业偷排：对大多数尾矿库的尾矿水，是采用自流至下游的生产用水回收池，再通过泵站泵送至选矿厂高位水池，实现尾矿水的回用。不少尾矿库企业利用生产用水回收池周边未设置在线监控装置的漏洞，任由尾矿水溢流进入周边地表水体，造成部分河道个别特征污染因子持续偏高，稍有不慎，将造成地表水水体相关指标超标。

二、环境安全隐患治理

（一）预防泄漏措施

1. 预防尾矿料浆外泄和回水系统泄漏措施

削减高浓度渗滤液的储存量；制定专门的监管机制，确保尾矿库渗滤液收集池、回用水池水位保持低水位；加强排尾和回水管道日常巡查和维护，可以借助无人机等设备巡查，重点关注管道连接处，并做好管道巡查记录；对管道“跑冒滴漏”部分及时进行修补或更换；采取防漫流措施，如对回水系统进行改造，调整水泵回水量或增大生产用水回收池容积等。

2. 预防排洪系统泄漏措施

定期对尾矿库排洪系统和坝体的完好性进行检查，并做好检查台账记录；在汛期前后应对排洪沟进行清理，保证排洪系统的通畅；在汛期严格执行防洪、排水管理制度，防止发生泄漏。

3. 预防渗漏措施

定期对生产用水回收池、渗滤液收集设施、事故应急池的防渗系统进行检查和维护，不低于尾矿库防渗要求；在尾矿库管道穿越敏感区域部分，建设管沟、套管等防渗漏设施；对穿越敏感区域的管道开展重点巡查。

4. 开展预警监测

制订具体监测计划，企业若无能力，则委托外部单位开展，至少在尾矿库总排口、溢洪塔、排洪斜槽、沉淀池前后、输送回水管线、地下水监测井等布置预警监测点位；

确定特征污染因子监测项目，选择正确的检测方法定期监测，一般为一个季度监测一次，且两次监测的间隔不少于 1 个月；明确监测方法、预警信息核实方法以及相关工作责任人。

尾矿属性为危险废物的，地下水监测频次为每个月至少一次。若地下水污染物含量升高，及时查明原因，采取措施防止新增污染，并开展调查与风险评估，因地制宜采取风险管控或者治理修复等措施。尾矿库周边至少应设置三口地下水质监控井。第一口沿地下水流向设在尾矿库上游，作为对照井；第二口沿地下水流向设在尾矿库下游，作为污染监控监测井；第三口设在最可能出现扩散影响的尾矿库周边，作为污染扩散监测井。当地质资料和水文地质资料表明含水层埋藏较深，经论证认定地下水不会被污染时，可以不设置地下水质监控井。

（二）预防坝体损坏措施

1. 做好尾矿库溃坝风险源头管控

由于尾矿库溃坝将造成巨大的环境和经济损失，为从源头避免突发环境事件，尾矿库选址时应尽量避开人口密集和下游存在饮用水水源地的区域，同时进行有效的环境安全管理；严禁在库区边坡下部开挖槽沟；企业尾矿库运营、管理单位发现坝体、排水井出现安全隐患后，立即向应急管理部门报告，按照安全生产要求实施整治。

企业应掌握尾矿库特征污染物以及环境应急处置措施，提高环境风险防范和事件前期应急处置的能力。一旦发生溃坝事故，能够有针对性地采取环境应急响应措施，减轻事故的环境影响。在此过程中，每一个环节的落实程度都关系到环境风险能不能被有效控制、环境安全隐患能不能被及时发现并消除、事故发生后有没有能力应对好，必须要发挥实效。

2. 加强尾矿库的日常巡查

尾矿库可能因为温度降低、暴雨、尾矿存积过多、地震等因素发生溃坝。除地震外，其他原因导致的溃坝均是可以防范的，因此日常应加强坝体的安全检查，设置尾矿库专职管理员、巡查组，实行 24 h 巡查制；加强坝体水平位移观测、坝体沉降观测、坝体孔隙水压力观测等；一旦发生问题，应向企业应急领导小组办公室报告异常情况，企业应急领导小组办公室应立即进行研究分析，采取应急措施，并派员现场进行实际检查。

当气象台发布大雨以上级别预报时，或者收到地震、洪水等灾情警报时，巡查人员需要检查矿区排洪沟是否通畅；相应机泵、事故应急池、风险源等主要防护设施是否正常；尾矿库周边山体（包括尾矿库山体及公路边坡）、坝体是否有异常急变、滑坡、裂缝；库内干滩长度以及库内的调洪高度是否达到要求；尾矿库一旦出现隐患或风险防范设施不能正常发挥作用时，应及时发出环境风险预警。

3. 防漫顶措施

尾矿坝一般为散粒结构，如果洪水漫顶，就会迅速冲破决口，造成溃坝事故。当排水设施已全部使用，水位仍继续上升，根据水情预报可能出现险情时，应抢筑子堤，增加挡水高度；在堤顶不宽、土质较差的情况下，可用土袋抢筑子堤。铺第一层土袋前，要清理堤坝顶的杂物并耙松表土；用草袋、编织袋、麻袋或蒲包等装土七成左右，将袋口缝紧，铺于子堤的迎水面；铺砌时，袋口应向背水侧互相搭接，用脚踩实，上下层袋缝必须错开；在缺土、浪大、堤顶较窄的情况下，可采用单层木板子堤；当出现超过设计标准的特大洪水时，应在抢筑子堤的同时，报请上级批准，采取非常措施加强排洪，降低库水位。

4. 防风浪冲击

对尾矿坝坝顶受风浪冲击而决口的防护，除参照上述办法进行处理外，还可采取防浪措施处理。用草袋或麻袋装土七成，放置在波浪上下波动的部位，相互叠压成鱼鳞状，当风浪较小时，可采用柴排防浪；挂树防浪则是利用砍下的枝叶繁茂的灌木，使树梢向下放入水中，并用石块或沙袋压住，其树干用铅丝、麻绳或竹缆连接于堤坝顶的桩上。

（三）完善风险防控措施

1. 完善环境安全管理制度

尾矿库企业严格落实主体责任，强化环境风险管理，重点完善尾矿库渗滤液回用、尾矿水达标排放、无组织粉尘管控、周边地下水水质监控等措施。按照“一库一策”的原则，加强日常环境安全管理，积极推进污染治理，确保废水达标排放。

建立健全尾矿库环境安全隐患排查制度，明确责任部门和责任人员以及相关责任；严格执行雨季放渣、干滩控制指标，确保低渣位低水位运行，并严格执行堆场检查日报制度；对查出的尾矿库隐患，必须认真及时进行整改，责任落实到人，跟踪整改效果，并归档备案；开展全面的环境安全隐患排查，每年汛期前开展一次环境安全隐患排查；补充上一次环境安全隐患排查治理工作的缺项，形成全过程闭环。

企业开展尾矿库环境风险评估，确定环境风险等级大小，明确尾矿库在事故情况下的环境影响；按要求编制尾矿库专项应急预案，编制统筹考虑安全与环保的综合性预案并向当地生态环境部门备案；对于重大环境风险尾矿库，还应按规定编制尾矿库场外环境应急专篇；在尾矿库聚集区域推动编制流域级环境应急预案，建立健全流域级环境风险防控体系；至少每 3 年进行一次回顾性评估，修订并更新备案；补足必要的环境应急物资，或与应急物资生产、储存等厂商签署物资保障协议，保障应急状态时物资充足，例如渣场应贮备一定量的编织袋、土工膜、土工布备用；定期组织突发环境事件应急演练，并留存演练过程照片等相关材料。

2. 完善环境风险防控设施

尾矿水应尽可能回用于选矿生产，如需外排，外排尾矿水应满足相关行业排放标准或地方排放标准要求，否则应建设配套的污水处理设施及在线监测设施，确保废水达标排放，并保存好监测数据；对排洪隧洞渗水应设置渗滤液收集池，收集的渗滤液应返回选矿厂或尾矿库，禁止超标渗滤液直接外排；厘清生态环境与应急管理部门之间的责任关系，不应将尾矿库及其截洪沟、排洪井等安全设施纳入环保设施的监管与审批范围；有条件的尾矿库可以根据周边的环境敏感程度与环评预测结果，建设符合环境风险管理要求的事故应急池，满足尾矿输送、回水、废水处理等设施非正常运行情况下收集事故废水的应急需要；清理事故应急池中的废水或其他杂物，扩大事故应急池容积，尽可能采用非动力自流方式收集事故废水。

3. 做好药剂储备工作

为保证及时处置，尾矿库、拦泥库及外排水处理厂管理单位要结合实际，储备各种应急投加药剂，如粉末活性炭、高铁酸盐、硫化钠、氧化钙、絮凝剂、重捕剂等，储备量应至少满足 3 天的使用，并根据各类应急物资的使用情况和保存期限，及时进行补充与更新。药剂储备实行专人管理，防止被盗用、挪用、流散和失效，保证应急时的有效性。同时，为了保障处理药剂供应，应与石灰、絮凝剂、重捕剂等的生产厂家保持联系，做到各种药剂随时满足应急供应状态。

三、事故应急处置措施

（一）泄漏事故处置

尾矿库泄漏次生突发水环境事件风险点一是尾矿砂和尾矿水的持续泄漏，二是已泄漏尾矿砂在水体中的浸出污染。泄漏事故处置措施主要包括堵漏、覆盖、转移等。堵漏主要针对尾矿库泄漏渣水，采用阻隔或者堵塞措施，控制污染源的外排放；覆盖主要针对已泄漏至外环境的尾矿渣，用泥土、泥沙或其他固体材料进行覆盖，控制污染源的迁移；转移主要是将已泄漏的尾矿废液渣转移到其他地方进行贮存。

1. 尾矿料浆外泄和回水系统泄漏事故处置

企业立即停止生产，并组织人员修补或更换尾矿输送设施，启动截流措施、事故排水收集措施以减少污染物外排量和降低速度；根据事故原因，对排水沟闸板进行修复处理；启动清净下水系统防控措施、雨水系统防控措施，及时切断、分流无污染的水流，减少事件产生的污水量；启动应急排污泵、生产废水系统防控措施等，及时转移、处理事故排水。

采取围堵措施，防止污染物进入外环境，减少事件影响区域和范围。制定水质监测方案，组织人员及时跟踪水质变化；在尾矿库泄漏点下游附近适当位置，通过挖掘导流沟和临时事故应急池，保证事故泄漏的尾矿导入事故应急池，防止泄漏尾矿四处漫溢；清理导流沟和事故应急池内收集的尾矿浆，澄清液用应急泵和回水管抽至生产用水回收池；清理漫溢的尾矿浆；事故应急处置过程中严防二次污染。

2. 排水设施泄漏或堵塞事故处置

企业现场处置组进入现场，检查泄漏和堵塞位置，并及时进行修复、清理疏通，保证排水通畅；必要时新建排水设施，开挖临时排洪通道，确保排水设施正常运行；当出现排水设施入口堵塞时，组织人员对入口处的杂物进行清除，并派人值守，保证排水畅通；如出现排水井倒塌事故，立即查明倒塌原因，并组织对排水井入口处进行清理，先保证排水畅通，然后抢修排水井；如出现排水隧道塌方，导致排水不畅，如果上游来水不大，则可以采取停机抢修的办法，减少入库水量，并进入隧洞对塌方部位进行支护；人员进入排水斜槽和隧洞必须有严密的保护措施，确保人员安全；如果处于雨季，且塌方严重，则应根据情况，预先疏散下游群众，然后采取坝上控制排水的措施，并开挖截洪沟以阻止洪水进入库内。

在尾矿库（渗滤液收集池、回用水池）内的水位已经达到警戒线，排洪系统泄洪能力不能保证安全的情况下，应用编织袋装泥沙加高坝体高度，预防后续出现漫坝，并同时采用输水罐车外运；如已经出现漫坝，应迅速用编织袋装泥沙，在集液池下游抢筑堤坝，对洪水进行拦截，并根据漫坝的实际水情，不断增加堤坝的挡水高度；若出现超过设计标准的特大洪水，应在抢筑堤坝的同时，报请上级批准，采取非常措施加强排洪，降低库水位；清理泄漏的尾矿库渗滤液及泥污，收集被污染的土壤，治理受污染的水体。

3. 渗漏事故处置

企业现场处置组找出渗漏部位，并对渗漏部位进行修复；若在尾矿库、渗滤液收集池、回用水池出现渗漏，则预先采用输水罐车外运尾矿库内的渗滤液；采取“内截、外排”的处置措施，内截就是在坝的上游封堵渗漏入口，截断渗流途径，防止渗入，外排就是在坝的下游采用导渗和滤水措施，使渗水在不带走尾砂的前提下，被迅速安全地排除，以达到渗透稳定；委托专业技术机构对受污染的地下水环境开展治理工作，截断渗漏污染。

（二）坝体损坏事故处置

1. 坝体裂缝事故处置

发现尾矿库裂缝后，应采取防护措施，以防止因雨水或冰冻加大裂缝。首先要详细观察坝体裂缝，应查明裂缝的长度、宽度、深度、走向、形态和成因，判定危害程度。对于滑动性裂缝的处理，应结合坝坡稳定性分析统一考虑。对于非滑动性裂缝，可以采取以下措施进行处理：对于深度较浅的表层裂缝及防渗部位的裂缝，采用开挖回填方式进行处理；对于坝内裂缝、非滑动性较深的表面裂缝，由于开挖回填处理工程量过大，可采取灌浆处理；对于中等深度的裂缝，因尾矿库水位较高、不宜全部采用开挖回填方法处理的部位或开挖困难的部位，可以采用开挖回填与灌浆相结合的方法进行处理，即先沿裂缝开挖至一定深度（一般为 2 m 左右），在回填时按布孔原则，预埋灌浆管，然后对下部裂缝进行灌浆。

2. 滑坡事故处置

当发现有滑坡征兆或有滑动趋势但尚未坍塌时，应及时采取有效措施进行抢护，防止险情恶化；一旦发生滑坡，应采取可靠的处理措施，恢复并补强坝坡，提高抗滑能力。抢护中应特别注意安全问题。

滑坡抢护的基本原则：上部减载，下部压重，即在主裂缝部位进行削坡，而在坝脚部位进行压坡。尽可能降低库水位，沿滑动体在附近的坡面上开沟导渗，使渗透水能够很快排出。若滑动裂缝达到坡脚，应首先采取压重固脚的措施。对因土坝渗漏而引起的背水坡滑坡，应同时在迎水坡进行抛土防渗。

滑坡处理前，应严格防止雨水渗入裂缝内。可用塑性薄膜、沥青油毡或油布等加以覆盖。同时，还应在裂缝上方修截水沟，以拦截和引走坝面的积水。

3. 垮坝、溃坝事故处置

在汛期或暴雨期间，必须根据气象预报，做好一切预警工作。一旦发生溃坝事故，立即安排挖掘机、铲车和汽车等机械设备转运储备的石料，压填坝体垮塌部位，加固尾矿库堤坝；利用库内排水斜槽、排洪隧道排洪，或用水泵将库内水排出，降低库内水位；除做好必要的抢险和抢修工作外，务必做好下游群众的疏散、转移和善后处理，尾矿库下游沿河道 3 km 内不允许人进入，专人巡查并在 3 km 处立牌警示；在溃坝下游设置围堰或拦挡坝，围堵泄漏的渗滤液及含矿泥污；立即请求当地相关政府部门等外部力量帮助抢险救援。

（三）污染防控措施

1. 开展应急监测

尾矿流出并严重污染下游水体时，为了快速定性水中污染物，便于更加有针对性地进行处理，企业应急领导小组应与市、县生态环境监测部门建立应急监测网络，从而在尽可能短的时间内对污染物的种类、浓度、污染范围及可能造成的危害做出判断，做到及时、准确地反映水体污染动态，为决策及应急处理提供科学依据。由于尾矿污染物种类多，逐一检测所需时间长，不能满足应对突发环境事件处理的及时性要求。因此，应急监测人员可通过监测总有机碳等指标，初步确定污染类型，并分别按照有机污染投加粉末活性炭吸附，无机污染进行混凝、沉淀等不同的应急处置办法进行先期处置。争取第一时间内控制、解决污染问题或为以后的处理赢得时间。

2. 污染物防扩散

污染物防扩散措施主要包括围堵、导流等。如果尾矿库溃坝事故严重，使下游水环境污染形势扩大，企业应急领导小组应采取果断措施，停止生产，调动铲车、挖掘机等在下游预留位置筑坝，围堵已泄漏到沟、渠道或小河里的尾矿废水，控制污染源向下游的迁移，同时请求地方政府增援。围堵筑坝技术只适合受污染事故发现及时，污染团没有扩散影响到大量水体的情况。导流主要针对泄漏尾矿废水，采用架设波纹管、河流改道等导流的方式，将废水引导到污染影响范围小的地方，控制污染源的扩散。

3. 污染物消除

污染物消除技术包括混凝沉淀、化学沉淀、水利稀释、化学氧化和生物处理等。混凝沉淀技术是尾矿库重金属泄漏污染物应急处置中采用最多的技术，通过投加混凝剂，使废水中的重金属污染物沉淀，达到消除污染的目的。其技术流程如图 2-62 所示。

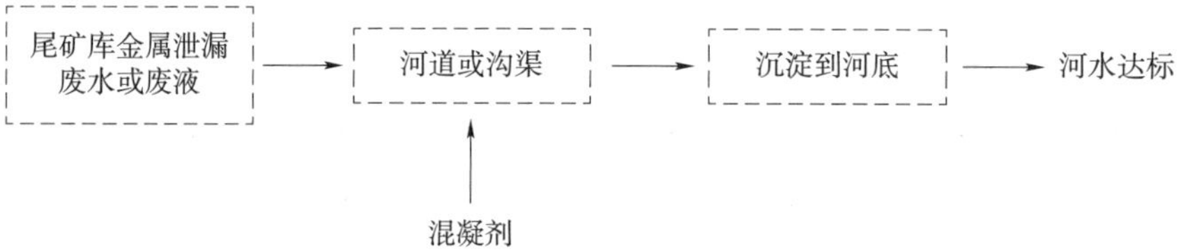

图 2-62　混凝沉淀技术流程

事件处置完毕后，企业应在专家指导下，全力以赴清理河道和沟壑内的重金属污染物沉淀底泥，防止发生二次污染。

四、典型案例

（一）铁矿尾矿库事故

云南迪庆藏族自治州香格里拉市“8·28”神川矿业开发有限责任公司尾矿库泄漏事故：2021 年 8 月 28 日凌晨，位于云南省迪庆藏族自治州香格里拉市格咱乡的神川矿业开发有限责任公司尾矿库（总库容约 297 万 m^3）发生尾矿泄漏事故，事故现场如

图 2-63 所示。其中，尾砂泄漏量约 3.71 万 m^3，尾矿库排水量约 0.7 万 m^3。泄漏尾矿水进入季曼佩河，季曼佩河下游约 13 km 汇入冈曲河，约 92 km 汇入金沙江。事发地下游 200 km 范围内无地表水饮用水水源地等环境敏感目标。企业使用沙袋封堵泄漏点并开展加固作业（如图 2-64 所示），8 月 29 日 12 时基本完成封堵。事发地上游山泉水重金属本底值高。8 月 29 日，因降雨造成上游高浓度山泉水汇入，导致尾矿库上游 800 m 及出水涵洞监测点位铜、锌浓度出现超标。通过拦截收集并加药处理，自 9 月 1 日，尾矿库出水涵洞（事发地点下游 0.2 km）至金沙江龙洞国控断面（事发地点下游 722 km），铜、锌、高锰酸盐指数浓度全线达标。9 月 7 日，事故环境影响已消除，当地政府终止应急响应。

图 2-63　神川矿业开发有限责任公司尾矿库泄漏事故现场

图 2-64　企业封堵加固尾矿库泄漏地点

四川攀枝花“12・14”青杠坪矿业有限公司威龙州尾矿库泄漏事故：2020 年 12 月 14 日 5 时 20 分，四川省攀枝花市米易县青杠坪矿业有限公司威龙州尾矿库 7 号溢洪塔破损，导致约 10 万 m^3 尾矿砂水混合物通过破损溢流塔，经泄洪隧洞、清源河及挂榜河后，汇入安宁河。12 月 15 日 0 时 10 分的监测数据显示，挂榜河入安宁河口上游 200 m 处化学需氧量浓度超标 0.8 倍，悬浮物浓度超背景值（56 mg/L）49.5 倍。事发地点下游约 82 km 为攀枝花高粱坪水源地。

企业积极采取相关措施，全力封堵泄漏源头。一是布设大面积铁丝网，调集 6 000 余袋沙袋封堵泄漏点；二是在泄漏点下游出水口投放絮凝剂以加速尾砂沉淀，并架设 4 台抽水泵，全力加快库区尾水回收和转移速度；三是调集 2 台挖掘机清理挂榜河沿线泄漏尾砂。经过采取以上措施，最终于 15 日 18 时前完成泄漏源头封堵，少量溢流尾矿砂水通过水泵打回到旁边的废弃采矿坑。

事故发生后，当地政府第一时间调度安宁河下游 3 个梯级水电站关闭闸门、腾出库容，利用空间创造沉砂条件。在挡沙墙、自然沉降以及水体稀释作用下，泄漏水团经3个水电站闸坝拦截后，移动速度放缓，且悬浮物浓度明显降低，水体颜色较快恢复到受影响前的状态。生态环境部门开展应急监测时充分发挥便携式仪器小、快、灵的特点，迅速测定特征污染物浓度，同时利用实验室精准分析弥补便携设备测定不够精确的缺点，保障了监测数据的准确性和持续性，二者的合用为有效制定应急处置决策提供了有力保障和科学依据。

陕西汉中“4·11”汉达公司坝溪尾矿库泄漏事故：2020年4月11日7时许，陕西省汉中市南郑区汉达公司坝溪尾矿库因排洪涵洞顶板局部坍塌，导致含有铁精粉矿尾矿的污水发生泄漏，经排洪涵洞流经约500 m后汇入碑坝河，事发地下游约15 km为川陕交界断面，入川断面下游有饮用水水源地，最近的是下游15 km的通江县诺水河镇饮用水水源地。4月15日11时30分许，企业完成尾矿库排洪涵洞的支洞内部永久性封堵工程。特征污染物铁的浓度未超标，未对下游四川境内饮用水水源地造成影响。

陕西商洛“9·12”鑫阳矿业有限公司铁矿尾矿库泄漏事故：2014年9月12日11时20分，位于陕西省商洛市的商南县鑫阳矿业有限公司尾矿坝防洪渠堵塞用的沙袋因编织袋破损，造成约800 m^3尾矿泥浆泄漏。尾矿泥浆泄漏流入木家垭河约3 km，其中陕西省商南县境内2 km，河南省西峡县境内约1 km；因长期干旱，河道无水，尾矿浆流至下游3 km处已断流，未进入淇河和丹江。商南县鑫阳矿业有限公司属铁矿采选企业，工艺为重力浮选。事件发生后，经检测，木家垭河水体中悬浮物和汞浓度超标。当地政府主要采取了以下措施：一是对尾矿入河处和陕豫交界处的两道围堰进行加固，开挖引流渠，进行清污分流。在厂区河沟和围堰内投入生石灰20 t和活性炭6 t，对污水进行处置。向上游河水和完好围堰内定点投放聚合氯化铝。对水中悬浮物和汞进行絮凝沉淀。同时进一步优化技术方案，紧急购置硫化钠，向完好的两个围堰和河水集中投放，为降低污染物浓度、处理好底泥打好基础。二是迅速修筑4道活性炭过滤围堰，对河道清水进行疏导，用活性炭围堰进行吸附处理。在陕豫交界处下游河南省境内2 km、3 km处修建2道围堰，在围堰旁新开挖1条水沟，导流上游来水。三是查处企业在违法生产，环保、安评手续不齐全，尾矿库存在安全隐患，擅自在河道修建生产设施等方面存在的问题。12日17时30分，河南省界下游50 m处监测数据显示铅、锌、镉均未检出，铜、铁、砷有检出但浓度均未超标，汞浓度超标4.61倍，化学需氧量浓度超标25.3倍。截至9月18日，本次应急处置工作终止。

河北承德“7·26”卢春成钼选厂蘑菇峪尾矿库因泥石流导致坍塌事故：2011年7月24日8时至25日18时，河北省承德市兴隆县卢春成钼选厂所处区域持续降雨，7月26日0时，该企业蘑菇峪尾矿库上游两个沟内发生泥石流，将蘑菇峪尾矿库子坝冲破4～5 m缺口，造成至少1万 m^3尾矿砂冲入黑河，约8 km后进入洒河，约15 km后同滦河汇合进入大黑汀水库。大黑汀水库是天津市、唐山市饮用水水源的调节库，对天津、唐山两地饮用水水源进行季节性补给，不直接向天津、唐山两市供应水源。监测数据表明，此次事件对黑河部分河段造成轻微污染，主要污染因子是铁，未对黑河下游的洒河水质造成影响，大黑汀水库水质正常。

湖北十堰“5·29”金塔矿业有限公司铁矿尾矿库污水渗漏事故：2011 年 5 月 29 日 8 时，湖北省十堰市郧西县金塔矿业有限公司尾矿库管理人员发现，尾矿库内防渗井上游约 9 m 处的地下排污管道接头处因库容压力过大造成管道接口错位，形成约 3 cm 的裂缝。尾矿库安全管理人员为了尾矿库的安全，采取应急措施，将防渗井过滤布扯掉，致使浑浊污水从防渗井未经沉淀过滤处理，直接排入尾矿库下方的应急污染处理池；由于水量过大，污水经过应急处置池直接排入下方的惠家河，经惠家河流入涧池乡大泥河水库，造成沿途河流及大泥河水库水体出现浑浊现象。当日 15 时 30 分，泄漏点停止向河体排放尾矿和污水。5 月 30 日上午，河水已清，除河岸遗留少量的尾矿污染痕迹外，下游 7 km 涧池乡境内大泥河水库未发现明显污染，也未发现水库内鱼类死亡。

辽宁本溪“10·24”球溪永安选矿厂铁矿尾矿库回水管爆裂导致溢水事故：2007 年 10 月 24 日 14 时左右，辽宁省本溪县球溪永安选矿厂铁矿尾矿库回水管发生爆裂，导致约 0.4 万 t 尾矿库积水外溢流入细河，造成尾矿悬浮物污染细河。当地政府紧急关闭下游 30 km 处的金家水电站闸门，及时将受影响的水体拦截在该水电站水库内，使悬浮物自然沉降，待监测达标后开闸放水。事件造成下游 5 km 处的本溪市南芬区饮用水水源地水位下降，于 10 月 25 日 12 时左右停止取水，26 日 23 时恢复供水，约 2 万名群众的生活用水受到影响。当地政府采取消防车送水等措施保障群众饮水安全，群众情绪稳定。应急终止后，企业把截流沉淀后的尾矿粉全部清回尾矿库，并被处以 10 万元罚款。

（二）钼矿尾矿库事故

内蒙古乌拉特前旗“4·16”西沙德盖钼业有限责任公司尾矿库泄漏事故：2021 年 4 月 16 日 22 时 30 分，内蒙古自治区乌拉特前旗西沙德盖钼业有限责任公司尾矿库溢流井破裂，导致尾矿水泄漏。估算泄漏量约 30 万 m^3，部分溢流至泄洪渠内（事发时为干枯状态）。事故点下游多为干沟、沙漠等，且没有地表径流和饮用水水源地。当地政府沿尾矿砂浆溢流走向先后构筑 13 道拦截坝，充分利用溢流沿线周边的沙丘、荒地等做“之字形”导流，形成若干存蓄尾矿砂浆的临时应急池，缓解上游尾矿砂水下泄对坝体造成的压力，最大限度地防止尾矿砂浆扩散蔓延。尾矿库溢流井泄漏点施工封堵如图 2-65 所示。通过众多截蓄“空间”的构筑，泄漏尾矿水被拦截在尾矿库下游约 20 km 的干沟内。4 月 19 日 5 时，尾矿库溢流井泄漏点封堵完毕，当地政府组织工程机械对被拦截在事发地下游约 20 km 的干沟内的尾矿淤泥进行清理。截至 7 月 22 日，事件处置结束。

图 2-65　尾矿库溢流井泄漏点施工封堵

河南栾川“2·14”龙宇钼业有限公司尾矿库溢流井垮塌事件：2017 年 2 月 14 日 20 时许，河南栾川龙宇钼业有限公司尾矿库 6 号溢流井坍塌，大量尾矿和尾矿水进入紧邻的陶湾北沟，再流经约 8 km 后汇入伊河，随后被拦截在下游约 35 km 处的金牛岭水库。尾矿库泄漏路径如图 2-66 所示。2 月 16 日，洛阳市政府启动了三级突发环境事件应急响应，并成立了应急领导小组，指挥开展应急处置工作。通过多方努力，合力治污，历经 112 天，完成了“将污染控制在金牛岭水库以上断面”的应急目标。截至 6 月 6 日，伊河区域钼污染综合治理取得初步成效，此次事件应急响应解除，并正式转入中长期污染治理和生态恢复阶段。

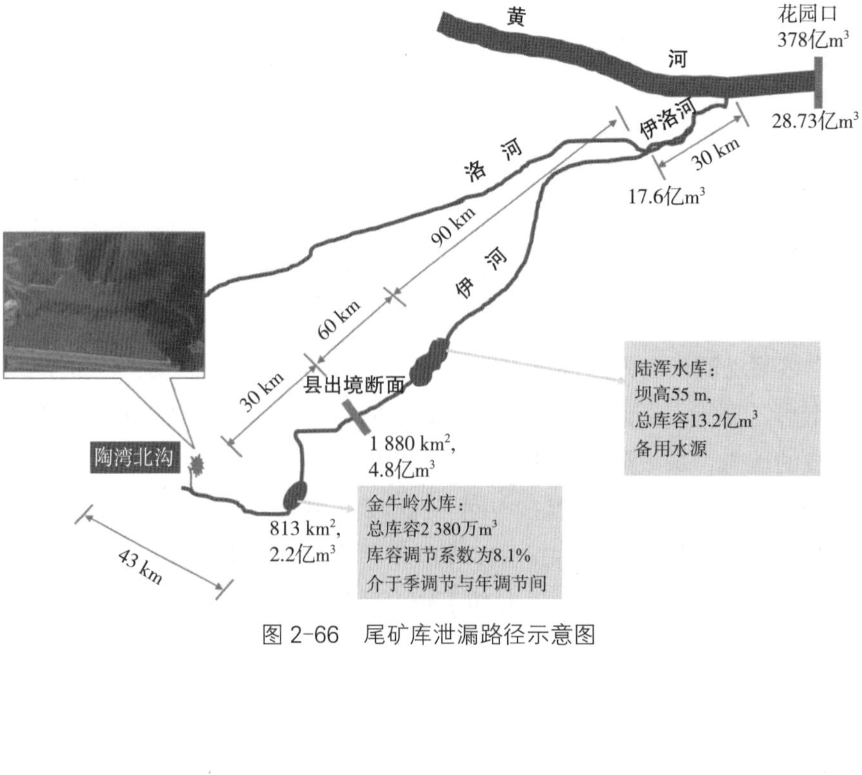

图 2-66　尾矿库泄漏路径示意图

事故发生后，企业立即封堵6号溢流井；截至2月17日18时，临时封堵工作基本完成。同时，在事故沿线构筑多条拦截坝；其中，在事故点下游约15 km处拦截坝旁开挖了一座约40万m^3的事故沉淀池。金牛岭水库空余量约120万m^3，污染物被截留在水库内。

2月18日，环境保护部华南环境科学研究所环境应急专家协助当地政府，初步制定了筑坝拦截和分段清除底泥、在弱酸条件下投加聚合硫酸铁降污的治理技术方案，同时指导地方逐步开展投药降污和底泥清淤工作。吕顺桥（金牛岭水库库尾上游2 km）拦截投药点持续运行，钼去除率稳定达到80%以上。金牛岭水库污水经二级沉降处理，水库出水实现稳定达标排放。截至3月2日17时，共处理达标排放约270万m^3。

栾川县政府召开自媒体通气会，并组织县内新闻采编人员赴一线报道应急处置工作进展情况，为群众解疑释惑。截至2月18日15时，共接待来访媒体20家、记者30人，公开发布和推送环保、供水等部门相关情况说明22次，当地社情舆情稳定。

此次事件暴露出企业尾矿库应急预案不完善，未考虑排洪设施损毁导致尾矿泄漏事故风险，没有制定排洪系统损毁专项预案及现场处置方案；日常应急准备不充分，未配备针对尾矿泄漏的应急物资、设备和器材。

（三）铅锌尾矿库事故

内蒙古赤峰巴林左旗“9·10”宇邦矿业有限公司尾矿库泄漏事故：2020年9月10日5时左右，内蒙古自治区赤峰市巴林左旗宇邦矿业有限公司尾矿库排水斜槽发生泄漏，造成约9 000 m^3尾矿砂泄漏。该尾矿库库容为672万m^3，使用约260万m^3，主要储存铅锌尾矿。事发地下游约2 km为干支嘎河，流经约4 km汇入乌力吉木仁河，下游约23 km为沙那水库。事故发生后，企业调集工程机械进行土石方作业进行封堵。10日10时30分，封堵完毕。当地环境监测站对尾矿浆流经地域的地表水、地下水及周边土壤开展采样监测，事发地下游河流水质、地下水重金属（铅、锌、铬、锰、铜）指标均符合地表水Ⅲ类水质标准。

河南洛阳“4·12”发恩德矿业有限公司石洼沟尾矿库铅锌尾矿砂泄漏导致铅、镉超标事件：2018年4月12日21时30分，河南省洛阳市洛宁县发恩德矿业有限公司石洼沟尾矿库5号溢流井底部拱扳发生侧漏，造成尾矿库内循环水挟铅锌尾矿砂约4万m^3通过溢流井泄入下游硖石沟，后通过崇阳涧河进入洛河。经紧急处置，截至4月13日12时，泄漏源头已得到封堵。受污染水体被全部拦截在下游水电站库区内，未对下游造成影响。企业立即停止生产，配合当地政府全力开展应急处置工作，经过采取紧急措施，封堵了泄漏源头，并持续强化加固。同时，切断事故段上游来水，修筑堤坝以分段拦截下泄污水，有效降低下游水库压力。开展应急监测，对特征污染物铅、镉等进行紧急监测。紧急投加硫化钠和聚丙烯酰胺，降低污染物浓度。配合当地政府及时发布信息，维护舆情稳定。

新疆阿勒泰“6·19”金鑫铅锌矿业有限公司尾矿库选矿废水泄漏事故：2016 年 6 月 19 日 20 时许，因强降雨导致新疆维吾尔自治区阿勒泰市金鑫铅锌矿业有限公司尾矿库溢洪道破裂，部分尾矿废水泄漏至生产用水回收池后外溢进入铁灭尔特河（距额尔齐斯河约 176 km），下游经拉玛昭河和克兰河约 95 km 进入额尔齐斯河。企业发现泄漏后，利用沙袋对泄漏点进行了临时封堵，并于 20 日 18 时完成了封堵工作，外泄时间约 22 h，共泄漏约 3 600 m^3 废水。

6 月 20 日 20 时，阿勒泰市政府接到报告后，责令企业停产整顿，组织开展溢洪道围堰封堵、挖坑导流等工作，同时关闭沿线河道灌溉闸口，逐户通知村民暂停取水灌溉，要求相关部门密切关注社会舆情。在下游沿线对铜、铅、锌、镉、六价铬、汞、砷开展连续监测。监测数据显示，21 日 23 时起，所有点位汞、铅、锌、六价铬等各项因子均达标。专家咨询组评估研判，认为该事件影响范围有限，流域环境风险可控，额尔齐斯河水质安全。

浙江杭州“7·14”杭州千岛湖矿产品有限公司尾矿库因山洪暴发导致泄漏事故：2010 年 7 月 14 日下午及 7 月 15 日 2 时，受两次强降雨影响，浙江省杭州市淳安县梓桐镇三联村山洪暴发，导致杭州千岛湖矿产品有限公司尾矿库排水暗道受损、发生塌陷，0.6 万 m^3 尾矿渣被冲刷入梓桐溪。企业经营范围包括铜、铅、锌、锑矿开采。梓桐溪是千岛湖的支流，由于当地村民的生活用水主要来源于山沟水，不取水于梓桐溪。经处置，千岛湖水质未受该事件影响，群众饮水安全得到保障。

湖南娄底“7·26”中泰矿业发展有限公司尾砂坝因暴雨导致坝底过水涵洞坍塌事故：2007 年 7 月 26 日 17 时，由于连降暴雨，湖南省娄底市中泰矿业发展有限公司尾砂坝底过水涵洞坍塌，大约 3 万 m^3 含水尾砂被外泄下河，经过 4 km 小溪流入资江。企业经营范围包括锌矿、铅矿的开采。当地政府对尾矿库下 3 000 多名居民进行了疏散。同时，为防止资江水体受到污染，冷水江市和新化市自来水厂提前储备了大量的水，于 26 日 22 时停止在资江取水，但供水正常。27 日 8 时至 10 时用水低峰期，两市采取了定点供水的措施，中午用水高峰期供水正常，于 27 日 16 时恢复取水。

（四）锑矿尾矿库事故

甘肃陇南“11·23”甘肃陇星锑业有限责任公司选矿厂尾矿库泄漏事故：2015 年

11 月 23 日 21 时 20 分左右，位于甘肃省陇南市西和县太石河乡的甘肃陇星锑业有限责任公司（以下简称“陇星锑业”）尾矿库 2 号排水井破损，导致大量尾矿和尾矿水经破损洞口—排水井—排水管—排水涵洞，进入紧邻的太石河（嘉陵江一级支流西汉水的支流），造成跨甘肃、陕西、四川三省的突发环境事件。事件造成约 2.5 万 m^3 的含锑尾矿及尾矿水泄漏，甘肃省西和县境内太石河至四川省广元市境内嘉陵江与白龙江（嘉陵江支流）交汇处共计约 346 km 河道、甘肃省西和县境内部分区域地下水井锑浓度超标。甘肃、陕西、四川三省部分区域乡镇集中式饮用水水源、地下井水因超标或因可能影响饮水安全而停用，受影响人数约 10.8 万人。

事件发生后，企业采取多项措施实施源头封堵，切断污染物继续进入太石河的通道。12 月 1 日，完成了破损的 2 号排水井临时封堵，阻断了尾矿泄漏通道；通过铺设管道、开挖防渗沟渠、修建防渗坝体，对事发地上游清水进行引流，实现与受污染区域隔离；截流尾矿库上游山泉水，阻止其进入排水涵洞、冲刷残存尾矿浆；在尾矿库排水涵洞排水口周边设置围堰和防渗池，拦截处置涵洞渗出的高浓度污水。

经专家论证和试验，甘肃、陕西两省在沿线先后建设了 8 套临时应急处置设施，采用铁盐混凝沉降法，降低水体中溶解态锑的浓度。同时，为有效减少沉降在河道底泥及附着物中的污染物锑的溶解释放，甘肃省调集大型机械在太石河河床开挖深槽，引流河水腾出作业面，清运河道砂石、污染底泥及沉积物。通过甘肃、陕西、四川三省坚持不懈的努力，历经 71 天，于 2016 年 2 月 1 日全部解除应急状态。

事件调查发现，陇星锑业尾矿库 2 号排水井井座上第 1 层井圈、水面下约 6 m 处、东北偏北方向的井架两立柱间 8 块拱板破损脱落，形成高约 2.2 m、宽约 2.4 m、面积约 5.28 m^2 的缺口，造成排水井周边、缺口以上的尾矿从缺口处泄漏。排水井拱板破损脱落形成缺口的原因是拱板未按照设计要求进行安装施工，未形成环形受压状态，在尾矿压力作用下拱板发生强度破坏、断裂脱落。同时，排水井拱板质量远未达到设计要求。

企业存在的问题包括：违规将属于尾矿库安全设施的排水井拱板的制作和安装分别发包给不具备相应资质的施工单位；未向施工单位提供尾矿库设计图纸等有关原始资料；未对排水井拱板预制以及安装工程质量组织检测和鉴定；在尾矿库排水井拱板预制和安装完成后，未经安全设施竣工验收便投入使用；基本管理制度不健全，未建立尾矿库隐蔽工程档案，对尾矿库排水井等排水设施的检查维护流于形式；对直接从事尾矿库放矿、筑坝、巡坝、排洪和排渗设施操作的作业人员未建立持证上岗制度，6 名操作工人在 5 人无上岗证的情况下便上岗作业；未及时向西和县政府和相关部门报告事件信息。

中介机构存在的问题包括：两家安全现状评价单位没有科学严谨地真实反映排水

井的安全状况，在编制报告期间没有到排水井处对排水井进行检查，通过向主管部门提供“尾矿库为合格”这个虚假结论，不仅使得企业的安全问题没有得到整改，还使得企业顺利换取安全生产许可证、继续生产；预案编制单位未按照要求编制环境应急预案，预案针对性和可操作性差，报告编制人员能力严重不足，在自身对锑污染处置不了解的情况下，便向企业提供预案备案稿；没有按照《甘肃省企事业单位环境应急预案编制指南》等技术文件的要求提出针对特征污染物锑的有效处置措施，应急监测方案中也没有提出对锑进行监测，未能为企业应急处置提供有效决策支撑。

（五）金矿尾矿库事故

金矿尾矿成分较为复杂，既包含固体组分，又包含液体组分，通常包含氰化物、氯化物以及金、银、铅、锡、汞等重金属污染物，其中氰化物为主要污染物。

吉林集安“4·16”古马岭金矿尾矿库废水泄漏事故：2014 年 4 月 16 日 16 时，吉林省集安市古马岭金矿尾矿库因排水涵洞盖板未堵好，致使约 600 t 尾矿废水外排进入浑江，浑江为鸭绿江支流，事发地点距浑江吉林、辽宁两省交界断面约 5 km，距浑江入鸭绿江口约 18 km。经吉林、辽宁两省环境保护部门监测，除废水排入浑江处悬浮物浓度超标 90 倍外，其余断面所有指标均正常。4 月 20 日上午，所有监测数据均恢复正常，悬浮物污染带消失，应急响应终止。

陕西商洛“12·24”商洛市鑫丰源矿业开发有限责任公司金铜矿尾矿库泄漏事故：2011 年 12 月 24 日 10 时 10 分，位于陕西省商洛市商州区杨斜镇松云村的商洛市鑫丰源矿业开发有限责任公司发生尾矿库泄漏事故，造成约 0.2 万 m^3 尾矿渣及废水泄漏（其中约 600 m^3 流入乳河，0.14 万 m^3 引入农田内），致使乳河水污染。该公司尾矿库排洪涵洞采用浆砌石平盖板结构，安全性能差，不符合商洛市尾矿库安全管理有关规定。2011 年 3 月，发现原排洪系统有漏砂现象，商州区安监局责令该尾矿库停止运营、停产整改。企业擅自进行生产，致使尾矿浆淤积库区，库底原排洪涵洞盖板塌陷后压力过大，将原排洪涵洞出口封堵质量较差的封堵体冲出涵洞，导致库内尾砂及废水下泄。

辽宁东港“7·15”五隆金矿尾矿库溢洪管破裂事故：2008 年 7 月 15 日 8 时，辽宁东港市五隆金矿尾矿库溢洪管（如图 2-67 所示）发生破裂，12 万～13 万 m^3 尾矿渣经溢洪管进入板石河，流向铁甲水库。该水库为东港市（县级市）的饮用水水源地，供水人口为 15 万人。尾矿库距铁甲水库入库口 7 km，入库口距饮用水水源取水口 6 km。事发后，当地政府于 15 日 19 时停止了该水源对东港市的供水，停止捕鱼并通知市民暂时停止食用库鱼。组织人员封堵泄漏点，调集并抛撒 100 t 漂白粉、活性炭、液氯等物资以降解吸附污染物，自来水厂对水进行深度处理后分时段供水，确保当地群众饮水安全。截至 7 月 21 日 12 时，东港市恢复自来水正常供应，当地社会秩序稳定。当地环境保护部门监测结果表明，至 21 日 17 时 30 分，各监测点位水质全部达到地表水环境质量标准。事后，五隆金矿尾矿库被责令闭库（如图 2-68 所示）。

图 2-67 五隆金矿尾矿库溢洪管

图 2-68 五隆金矿尾矿库闭库

贵州黔西南布依族苗族自治州“12·27”贵州紫金金矿有限公司贞丰水银洞金矿尾矿库垮塌造成含氰化物尾矿渣泄漏事故：2006 年 12 月 27 日 12 时 37 分，位于贵州省黔西南布依族苗族自治州贞丰县赵家坪的贵州紫金金矿有限公司贞丰水银洞金矿尾矿库发生垮塌，有 17 万～21 万 m^3 含氰化物的尾矿渣下泄，进入与尾矿库相邻的小厂水库（死库）。由于巨大的冲击惯性，有大约 5 万 m^3 矿渣溢出库堤，进入下游约 2 km 的白坟水库（农灌水库，不是当地饮用水水源），并对下游 70 km 的北盘江水质构成威胁。经处置，事故影响范围限于尾矿库下游 2.5 km 之内，周边群众生产生活正常，没有出现因事故引起的人员伤亡。

陕西商洛“4·30”镇安县米粮镇黄金矿业有限公司尾矿垮坝事故：2006 年 4 月 30 日 18 时 40 分，陕西省商洛市镇安县米粮镇黄金矿业有限公司正在对尾矿库实施第 6 期加坝增容施工时，部分主体坝突然垮塌，约 12 万 m^3 尾矿浆奔涌而下，造成 15 人死亡、2 人失踪、76 间房屋毁坏。垮塌的尾矿坝和冲毁村庄的尾矿如图 2-69 所示。尾矿浆所进入的米粮河经 10 km 流入商洛市山阳县唐河，再流入金钱河，金钱河流经湖北省郧西县两个镇后又进入陕西省白河县，从白河县汇入汉江。5 月 1 日 20 时左右，为保证尾矿库坝体不发生更大范围的溃塌，按有关专家意见，打开了尾矿库内导流洞，有 1 万～3 万 m^3 储存在尾矿库中的泥浆下泄，但由于泥浆量大，围截困难，致使 5 月 1 日下午原设置在米粮河中的两道拦截坝被淹没（修筑的拦截坝如图 2-70 所示），污水下泄约 3 km。经采取有效处置措施，5 月 3 日中午，下泄的尾矿浆被 1 号、2 号围堰和新建的引流渠大堤包围，断绝了其与米粮河的直接联系。

图 2-69　垮塌的尾矿坝和冲毁村庄的尾矿

图 2-70　修筑的拦截坝

事件应急处置完毕后，企业将事故外泄的尾矿渣和污染区土壤按要求进行处置，修建了尾矿库渗滤液收集和处理系统，将矿渣和受到污染的土壤清理倒入尾矿库后，实施翻倒晾晒，使土壤中的氰化物等有毒有害物质浓度降至土壤背景值的水平，然后恢复耕种。对尾矿库进行加固改造，并于 2009 年 3 月通过闭库审查，原生产线也实施关闭。相关的 33 名责任人被依法进行了相应处理。

（六）锰矿尾矿库事故

贵州铜仁“11·7”万泰锰业有限公司锰渣库泄漏跨省突发环境事件：2012 年 11 月 7 日下午，因受连日降水影响，贵州省铜仁市万山区万泰锰业有限公司锰渣库底部导洪管破裂，锰渣随溪水直排下溪河，汇入锦江后进入湖南省怀化市境内。锰渣泄漏地点距离两省交界断面约 29 km（事发地点下游的贵州省境内无集中式饮用水水源地），贵州省出境断面总锰浓度超标倍数一度高达 51 倍，严重威胁湖南省怀化市麻阳县、辰溪县及湘西土家族苗族自治州泸溪县沿江群众的饮水安全。为确保受影响区域沿岸居民饮用水安全，麻阳县和辰溪县先后对辖区内 4 座自来水厂、15 个集中式饮用水水源取水点采取暂停取、供水的避险措施，以上取水点共涉及当地约 30 万居民的用水。事故发生后，立即做好断源工作：一是及时架设导流管，将上游来水全部纳入导流管、排向下游沟渠，确保再无地表水流入锰渣库；二是针对事发地区的喀斯特岩溶地貌，在锰渣库前的山地进行深挖，将地下渗水抽入导流管，防止地下渗水进入锰渣库；三是使用沙袋和稻草，逐步完成了对锰渣库导洪管破裂处的封堵；四是在锰渣库出口处建设收集池，对溢出的积水进行收集处理并回抽入导流管；五是铜仁市涉锰企业全部停产整治，避免新污染源对下游的影响。至 11 月 16 日上午 6 时，贵州省受影响区域停止取、供水的自来水厂与取水口全部恢复正常；16 日 17 时，应急指挥部宣布应急终止。

四川绵阳“7·21”四川岷江电解锰厂因暴雨泥石流导致锰渣库泄漏事故：2011 年

7 月 21 日，位于涪江上游的阿坝藏族羌族自治州松潘县小河乡的四川岷江电解锰厂锰渣库因暴雨泥石流引发洪水漫坝决口，大量锰渣下泄进入涪江。据专家测算，排入涪江的锰和氨氮量分别约为 50 t 和 100 t，在涪江区域形成最大长度达 150 km 的污染带，对涪江沿岸群众饮水安全造成了比较严重的影响。企业采取了 4 条应急措施：一是全力清运拦挡坝外、河床内堆积的锰渣及泥石流堆积体共计 1.9 万 m^3；二是抢修尾矿库拦挡坝缺口；三是疏通锰渣库导流隧道，并在锰渣库上游堆放大型石料以减缓水流速度；四是在尾矿库下方 150 m 处新建一道拦挡坝和防渗漏污水收集池。经全力处置，7 月 29 日，基本截断污染源，完成了导流隧道的疏通工作；7 月 30 日，完成了河床内的尾矿渣的转运工作；8 月 1 日，完成了锰渣库拦挡坝缺口修复工作和新建拦挡坝、防渗漏污水收集池的修建工作，有效截断了污染源，避免了尾矿渣再次进入涪江。

湖南湘西土家族苗族自治州“8・29”绿源环保有限公司锰渣漫坝事故: 2009 年 8 月 29 日 16 时许，金瑞冶化有限公司在泸溪县绿源环保有限公司武溪废渣处置场进行渣库溢洪沟开挖和渗滤池基础施工时，发生锰渣漫坝事故，金瑞冶化有限公司 3 名施工人员失踪。部分锰渣冲入坝外火龙溪中（事故发生点位距火龙溪与武水汇合口约 1.2 km，距武水与沅江汇合口约 3.2 km），漫坝锰渣初步估算在 2 000 m^3 以上。经处置，监测结果表明，污染被控制在火龙溪内。

湖北宜昌“6・21”长阳蒙特锰业有限责任公司因暴雨导致锰渣坝垮塌事故: 2006 年 6 月 21 日晚，湖北省宜昌市长阳县龙舟坪镇遭受特大暴雨袭击，该镇长阳蒙特锰业有限责任公司一级渣坝约 9 m 高的混凝土坝体垮塌。该公司锰渣库容量约 5 万 t，事故下泄约 200 t 锰渣，事故未造成人员伤亡，但影响涉及下游清江支流沿头溪流域 3 个村 295 户 971 人（沿头溪流域无集中饮用水水源地）的饮水。

（七）铜矿尾矿库事故

湖北黄石“3・12”大冶有色金属公司铜绿山铜铁矿尾砂库溃坝事故: 2017 年 3 月 12 日凌晨 2 时左右，湖北省黄石市大冶有色金属公司铜绿山铜铁矿尾砂库发生局部溃坝事故，造成约 20 万 m^3 尾砂泄漏，尾砂全部泄漏至尾矿库北侧鱼塘。因防洪堤隔断，泄漏尾砂未进入附近大冶湖及大港河道。监测结果表明，大冶湖大港下游 3 个监测点位铜浓度与同期历史数据水平相当。

青海海南藏族自治州“4・23”索拉沟铜多金属矿铜矿尾矿废水溢流事故: 2014 年 4 月 23 日，青海省海南藏族自治州兴海县索拉沟铜多金属矿废水溢流，造成突发环境事件。兴海县索拉沟铜多金属矿隶属于青海启源矿业开发有限公司，项目设计年采矿石 33 万 t，选矿规模为日处理原矿 0.1 万 t，最终产品为铜精矿。该企业相应的污染防治设施未与主体工程同时建设，尾矿库尚未完全建成，在不具备生产条件、未经环境保护部门批复同意的情况下，擅自投入调试；擅自改变尾矿处理方式，将环评批复中的干法排渣变更为湿法排渣，并在浮选车间附近设置临时沉淀池，用尾矿砂筑起围堰，将尾矿浆直接排入临时沉淀池。后因气温上升，土壤逐渐解冻，导致围堰发生垮塌，尾矿废水进入已蓄满尾矿砂的尾矿库，溢出尾矿库初期坝，溢流出的尾矿水覆过1.6万 m^2 草地后，进入索妥曲河。索妥曲河为黄河四级支流，距黄河干流110 km。经监测，事故所涉及河流水质达标。事故企业对受影响的草场进行了覆土掩盖。

（八）矾矿尾矿库事故

陕西商洛“7·22”双河矾矿尾矿库1号排洪斜槽垮塌事故：2008年7月22日4时，陕西省商洛市双河矾矿尾矿库1号排洪斜槽发生垮塌，约0.3万 m^3 尾矿渣下泄，流经山阳县赵川镇东河，进入汉江支流天河。事发后，当地政府及企业立即采取措施，封堵泄漏点，开挖12 km导流渠，修筑17道围堰以实施多级拦蓄，抛撒生石灰进行中和、沉淀处理，通知沿河群众禁止取用河水和捕食河鱼，并通报下游湖北省郧西县。至7月28日3时，尾矿库塌陷坑潜在安全隐患彻底解除，坝下新建1.5万 m^3 应急围堰。29日10时，出陕西省断面3个监测点氨氮浓度均达标，天河和汉江水质已恢复正常。

陕西商洛“4·11”恒源公司钒矿尾矿库排洪斜槽盖板塌陷事故：2008年4月11日14时40分，位于陕西省商洛市山阳县银花镇的恒源公司钒矿尾矿库排洪斜槽盖板塌陷，大约0.3万 m^3 尾矿渣泄漏，造成丹江支流响当河、银花河水体轻微污染。当地政府立即组织力量于当晚19时封堵了泄漏口，并在下游构筑了15道围堰（其中响当河11道、银花河4道），投放了60 t石灰进行中和沉淀处理等。监测结果显示，14日8时，丹江出陕西省断面（白浪镇）水质符合地表水三类水质标准。

（九）其他尾矿库事故

浙江丽水“4·19”遂昌大金庄萤石矿有限公司萤石矿尾矿库溃坝事故：2014年4月19日21时30分，位于浙江省丽水市遂昌县柘岱口乡的遂昌大金庄萤石矿有限公司发生尾矿库溃坝事故，共约2万 m^3 尾矿泥浆被冲入下方农田，部分尾矿泥浆进入周公源河道内。经应急处置，污水全部被拦截在下游周公源二级电站（距事发点位下游约11 km处）以内。监测数据显示，事发点处主要污染物氟化物指标在《污水综合排放标准》最高允许排放浓度内，事发地点下游河道内各点位氟化物指标均达标。

广东茂名“9·21”紫金矿业有限公司信宜银岩锡矿因暴雨洪水引发尾矿库垮坝事故：2010年9月21日0时起，受第11号强台风“凡亚比”的影响，广东省茂名市发生强降雨，位于该市信宜市钱排镇的紫金矿业有限公司信宜银岩锡矿尾矿库附近发生泥石流灾害；21 日 10 时左右，泥石流冲垮尾矿库坝底，致使积蓄在尾矿库的洪水直冲邻近的村庄和镇区。广东、广西环境保护部门沿江设置了 11 个监测断面；21 日 15 时至 22 日 3 时的监测结果显示，11 个断面的 pH、铜、锌、铅、镉、六价铬等水质指标均未超标。

第十二节　电厂贮灰库

一、存在的环境安全隐患

粉煤灰是目前世界上排放量最大的工业废料之一，主要堆积于贮存场，主要产生于火电厂和大型工矿企业的动力锅炉。由于我国燃烧用煤的灰分含量较高，所以排出的粉煤灰量很大。粉煤灰主要成分为二氧化硅的细颗粒，其中 95%～99% 为硅、铝、铁和钙的无定形氧化物，还含有不同含量的镁、钛、硫、钠和钾，以及其他微量（含量＜1%）组成成分，例如砷、钡、铜、铅、汞、镉、镍、钒、锌、铍、硼、铊、硒等。

在固废贮放过程中，如果采用干法贮灰，在运输、装卸、铺散、碾压及灰场运行过程中灰颗粒易被风吹起，附近的土地和水体都有可能由于风载颗粒的沉积而被污染。另外，颗粒粒径小于 15 μm 的飞尘为可呼吸灰尘，对灰场施工人员和附近居民的人体健康会带来不利影响。湿法贮灰场中干滩区灰渣和灰场中的飘浮物也会发生扬尘污染，因此从防止扬尘的角度出发，多风季节灰场运行控制干滩面积应尽量小一些，或增加干滩喷淋措施。

目前，我国电厂贮灰库的环境安全存在漏洞，当遇到贮灰库坍塌、粉煤灰外泄时，易引发次生环境事件。粉煤灰泄漏的影响主要源于物理作用，如冲毁房屋和设施，粉煤灰堆积等导致大面积农田被掩埋，河流水质受到影响，直接威胁饮用水水源安全。同时，其对农田浇灌水以及饮用水的污染会严重影响农产品质量，危害群众身体健康。粉煤灰化学影响（如重金属析出）较小，泄漏后引起河水中镉、化学需氧量、铅等超标可能是由于燃煤品质较差或燃煤过程净化工艺不合格。

特别说明的是，垃圾焚烧电厂产生的飞灰属于危险废物，含有较高含量的镉、铅、铜、锌、铬等多种有害重金属物质，二噁英和呋喃等有机污染物也在飞灰载体中富集存在。若在厂内运输或搬卸过程中发生泄漏，可能造成飞灰溢出，造成周边土壤环境的污染。对飞灰和被污染的土壤，委托有资质的单位进行处置，不进入贮灰库。钢铁企业的布袋除尘灰（瓦斯灰）也属于危险废物。

二、环境安全隐患治理

贮灰库坍塌主要是灰水外排不畅引起的。保证贮灰库安全应从选址及设计开始，大力开展对灰渣的综合利用，减少贮灰量。外排灰水应设有贮水池并回用于灰场，不准许外排。贮灰库运行采用分区、分块的原则，以有效地减少雨水直接影响的灰面面积。堆灰作业区面积满足运灰车辆进出、推平碾压必需场地面积即可。堆灰到设计标高后及时覆土植树，使处理的水量降低到最低程度。

电厂运灰车辆在运输过程中应限制湿灰装载车车速，车厢应封闭以防止起尘。运灰道路上，路面应为水泥或柏油，防止由于行驶车辆碾压路面松土或散落灰渣卷起尘土，也可在沿路两侧设置收尘沟；配备吸尘车和洒水车，对震落或散落路面的灰渣及时清除，定时洒水，必要时采取冲洗方法清扫路面；运灰车辆及时冲洗，避免二次扬尘；在运灰道路的两侧设置绿化带，可减少扬尘对周围环境的影响。

灾害天气对灰场堤坝会造成一定的威胁。暴雨等极端天气会造成灰场内水位短时间上升较多，对堤坝造成的破坏较大。灰坝安全可靠性直接影响到周围的环境安全，故灰场的防洪防汛工作是灰场安全中心环节。汛前尽可能地降低灰场存水面积，增加灰场蓄洪能力，制定可靠的环境应急预案，严格检查各项防汛措施的贯彻执行，保证各类抢险物资及设备处于良好的备用状态；汛期实行专人不间断值班，增加灰场设置检查频率，密切关注灰场坝体的渗水和异常变化；汛后及时对灰场进行详细的检查和总结，并对出现的故障设施进行维护，对存在的问题制订整改计划，并及时落实。

三、事故应急处置措施

电厂贮灰库发生泄漏事故后，现场人员要及时向贮灰库负责人汇报，并上报应急领导小组办公室，应急领导小组办公室组织各应急救援小组准备就绪。立即停止向贮灰库输送粉煤灰，以减少粉煤灰泄漏量；现场处置组对泄漏口进行封堵，防止泄漏的粉煤灰进入地表径流；员工有序撤离，禁止非救援人员和车辆进入事故现场；周围居民的营救和急救由专业救援和医疗队伍负责，可能受影响区域企业、单位、社区人员疏散的方式和路线由居民辖区单位负责。

发生泄漏后，沿贮灰库两侧修建临时水沟，将地表径流拦截、引至贮灰库外排出；在库坝底部溢流管道明渠下方修筑堤坝，形成临时性应急沉降池，并在堤坝下游筑垒拦水坝，提高悬浮物沉降量，彻底切断污染源；在库区内灰体塌陷临界面修筑临时围堰，将库尾地表水引入排水涵管，防止水流冲刷灰体底部，避免引起粉煤灰继续下泄；收集泄漏的粉煤灰，运回贮灰库。

四、典型案例

辽宁铁岭“4·18”华电铁岭发电有限公司贮灰库溢流事故：2021 年 4 月 18 日，辽宁华电铁岭发电有限公司发生贮灰库溢流事故，导致入辽河口水质氨氮、氟化物、砷浓度超标，最高浓度分别超标 83.6 倍、16 倍和 0.36 倍。铁岭市政府协调部队对储灰场泄漏口进行封堵，作业指战员连续奋战，投放三批 1 500 余袋黏土。在此基础上，采取“填塘铺路、围堰截流”的方案进行封堵，总计动用土石方约 1.2 万 m^3，建成 120 m 长的干坝、45 m 长的围堰。4 月 21 日 13 时，泄漏口灰水停止外流。企业共修筑 7 道拦截坝，对残留的灰渣进行清理，杜绝了灰渣继续入河。

铁岭市政府采取启用橡胶坝、投加药剂等方式拦截削减污染（如图 2-71、图 2-72 所示）。20 日 9 时，将辽河新调线大桥橡胶坝升起，实现截流，拦蓄水量 90 万 m^3，减缓了污染团的下移速度。为了使污染团与上游水库来水和河道存水充分混合，在辽河干流下游先后升起 4 道充水橡胶坝和 1 道水闸；通过橡胶坝和水闸拦截，污染水团与清洁水团进一步混合稀释，污染物浓度持续下降。同时，在确保防汛安全的前提下，利用辽河干流上游清河、柴河等水库实施联合调度，按照 170 m^3/s 的下泄流量对污染物浓度进行稀释。

下游盘锦市政府充分利用境内的湿地、苇塘和水系，对污染物进行分流处置，通过新开河、双绕河、螃蟹沟和西绕河进行分流处置，共分流微污染水体（氨氮浓度超标 1 倍左右）490 万 m^3。分流的水体绝大部分通过泵站转移到周边的湿地和苇塘，小部分留在沟塘河岔内、与后面来水自然混合稀释。

本次事件处置之初，地方指挥部考虑采用化学方法去除氨氮，先期在溢流口投加次氯酸钠，但氨氮去除效果不理想。生态环境部随行专家连夜试验，论证折点氯化法的可行性。经试验，若采用折点氯化法去除氨氮，每天需在溢流口下游投加次氯酸钠 283.05 t、硫代硫酸钠 34.34 t，需要投加的药剂数量巨大。一方面，物资供应难以保证，而且该方法投加精度要求高，地方在短时间内难以形成有效可控的投加能力；另一方面，辽河干流河道宽约 150 m，在辽河干流投加次氯酸钠，更难以均匀投加，会造成局部次氯酸钠过量，余氯和反应产生的氯氨毒性比氨氮更高，对水生态影响更大。鉴于此，地方指挥部最终采纳专家建议，采取调水的方法稀释污染物，为妥善处置该起事件奠定了技术基础。

该事件充分体现了应急处置“空间”在突发水污染事件应对中的关键作用。事件处置采取了多级闸坝拦控、支流引流等多个“空间”联动处置的方式，先后升起了5道充水橡胶坝和1道水闸，充分利用湿地、苇塘和水系，对污染物进行分流处置，为污染团充分稀释赢得“时间”，使事件处置有了主动权。

图 2-71　新调线公路桥下游 1 km 橡胶坝拦截污染

图 2-72　投加药剂削减污染

宁夏石嘴山“4·13”国电石嘴山第一发电有限公司贮灰库泄漏事件：2013年4月13日7时，宁夏国电石嘴山第一发电有限公司灰场于2007年报废的回收水竖井及底部的回收输水涵管出现破损现象，企业及时在泄漏的竖井周围设置围堰以隔绝水源，并装填沙袋对竖井口进行填塞封堵，同时在坝外修建土坝。4月14日2时，围堰内部由于灰水冲刷造成围堰及灰层大面积塌方，灰水外排流入黄河。15日6时30分左右，泄漏水量过大，导致拦水坝被冲垮，污水形成污染团，约3万m^3的污水流入黄河。企业通过重新修筑隔离坝，阻止灰水继续排入黄河。生产机组进一步减产，从源头上减少灰水排放量，减少坝内积水。挖出损坏的竖井及排水涵管，采用现浇抗渗混凝土进行浇灌封闭、避免漏水等方式进行处置。截至15日13时18分，隔离坝全部合拢，废水已被成功截留，不再进入黄河。至4月19日，宁夏和下游内蒙古境内黄河水质各项指标全部达标。

经调查，此次事故主要是企业贮灰场排灰竖井废弃、封堵设备老化、缺乏及时有效的管理等原因所造成的，最终导致回收水管道泄漏、向黄河外排污水事件的发生。对于发电厂周边废弃竖井，企业应当经常进行检修与检查，避免因年久失修而导致泄漏污染的现象。

吉林延边“6·5”晨鸣纸业有限公司自备电厂因大暴雨导致贮灰库泄漏事故：2006年6月5日7时和16时，吉林省延边晨鸣纸业有限公司自备电厂贮灰库2号立井发生 2 次坍塌事故（如图 2-73 所示），累计泄漏的粉煤灰约 8 万 t，致使约 12 km^2 农田受污染。部分粉煤灰经自然沟流入怀庆河、进入图们江。由于贮灰库无法使用，企业每天约 200 t 粉煤灰直排图们江；6 月 7 日，企业被责令全面停产。当地政府用填充泥土的麻袋填入自然沟内，组成几道拦截坝，使雨水中的粉煤灰沉淀，将污染降到最低限度，并连夜在大坝外侧开挖应急贮灰池（如图 2-74 所示），防止大量粉煤灰进入图们江。

图 2-73 自备电厂贮灰库塌陷的 2 号立井

图 2-74 企业的应急贮灰池

6 月 7 日、8 日，晨鸣纸业有限公司组织挖掘机，昼夜施工，在库坝底部溢流管道明渠下方筑起 2 道堤坝，形成了 2 个临时性应急沉降池，并在堤坝下游筑垒 10 道拦灰坝。6 月 9 日晚，一场大暴雨冲毁临时拦灰坝，灰浆外溢。6 月 10 日，企业采取措施修复拦灰坝，为防止拦灰坝再次被冲毁，在坝体上安装了直径 0.7 m 的涵管，同时使用挖掘机清理坝内粉煤灰。6 月 13 日，由于暴雨，贮灰库坍塌立井处的坍塌面积增加了 1 倍，大量粉煤灰暂时堵死了坍塌立井泄漏口。如果再降大暴雨，坍塌立井泄漏口将被冲开，大量粉煤灰将被雨水冲进图们江。为此，当地政府紧急疏散了大坝下游附近村庄的 20 户 60 名村民。

在应急专家的指导下，在贮灰库 2 号立井和 3 号立井之间筑起一条截水坝，大量雨水被拦水坝挡住，从 3 号立井排出，只有极少量贮灰库冰层融化水通过坍塌的 2 号立井排出。为了封堵贮灰库 2 号立井，制作了直径 5 m 的护筒。7 月 25 日 23 时 30 分，经过近 50 天的不懈努力，完全封堵了灰渣库 2 号立井口，彻底切断了污染源。事故地图们江下游水质恢复到事故发生前水平。

当地政府组织专家对粉煤灰掩埋农田造成的损失进行评估，要求企业赔偿受损农户，稳定群众情绪。企业作为灰渣库管理人，未及时尽到对该灰渣库监督管理的职责，承担灰渣库抢修期间的各种费用 288.2 万元。其中，农民经济损失赔偿 17.2 万元、灰渣库前期抢险费用 20 万元、灰渣库 2 号立井封堵费用 78 万元、灰渣库现状安全评价及专家咨询费 27 万元、子坝施工费 146 万元。

贵州六盘水“6 · 2”贵州黔桂发电有限公司贮灰库泄漏事故：2006 年 6 月 2 日 13 时 50 分，位于贵州省六盘水市盘县境内的贵州黔桂发电有限责任公司大沙坝灰场因受当地暴雨影响（之前近 20 天当地暴雨频繁），坝内积水多、压力大，加之当日发生 3.2 级浅源地震，诱发大坝斜井地基变形，并由此导致斜井破坏，并引发了底部排水涵管挡板断裂。大量粉煤灰随坝内积水排入拖长江，至当日 18 时 30 分左右，约有一半的粉煤灰（10 万 t）随坝内积水排入拖长江，冲毁 3 户村民共 5 间民房和 1 家乙炔厂（厂内电石之前已实施转移）。企业和当地政府采取措施，控制坝内的粉煤灰不外排。截至 6 月 4 日中午，灰坝仅有少量粉煤灰渗漏，现场情况基本稳定。经专家初步估算，此次事故造成灰渣水约 30 万 m^3 排入江内。由于在盘县境内拖长江干流上有一座装机容量为 10 万 kW 的水电厂，其大坝起到天然的拦砂作用，同时拖长江流域无饮用水水源，因此尽管污染物随着拖长江水流向下迁移，至 6 月 5 日，污染带已全部进入红水河，对下游的天峨县、大化县的饮用取水造成威胁，但水质未受明显影响，至 6 月 8 日，红水河悬浮物浓度下降明显。

第十三节　垃圾填埋场

一、存在的环境安全隐患

垃圾填埋场是采用卫生填埋方式的垃圾集中堆放场地，一般采用分层覆土填埋的方式对垃圾进行处理，堆积一层垃圾后再覆盖一层黄土，减少垃圾的污染。除了生活垃圾外，经过一定处理、符合标准要求的一般工业固体废物、生活污水处理污泥以及生活垃圾焚烧飞灰等废物也可以进入生活垃圾填埋场。

现有和新建生活垃圾填埋场都应建有较完备的污水处理设施，渗滤液经过处理后达到标准规定的排放限值才能直接排放。生物法是渗滤液处理中最常用的一种方法，由于其运行费用相对较低、处理效率高，不会出现如化学污泥等造成的二次污染；物化法包括絮凝沉淀、活性炭吸附、膜分离和化学氧化法等，由于处理成本较高，不适于大量渗滤液的处理。垃圾填埋场无法满足排放浓度限值要求的，经过预处理满足要求后，才可将垃圾渗滤液送往城市污水处理厂进行处理。严格监控垃圾填埋场产生的恶臭气体，综合利用和处置甲烷气体。

（一）泄漏事故

1. 垃圾渗滤液泄漏事故

防渗层材料不合格，渗滤液越来越多，长时间后可能造成破裂，造成渗滤液泄漏事故；工作人员粗心大意，造成防渗层不严密，造成渗滤液泄漏事故；渗滤液系统管道“跑冒滴漏”、破裂，导致渗滤液泄漏；垃圾填埋场集水井失效，使得渗滤液泄漏；由于渗滤液处理厂故障停产或减产，渗滤液产生量大于处理量，导致满溢泄漏；垃圾填埋量超出设计量，导致渗滤液超量产出；生活垃圾填埋场误填埋危险废物，导致渗滤液超标；人为误操作导致渗滤液直接排入环境中。

因垃圾渗滤液来源于垃圾储存中自身含有的水分和其他水分，污染物有近百种，其中化学需氧量、生化需氧量、氨氮、重金属等污染因子含量高、毒性大，还可能包括致癌物质、促癌物质、辅致癌物质以及致突变物质。垃圾渗滤液是一种高浓度废水，1 t 渗滤液所含污染物量大约相当于 100 t 生活污水所含污染物量。一旦发生泄漏，会造成地下水、地表水严重环境污染。

2. 恶臭气体泄漏事故

对垃圾卸料平台、垃圾填坑和渗滤液收集池产生的恶臭气体，采用负压收集焚烧处理，或者采用活性炭吸附处理。恶臭超标排放的隐患主要包括：一是垃圾渗滤液调节池恶臭气体收集系统故障，或卸料平台和垃圾填坑密闭不好，负压系统出现故障；二是恶臭气体浓度过高或臭气量过大、超过恶臭气体处理系统的设计处理量，活性炭除臭系统故障或处理能力不足；三是企业在线气体监控装置运行故障，不能及时反馈厂区的恶臭气体浓度；四是垃圾运输车辆的密封性较差，途中有恶臭气体漏出。恶臭气体主要包括硫化氢、氨、甲硫醇等，泄漏的恶臭气体随风扩散到外环境，大量吸入恶臭气体可能会对人体健康造成一定影响。

3. 自然灾害导致泄漏事故

由于地震等突发事件造成防渗层破裂，导致渗滤液泄漏事故；填埋堆体不稳定，发生沉降或者崩塌；由于极端天气（台风、雷暴雨、强降水），导致渗滤液调节池液位上升速度过快、超过处理速度，导致调节池满溢；暴雨等异常天气下泄漏液、消防污水和被污染的雨水等导致产生更多的事故水，可能泄漏到外环境，对水体和土壤造成污染。

（二）火灾、爆炸事故

垃圾渗滤液收集调节池在厌氧条件时，其中的有机物在甲烷产生菌的参与下，产生甲烷气体（俗称沼气）。垃圾渗滤液本身不会燃烧，也不会爆炸。但当垃圾渗滤液产生的沼气和空气混合且沼气达到一定浓度时，就可能会爆炸。按体积分数表示，沼气爆炸的浓度范围为4.9%～16%。一般垃圾填埋场及渗滤液处理中，大部分沼气的收集都采用常压收集，空气不容易进入沼气收集管中，故爆炸的风险小。收集管道破裂发生泄漏，遇明火引发火灾、爆炸事故；渗滤液调节罐等由于火灾、爆炸导致破损，渗滤液泄漏，污染水体、土壤；物料燃烧产生的热辐射将影响其周围装置、车间，甚至引发新的火灾、爆炸。

垃圾焚烧发电厂对臭气的控制要求高，往往要求负压作业，将产生臭气的地方都密封起来，形成一定的负压，再将风机抽出的臭气送入焚烧炉，通过高温焚烧及锅炉的尾气处理系统，将气体中的臭味脱除，且气体中有少量低于爆炸极限浓度的甲烷，也能在焚烧过程中得到利用，多余部分被送往火炬燃烧处理。但这个过程存在风险，因为有负压，就有外面的空气混进来、与甲烷混合，产生爆炸风险，若有明火，就产生了爆炸的可能。

发生火灾、爆炸事故时，消防污水是不容忽视的二次污染问题。由于消防污水产生时间短、产生量大、不易控制，含有化学品的消防污水会对外界水体环境造成严重的污染；火灾、爆炸事故产生大量的二氧化硫、一氧化碳等有毒有害烟气，可能次生厂外环境污染及人员伤亡事件。

二、环境安全隐患治理

（一）预防泄漏措施

1. 防范垃圾渗滤液泄漏事故

垃圾填埋场的事故排水措施、雨水系统防控措施、废水系统防控措施、清净下水系统防控措施、监控预警措施落实情况是企业环境风险防控的重点。在运行期间应加强对渗滤液收集缓冲池、地下监测井的监测，并建立渗滤液监测报警系统，一旦发生事故，立即启动环境应急预案。

垃圾填埋区地势较低，填埋场防渗工程采用先进的材料和工艺，对整个填埋库区进行水平防渗和坡面防渗，将渗滤液下渗量降到最低。防渗膜两侧填充保护层，首层填埋时须将坚硬锐利的垃圾筛选出来，避免对防渗层造成破坏；填埋场分区原则可以使每个填埋区在尽量短的时间内得到封闭，使不相容的废物分区填埋，分区的顺序有利于废物运输和填埋；严格保证填埋场底部导渗沟的畅通，减轻渗滤液对地下土层的压力，减少渗入地下的水量；加强和当地政府职能部门的沟通，严格按照规划的要求，维护填埋场区周边绿化覆盖率，并逐年提高当地的林地建设水平。

填埋区合理设计渗滤液导排系统，避免渗滤液在垃圾堆体中大量积存；渗滤液输送管道选取抗腐蚀性强的建筑材料，采取有力的工程措施确保管道不发生破裂；垃圾渗滤液经收集系统和导管系统输送到污水处理设施进行处理后，满足污水排放标准后回用到厂区绿化；渗滤液尾水排放口设置缓冲池，处理后的尾水在不达标的情况下可以在缓冲池内进行截流并回抽至处理系统进行二次处理。

设置足够大的渗滤液调节池，并做好防渗措施；在对渗滤液处理系统进行日常检修时（1～2 d），每天产生的渗滤液由收集管道引入调节池储存，有效防止渗滤液外流；当填埋库区发生火灾，产生的消防污水通过渗滤液收集管道流入调节池，避免外流；为防范废水产生量大于处理量导致废水泄漏的风险，备有大量编织袋和沙池，可制作沙袋，用于临时加高调节池、在场区低处对泄漏废水进行围堰；结合建设垃圾焚烧发电项目，可减少生活垃圾填埋量，从而降低渗滤液的产出量。

填埋场渗滤液导出系统的维护措施包括：注意防范竖向集水井的失效；经常维修检测管线，疏通雨水排放沟等排水系统，降低事故发生的概率；由于渗滤液的导出管道位于填埋场的底部，不容易观察，因此平时注意记录各导出管道渗滤液的导流情况，轻微堵塞时应及时疏通，堵塞严重时应开挖检查、处置，以保证导流系统处于良好的运行状态；设立监测井，对地下水位的动态变化及水质变化进行日常监测。

2. 防范恶臭气体泄漏事故

为预防恶臭气体泄漏，加强垃圾车的监督管理，规定垃圾车进入场区的路线；对排放废气设施净化处理系统配备在线监测设备；卸料平台设置自动开启门，仅在车辆进入时打开，在垃圾车倾倒垃圾时自动开启，倒完自动关闭；保持卸料平台处于微负压状态，卸料平台内恶臭气体抽入焚烧炉作为辅助燃烧气体；渗滤液处理设施设置应急恶臭处理系统，使渗滤液处理站产生的恶臭气体经应急恶臭处理系统处理达标后排放；渗滤液调节池设置机械进风和机械出风系统，室外新风通过引风机和新风管进入调节池，调节池内部的恶臭气体通过排风机引至处理设施。

建立长效的环境安全隐患排查机制，发现泄漏危险，立即采取措施治理，提高设备设施的安全可靠性；在渗滤液调节池、沼气收集井、沼气预处理系统、发电机组布置恶臭气体在线监控预警装置，连接风险单元报警装置；使用手持式有毒有害气体检测仪，每日对厂界进行恶臭气体浓度检测；针对空气污染的风险特性，准备应急物资，如喷淋装置、防毒面具等，并适当增加恶臭气体净化的药剂贮备，以便实施紧急处置；加强与生产部门的信息沟通，当恶臭气体量或污染因子浓度可能超标时提前预告。

3. 防范自然灾害次生泄漏事故

在灾害性天气来临时，做好、做实所有垃圾填埋场的基础工作，防止造成突发环境事件；加强填埋场雨季管理，指定专人经常检查填埋场沟渠、护坡等的完好状况，发现问题时及时采取加固措施；填埋场区内的污水与清水分别收集排放，整个系统包括场区截洪沟、表面雨水引流系统；渗滤液集水系统留有适当的余量，承担多雨、暴雨季节的导排；填埋场外设置可以应对十年一遇洪水的防洪沟，通过导流可以防止场外的洪水对填埋场地内的破坏；设置合适容量的缓冲池，其作用是在特大暴雨季节储纳污水，有效防止污水泄漏。

（二）防火、防爆措施

为了防止沼气浓度过高导致火灾、爆炸事故的发生，应防止甲烷气体在空气中混合的浓度处于爆炸的浓度范围内；不允许在有甲烷气体爆炸风险的地方出现明火，禁止抽烟、电焊等；严格按照操作规程安装导气筒并不定时排空焚烧，常年备用消防水源、干粉灭火器等；垃圾填埋场应设置手提灭火器、推车灭火器、消防泵、消防沙、疏散指示标志等消防设施；消防栓直接连接市政消防管网，可以保证事故发生时，消防用水能迅速、稳定提供；设有单独的消防水池，在市政消防管网破裂等情况下依然能够有充足的消防用水应对火灾事故。

三、事故应急处置措施

（一）泄漏事故处置

1. 垃圾渗滤液泄漏事故处置

防渗层泄漏事故处置：对发生重力沉降、地层结构变化导致的填埋场防渗层破损，要加强对地下水的抽吸，并同时通过开孔灌注黏合剂的办法进行裂缝密封，或以硅碳溶液来修补填埋场防渗层的破损部位，解决垫层的渗漏污染问题；若通过地下水监测井发现地下水污染，在截污坝外侧建造垂直渗滤墙，隔断被污染地下水的向外漫渗；若渗滤液下渗已对周围地下水产生影响，应及时告知影响区内的人群并供应安全的饮用水或对人群进行疏散转移。

污水管道泄漏事故处置：垃圾填埋场渗滤液通过管道流入渗滤液调节池，进入渗滤液处理站进行三级生化处理，输送管道可能发生破裂等造成渗滤液泄漏的事故，企业人员应定期进行巡检，一旦发现问题，立即通知应急救援小组前往现场，进行必要的堵漏措施；企业无法操作的，立即通知当地消防队，由消防队进行专业的堵漏处置。

调节池满溢泄漏事故应急处置：时刻关注调节池液面高度，当超过安全液面线时，现场发现人员立即向事故所在当班负责人报告，当班负责人立即向应急领导小组报告；

使用调节池周边常年摆放的沙袋临时加高加固调节池以获得更大的库容量；运用潜水泵抽出池体中的渗滤液，运送到填埋区，回流到垃圾堆体中。

2. 恶臭气体泄漏事故处置

发现可燃性恶臭气体（例如沼气）泄漏事故情况后，通知应急救援人员赶到现场；现场处置组到达现场后，立即关闭沼气管道输出阀门；检查附近是否有易燃易爆点，防止泄漏气体引起火灾、爆炸等二次事故；快速焊接破裂管道，HDPE 管使用热熔焊接，若是铁管，在动火施工前必须开具动火票并用仪器检测沼气浓度。

若垃圾车运输途中发生泄漏导致恶臭气体超标排放，针对少量垃圾及垃圾渗滤液泄漏，应首先将垃圾清除，再用水冲洗地面，产生的冲洗废水应引入渗滤液调节池；针对车辆及垃圾渗滤液的大量泄漏，应首先将垃圾清除，再将地面的渗滤液吸走，必要时修筑围堰，同时喷洒活性生物酶降解。

卸料平台恶臭气体外溢时，应关闭卸料平台出入口、加大除臭活性生物酶的喷洒量，加大抽风量；如生物酶喷洒系统发生故障，用风机将恶臭气体输送至活性炭除臭装置、处理后排放，待喷洒系统故障消除后恢复正常状态；若垃圾渗滤液调节池恶臭气体超标排放，现场值班人员应于 10 min 内启动备用风机，现场处置组应立即对抽气系统进行检修，同时加强各密封口的封堵，尽量杜绝恶臭气体外溢，同时喷洒除臭剂进行化学除臭工作。

当接到周边居民恶臭气体投诉时，立即成立以综合协调组为班底的对外综合协调组。一方面尽快调查恶臭气体产生的原因，抓紧时间积极整改，另一方面采取关闭阀门、堵漏、转移等必要措施，控制污染物的继续扩散，降低空气中污染物浓度。企业应正确理解周边居民投诉，必要时指派代表与居民代表进行接洽，说明解决问题的诚意，协商共同委托第三方监测单位对恶臭气体进行监测。同时，向当地生态环境部门作出书面承诺，在限期内进行整改，杜绝恶臭气体污染对居民生活的影响，以避免被政府约谈甚至处罚。

恶臭气体污染事件超出企业的应急处置能力时，请生态环境部门等上级部门予以支援。

3. 自然灾害天气引发污水处理设施事故处置

自然灾害引发垃圾填埋场污水处理设施事故后，关闭紧急安全阀门，接通应急池管道，使废水自流进事故应急池，同时关闭连接调节池的接口，不使污水继续流进污水处理设施；应急救援人员立即赶赴事故现场进行必要的抢修救援，堵漏、拦截泄漏源，将污染尽量控制在场区内；若污染物已出厂界或超过企业能力，应立即请示上级主管部门，请求社会救援。

（二）火灾、爆炸事故处置

在发生火灾、爆炸事故时，立即报告应急领导小组，调用各应急救援小组进行紧急抢险救援，抢险人员必须穿戴必要的防护服进入现场，找到火源，及时灭火；确认在火灾、爆炸过程中有人员伤亡时，启动社会级应急预案，立即请求医疗、消防等部门的救援。

渗滤液储池大部分区域均为密闭，仅在渗滤液储池检修口处可能发生火灾；一旦由于沼气等恶臭气体泄漏导致火灾事故，不应立即扑灭火焰，应先对通风系统进行检修，在排除故障后再用干粉、黄沙等灭火，避免恶臭气体对环境的影响；事故可能产生有毒有害气体时，利用水压在火灾现场布置多道水幕，在空中形成严密的水网，使有毒有害污染物稀释、溶解；可能产生有毒有害液体时，利用沙包、吸附材料、中和材料对产生的有毒有害液体进行围堵、吸附、中和处理，或就近挖坑（槽）收容处理；对火灾事故现场附近的雨水口、地下管网入口进行封堵，防止有毒有害液体进入、造成二次污染；灭火后产生的消防污水可能随着渗滤液进入渗滤液调节池，因此需要及时调整参数，控制消防污水进入渗滤液调节池的流速，监控渗滤液调节池内水位的变化，防止满溢；如可能或已经满溢，应及时将渗滤液泵至事故应急池；事故应急池收集的污水应分批次进入渗滤液处理设施进行处理，以免渗滤液处理设施负荷过大，直至污水达标后排放，不得未处理便排放。

当用干粉、黄沙等进行灭火时，在灭火完毕后应及时收集废干粉、黄沙等，并交由有资质单位进行无害化处理；当用水进行灭火时，应用沙袋、铲子等物资拦截污水或将污水引至低洼处，用泵将消防污水转移到事故应急池，进入渗滤液处理系统处理，同时对雨水井进行封堵、关闭雨水总排口闸阀，避免消防污水进入雨水管道或流出场区。

一旦消防污水流至场外，立即对场外的污水井和雨水井进行封堵，以防止污水流入市政管网而发生水体污染次生灾害。同时将消防污水围堵到尽量小的范围内，利用石灰、吸附棉、活性炭等对消防污水进行回收和处理。

四、典型案例

（一）泄漏事故

海南临高“10·14”垃圾填埋场渗滤液泄漏事故：2021 年 10 月 14 日 14 时许，受 13 日台风影响，海南省临高县垃圾填埋场上方的防渗膜被掀开，因雨量大造成渗滤液溢流出场区，沿水泥路流淌约 2 km，溢流区域无地表水体。受停电影响，无法将渗滤液抽至应急池，企业在场区内挖坑收集；填埋场渗滤液水位较高，场区雨水沟内存有渗滤液和雨水混合液，企业将外溢混合液和填埋场内渗滤液抽至调蓄池；针对雨水沟内混合液，企业于 15 日 1 时封堵填埋场雨水口，在雨水排口外建设 2 个临时事故应急池，将雨水沟内混合液引入应急池，再打入场区内调蓄池，达标后排放。破损覆膜于 15 日中午完成修复。

广东兴宁“9·28”黄泥坑垃圾填埋场渗滤液泄漏事故：2021 年 9 月 28 日，广东省梅州市兴宁市黄泥坑垃圾填埋场场底渗滤液收集管破裂，泄漏渗滤液进入下游曾坑河，约 7 km 后汇入宁江河。宁江河下游约 27 km 汇入梅江，下游约 50 km、71 km 和 80 km 分别为梅江畲江镇水厂、梅州市新城水厂和梅州市西桥水厂饮用水水源地。9 月 28 日当天，源头封堵工作基本完成（如图 2-75 所示）。

图 2-75　黄泥坑垃圾填埋场泄漏口完成封堵

针对填埋场渗滤液积存问题，当地政府组织通过新增临时处理设施、异地应急处置、保障现有处理设施稳定运行等措施，加大库区清容力度，降低再次发生泄漏事故的风险。在事发地下游曾坑河构筑 4 道拦截坝；确保宁江河上游合水水库不放水，关闭下游旺兴水闸、三金水电站水闸，拦截污染水体；曾坑河拦截坝内约 6 万 m^3 高浓度污染水体被抽运至当地工业污水处理厂处理（如图 2-76 所示）；宁江河旺兴水闸、三金水电站之间约 100 万 m^3 较高浓度污染水体，部分被抽至东排沟后同步输送至兴宁市污水处理厂处理（如图 2-77 所示），达标后排放；对剩余浓度相对较低的污染水体，当地政府制定了缓慢下泄稀释方案，自 10 月 8 日起，将上游清洁水导流至三金水电站坝后混合池，同时缓慢下泄三金水电站前拦截的污染水体，科学混合后排放。自 10 月 17 日起，事发地下游各监测点位氨氮等指标持续稳定达标，当地政府终止应急响应。

图 2-76　用罐车向工业污水处理厂转运高浓度污染水体

图 2-77　兴宁市污水处理厂收纳事故污水

黑龙江哈尔滨“3・22”玉泉固废综合处理园区垃圾填埋场渗滤液泄漏事故：2021 年 3 月 22 日，黑龙江省哈尔滨市阿城区玉泉镇矿山屯村民发现自用小井水质出现异样与异味。矿山屯上游约 1.5 km 为玉泉固废综合处理园区堆填区。事件发生后，当地政府组织采取外运供水的方式保障村民用水，并对堆填区进行排查。经排查，在堆填区下游约 300 m 的探坑内涌出酸臭水体，当地专家判断为浅层地下水混入少量垃圾渗滤液。

企业在当地政府指导下落实断源截渗工作。一是将生活垃圾填埋区坝体内渗滤液向邻近具备防渗条件的飞灰填埋池进行导排，减少外渗压力；二是对填埋区坝体外侧渗漏点注浆修补（如图 2-78 所示），并利用物探技术对坝体结构和防渗膜进行全面探查；三是在填埋区坝体及坝体外下游设置 3 道截渗措施（分别为初判漏点附近坝体处挖掘一处导排竖井，坝外沿地下水线约 100 m 处挖掘一处环形拦截渠，坝外 200～300 m 处连续挖掘 8 道拦截沟），并对其中存水进行回抽（如图 2-79 所示），减少进入外环境风险；四是新增临时渗滤液处理设备，加快推进场区配套渗滤液处理站建设进度。截至 4 月 10 日，已导排渗滤液约 3.3 万 m^3，填埋区液位控制在 30 cm 限值以内，导排工作阶段性停止，累计回抽截流沟内污水约 1.2 万 m^3。新增的 800 t/d 临时渗滤液处理设备于 4 月 14 日正式启用，配合原有处理设备，4 月 1—17 日累计处理渗滤液 1.6 万 t。同时，在流经污染区的支沟投放粉煤灰等以吸附污染物，减轻可能对玉泉镇地下水水质的影响。

当地生态环境部门对支沟、玉泉河、玉泉镇地下水源以及事发地下游玉泉河开展水质应急监测。监测数据显示，垃圾堆填区下游约 300 m 处浅层地下水化学需氧量、氨氮浓度出现不同程度超标；矿山屯两口水井受到污染；支沟汇入玉泉河断面化学需氧量、氨氮浓度超标，重金属浓度不超标；玉泉镇水源地 8 口取水井水质各项指标均达标。

图 2-78　对填埋区坝体外侧渗漏点注浆修补

图 2-79　回抽拦截沟存水

（二）沼气爆炸事故

福建福州“5·17”红庙岭垃圾渗滤液厂新调节池爆燃事故: 2022 年 5 月 17 日 8 时 57 分，位于晋安区的福州市红庙岭渗滤液厂二期调节池除臭塔管道在维护过程中，因电焊火星引爆了管道中的沼气。经查，现场作业人员在未了解风管内是否有易燃易爆气体的情况下，就用氩弧焊对除臭设施风管漏点进行动火作业，引爆了管道中的沼气。该起事故导致 6 人被困，其中 3 人被救出送医，生命体征平稳，另外 3 人救出时已无生命体征。当地政府及市水务集团第一时间赶赴现场，消防、应急、公安、卫健等相关部门迅速开展救援。爆炸未造成垃圾渗滤液调节池损坏，池内污水未泄漏。当地生态环境部门组织开展空气质量监测。15 时 30 分监测数据显示，氨气、硫化氢、一氧化碳等均未检出。事故点周围无居民区等环境敏感点。

江西南昌“3·17”经济技术开发区麦园生活垃圾焚烧发电建设项目渗滤液处理站沼气爆炸事故: 2020 年 3 月 17 日 15 时 38 分，江西省南昌市经济技术开发区麦园生活垃圾焚烧发电建设项目的渗滤液处理站发生一起沼气爆炸事故，导致现场作业人员 1 人死亡、3 人受伤。经调查，事故的直接原因是违规动火作业。南昌贵强护栏有限公司安全意识淡薄，安全管理制度缺失，安全教育培训不落实，未严格执行危险场所动火规定。在 2020 年 3 月 15 日复工进场后，至 17 日均安排电焊施工，未按项目规定及业主单位要求落实动火制度，未采取防护措施，擅自在高危场所——渗滤液调节池顶违章焊接作业，导致渗滤液调节池沼气发生爆炸，造成人员伤亡。

福建安溪“7·7”创冠安溪公司渗滤液池沼气爆炸事故：2014 年 7 月 7 日，福建省安溪县发生渗滤液爆炸事故，造成 3 人死亡、2 人受伤。事故发生的直接原因是创冠安溪公司渗滤液池室内甲烷、硫化氢、氢气等易燃易爆气体与空气的混合物达到爆炸极限后，沿着玻璃钢材质的排风管流动，在流动的过程中与风管摩擦、产生静电火花，引发爆炸。

第十四节　危险废物

一、存在的环境安全隐患

危险废物是指列入《国家危险废物名录》或者根据国家规定的危险废物鉴别标准和鉴别方法认定的具有危险特性的废物，特征包括具有腐蚀性、毒性、易燃性、反应性或者感染性等一种或者几种危险特性；不排除具有危险特性，但可能对环境或者人体健康造成有害影响，需要按照危险废物进行管理。医疗废物属于危险废物。

尽管从数量上看，危险废物产生量仅占固体废物的 3% 左右，但危险废物的种类繁多、成分复杂，并具有毒害性、爆炸性、易燃性、腐蚀性、化学反应性、传染性、放射性等一种或几种以上的危害特性，且这些危害具有长期性、潜伏性和滞后性。如果对危险废物的处理不当，会因为其在自然界不能被降解或具有很高的稳定性，能被生物富集、能致命或因累积引起有害的影响等原因，对人体和环境构成很大威胁。

危险废物通过人体摄入、吸入或皮肤吸收引起急性中毒；在阴雨天气，危险废物若不慎被雨淋湿，有害物质随着雨水管网外排到厂区周边水体，造成环境污染，也可能对地下水造成一定污染，对人畜产生毒害作用；危险废物中有害物质渗入土壤，从而对地面树木、花草的生长造成不良影响；危险废物本身蒸发、升华及有机废物被微生物分解而释放出的有毒有害气体污染大气；危险废物中的细颗粒、粉末随风飘逸，扩散到空气中，造成大气环境污染；某些危险废物存在腐蚀性、易燃性、反应性等危险特性。

（一）产生贮存环节事故

1. 产生环节事故

2020 年 11 月发布的《国家危险废物名录（2021 年版）》列明的危险废物有 50 大类 467 种。该名录中的危险废物涵盖了国民经济的绝大多数行业；其中，化学原料及化学制品制造业、有色金属冶炼及压延加工业、有色金属矿采选业、造纸及纸制品业和电气机械及器材制造业等 5 个行业所产生的危险废物量占到总量的一半以上，是产生危险废物的重点行业。

企业日常运行过程中产生的危险废物包括滤渣、废包装、废原料桶、絮凝沉淀污泥、废活性炭、废实验药剂、取样瓶及样品、废吸收剂、废催化剂、废机油、润滑油、沾染化工品的抹布、生物塔废填料等。这些危险废物如果不能完全收集，将流失于环境中，存在环境安全隐患。

危险化学品泄漏或者火灾、爆炸事故产生的危险废物包括：散落废弃的危险化学品；沾染危险化学品的包装容器、焚烧残留物；沾染危险化学品的金属废弃物、沾染危险化学品的建筑垃圾、事故区域被污染土壤；应急污水处理产生的固体废物。事故形成的各类危险废物种类繁多、成分复杂、清理量大，如不及时清理，易进入水体造成污染，部分危险废物还能发生爆炸，产生废气污染，甚至威胁现场工作人员的生命安全。

2. 贮存环节事故

危险废物暂存间或者堆场建设不符合要求，防腐防渗措施已损坏，未及时维修；危险废物暂存间或者堆场内其他固废未及时清理，危险废物暂存空间不足；操作人员素质欠佳，如危险废物入库时台账管理不规范，没有识别包装是否完好、封口是否严密、是否沾有其他异物等；未按危险废物分类标准分类回收，不相容的危险废物堆放在一起，堆垛误操作、碰撞等原因可能导致泄漏；回收区及贮存区标识不清晰，导致混入其他废弃物中；危险废物暂存间或者堆场管理员未按照制度定期进行检查，导致存放危险废物的瓶（罐）身倾倒等问题未及时得到处理；泄漏的危险废物可能进入危险废物暂存间导流渠，通过污水管网进入污水处理设施，若原水污染物浓度过高，将导致污水处理设施正常工艺无法处理，发生事故性排放；废溶剂、含苯废液等属于可燃液体，若暂存间或者堆场发生设备、油桶、工具等之间的碰撞和摩擦，或发生漏电、接触不良、短路等问题，极易引发火灾、爆炸事故。

储存、装载危险废物的容器及材质不满足相应的强度要求；盛装危险废物的容器与危险废物不相容（相互反应）；液体危险废物输送管线因人为原因或自然灾害等发生破损，造成泄漏；收集点及贮存区容器损坏，发生泄漏；危险废物储存容器底部破裂、边缘发生腐蚀或发生撞击等，导致危险废物泄漏；危险废物储存容器报废后没有得到很好的管理或处置，废弃空容器直接被丢弃或未经允许直接用于盛装其他物品；危险废物容器被小商小贩获得，在变卖处置过程中发生有毒物质泄漏。

（二）运输转移环节事故

1. 运输环节事故

企业将各类危险废物进行预处理后，分类收集，由专用运输工具运至危险废物处理场进行安全处置。企业产生的危险废物在厂区内转移、搬运、卸车及灌装的过程中，驾驶员、押运员、装卸工未经相关培训、考核，不具备上岗资格，可能导致操作失误或未按操作规程进行等，造成危险废物散落、泄漏事故；装卸作业时有可能发生坠落、碰撞、敲击等，导致危险废物泄漏；运输车辆装载危险废物量超过规定要求；运输危险废物的槽罐、桶、瓶、袋、箱等包装破损，发生危险废物泄漏；车厢内危险废物码放不符合规定，不符合装载配伍禁忌，因碰撞导致包装破裂、导致事故。

运输车辆运输途中没有按照公安部门或交通运输部门规定的路线行走，道路状况影响安全行车，导致车辆伤害，引发危险废物泄漏事故，并可能引发火灾，伤及驾驶员、押运员及周边人群；在运输过程中，驾驶员操作失误、违章驾驶、疲劳驾驶，路况不良及恶劣天气、车辆故障等引发事故；运输危险废物的槽罐等设备因穿孔、破损、碰撞或其他原因发生泄漏或者火灾、爆炸事故；在运输过程中，由于运输车辆发生交通事故，造成医疗废物的泄漏，对所在区域环境造成影响。

2. 转移环节违法倾倒事件

危险废物产生企业为规避高昂的危险废物处置费用，将危险废物非法倾倒，或者将危险废物卖给没有处置资质的单位甚至个人，由其进行非法倾倒。非法倾倒危险废物违法成本低、守法成本高、随机性及隐蔽性强、监管难度大，近年频繁发生。

危险废物是企业面临的专业性、复杂性、技术性最强的领域，也是环境追责最多的领域。自 2013 年 6 月施行的《关于办理环境污染刑事案件适用法律若干问题的解释》中，增加了“非法排放、倾倒、处置危险废物 3 t 以上的”认定为构成环境犯罪，目前我国涉及危险废物的环境污染刑事案件逐年增加，且成为环境污染刑事案件中数量最多的一种。

（三）利用处置环节事故

危险废物要由有危险废物处置资质的单位、公司进行处置和回收利用。目前一般采用综合利用、集中焚烧等方法处置危险废物。综合利用法是采取催化氧化、置换等化学方法，实现危险废物减量化、资源化和无害化；集中焚烧法一般用于处置高浓度有机废物以及医疗废物。

1. 危险化学品事故

危险废物综合利用过程中使用的危险化学品主要为盐酸、氢氧化钠、氨水、天然气、乙炔、次氯酸钠等。危险化学品事故的原因主要包括：未按操作规程操作、装卸、搬运、分装危险化学品；未按要求进行设备、管道巡回检查和维护保养工作，储罐或包装物密封不良或腐蚀穿孔，引起危险化学品泄漏；易燃气体管道受损破裂、阀门故障引起泄漏，造成火灾、爆炸事故；贮存、使用危险化学品的过程中因丢失、泄漏、燃烧、爆炸、事故救援不当等，造成危险化学品以废水、废气和废渣等形式排放进入环境，致使大气、水体和土壤污染。

强酸、强碱等溶液泄漏将造成地面、设备等的腐蚀，灼伤人体；泄漏会造成土壤、地下水污染，进入水体则会对受纳水体造成污染；氨水、乙炔泄漏可能造成人员中毒、密闭空间内聚集爆炸、水体污染。

2. 焚烧炉烟气事故

处置危险废物的焚烧炉烟气脱酸系统发生故障，不能有效去除酸性气体，导致二氧化硫和氯化氢事故性排放；脱氮系统发生故障，无法正常实施脱氮，导致氮氧化物事故性排放；活性炭喷射装置发生故障，不能有效喷射活性炭微粒以捕捉二噁英类、重金属颗粒以及酸性气体的反应生成物，导致二噁英类、重金属颗粒及酸性气体等的事故性排放；布袋除尘器发生故障，部分布袋发生损坏，导致除尘效率下降，出现事故性排放；焚烧系统出现故障，导致炉内温度异常，氮氧化物、二噁英等污染物的产生源强增大，最终导致氮氧化物、二噁英等污染物的事故性排放，或管道破裂引起烟气未经处理直接排放。

二噁英极具亲脂性及化学稳定性，在自然界中难以自然降解消除，可以通过食物链中的脂质发生转移和生物富集，毒性主要表现为对生殖系统、免疫系统、皮肤的毒性，并具有很强的致癌性。

二氧化硫、氯化氢和氮氧化物等酸性气体排放是酸雨形成的主要原因，酸雨对人体健康、生态系统和建筑设施都有直接的和潜在的危害。酸雨对人体健康造成一定影响，可导致土壤酸化，能使非金属建筑材料表面硬化水泥溶解，出现空洞和裂缝，导致强度降低，从而损坏建筑物。

3. 医疗废物事故

医疗废物是指医院等医疗机构在治疗、预防疾病过程中产生的固体废物。根据医疗废物处理的特点，产生的环境污染事故类型主要包括：冷凝残液消毒罐出现故障，大量含有致病菌的废水进入储水池，导致含致病菌污水回喷垃圾堆体，造成二次污染与细菌传播；过滤器滤芯失效或活性炭失活及其他因素导致的尾气吸附装置非正常运行时，恶臭带菌气体未经处理直接排放到大气中，对废物处置厂区大气环境造成污染；焚烧系统出现故障，导致二噁英类的事故性排放。

医疗废物的巨大危害表现在其所含的病菌是普通生活垃圾的几十倍甚至上千倍，

最显而易见的危害性就是其传染性；医疗废物的随意堆放会污染大气环境；随意填埋的医疗废物要经过几百年才能降解，会污染地下水源，严重危害生态环境；随意焚烧会使致癌物质二噁英大量外排。

二、环境安全隐患治理

（一）预防产生贮存环节事故

1. 预防产生环节事故

进一步明确企业是危险废物污染防治的主体，强化企业主体责任，切实做好危险废物安全无害化处置，落实危险废物管理制度和生产者责任延伸制度；企业既要仔细梳理识别自身产生的危险废物风险源，也要了解危险废物的爆炸性、毒性以及腐蚀性等特性，规范建立危险废物登记台账，如实记录危险废物产生、收集、储存、转移和处置情况，记录危险废物用量、去向、经手人、储存位置等；根据自身产品生产和危险废物产生情况，在借鉴同行业发展水平和经验的基础上，提出从源头减少危险废物产生量和危害性的计划，明确改进原料、工艺、技术、管理等方面的具体措施，优先实行企业内部资源化利用危险废物；企业要始终绷紧危险废物风险管理这根弦，最好配备专门的危险废物环境安全管理员，加强对危险废物的日常管理，在生产运行的各个环节，严格遵守相关法律制度和标准规范的要求；加强危险废物事故应急处置队伍、专家队伍建设，与有资质的危险废物处置企业签订合作协议。

2. 预防贮存环节事故

企业要根据危险废物的毒性分类贮存，对有特殊要求的进行特殊处理，禁止将其与非危险废物混杂堆放；规范设立危险废物暂存间和堆场并进行规范管理，按年度制订管理计划，内容包括入库登记、分类存放、巡查和维护等，定期清运危险废物，控制储量；必须按照相关环保要求，切实做到固废“资源化、减量化、无害化”处理处置；贮存剧毒危险废物的场所必须有专人 24 h 看管。

企业危险废物暂存间和堆场地面采取硬底化防渗漏、防风防雨措施，满足危险废物暂存场所相关规范要求；危险废物暂存间应阴凉、干燥、通风，避免阳光直射、曝晒，远离热源、电源、火源；在危险废物暂存间外，有关危险废物识别标签和管理制度上墙；库房各区应安装气体检测装置，并进行定时检测，检测数据输送到控制中心，并设置报警功能；暂存库应严格按照《建筑设计防火规范》进行设计，与生产车间、交通线路以及其他建筑物之间的防火距离应符合规范要求；配有灭火器、吸附棉等应急物资和个人防护物资。

暂存间门口应设置 10～15 cm 高的挡水坡，防止暴雨时有雨水涌进；堆放货架最底层应距地面至少 20 cm，易溶性物品必须放在上层，防止水淹溶解；在暂存间外部设雨水沟，下雨时可收集雨水，防止雨水浸入暂存库；临时堆场要防止下雨时危险废物通过雨水管道流至厂外、进入河道。

废液卸液、储存、配伍区域均设置应急泄漏围堰和泄漏收集池；一旦发生泄漏，立刻堵住泄漏处，同时用沙或其他惰性材料吸收地面外溢危险物质；设置导流沟及收集槽等，收集暂存库内产生的泄漏危险物质；泄漏控制后及时清理地面以及导流沟，对残留危险废物，采用中和、清洗剂清洗等方法消除泄漏点残留毒性。

装载危险废物的容器及材质要满足相应的材质要求；不同品种危险废物分别存放在不同容器中，不得混合，例如采用密封桶收集含油污水处理设施废油和隔油池油泥，采用密封袋收集废活性炭等；存放液体、半固体危险废物的容器内需留足空间；暂存库内应贴警示牌，各类危险废物要分类放置，并设有隔离间，同时标示每种危险废物（如图 2-80 所示）；配置沙土箱和适当的空容器、工具，以便在发生事故时收集泄漏物料。

图 2-80　危险废物暂存间危险废物分类放置，并设收集沟

（二）预防运输转移环节事故

1. 预防运输环节事故

厂区运送危险废物到暂存库和堆场的路线地面均硬底化防渗漏，且危险废物的收集、运送不在恶劣环境和天气下进行；危险废物厂外运输应遵守危险货物运输管理的

相关规定，按照危险废物特性分类运输；自行运输危险废物的，应掌握运输工具状况，包括工具种类、载重量、使用年限、危险货物运输资质、污染防治和事故预防措施等；委托外单位运输危险废物的，应掌握委托运输具体状况，包括委托运输单位、危险货物运输资质等；对医疗废物使用防渗漏、防遗撒的专用运送工具，按照确定的运送时间、路线，将医疗废物收集、运送至处置地点。

危险废物运输必须特别遵守以下规定：具有从事危险货物运输资质许可；运输车辆应悬挂或喷涂明显醒目的危险废物标志；禁止水路运输；必须按照规定的线路运输；禁止经过人口稠密地区运输；经过桥梁、水源保护区域时应限速行驶；应采取严格的运输安全防护措施和防止污染环境措施；应随车携带运输单位制定的《危险废物运输环境应急预案》；驾驶人员除具备运输从业资质以外，还应当定期接受应急培训并取得合格成绩；医疗废物等感染性废物的运输车辆应当符合国家相关规定。

2. 预防转移环节违法倾倒事件

企业需要将危险废物转移出厂区的，应制订转移计划，其内容包括危险废物数量、种类，拟接收危险废物的经营单位等。按照进一步落实产废企业主体责任的原则，移出人具有对危险废物的合规委托责任、如实填写转移联单、定期核对、如实备案及报告责任等。其中，合规委托责任是移出人的首要责任，移出人要负责选择有资质的委托方，危险废物托运人负责按照危险货物运输的相关要求，合规委托、明确危险货物相关信息、填写危险货物托运清单、核实承运人相关信息等；危险废物承运人负责将承运的危险废物妥善地运输、交付给接收人，具有核对拟承运危险废物相关信息的责任、安全运输的责任、应急处置和报告的责任、将危险废物全部交付给接收人的责任；危险废物接收人负责对接收的危险废物以无害化方式进行利用处置，具有核对转移联单和接收危险废物的责任、合规利用处置的责任、结果告知的责任和如实记录及报告的责任。

除针对全国统筹布局的特殊类别危险废物处置设施，省、自治区、直辖市之间开展区域合作的危险废物处置设施，以及企业集团内部共享的危险废物处置设施外，原则上不鼓励跨省转移处置危险废物。

鼓励并配合第三方做好公益诉讼等相关工作，利用法律手段惩戒违法企业，增大企业违法成本，以此提高企业的诚信度和自律性。

（三）预防利用处置环节事故

危险废物要由有危险废物处理资质的单位进行处理和回收利用。加强有毒有害化学品的申报登记，对收集、运输、贮存、处置等每一个环节都要有追踪性的账目和手续；要根据其毒性性质分类贮存，对有特殊要求的进行特殊处理，禁止将其与非危险废物混杂堆放；应建立专用贮存槽或仓库，并密封保存，以避免外泄造成严重后果；

将各类危险废物进行预处理后，分类收集，由专用运输工具运至危险废物处理场进行集中安全处置。

1. 预防危险化学品事故

危险废物处置企业应采取措施避免危险化学品事故。推行危险废物专业化、规模化利用，大型企业集团跨区域统筹布局，集团内部共享危险废物利用处置设施；制定危险化学品管理制度，危险化学品存放和使用都必须有严格的记录，防止流失、造成危害；危险化学品入库时，严格检验物品质量、数量、包装情况、有无泄漏，并严格按照规定在指定地点存放；入库后应采取适当的养护措施，在贮存期内加强巡检，发现其品质变化、包装破损、泄漏、稳定剂短缺等问题时，应及时处理；危险化学品存放处有标示牌和安全使用说明，分门别类单独存放，不得混放、混储。

装卸和使用危险化学品时，操作人员应根据危险性，穿戴相应的防护用品；储罐操作工属特种作业人员，必须参加有关部门的安全培训，考核合格上岗；针对危险化学品的环境风险特征，配置应急物资，如洗眼器、堵漏装置、收集装置、吸附材料、防毒面具、消防器材、喷淋装置等。

2. 预防焚烧炉烟气事故

建设技术先进的大型危险废物焚烧处置设施；建立长效的环境安全隐患排查机制，发现泄漏危险立即采取措施治理，提高设备、设施的安全可靠性；处置企业在危险废物焚烧处理过程中，确保有足够的危险废物贮存量以实现连续 24 h 稳定焚烧，减少二噁英排放量；确保焚烧炉在 850℃以上温度稳定运行，保证急冷室的降温效果，减少二噁英的污染事故危害；制定并严格执行烟气废气净化操作规程，对烟气净化处理设施定期巡查和检修，定时更换老化设备，及时更换吸附剂，保证烟气处理系统的有效运作；定期检查焚烧系统各管道的畅通性，防止堵塞引发爆炸、爆燃现象；准备应急物资，如喷淋装置、防毒面具等，适当增加烟气废气净化的药剂贮备，以便实施紧急处置。

在烟囱上设置烟气排放在线监测装置，保证烟气达标排放，发现异常情况时立即上报；在线数据联网生态环境部门，采用电子显示板进行信息公开；每年委托有资质的第三方检测单位进行各点位大气污染物的手工检测；此外，积极配合相关主管部门的不定期抽检。

设立实验室，对危险废物主要成分进行分析，严格禁止对不相容的危险废物进行配伍焚烧；对配伍人员进行定期培训，充分了解危险废物热值调配比例和相容性；对焚烧系统运行状况进行动态监控，控制室在焚烧期间需保证有技术人员值班，以便对突发情况做出正确的处理；加强与生产部门的信息沟通，当废气量或污染因子浓度可能超标时提前预告；研发应对疫情、自然灾害、重大事故等重大突发事件的危险废物应急处置技术。

3. 预防医疗废物事故

在保持常规处置能力稳定运行的基础上，涉疫医疗废物处置单位通过延长运行时间、增加作业班次、启动应急设备等措施，提升处置能力，确保涉疫医疗废物及时有效收集转运处置；要使用国家规定的容器存放医疗废物，确保安全；组织人员对存放的医疗废物定期进行消毒，并做好消毒记录；安排专人24 h值守，防止医疗废物流失、扩散和泄漏，并做好值班记录；对医疗废物集中处理区设施严格执行安全检查、维护保养制度，设立符合国家和行业规范的监测措施，安装污染物排放在线监控装置；对医疗废物易遗撒、流失、泄漏点不间断进行定点与不定点的检测，随时掌握易遗撒、流失、泄漏区域的浓度和扩散范围；在接触医疗废物时，必须穿戴工作衣、口罩、手套、胶鞋等防护用品，防止医疗废物接触身体；每次工作结束后，应当及时按规定对污染防护用品和手进行消毒和清洗。

三、事故应急处置措施

（一）产生贮存环节事故处置

1. 日常运行过程产生的危险废物处置

处置危险废物事故的基本原则是将有毒、有害的危险废物尽可能处理为无毒、无害或毒性较低、危害较小的物质，避免造成二次污染，尽量减小危险废物事故所造成的危害。

若发生固体危险废物泄漏，发现人员应用铜铲铲起，移入专用容器中，储存于危险废物暂存间中；若发生液体危险废物泄漏，现场人员戴好防毒面具，先利用危险废物储存区的围堰进行收集，然后再利用吸附棉、消防沙等应急物资进行围堵、覆盖，用专用密封容器收集，地面部位要用干布擦干净；若液体危险废物泄漏，导致厂区土壤环境污染，立即将污染土壤挖出来，移入防渗漏密闭容器或者收集袋，暂存在防雨防渗漏处，然后交由有资质的危险废物处置单位处置；处置过程中不得用水清洗，防止污染区域扩大。

若液体危险废物泄漏进入雨水管网，现场处置组应立即打开应急阀门，进入雨水管网的液体危险废物及后续产生的冲洗水通过雨水总阀门（常闭）截留后，自流进入应急池内暂存，事故后抽至厂内污水处理设施，处理达标后排放；当危险废物储存区发生火灾事件时，先利用储存区配置的消防设施对着火点进行灭火，灭火时所产生的消防污水通过危险废物区的收集管道引入事故应急池中暂存；当危险废物在贮存过程中遇暴雨，导致危险废物在贮存点发生漏雨、积水突发事件时，应及时组织人员将危险废物转移到较高地势的地点临时存放，并将污水引入污水处理设施进行处理。

如果危险废物随雨水或消防污水出厂区，则立即上报当地政府和生态环境、应急管理、消防等部门，在统一指挥下开展应急处置工作；通报附近单位和群众，不要接触和食用受污染的水、农作物等，进行 24 h 警戒；企业必须依法处置厂内的固体废物及废液，对有污染的地面、设备设施等进行清洁，清理撒落在雨水沟中的固体废物，用活性炭或吸水材料等对雨水沟中的水进行吸附收集；委托其他单位处置的固体废物及废液应全部视作危险废物，进行全过程监管，否则不准出厂，防止非法处置、倾倒，将污染风险控制在源头。

常见危险废物中毒处置：人员含氰废物中毒时，及时将戊烯醋滴入药棉，塞入中毒者鼻孔，1 min 吸入 5 滴，同时内服医用双氧水溶液；人员含砷废物中毒时，立即用水洗眼，用肥皂和水洗涤身体污染部位，如被吞服，则迅速洗胃、催吐，急送医院治疗；人员含汞废物中毒时，先用 5% 甲醛化次硫酸钠溶液，再用 2% 碳酸钠溶液洗胃，再服以二巯基丙醇；发生磷化物中毒时，用清水洗胃催吐，严禁服用蛋白质、牛奶、脂肪和油类，对有机磷中毒用阿托品或氯磷定解毒，对无机磷中毒用 0.1%～0.2% 硫酸铜及液体石蜡口服或灌入。

2. 事故产生的危险废物处置

事故产生的危险废物应急处置工作过程分为三个阶段：一是识别待清理的危险废物种类和估算量，确定需要贮存的空间和要求。开展周边危险废物贮存能力调查，制定清理出的危险废物贮存方案。二是制定危险废物清理方案。基于事故现场调查，划定清理的区域，对待清理危险废物进行分类，制定清理的防护措施并确定清理的区域和废物类型、顺序。三是制定危险废物利用处置方案。根据危险废物的污染和处置特性，结合周边危险废物利用处置能力（含自利用和处置）调查，制定利用处置方案，开展利用处置工作。

清理实施过程遵循分类清理、重点突出的原则。在现场清理过程中，对发现的危险废物应严格进行分类收集、分区暂存，既避免了清理过程的环境风险，又便于后续利用处置；在清理现场设立危险废物临时贮存场点，对临时贮存量大的，要因地制宜采取修建围堰、导流设施、表面遮盖设施等措施强化风险防范，并设立危险废物的警示标识；清理现场应有专人负责登记管理清理产生的危险废物，记录每天危险废物的清理数量、暂存地点、转移处置数量等情况。

（二）运输转移环节事故处置

1. 泄漏事故处置

若装有危险废物的运输车在运输过程中发生泄漏，司机和押运员应立即向企业应急领导小组报告，并将泄漏危险废物的品名、性质和泄漏原因报告当地政府和相关部门。在相关应急人员赶到事故现场前设立隔离区，在该区域内，除事故抢险人员外，其他人员不得进入，并根据事故情况，建议事故波及区域人员的撤离。

应急处置人员应当根据危险废物的危险特性，配备必要的个人防护用品、器具。对易燃易爆物质的泄漏，应配备防静电防护服、工具，严禁火种，切断电源，禁止车辆进入，不得使用手机等通信设备（防爆通信设备除外）；对有毒物质的泄漏，应配备防毒面具、空气呼吸器、专用防护服；对腐蚀性液体的泄漏，应当配备防酸服、防护面具、护目镜。

根据泄漏部位、物质性质、泄漏原因等，选用合适的材料和方法堵漏，切断或控制泄漏源。当事故为液体的泄漏，泄漏量小时可用沙子、吸附材料、中和材料等吸收中和，泄漏量大时用沙土等筑堤堵截泄漏液体或者引流到安全地点，然后把泄漏的物料抽入槽车内。

若液体危险废物流入河道、农田等，引起水污染及农作物危害，应急监测小组应迅速开展应急监测，并及时将监测结果报告现场指挥部；所有的泄漏危险废物、消防污水及受污染的土壤由危险废物处置单位统一安全处置。

当运输过程中发生翻车、撞车，导致医疗废物大量溢出、散落时，对溢出、散落的医疗废物迅速进行收集、清理和消毒处理，对液体溢出物采用吸附材料吸收处理；清理人员在进行清理工作时须穿戴防护服、手套、口罩、靴等防护用品，清理工作结束后，对用具和防护用品均须进行消毒处理；清洁人员还须对被污染的现场地面进行消毒和清洁处理。

2. 火灾、爆炸事故处置

装有危险废物的运输车辆在运输过程中发生火灾，司机应立即靠边停车，和押运员迅速利用随车的灭火器及其他工具灭火；当火势超出控制能力时，应立即向当地消防部门报警。

当火灾扩大或有爆炸危险时，车上人员应立即撤离，并拦截或引导过往车辆及周边人员，远离火灾车辆，等待当地消防部门及专业应急队伍。应急抢险工作应以消防部门的应急预案为主导，由当地政府现场指挥部统一指挥。火势较大时，应先阻止火势蔓延，控制燃烧范围，然后逐步扑灭火；对有可能发生爆炸、爆裂、喷溅等特别危险的、需紧急撤退的情况，应按照统一的撤退信号和撤退方法及时撤退。

扑救易燃液体危险废物火灾时，首先应切断火势蔓延的途径，冷却和疏散受火势威胁的槽罐和可燃物，控制燃烧范围，并积极抢救受伤人员和被困人员。有着火液体流淌时，应筑堤拦截漂散流淌的易燃液体或挖沟导流。及时了解和掌握着火液体危险废物的品名、比重、水溶性等，以便采取相应的灭火和防护措施。

扑救毒害性、腐蚀性或燃烧产物毒害性较强的易燃液体危险废物火灾时，扑救人员必须佩戴防护面具，采取防护措施。对特殊危险废物的火灾，应使用专用防护服。考虑到过滤式防毒面具防毒范围的局限性，在扑救危险废物火灾时应尽量使用隔绝式防毒面具。

（三）利用处置环节事故处置

1. 危险化学品事故处置

危险废物综合利用过程中，使用的危险化学品有少量泄漏时，应果断采取堵漏、转移措施，避免泄漏点扩大，并立即报告值班长。发现存贮罐、管道中危险化学品大量泄漏时，并立即报告应急领导小组办公室。现场处置组立即查明事故发生的时间、地点、原因、已造成的污染范围、人员伤害后果；如果管道破裂，可用木楔、注胶等堵漏工具堵漏，随后用高标号速冻水泥覆盖封堵。易燃、易爆危险化学品泄漏时，现场应立即在警戒区停电、停火，杜绝一切可能引起火灾和爆炸的火种，在保证安全的条件下关闭有关阀门。

对现场泄漏物，应采取覆盖、收容、稀释处理措施，防止二次污染的发生。如泄漏物为液态危险化学品，及时封闭雨水和污水排口，应采取围堤堵截或挖掘沟槽等方式收集泄漏物，修筑围堤、挖掘沟槽的地点应能保证有足够的时间在泄漏物到达之前完工，同时注意避免污染区域扩大；如泄漏物排入雨水、污水系统，应及时采取封堵措施，防止对地表水造成污染；对挥发性较强的液态污染物，应采取减低其蒸发的措施，如用雾状水、二氧化碳、沙土等物品覆盖等。

泄漏量较小时，可用沙子、吸附材料（如活性炭）、木屑等天然有机吸附剂、中和材料（如树脂、聚氨酯等）吸收中和，或用水泥固化、石灰固化等固化法处理；对大量泄漏，罐区围堰可有效收容泄漏物，将泄漏物转移至槽车或专用收集器中，厂内利用或交有资质单位处置；用干燥石灰或苏打中和可能残留的危险化学品，清洗路面的废水应引入事故应急池，处理后达标排放。

对危险化学品泄漏引起的燃烧，应采取冷却措施，使其稳定燃烧，在未切断泄漏源的情况下，严禁熄灭已稳定燃烧的火焰。切断物料且温度下降后，向稳定燃烧的火焰喷干粉，覆盖火焰，终止燃烧。危险化学品火灾事故产生的消防污水往往含有大量的污染物，应采取拦截、收集措施，将消防污水引入事故应急池，防止直接排入收纳水体。

2. 焚烧炉烟气事故处置

焚烧炉烟气事故责任区的负责人应在第一时间到达事件现场，组织应急力量开展处置工作，如关闭管道阀门、堵塞泄漏点等；现场处置组到达现场后，应穿戴防毒面罩、护目镜等安全防护用品；因作业环境空气污染，车间员工身体感觉不适的情况下，车间员工应立即撤离，现场处置组排查原因，并采取相应处置措施；经现场处置组抢修 4 h，仍不能解决烟气废气超标问题时，由现场总指挥下令停炉检修，并向相关部门报备。

烟气净化装置超标排放时，如为氯化氢等酸性气体超标，可加强吸收塔的喷淋效果；如为重金属超标，应增加活性炭的喷射量；如为烟尘超标，应及时维修更换布袋除尘器或电除尘器。

反应塔故障时，运行人员立即到位，就地检查确认报警内容并复位；人工投药剂，密切监视酸性气体排放指标、石灰浆制备系统、活性炭喷射系统、布袋除尘系统和烟气在线监视系统的运行参数，保证烟气排放达标；同时通知抢修反应塔等设备，处理好后重新恢复锅炉正常燃烧。

活性炭喷射系统故障时，如是下料斗堵塞，应通知检修人员及时疏通；如是螺旋输送机故障，应手动加活性炭，并通知检修人员抢修故障设备；如是鼓风机故障，立即启动备用风机。

布袋除尘系统故障时，若是粉尘排放浓度异常升高，确认为布袋除尘系统故障后，立即降低焚烧炉负荷，确认泄漏布袋所处仓室，并对该仓室隔离后进行在线更换布袋工作；更换完毕后恢复焚烧炉正常负荷；若是布袋除尘系统运行压差高，应检查布袋除尘系统自动清灰是否正常，检查布袋喷吹阀及压缩空气系统，排除故障，恢复正常清灰。

脱硝系统故障时，查明供氨水设备及管道的运行情况，排除故障。检查氨水储存罐量是否过低、供氨线路是否发生泄漏或堵塞、氨水喷射系统是否出现故障，及时修理后正常使用。

3. 医疗废物事故处置

若地方发现疫情，医疗废物处置企业通过与卫健部门、医疗机构、生态环境部门的联动，使用移动式医疗废物焚烧炉，就地妥善处置涉疫区域医疗废物，并对涉疫医疗废水开展环境监测；处置医疗废物过程中发生泄漏事故时，除应急救援人员以外，避免其他人员进入污染的环境，应急救援人员在安全防护状态下收集泄漏的医疗废物；用双层黄色塑料袋收取固体医疗废物，并用消毒液（1 000 mg/L 含氯消毒剂或 0.2% 过氧乙酸）喷洒、擦拭所污染的场所；对液体医疗废物，须先用双层黄色塑料袋收取大部分，再用上述消毒剂喷洒污染处，30 min 后擦拭干净；消毒工作从污染最轻区域向污染最严重区域进行，对可能被污染的所有使用过的工具也应当进行消毒。

遇到医疗废物处置设备故障，如果不影响工作，则继续运转，待当日工作量完成后，再对设备进行检修；若设备故障影响到正常运转，则应立即停车检修；若设备需要长期检修，应将医疗废物储存到专门的储存仓库；若储存库存满，则存放到暂存场所，杜绝医疗废物露天存放；所积存的医疗废物量超过企业贮存能力时，向生态环境部门申请异地暂时处置，或启动备用处置装置；经生态环境部门同意异地暂时处理后，立即组织将积存医疗废物押运、消毒、运送到临时处置企业进行处置，并填写转移联单。

四、典型案例

（一）危险废物堆场事故

云南曲靖“2·1”祥发工贸有限公司矿渣、除尘灰堆存点等处含铊污水外排导致响水河水库铊浓度超标事件：2021 年 2 月 1 日，云南省曲靖市富源县饮用水水源地响水河水库铊浓度超标。经排查，曲靖市沾益区祥发工贸有限公司于 2020 年 12 月至 2021 年 1 月从外地新购进一批铁矿石，矿石中铊含量较高；在冶炼过程中，除尘灰富集高浓度铊。企业管理粗放，矿渣、除尘灰等露天堆放，堆存点无防扬尘、防流失措施，扬尘造成污染物扩散，雨后形成高浓度含铊污水。厂区无雨污水收集处理设施，场地冲洗水、含铊雨水长期通过厂区雨水排口直接流出、排入小河水库，经鸡上河进入响水河水库，造成响水河水库铊超标。

事件发生后，企业对厂区场地进行了彻底清理，对矿石矿渣进行覆盖（如图 2-81、图 2-82 所示）。当地政府及时切换至备用水源地，事件未对当地群众用水产生影响。当地政府采取切断污染源、投药降解、调水稀释等应急处置措施（如图 2-83 所示）；截至 2 月 21 日，当地小河水库约 30 万 m^3 高浓度含铊废水全部处置完毕；3 月 4 日起，响水河水库铊浓度全面达标；3 月 5 日，曲靖市终止应急响应。

图 2-81　祥发工贸有限公司场地清理

图 2-82　矿石矿渣已覆盖

图 2-83　在小河水库坝下投放药剂

江西萍乡“8·1”两企业含铊污水外排导致赣湘两省交界区域渌江河铊浓度超标事件：2018 年 8 月 1 日，江西省萍乡市萍乡萍钢安源钢铁有限公司（以下简称“萍安钢”）和萍乡宝海锌营养科技有限公司（以下简称“宝海公司”）含铊物料、废水外排，导致下游湖南省渌江河三刀石饮用水水源地铊浓度超标（如图 2-84、图 2-85 所示）。8 月 12 日，两厂区全部停产整治。

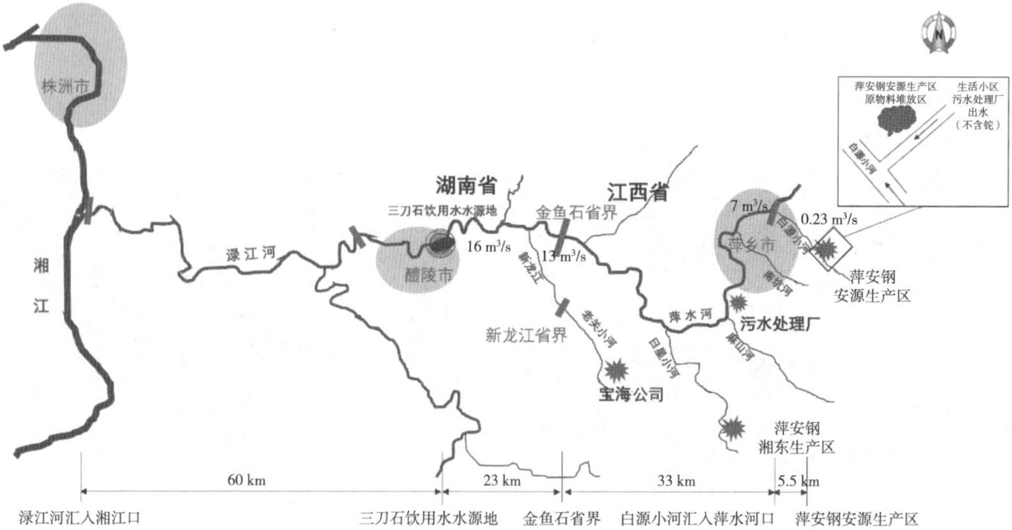

图 2-84　含铊污水泄漏路径示意

图 2-85　萍安钢安源生产区瓦斯灰堆场泄漏路径示意

事件调查发现，瓦斯灰为钢铁厂布袋除尘灰，在江西省按危险废物管理，但萍安钢含铊瓦斯灰未按照危险废物管理要求堆存。自 6 月 25 日起，萍安钢安源生产区在穿厂而过的生活污水明渠旁，随意堆存瓦斯灰总计约 2 089 t，临时堆存场所未采取防流失、防渗漏等措施，未建雨污分流系统；受 6 月 24 日暴雨、7 月 11 日大雨、地面冲洗水冲刷，部分瓦斯灰进入生活污水明渠，排入厂外白源小河，汇入萍水河。白源小河铊通量占 82%。

萍安钢湘东生产区未建完善的雨污分流系统。6 月 22 日以来，将 2 461 t 瓦斯灰擅自露天堆存在阳干货场，堆场除采取简易的苫盖外，未采取防渗漏、防雨水冲刷流失等其他环境污染防治措施。存在地面冲洗废水、原料及废渣淋溶水随雨水等地表径流外排入日星小河的情况。日星小河铊通量占 4%。工作组调查萍安钢湘东生产区原料及危险废物堆场情况如图 2-86 所示。

图 2-86　工作组调查萍安钢湘东生产区原料及危险废物堆场情况

宝海公司堆场未按环评要求对危险废物储存库地面及表面采取防渗、防腐处理措施。危险废物储存场、生产车间、锅炉软水池、车辆等冲洗废水中铊污染物浓度高，厂区降尘中存在含铊物质。企业于2010年建成雨污分流系统，但共用一个收集渠道。收集初期雨水后，会将厂区内含铊废水排入老关小河，随后汇入新龙江，继而进入渌江。新龙江铊通量占14%。

当地政府组织企业采取断源措施，厂内生活污水改道绕过堆场，在污染河道上游实施了清水引流措施，在污染河段下游实施筑坝拦污，在拦截坝前建设活性炭吸附坝，坝后河床铺撒活性炭，对铊进行吸附。

2020年1月，由民间环保组织提起的环境公益诉讼得到宣判。两企业因固废管理不善导致跨省铊污染，一审判罚超1 900万元。法院判定，两被告的行为导致铊浓度超标事件的发生，应当承担相关责任，至于两被告主观上是否具有过错、江西省是否制定了铊元素的工业排放标准等，不影响两被告责任的承担。判决中，法院综合两被告的排放通量、历史铊排放量对河流中铊浓度的影响等因素，认定被告萍安钢对本次铊浓度超标事件所造成的损害后果承担责任的比例为85%、宝海公司承担责任的比例为15%。

湖南娄底“10・31”含砷废渣外排导致青丰河砷超标事件：2013年10月，娄底冷水江市锡矿石建安公司在施工过程中，将鼓风炉车间焙烧炉冷却水管挖破，涌出冷却水与地面长期采矿遗留的含砷废渣混合溶解，形成高浓度含砷水，流入青丰河。10月31日，冷水江市矿山乡洞下村18名群众饮用井水后，11人出现砷中毒现象。监测显示，青丰河水体砷浓度超标291～1 200倍。事发后，冷水江市全力救治中毒群众，对沿线所有水井进行管控警示，构筑截污坝，投放石灰、净水剂等物资，降低砷浓度。11月3日0时起，青丰河水质已恢复至事发前水平，青丰河入资江口断面砷浓度稳定达标，新化县自来水取水口水质正常。

（二）危险废物暂存库事故

新疆生产建设兵团十一师“5・25”新疆金派环保有限公司危险废物库房火灾事故：2019年5月25日7时许，新疆生产建设兵团十一师新型建材工业园区新疆金派环保有限公司4号危险废物库房发生火灾事故。26日上午，明火被扑灭。危险废物库内存有废机油、废弃农药精馏残渣等危险废物，产生的300 t消防污水全部进入企业事故应急池，未外排。

江苏响水“3・21”天嘉宜化工有限公司硝化废料仓库特别重大爆炸事故：2019年3月21日14时48分，位于江苏省盐城市响水县陈家港化工园区的天嘉宜化工有限公司（以下简称“天嘉宜公司”）长期违法贮存的硝化废料因持续积热升温导致自燃，燃烧引发硝化废料爆炸，造成 78 人死亡、76 人重伤、640 人住院治疗，直接经济损失达 19.86 亿元。爆炸核心区受到破坏的厂房、产生的爆炸大坑分别如图 2-87、图 2-88 所示。爆炸导致事故点下风向空气中二氧化硫、氮氧化物浓度超标，27 日 18 时起持续稳定达标。经妥善处置，事故污水全部被封堵在闸坝内，未外排进入灌河。

图 2-87 爆炸核心区受到破坏的厂房

图 2-88 爆炸核心区产生的爆炸大坑

事故发生后，当地政府第一时间对园区内 3 条入灌河河道闸门进行封堵，通过在闸门两侧筑坝的方式，将事故区域水系与灌河隔绝，形成第一道防线。在园区河道内构筑多级土坝，实施污水分区隔离，形成第二道防线，防止封堵的高浓度污水扩散。在事故处置阶段，为防范强降雨可能造成园区内河道污水外溢，沿化工园区核心区和爆炸区域分别垒建两道围堰，形成大小包围圈，形成第三道、第四道防线。封堵完毕后，对爆炸大坑废水、受污染河水，采用消防泵远距离输送至园区污水处理厂进行分类处理。

事故调查表明，此次事故“是一起长期违法贮存危险废物导致自燃，进而引发爆炸的特别重大生产安全责任事故”。事故调查组认定贮存在旧固废库内的硝化废料属于危险废物。硝化废料的贮存时间越长，越容易发生自燃。天嘉宜公司旧固废库内贮存的硝化废料最长贮存时间超过 7 年。在堆垛紧密、通风不良的情况下，长期堆积的硝化废料内部因热量累积，温度不断升高，当上升至自燃温度时发生自燃，火势迅速蔓延至整个堆垛，堆垛表面快速燃烧，内部温度快速升高，硝化废料剧烈分解、发生爆炸，同时殉爆库房内的所有硝化废料，共计约 600 吨袋（1 吨袋可装约 1 t 货物）。事故调查组进一步认定，天嘉宜公司刻意瞒报、违法贮存、违法处置硝化废料，固废仓库等工程未批先建，是事故发生的主要原因。

刻意瞒报硝化废料：擅自改变硝化车间废水处置工艺，通过加装冷却釜冷凝析出废水中的硝化废料；在明知硝化废料具有可燃性、爆炸性、毒性等危险特性情况下，始终未向生态环境部门申报登记，将硝化废料称为“黄料”，甚至通过在旧固废库内硝化废料堆垛前摆放“硝化半成品”牌子、在硝化废料吨袋上贴“硝化粗品”标签的方式刻意隐瞒欺骗。

长期违法贮存硝化废料：天嘉宜公司苯二胺项目硝化工段投产以来，没有按照《国家危险废物名录》和《危险废物鉴别标准》对硝化废料进行鉴别、认定，没有按危险废物要求进行管理，而是将大量的硝化废料长期存放于不具备贮存条件的煤棚、固废仓库等场所，超时贮存问题严重，最长贮存时间甚至超过7年，严重违反《中华人民共和国安全生产法》第三十六条、《中华人民共和国固体废物污染环境防治法》第五十八条、环境保护部和卫生部联合下发的《关于进一步加强危险废物和医疗废物监管工作的意见》中关于贮存危险废物不得超过1年的有关规定。

天嘉宜公司自2011年投产以来，为节省处置费用，对固体废物基本都以偷埋、焚烧、隐瞒堆积等违法方式自行处理，仅于2018年年底请固体废物处置公司处置了两批约480 t硝化废料和污泥；企业焚烧炉在2016年8月建成后未经验收，长期违法运行。

安徽宿州“5·11”人立环保科技有限公司危险废物暂存仓库火灾事故：2017年5月11日3时20分，位于安徽省宿州市萧县的人立环保科技有限公司危险废物暂存仓库起火，仓库存放约1 100 t合成革企业精馏残渣和约200 t废有机溶剂。5月12日4时许，明火被扑灭，事故未造成人员伤亡，事发地周边无饮用水水源。灭火过程中产生的消防污水全部收集入萧县皮革工业园区污水处理厂及厂区雨水管网内，未进入外环境。监测结果显示，5月11日13时，厂外下风向空气中苯、硫化氢、甲醛、二氧化硫、挥发性有机物等特征污染物均未超标。

（三）危险废物非法倾倒事件

山东东营“4·4”废弃院落内危险废物倾倒事件：2021年4月4日7时26分，山东省东营市河口区六合街道辖区一废弃院落内发生非法倾倒化工废液事件，现场停放一危化品运输罐车。事件造成2人死亡，其中1人为车辆驾驶员、1人为车辆押运员。化工废液倾倒在面积约120 m^2的水泥池内，成分有乙醇、丙醇、乙酸甲酯、乙酸乙酯、二氯乙烷、异丁酸甲酯、3-氯吡啶、甲硫醇、硫化氢等。在专家指导下，连夜将水泥池内122 t化工废液及114 t污泥进行清理，全部运送至东营港工业固体废物处置中心进行无害化处置。水泥池底部用石灰和锯末等进行清理。对倾倒点水泥池及周边开展应急监测，监测结果显示有害气体未检出。

山东东营“5·30”油地融合产业园区危险废物倾倒事件：2020年5月30日晚，在山东省东营市东营区油地融合产业园区，3名涉案人员将2辆罐车共计约60 m^3化工废液从山东沾化普润药业有限公司转运至东营，倾倒在园区路边沟渠，涉案人员当场死亡。倾倒物为废溶剂，一个罐内主要成分为丙酮，另一个罐内主要成分为苯、甲苯、二甲苯等。事发后，沟渠两端被封堵，被污染水体约 700 m^3。6 月 1 日，废液清理完毕，当地委托东营德祐环保科技有限公司按照危险废物管理规范进行处置，山东省环科院制定土壤修复方案、开展土壤修复工作。

陕西延安“5·27”北洛河富县段非法转移倾倒石油钻井废液事件：2019 年 5 月 27 日 9 时 45 分，在北洛河十五里铺段发现河水变黑，呈棕黑色，黑色水体总长约 6 km，污染物已融入水体。经取样检测，发现石油类超标。经查，该起事件是人为倾倒所致，周某某等 3 人于 5 月 26 日夜间至 27 日凌晨驾驶罐车，先后两次将富县采油厂石油钻井废液约 70 t 运输至富县杨家湾大桥处排入北洛河，致使北洛河富县、洛川部分河段水体污染。在事发地富县，开采和加工油类的产业是主导产业，油类污染风险相对高。2019 年 4 月曾经发生类似的油类污染，短短的 1 个多月后再次发生，而且在初期排查过程中，企业环境安全意识不高，放纵或默许了违法倾倒行为并存有侥幸心理，没有主动自查和交代；跨越河流的桥梁等重点部位没有视频监控设施等，导致事件原因排查初期遇到困难。通过对比石油钻井废液查找污染源（如图 2-89 所示），对比一致（如图 2-90 所示）。钻井废液分为水基泥浆和油基泥浆，其中油基泥浆是危险废物。企业应依法处置钻井废液，防止非法倾倒，委托其他单位处置的钻井废液应全部视作危险废物进行全过程监管，否则不准出厂。

图 2-89　通过对比石油钻井废液查找污染源

图 2-90　石油钻井废液对比一致

河南南阳“1·17”非法转移倾倒危险废物威胁丹江口水库水质安全事件：2018 年 1 月 17 日，群众举报称有人向河南省南阳市西峡县西坪镇下营村河道内倾倒不明化学物质，造成约 8 km 河道呈乳白色、有刺激性气味，导致河南省淇河受到污染，危及丹江口水库水质安全。当地公安部门第一时间对倾倒废弃物主要涉案嫌疑人潘某和王某进行刑事拘留，查明危险废物为山西省绛县天龙农科贸有限公司生产甲基亚磷酸二乙脂（农药中间体）的废弃原料，共计约 31 t，主要成分为三氯化磷、铝粉、氯甲烷、乙醇、氯化钠和液氨。1 月 18 日，西峡县公安、环保人员赶赴山西绛县，会同当地有关部门控制了涉事企业负责人。

经查，山西省绛县天龙农科贸有限公司存在非法转移生产废弃物的行为。1 月 16 日，潘某承诺把企业废弃残渣（四氯铝酸钠盐）疑似危险废物送到河南某水泥企业做添加剂，拉走了 31 t 残渣，并从天龙农科贸有限公司法人靳某处获得了 1.8 万元费用。1 月 17 日 0 时，潘某雇佣铲车司机王某将疑似危险废物倾倒至西峡县西坪镇下营村河道内，造成河道污染。当地政府启动处罚和追责程序，对企业进行了关闭、查封。同时，将封存涉事企业厂区内疑似危险废物交由有处理资质的单位进行妥善处置。

当地政府采取关闭电站闸坝、筑坝拦蓄、分流稀释等应急处置措施。在上河电站坝下 800 m 处河道狭窄处建设围堰，形成临时应急池。电站有两个分水通道，利用泄洪渠把污水引入应急池，再利用引水渠引流清水，在电站坝下 1 km 处实现清污配比、稀释排放。同时，围堰预留两个引流钢管，一高一低，一大一小，流量不同。可根据坝前水位和上游清水来量控制污水排放量。

河北无极“6・16”工业废液倾倒导致 5 人中毒死亡事件: 2017 年 6 月 16 日 5 时许，河北省石家庄市无极县牛辛庄村南滹沱河河套边上的采砂坑里，5 名村民在倾倒 2 个罐车的化工厂废液时中毒死亡，事故中中毒的另外 2 名伤者后来脱离生命危险。废液未进入水体，判断为废盐酸和废次氯酸，倾倒过程中产生有毒气体氯化氢。事故发生后，当地政府立即封锁现场，疏散周边群众。由消防大队对现场 2 个罐车进行清理，防止有毒气体扩散，涉事的 2 辆罐车就近转移至当地的化工企业。经调查，涉事罐车内的废液分别来源于石家庄市藁城区河北佳诚化工有限公司（以下简称“佳诚化工”）和石家庄市新乐市华达化工有限公司（以下简称“华达化工”）。公安部门抓捕佳诚化工法定代表人、总经理，华达化工总经理等相关企业涉案人员共计 11 人。事件应急期间，对采砂坑废液采取沙土和防水膜两层覆盖以防止挥发有毒气体，在周边修筑围堰以防止降水影响。事发点南侧的滹沱河常年断流，事发地点周边无饮用水水源地和地表水。

山东省连续发生跨省倾倒四氯化硅废液事件: 2011 年，山东省菏泽、聊城、泰安、东营等地相继发生外省多晶硅生产企业跨省倾倒四氯化硅废液事件。污染主体有河南省洛阳市中硅高科有限公司、江苏省徐州市中能硅业科技发展有限公司、河南省济源市中博新能源集团。以上企业雇用人员用罐车将制作硅材料的废液（主要成分为四氯化硅）偷运至山东省境内偏僻的乡镇农村，加水稀释后慢慢排入坑塘、河流、沟渠，严重污染周边环境，给群众生产生活和社会稳定带来了严重影响。

一是河南省洛阳市中硅高科有限公司向山东省菏泽鄄城县境内倾倒四氯化硅废液

事件。2011 年 6 月，河南省洛阳市中硅高科有限公司多次向鄄城县 3 个乡镇偏僻的水塘、沟渠偷倒四氯化硅废液约 240 t，对当地环境造成严重污染。偷运人员被菏泽市鄄城县警方抓获，当地环境保护部门采取措施治理污染。8 月 17 日，菏泽市政府和洛阳市政府达成协议，由河南省洛阳市中硅高科有限公司向山东省菏泽市鄄城县政府一次性赔偿污染损失 1 500 万元，事发地的污染问题由鄄城县政府负责处理。

二是江苏省徐州市中能硅业科技发展有限公司向山东省菏泽市单县境内倾倒四氯化硅废液事件。2011 年 3 月底，江苏省徐州市中能硅业科技发展有限公司将四氯化硅废液偷运至单县境内乡镇偏僻处，趁夜间排入水塘及沟渠内，共有 100 多罐，约 4 000 t，分别倾倒至 9 个乡镇 14 处坑塘、河流、沟渠，对当地环境造成严重危害，受污染水体面积达 4 万 m^2，造成 1 万多棵树木死亡、几百亩小麦减产或绝产。经两地政府协调，由中能硅业科技发展有限公司一次性赔偿单县污染损失 6 600 万元；由单县人民政府全权负责对农民的补偿、对现存地面污染物的治理和生态修复等工作；现场遗留的 6 罐废液由徐州方面委派技术人员现场指导、运回徐州处理。

三是河南省济源市中博新能源集团向山东省聊城市阳谷县境内倾倒四氯化硅废液事件。2011 年 1 月 15 日，山东省聊城市阳谷县公安部门在十五里元镇金堤河查扣一辆偷倒化工废液的罐车，罐内仍有部分四氯化硅废液。经公安部门侦查，确认该化工废液来自河南省济源市中博新能源集团；自 2011 年 1 月 3 日起，该企业利用罐车向阳谷县境内倾倒四氯化硅废液 5 车，约 230 t，造成阳谷县金堤河及小运河流域水体功能丧失，部分农作物减产或绝产，对当地环境造成严重污染。事件发生后，当地环境保护部门积极采取措施，治理污染。两地政府就赔偿问题展开协商。

安徽亳州“12・3”跨省非法倾倒危险废物事件：2009 年 12 月 3 日和 7 日，安徽省亳州市涡阳县、利辛县境内相继发生较大规模跨省非法转移倾倒危险废物事件。共发现危险废物 1 047 桶，其中涡阳县发现 291 桶，利辛县发现 756 桶。化工废液污染了事发地附近的土壤，未进入涡楚河造成水体污染，危险废物均来自浙江省东阳市的横店集团普洛得邦制药有限公司。涡阳县政府将 291 桶（群众反映卸车时被收废品拉走的 4 桶危险废物，经公安部门查实追回）危险废物和 100 余袋受污染的土壤装车送到滁州超越废物处理中心，进行无害化处理。利辛县政府也组织对现场实施清理工作。企业当地环境保护部门责令该公司相关生产线停止生产，并罚款 25 万元。经相关政府协商，由普洛得邦制药有限公司赔偿 220 万元。公安部门对运输危险废物的货车司机、两地参与非法倾倒危险废物的相关责任人进行行政拘留。

湖南娄底“6・15”五矿（湖南）铁合金有限责任公司异地非法倾倒铬渣事件：2009 年 6 月 15 日，湖南省娄底市双峰县梓门桥镇檀山坝村村民向当地环保局反映其饮用井水受邻居填坑所用废渣污染，其子因饮用井水身患重病，请求调查处理。据湘乡市政府调查，发现2008—2009年，从位于湘乡市的五矿（湖南）铁合金有限责任公司非法转移含铬废渣共计约1.4万t，运往湘潭地区约0.7万t，双峰县境内约0.7万t。厂内存放约2万t。双峰县梓门桥镇檀山坝村7口水井（涉及240人）和五矿（湖南）铁合金有限责任公司厂区由于长期堆存铬渣，地下水已受到严重污染。事件发生后，公安部门对8名非法转移者进行刑事拘留；非法转移的约1.4万t含铬废渣除用于烧砖外全部追回；安排中毒人员前往湘雅附二医院进行治疗，并对患者予以经济支持；对可能受到污染的水井设置警示标志，告知暂停汲水使用，对受污染的农户提供安全饮用水，确保当地社会稳定。

第十五节　放射源

一、存在的环境安全隐患

企业涉及的辐射事故通常包括：放射性物质丢失、被盗、失控事故；射线装置运行失控导致人员超剂量受照事故；核技术利用中发生的辐射事故；放射性废物处理、处置设施发生的辐射事故；伴生矿开发利用中发生的环境辐射事故；放射性物质运输中发生的事故；各种灾害引发的次生辐射事故；其他可能出现的辐射事故。

一般辐射事故指四类、五类放射源丢失、被盗、失控，或者放射性同位素和射线装置失控导致人员受到超过年剂量限值的照射。

较大辐射事故指三类放射源丢失、被盗、失控，或者放射性同位素和射线装置失控导致9人以下（含9人）急性重度放射病、局部器官残疾。

重大辐射事故指一类、二类放射源丢失、被盗、失控，或者放射性同位素和射线装置失控导致2人以下（含2人）急性死亡或者10人以上（含10人）急性重度放射病、局部器官残疾。

特别重大辐射事故指一类、二类放射源丢失、被盗、失控，造成大范围严重辐射污染后果或者放射性同位素和射线装置失控导致3人以上（含3人）急性死亡。

辐射对人体的伤害总的来说可以分为内照射和外照射。内照射是放射性物质随着呼吸的空气或摄入的食品进入人体后形成的持续性辐射，这种照射只随着放射性物质的自然衰变或者人体代谢而减轻，专业医学处理可能加快代谢的速度；外照射是放射性物质在体外（如空气中，地面或建筑物表面，皮肤、衣物表面）对人体造成的照射，当人员离开受污染的环境或者对放射性物质进行洗消，这种照射就会停止。

二、环境安全隐患治理

（一）做好放射源收贮安全

涉放射源企业放射性同位素和射线装置要全部落实许可证管理要求，各类废旧放射源要及时得到收贮，确保公众和环境安全；在各门岗严格按照企业管理制度检查进出车辆和人员，对运输放射源的车辆和人员进行出入厂登记，杜绝外来人员的破坏和偷盗，确保放射源在厂区的安全；对放射源暂存库，按规定实施严密的安保措施；放射源库按规范进行设计和建设，实行双人双锁管理，24 h有人值班，仓库门口安装红外报警仪，开通现场视频信号，使放射源库完全具备防火、防水、防盗、防丢失、防破坏、防射线泄漏的安全功能；放射源库实行严格的出入库登记制度，实行专人管理，加强巡检，确保万无一失。

（二）建立健全辐射安全管理制度

涉放射源企业必须加强守法意识，明确安全责任，完善内部管理，严格按照相关法规标准要求开展作业；企业要与具有辐射安全许可资质的单位签订放射保运合同，建立巡检制度和记录，按要求对放射源进行日常检查和维护，维护保运单位定期检测校验，现场标识、标志清楚；对企业派出人员进行辐射安全培训，人员取得放射工作人员资格证后，才可对放射源进行日常管理。

（三）确保人员辐射安全

操作室有电脑跟踪显示，一旦发生故障或被盗，会发出报警，维护人员马上到现场处理，发现问题立即处理；在装置发生异常紧急情况时，立即关闭放射源；在装置检修时，将放射源关闭并经职业卫生检测合格，或将放射源拆卸后送放射源暂存库存放，确保检修安全；每年委托职业病防治院对所有放射源进行职业卫生检测，确保放射源处于安全状态；放射工作人员佩戴个人剂量计，定期体检；应加大核与辐射知识的科普宣传，增强公众对放射源的了解，提高辐射安全和防护意识。

（四）加强放射源环境安全监管

监管部门应进一步加强辐射事故环境安全监管，分析涉放射源企业所在地自然灾害分布及其变化情况，将地震、洪水、台风作为评估重点，核查涉放射源企业的抗震设防标准、洪水设防标准、台风设防标准等主要自然灾害设防标准要求执行情况，评估地震、洪水、台风自然灾害分布变化后涉放射源企业设防达标情况及次生事故隐患等级，及时进行环境安全隐患治理；强化放射源异地使用备案管理，加大执法检查力度，在移动放射源异地首次作业时，应进行现场检查，核实相关信息，督促企业做好辐射安全工作。

三、事故应急处置措施

（一）迅速控制事故

发生放射性设备损坏（泄漏）事故后，立即切断电源，停止生产；疏散事故现场与事故处置无关的人员；对事故区域进行封锁，专人看护，禁止无关人员进入；现场辐射工作人员用仪器测量现场辐射强度和影响范围，根据测量结果划定事故警戒区域；设备室仪表作业区组织专业人员，经安全和技术交底后，穿戴好辐射防护服，实施处理方案；在事故处理过程中，辐射工作人员记录现场辐射强度、事故处理人员信息；设备修复、泄漏源得到控制，现场辐射强度达到安全水平，解除封锁，恢复生产。

发生放射源丢失事故后，立即组织专业力量、装备和物资等查找放射源，缓解并控制事故，将放射源交由有资质单位进行处置，防止或减少放射性物质向环境的释放；采取阻断、覆盖、隔离、过滤、清洗、封闭、中和、稀释、转移等措施处置污染物、清理事件现场，防止环境污染范围扩大，避免产生二次污染；为防止放射性物质的扩散，污染区域的任何人员、车辆和物品只有经过辐射检测，表明其污染程度低于规定的控制限值时才允许离开现场或携出；受到放射性物质污染的人员、车辆和物品检测前应在现场指定区域洗消去污；放射性污染物由专业机构进行处置，任何人不得私自处置污染物；污染现场未达到安全水平之前，不得解除封锁，将事故的后果和影响控制在最低限度；丢失、被盗放射源被熔炼或加工成金属制品时，应设法追回被放射性物质污染的成品或半成品。

（二）辐射监测和后果评价

在事故现场和受影响地区开展放射性监测以及人员受照剂量监测等。对疑似污染物进行辐射检测，及时上报相关数据；对放射污染区域从外围到中心逐步进行辐射监测，开展事故工况诊断和释放源项分析，研判事故发展趋势，评价辐射后果，确定受污染范围；放射性污染物得到妥善处置后，对现场及周边环境辐射水平进行监测，确保辐射水平低于规定的控制限值；对找回的丢失、被盗放射源进行泄漏检测，掌握放射源安全现状，并妥善保存放射源；严格执行应急人员出入事发现场的相关程序，做好剂量监测工作，建立应急人员的健康管理档案，实施健康监护；适时开展气象、水文、地质、地震等观（监）测预报；收集可供估算人员受照剂量的生物样品和物品，对受到或可能受到照射的人员进行辐射剂量估算。

（三）实施应急防护

当事故已经或可能导致放射性同位素释放，由专业组织及时安排一定区域内公众服用稳定碘，以减少甲状腺的受照剂量。适时组织受辐射影响地区人员采取隐蔽、撤离、临时避迁或永久迁出等应急防护措施，避免或减少受到辐射损伤。及时开展心理援助，抚慰社会公众情绪，减轻社会恐慌。

实施去污洗消和医疗救治。由专业人员去除或降低人员、设备、场所、环境等的放射性污染；组织核应急医学救援力量实施医学诊断、分类，开展医疗救治，包括现场紧急救治、地方医院救治和后方专业救治等。

根据不同类型放射性事件特点，为应急工作人员配备相应的专业防护设备，在确保自身安全的情况下，实施救援工作。要选择对事件现场比较熟悉、经过培训且操作比较熟练的人员作为现场应急人员；一切人员在进入现场前要明确职责，在安全防护上必须服从指挥和命令；尽量缩短应急人员在事故现场的时间，尽量保持与放射源的最大距离；应急人员应采取安全可靠的防护措施，尽可能减少内、外照射和表面污染，应急人员所受到的照射不应超过职业照射的最大单一年剂量限值（50 mSv）；应急人员的工作应是自愿的，应事先将采取行动所面临的健康危险清楚而全面地告知工作人员，并就需要采取的行动对工作人员进行特殊培训；选择剂量监测仪表时要注意其所能测定的辐射类型和量程范围，处理事件时最好使用个人剂量报警仪；与丢失、被盗放射性同位素密切接触的人员应及时送到专业机构进行受照剂量估算。

（四）确保社会稳定

加强市场监管与调控。针对受事故影响地区市场供应及公众心理状况，及时进行重要生活必需品的市场监管和调控；禁止或限制受污染食品和饮用水的生产、加工、流通和食用，避免或减少放射性物质摄入。

维护社会治安。强化放射源事故现场等重要场所的警戒保卫，在现场周围设立警戒区、设置明显的放射性标志或者显示危险信号，及时疏散非应急处置人员，根据需要做好周边地区交通管制等工作；在群众安置点、抢险救援物资存放点等重点地区，增设临时警务站，加强治安巡逻。

发布权威准确信息。涉放射源企业配合政府适时向社会发布准确、权威信息，及时将核事故状态、影响，社会公众应注意的事项和需要个人进行防护的措施告知公众，确保信息公开、透明；严厉打击借机传播谣言、制造恐慌等违法犯罪行为。

四、典型案例

江苏南京“5·7”放射源丢失事故：2014 年 5 月 7 日，天津宏迪工程检测发展有限公司员工苏某等 3 人在为江苏南京化学工业园区中石化第五建设有限公司提供移动伽马射线探伤作业服务过程中，由于错误操作导致Ⅱ类放射源（铱 -192）丢失，造成重大辐射事故。

天津宏迪工程检测发展有限公司承接了南京化学工业园区中石化第五建设有限公司的化工管道焊接工程探伤工作，该公司南京项目部口头聘用无资质临时人员苏某等 3 人从事移动伽马射线探伤作业。3 人于 2014 年 5 月 7 日凌晨 3 时工作结束时，发现探伤机异常，不能正常拆卸，遂强行野蛮拆卸、带回项目部，用辐射报警仪检测有辐射剂量，误认为放射源在机器内。5 月 8 日 19 时探伤机生产厂家来人检查设备时发现放射源丢失。公司搜寻未果，23 时左右向公安部门报告，9 日凌晨 1 时向环境保护部门报告。

由于野蛮操作，放射源脱落，实际已于 5 月 7 日凌晨遗失在工作现场。5 月 8 日被厂内清洁工王某捡拾，放入衣兜内带回家中（距离事发现场 2 km），放在家中金属杂物堆内。在事故调查过程中，王某未向调查部门如实反映情况。5 月 10 日 6 时，王某迫于压力和恐惧，将放射源用塑料袋包裹，扔到村外小水沟边的杂草丛里。

环境保护部门重点负责事故现场调查，并展开现场搜索行动，初步摸清了放射源丢失的原因，判断放射源的可能去向，对放射源可能到达和经过的场所与路线进行了多轮严密的搜索和排查；公安部门负责对事故现场进行控制，对事发时可能在现场的 100 余名人员进行逐一调查和控制，对关键人员进行控制并询问，对住所进行搜查；卫生部门负责对上述人员进行血常规检查和流行病学调查，密切关注是否有近距离接触放射源、受到放射性照射的症状。同时，通知南京地区相关医疗机构，在门急诊及时发现可能受到辐射照射的就诊患者。

5 月 9 日，应急力量对现场及周边 2 km 范围内主要道路及可疑场所进行了多轮严密监测搜寻。5 月 10 日，进一步实施 6 km 范围内的监测搜寻，发现数据异常，确定了放射源大致位置，并最终锁定在长满杂草的 2 m^2 区域内。经放射性核素监测，判定为丢失的铱 -192 放射源。

综合考虑天气、时间、周边居民安全等因素，10 名突击队员做好防护，严格控制受照时间和剂量，依次进入，轮流处置，将丢失的放射源安全回收至专用铅罐内，转运至江苏省城市放射性废物库暂存，最终使事故得到有效控制。随后开展事故后期调查、监测、医疗救治等工作，并对周围群众进行受照剂量检测及心理疏导。

苏某、杨某、李某均未经过辐射安全与防护知识教育培训和考核，不了解基本的辐射安全知识，不熟悉探伤机，发生故障时不按规定操作，强行拆卸放射源前导管，导致放射源脱落在工作现场。此外，工作结束时未按要求对探伤机进行表面辐射水平监测以确认放射源是否在探伤机内。回去发现异常后，虽然进行了监测，但是不了解探伤机壳体内含贫化铀，本身具有天然放射性，错误认为只要有辐射剂量，放射源就在探伤机中。因此，该公司未能发现放射源丢失，导致本可以找回的放射源被王某捡拾带走。

事故导致Ⅱ类放射源丢失，王某受到超剂量照射，单侧下肢致残。天津宏迪工程检测发展有限公司被行政处罚 20 万元，辐射安全许可证被天津市环保局吊销，并一次性赔偿受害者 110 万元。

参考文献

邴永鑫，卓琼芳，黄大伟，等，2021. 某尾矿库泄漏次生突发水环境锑污染事件的应急处置 [J]. 环境工程学报，15(9): 2889-2895.

陈海洋，滕彦国，王金生，等，2011. 基于 NMF 与 CMB 耦合应用的水体污染源解析方法 [J]. 环境科学学报，31(2): 316-321.

陈明，2009. 如何应对重大自然灾害期间的环境风险 [J]. 环境保护，5A: 43-49.

陈明，2010. 美国环境应急体系的特点与启示 [J]. 环境保护，14: 64-66.

陈明，陈坚，2008. 21 天环境抢险——广西华银铝业有限公司污染环境事件案例透析 [J]. 中国应急管理，10: 53-55.

陈明，陈少华，许宜平，等，2004. 利用厌氧滤池 - 膜生物反应器工艺处理垃圾渗滤液不同工艺段中有机氯农药残留分析 [J]. 环境化学，23(4): 451-454.

陈明，黄海保，王金生，2011. 加强环境监管　确保环境安全——多起异地非法倾倒危险废物事件的启示 [J]. 环境保护，21: 52-54.

陈明，李巍，2009. 广西“8・26”广维集团爆炸事件案例分析 [J]. 中国应急管理，1: 52-53.

陈明，任仁，王子健，等，2006. 石油化工行业废水中有机氯农药残留分析 [J]. 环境科学与管理，31(5): 164-167.

陈明，任仁，王子健，等，2007. 北京工业废水和城市污水环境激素污染状况调查 [J]. 环境科学研究，20(6): 1-7.

陈明，王道尚，张丙珍，2010. 砷污染次生突发环境事件解析 [J]. 中国应急管理，4: 45-50.

陈明，王新建，2010. 加强汛期环境应急　扼守环境安全底线 [J]. 环境保护，13: 8-9.

陈善荣，黄海保，陈明，2007. 南宁市“9・14”甲醛储罐泄漏污染事件案例分析 [J]. 中国应急管理，12: 48-51.

陈思莉，张胜，潘睿，等，2021. 危化品道路运输次生突发环境事件特征分析及防范对策 [J]. 环境工程学报，15(10): 3193-3198.

范娟，陈明，2009. 环保消防联动　推动我国应急管理新发展 [J]. 环境保护，2A: 27-30.

冯晓波，陈明，2007. 吉林成功处置“8・21”牤牛河水污染事件 [J]. 中国应急管理，8: 41-43.

郭明富，栗源，等，2016. 企业安全文化体系构建的探讨与实践 [J]. 安全、健康和环境，(1): 46-49.

郭振仁，张剑鸣，李文禧，等，2006. 突发性环境污染事故防范与应急 [M]. 北京：中国环境科学出版社 .

国家环境保护总局环境监察局，2007. 环境应急响应实用手册 [M]. 北京：中国环境科学出版社 .

虢清伟，邴永鑫，陈思莉，等，2021. 我国突发环境事件演变态势、应对经验及防控建议 [J]. 环境工程学报，15(7): 2223-2232.

胡二邦，2000. 环境风险评价实用技术和方法 [M]. 北京：中国环境科学出版社 .

环境保护部环境保护对外合作中心，2012. 健康、安全与环境管理体系（HSE）及其在中国的应用研究项目报告 [R].

环境保护部环境应急指挥领导小组办公室，2011. 环境应急管理概论 [M]. 北京：中国环境科学出版社 .

环境保护部环境应急指挥领导小组办公室，2011. 突发环境事件典型案例选编（第一辑）[M]. 北京：中国环境科学出版社 .

环境保护部环境应急指挥领导小组办公室，2014. 突发环境事件典型案例选编（第二辑）[M]. 北京：中国环境出版社 .

黄大伟，郑文丽，冯立师，等，2021. 突发水环境重金属污染事件溯源方法与应用案例 [J]. 环境工程学报，15(7): 2239-2244.

李旭，吕佳佩，裴莹莹，等，2021. 国内突发环境事件特征分析 [J]. 环境工程技术学报，11(2): 401-408.

刘晓星，2016. 全力保障嘉陵江沿线群众饮水安全：甘肃陇星锑业有限公司尾砂泄漏重大突发环境事件应急综述 [N]. 中国环境报，02-16(1).

山西省生态环境厅，2020. 山西省化工企业水环境风险防控体系建设技术指南（试行）[Z].

生态环境部，2022. 重特大及敏感突发环境事件应急响应工作手册（修订版）[Z].

王亚变，刘佳，周婷，等，2019. 环境应急管理理论与实践 [M]. 北京：中国石化出版社 .

韦正峥，金笛，邢晶晶，等，2016. 天津港“8・12”爆炸事故后续处理中的环境与健康问题 [J]. 环境与健康杂志，33(10): 938-939.

魏进，袁思宇，李冰，等，2017. 化工园区有毒有害气体预警体系建设研究 [J]. 污染防治技术，30(2): 92-95.

袁鹏，彭剑峰，田智勇，等，2013. 加强企业环境风险防范　积极应对突发环境事件：山西长治苯胺泄漏事件的启示 [J]. 环境保护，41(5): 53-55.

张政科，虢清伟，潘超逸，等，2021. 陕西省留坝县“4・24”粗酚泄漏突发环境事件的应急处置分析 [J]. 环境工程学报，15(8): 2547-2554.

张智，2020. 消防救援队伍参加尾矿库泄漏事故处置探讨 [J]. 消防科学与技术，39(11): 1589-1592.

浙江省应急管理厅，浙江省生态环境厅，2022. 关于加强工业企业环保设施安全生产工作的指导意见 [Z].

Li J, Chen M, Wang Z J, et al. , 2011. Analysis of environmental endocrine disrupting activities in wastewater treatment plant effluents using recombinant yeast assays incorporated with exogenous metabolic activation system[J]. Biomedical and Environmental Sciences, 24(2): 132-139.

附 件

附件一　常见应急救援器材和物资配置

序号	类别	物资装备名称	单位
1	警戒隔离	隔离警戒带	m
2		各类现场警示牌	批
3	应急通信和指挥	防爆对讲机、电话	部
4		手提式高音喇叭	个
5		中央广播系统	套
6		定位仪	个
7	监控系统	热成像仪	台
8		远程监控系统	套
9		火灾报警控制系统	套
10		可燃气体浓度报警仪	个
11	处置工具	手动破拆工具组	套
12		木制堵漏楔	个
13		堵漏胶	管
14		无火花工具	套
15		输转泵	台
16		推土机	台
17		挖掘机	台
18		吊装机	台
19		移动照明灯组	套
20		手电筒	个
21		高空救援设备包	套
22		受限空间设备	套
23		应急鼓风机	台
24		投药装置	套

续表

序号	类别	物资装备名称	单位
25	处置工具	水处理一体化装置	套
26		大气污染处理一体化装置	套
27		固体废物处理一体化装置	套
28	污染物拦截	应急沙袋	包
29		橡胶围油栏	m
30		PVC 围油栏	m
31		防火围油栏	m
32		一般围油栏	m
33		快速膨胀袋	个
34		下水道阻流袋	个
35		排水井保护垫	个
36		沟渠密封袋	个
37		充气式堵水气囊	个
38	收集吸附	移动泵	台
39		管线	条
40		收油机	台
41		应急沙	桶
42		接油盘	只
43		接油桶	只
44		有毒物质密封桶	个
45		吨桶	个
46		轻便储油罐	个
47		吸附垫	张
48		吸收棉	卷
49		吸油毡	卷
50		活性炭	袋
51		硅胶	袋
52		矾土	袋
53		白土	袋
54		膨润土	袋
55		沸石	袋

续表

序号	类别	物资装备名称	单位
56	消防器材	室外消火栓	套
57		室内消火栓	套
58		消防储水罐	台
59		消防加压泵	台
60		收集事故物料的储罐	台
61		消防车	台
62		消防车消防泵、车载消防水炮	台
63		消防水炮	台
64		软管卷盘	套
65		消防水带	条
66		泡沫发生器	套
67		灭火器	具
68		灭火毯	块
69		可燃气、氧气、二氧化碳、一氧化碳四合一气体检测器	套
70		消防袋	个
71		消防沙池	个
72		沙桶	个
73		铁锹	把
74	治油剂	削油剂	袋
75		集油剂	袋
76		凝油剂	袋
77	中和剂	硫酸	桶
78		盐酸	桶
79		硝酸	桶
80		碳酸钠	袋
81		碳酸氢钠	袋
82		氢氧化钙（消石灰）	袋
83		氢氧化钠	袋
84		氧化钙	袋

续表

序号	类别	物资装备名称	单位
85	絮凝沉淀剂	聚丙烯酰胺	袋
86		三氯化铁	袋
87		聚合氯化铝	袋
88		聚合硫酸铁	袋
89		硫化钠	袋
90	固化剂	水泥	袋
91		沥青	袋
92	氧化还原剂	双氧水	桶
93		高锰酸钾	袋
94		次氯酸钠	袋
95		焦亚硫酸钠	袋
96		亚硫酸氢钠	袋
97		硫酸亚铁	袋
98	安全防护	6200 防毒面具	个
99		6003 滤毒盒	个
100		防毒滤罐（双罐）	对
101		半面罩防毒面具	个
102		正压式空气呼吸器	个
103		背负式氧气瓶	个
104		防尘口罩	个
105		防腐蚀液护目镜	个
106		A 级气密型防护服	套
107		C 级气密型防护服	套
108		阻燃防护服	套
109		长袖耐酸碱手套	双
110		长筒耐酸碱胶靴	双
111		耐高温手套	双
112		防化学品手套	双
113		可燃气体探测器	个
114		安全绳	卷
115		安全帽	顶

续表

序号	类别	物资装备名称	单位
116	安全防护	消防头盔	顶
117		折叠式担架	副
118		救援三脚架	套
119		救生软梯	套
120		测氧仪	个
121		紧急医疗箱	个
122		紧急冲身洗眼器	个
123	应急监测仪器	便携式气体检测仪	台
124		便携式分光光度计	台
125		便携式傅立叶红外分析仪	台
126		便携式气体电化学分析仪	台
127		便携式水质电化学分析仪	台
128		便携式荧光传感器	台
129		便携式气相 - 质谱联机	台
130		便携式重金属分析仪	台
131		便携式生物毒性分析仪	台
132		便携式 X 荧光分析仪	台
133		便携式流量计	台
134		pH 计	台
135		TOC 分析仪	台
136		COD 分析仪	台
137		NH_3-N 分析仪	台
138		气相色谱仪	台
139		离子色谱仪	台
140		ICP（重金属）分析仪	台
141		分光光度计	台
142		烟气采样器	台

附件二　环境应急处置卡

1. 化学品泄漏应急处置卡片

处置程序	应急处置措施	责任岗位	可利用应急资源
事故情景	（1）包装桶破损，罐体老化开裂、爆裂、变形，罐体地基塌陷，防渗防漏设施失效，储罐及其连接管道、阀门、法兰、泵等附属设施开裂破损、故障、失灵，或者非正常操作导致泄漏； （2）化学品泄漏后向周边扩散，遇明火等发生火灾、爆炸事故。	各岗位工作人员	现场应急物资
报警及预案启动	（1）第一发现人立即报告现场负责人。现场负责人应立即拨打 24 h 有效固定报警电话及应急领导小组总指挥电话；若事件紧急，可越级汇报；发现火灾、爆炸事故时应立即拨打 119 报警；发现人员中毒、立即拨打 120 报警； （2）按照企业环境应急预案，在企业社会级响应或事态紧急时应立即向政府及生态环境部门报告。	发现人、应急领导小组总指挥	防爆对讲机、手机、固定电话
断源	（1）关闭泄漏点相邻部位阀门，切断泄漏源；转移周边可能受影响或导致事态进一步恶化的物质； （2）消除所有点火源；根据液体流动和蒸气扩散的影响区域划定警戒区，无关人员从侧风向、上风向撤离至安全区；应急处理人员戴自给正压式空气呼吸器，穿防毒、防静电服；作业时使用的所有设备应接地，禁止接触或跨越泄漏物，尽可能切断泄漏源； （3）对少量泄漏，可用胶泥、石棉等封堵或用湿棉被缠裹泄漏阀门、管道泄漏处，并用橡胶带、绳索或铁丝等箍紧，或用枪箍夹紧； （4）对管道泄漏或罐体孔洞泄漏，应使用专门管道堵漏工具进行迅速堵漏，或使用金属螺钉加黏合剂旋拧，或利用木楔、硬质橡胶封堵； （5）法兰泄漏时，对因螺栓松动引起的泄漏，应使用无火花工具旋紧螺栓，制止泄漏；若因法兰垫圈老化导致带压泄漏，可利用专门法兰夹具夹卡法兰，并在螺栓间钻孔、高压注射密封胶堵漏； （6）罐体泄漏时，对于内浮顶储罐，罐体可能由于老化、腐蚀、质量等问题，引发罐体泄漏，容易发生泄漏的部位为储罐底部的进出口阀门（法兰）、排污阀门（法兰）等处，发生泄漏后难以处理；若罐体泄漏，应及时利用专门的捆绑紧固和空心橡胶塞（如压充气具）进行堵漏；必要时进行倒罐以降低化学品液位，减小泄漏压力，减少泄漏量；	现场处置组	堵漏工具，过滤式防毒面具、防（耐）酸碱鞋（靴）、防化学品手套、消防沙、消防栓、风向标

续表

处置程序	应急处置措施	责任岗位	可利用应急资源
断源	（7）储存仓库发生泄漏时，及时将未受污染的物料进行转移，对已泄漏的物料，可收集的及时进行收集处理；生产装置发生泄漏时，及时停止该装置的物料传输工作，并关停该装置，在必要时将周边其他的生产装置进行关停。	现场处置组	堵漏工具，过滤式防毒面具、防（耐）酸碱鞋（靴）、防化学品手套、消防沙、消防栓、风向标
截污	（1）关闭雨水总排口阀门，避免泄漏物料从雨水管网直接进入外环境； （2）对于液态化学品，利用已有围堰或构建临时围堤，对泄漏物料进行截流，并将泄漏物料导流（转移）至事故应急池等应急储存设施（设备）进行暂存； （3）对于固态危险废物或危险化学品，应及时利用专门的容器进行收集，避免收集储存过程中其与水等可能导致其溶解、反应，产生二次污染的物料接触。	现场处置组、截流阀门负责人	围堰、沙袋、中和剂、备用储罐、截流阀门、应急池、泵
消污	（1）根据有毒有害物质的性质及状态选择洗消方法，清洗废水导入应急池中； （2）对物料进行回收利用或交由有资质的单位处理处置。	现场处置组	围堰、扫把、铲子、清洗剂、中和剂、发泡剂等
监测	（1）监控泄漏处泄漏情况、泄漏量、扩散途径及污染程度、应急处置效果等； （2）若已泄漏至外环境，对受纳水体进行取样监测（联系第三方检测机构），监测水质情况； （3）如发生大气污染物泄漏，对周边大气进行监测（联系第三方检测机构）。	应急监测组	便携式应急监测仪器或第三方检测机构
后期处置	（1）生产设备设施已经过检修和清理，确认可以正常使用； （2）完成应急设备、设施、器材洗消工作，足以应对下次紧急状态； （3）被污染场地得到清理或修复； （4）采取其他措施预防事件再次发生。	现场处置组	—
注意事项： （1）若出现超出企业应急能力的情况，及时向外部请求支援，并根据当地生态环境部门的要求及专家的意见对事态进行控制，在外部救援力量抵达现场时，全力配合应急抢险工作； （2）危险化学品泄漏时，除受过特别应急训练的人员外，其他任何人均不得尝试处理泄漏物，处理时严禁单独行动，设置现场警戒线，严禁非相关人员进入现场； （3）参与应急救援的成员特别是现场处置组应正确穿戴防护用具，以确保自身安全； （4）若有人员发生中毒、腐蚀、窒息等情况，需立即施救，将伤患者转移到安全处，由医疗救护组施救，救护人员应处于泄漏源的上风侧，不要直接接触泄漏物； （5）防止泄漏物进入水体、下水道、地下室或密闭空间。			

2. 火灾、爆炸次生环境污染应急处置卡片

处置程序	应急处置措施	责任岗位	可利用应急资源
事故情景	（1）火灾、爆炸次生大气环境污染； （2）火灾、爆炸导致化学品泄漏； （3）火灾、爆炸产生的消防污水外排导致突发环境事件。	各岗位工作人员	现场应急物资
报警及预案启动	（1）第一发现人立即报告现场负责人； （2）现场负责人应立即拨打 24 h 有效固定报警电话及应急领导小组总指挥电话，并同时迅速组织人员开展应急行动。	发现人、应急领导小组总指挥	防爆对讲机、手机、固定电话
断源	（1）准备好灭火器材，进行灭火工作，当火势无法控制时，立即示警现场人员撤离； （2）根据现场情况和现场应急小组提示，一旦火情无法控制，即刻拨打火警消防电话“119”，提请外部支援，并请示应急领导小组下达紧急疏散命令； （3）当火灾扑灭后，现场处置组可用风机加强事故现场通风，加快事故现场残留的有毒有害气体扩散速度，防止事故现场有毒有害气体浓度过高。	现场处置组	灭火器材、堵漏工具、消防沙、消防栓、风向标
截污	（1）事故产生少量消防污水时，利用沙土将消防污水、泡沫、液态废物等污染物围堵，导流至厂区污水处理设施或事故应急池，关闭污水排放闸门，将废液收集处理； （2）事故产生大量消防污水或废水已经流入外界水域，超出企业处理能力范围时，企业应立即报告政府有关部门，请求支援处理。	现场处置组	沙袋
消污	（1）清除污染物； （2）对有污染的地面、设备设施等进行清洁。	现场处置组	扫把、铲子、清洗剂等
监测	对火灾现场进行监测。	应急监测组	应急监测仪器或第三方检测机构
后期处置	做好火灾、爆炸现场的后期处置，以恢复生产秩序。	现场处置组	—
注意事项： （1）正确选择灭火器材； （2）在应急过程中，应正确穿戴相应的劳动防护用品。			

3. 企业内运输车辆事故应急处置卡片

处置程序	应急处置措施	责任岗位	可利用应急资源
事故情景	企业内运输车辆危险化学品及油品泄漏。	—	—

续表

处置程序	应急处置措施	责任岗位	可利用应急资源
报警及预案启动	(1)紧急情况下，发现人立即通知车辆停靠位置所属的生产单位或车间负责人，并报告企业应急领导小组； (2)应急领导小组总指挥根据现场情况决定启动相应预案。	发现人、应急领导小组总指挥	防爆对讲机、手机、固定电话
断源	(1)立即就近停靠车辆，停靠位置需避开储罐、雨污排放口、生产设备等风险源，尽量靠近收集围堰、收集渠。封锁现场，禁止非应急人员进入，穿戴防护用具，寻找确定泄漏点，选择合适的堵漏器具进行堵漏； (2)如果是桶等容器的外壁出现孔、洞导致物料发生泄漏，可使用木签、水泥、沙子等堵漏； (3)如果桶等容器的外壁出现大面积撕裂（或孔、洞较大)、不能堵漏，可直接将破损容器中剩余的物料倒入备用空桶中； (4)倾倒时应注意流速，防止产生静电。	现场处置组	围堰、防护服等个人防护物资、沙包等围堵物资、消防沙、消防栓、风向标
截污	(1)就近使用沙包对泄漏物料进行围堵； (2)将泄漏物料引入或泵入附近的事故应急池；针对化学品性质，使用中和、沉淀、氧化还原等反应对泄漏化学品进行处理； (3)关闭污水泵、雨水截流阀门； (4)事故产生的废物属于危险废物，回收至专业容器，堆放至危险废物暂存区域，交危险废物处置单位进行无害化处理，或按生态环境部门提出的应急处置方案进行处置。	现场处置组	围堰、沙包、备用储罐、截流阀门、中和剂、应急池、泵
消污	(1)清除污染物，对有污染的地面、设备设施等，根据有毒有害物质的性质及状态选择洗消方法，清洗废水导入事故应急池中； (2)用活性炭或吸水材料等吸附收集雨水沟内的水。	现场处置组	扫把、铲子、清洗剂等
监测	对泄漏现场进行监测。	应急监测组	便携式应急监测仪器或第三方检测机构
后期处置	修复事故中受损的车辆等设施，满足环境安全、生产安全条件后，恢复运输。	现场处置组	—
注意事项： (1)若有人员发生中毒、腐蚀、窒息等情况，需立即施救，将伤患者转移到安全处，由医疗救护组施救，并联系外部应急救援部门； (2)参与应急救援的成员特别是现场处置组应正确穿戴防护用具，以确保自身安全。			

4. 化学品仓库事故应急处置卡片

处置程序	应急处置措施	责任岗位	可利用应急资源
事故情景	（1）化学品仓库发生火灾、爆炸事故，或因包装、盛装容器破裂发生泄漏，或在转移途中由于倾倒或包装破损等原因发生泄漏，导致化学品进入外环境； （2）可能波及化学品仓库周围和整个厂区。	各岗位工作人员	仓库应急物资
报警及预案启动	（1）紧急情况下，发现人立即通知应急领导小组； （2）次紧急情况下，通知仓库负责人前往现场； （3）应急领导小组总指挥根据现场情况决定启动相应预案。	发现人、应急领导小组总指挥	防爆对讲机、手机、固定电话
断源	（1）液态化学品泄漏时，负责人组织员工根据化学品安全技术说明书穿戴防护用品，将破损的容器内剩余物料转移至空包装桶； （2）火灾事故发生后，准备好灭火器材，进行灭火工作，当火势无法控制时，立即示警现场人员撤离；根据现场情况和现场应急小组提示，一旦火情无法控制，即刻拨打火警消防电话“119”，提请外部支援，并请示应急领导小组下达紧急疏散命令； （3）当火灾扑灭后，现场处置组可用风机加强事故现场通风，加快事故现场残留的有毒有害气体扩散速度，防止事故现场有毒有害气体浓度过高。	现场处置组	灭火器材、堵漏工具、消防沙、消防栓、自给正压式呼吸器、防护服等
截污	（1）泄漏事故泄漏量小时，可用惰性吸收材料和非可燃工具回收泄漏物质，并作为危险废物收集处置；泄漏量大时，用沙袋构筑围堤或将泄漏物质引流到低洼处并用非可燃工具收集； （2）火灾事故产生少量消防污水时，利用沙土将消防污水、泡沫、液态废物等污染物围堵，导流至厂区污水处理设施或事故应急池，关闭污水排放闸门，将废液收集处理；事故产生大量消防污水或废水已经流入外界水域，超出企业处理能力范围时，企业应立即报告政府相关部门，请求支援处理。	现场处置组	事故应急池、沙袋等
消污	（1）清除污染物，对有污染的地面、设备设施等进行清洁； （2）沾染危险化学品的物品作为危险废物，委托有资质的机构处置。	现场处置组	事故应急池、扫把、铲子、清洗剂等
监测	对泄漏、火灾现场进行监测。	应急监测组	应急监测仪器或第三方检测机构
后期处置	清理现场，进行人员安置和救助，做好泄漏、火灾、爆炸现场的后期处置，以恢复生产秩序。	现场处置组	—
注意事项： （1）危险化学品仓库日常严禁烟火，保持良好通风； （2）正确选择灭火器材； （3）在应急过程中，应正确穿戴相应的劳动防护用品。			

5. 储罐事故应急处置卡片

处置程序	应急处置措施	责任岗位	可利用应急资源
事故情景	（1）罐体老化开裂、爆裂、变形，罐体地基塌陷，防渗防漏设施失效，储罐及其连接管道、阀门、法兰、泵等附属设施开裂破损、故障、失灵，或者非正常操作导致泄漏，泄漏后向周边扩散，遇明火等发生火灾、爆炸事故； （2）泄漏液进入雨水管道，继而流入外环境； （3）发生火灾、爆炸事故，影响到周边工厂。	各岗位工作人员	车间应急物资
报警及预案启动	（1）紧急情况下，发现人立即通知应急领导小组； （2）次紧急情况下，通知储罐负责人前往现场； （3）应急领导小组总指挥根据现场情况决定启动相应预案。	发现人、应急领导小组总指挥	防爆对讲机、手机、固定电话
断源	（1）切断罐区电源总开关，停止所有动火作业，消除所有点火源； （2）根据液体流动和蒸气扩散的影响区域划定警戒区，无关人员从侧风向、上风向撤离至安全区； （3）应急处理人员戴自给正压式呼吸器，穿防静电服，寻找确定火源，使用灭火器和消防泵对准起火点进行灭火； （4）作业时使用的所有设备应接地，禁止接触或跨越泄漏物，用泡沫覆盖，减少蒸发； （5）使用灭火毯对泄漏点进行封堵； （6）用水冷却罐体、管道，防止复燃。	现场处置组	过滤式防毒面具、灭火器材、堵漏工具、消防沙、消防栓
截污	（1）关闭污水泵、雨水总阀，打开事故应急池阀；少量泄漏时，用消防沙进行堵截； （2）用防爆泵将危化品转移至槽车或专用收集器内； （3）所有消防污水导入事故应急池贮存，待应急响应停止后转移处理； （4）事故产生大量消防污水或废水已经流入外界水域，超出企业处理能力范围时，企业应立即报告政府有关部门，请求支援处理。	现场处置组	围堰、沙袋、中和剂、备用储罐、截流阀门、应急池、泵
消污	（1）用喷雾状水驱散蒸气、稀释液体泄漏物；喷水雾能减少蒸发，但不能降低泄漏物在受限制空间内的易燃性；清水冲洗后导入事故应急池，分批泵入污水处理设施处理； （2）少量泄漏时，用沙土或其他不燃材料吸收； （3）大量泄漏时，构筑围堤或挖坑收容； （4）使用洁净的无火花工具收集吸收材料。	现场处置组	扫把、铲子、沙土、清洗剂等
监测	对厂区环境及周围水体开展大气和水质监测。	应急监测组	应急监测仪器或第三方检测机构

续表

处置程序	应急处置措施	责任岗位	可利用应急资源
后期处置	修复事故中受损的设施，满足环境安全、生产安全条件后，恢复生产。	现场处置组	—
注意事项： （1）若有人员发生中毒、腐蚀、窒息等情况，需立即施救，将伤患者转移到安全处，由医疗救护组施救，并联系外部应急救援部门； （2）现场处置组应正确穿戴防护用具，以确保自身人身安全。			

6. 废气处理设施事故应急处置卡片

处置程序	应急处置措施	责任岗位	可利用应急资源
事故情景	（1）废气处理设施故障； （2）挥发性有机化合物在线监测系统监测到废气超标或第三方检测发现废气超标。	各岗位工作人员	车间应急物资
报警及预案启动	（1）紧急情况下，发现人立即通知应急领导小组； （2）次紧急情况下，通知废气处理设施负责人前往现场； （3）应急领导小组总指挥根据现场情况决定启动相应预案。	发现人、应急领导小组总指挥	防爆对讲机、手机、固定电话
断源	（1）若废气泄漏，通知各岗位及时停止投料、停止产生废气的作业；关闭产生废气的设施；如果是排气管堵塞，应清除堵塞物，使排气管畅通；如果是废气处理设备的风机出现故障，应立即启用备用的风机；如果是废气处理设备的易损部件（如皮带、轴承等）出现损坏，应立即更换新的部件。 （2）烟气净化装置超标排放 ①酸性气体（HCl、SO_2）超标：首先确认石灰浆制备系统、雾化器系统运行正常，雾化器石灰浆调节阀门手动控制，加大石灰浆流量，仍无法控制时，手动投加石灰或启动干法脱酸系统；检查湿法脱酸系统输送泵是否发生故障、填料是否发生堵塞；检查气换热器运行情况，如果发生管壁腐蚀泄漏，需对泄漏管道封堵约 48 h，此时湿法脱酸系统退出，可将备用干石灰喷砂系统切入。 ② CO 超标：加强燃烧调整，合理调整二次风量，必要时启动辅助燃烧器。 （3）若脱酸塔雾化器故障，立即检查确认报警内容并复位；如 30 min 内无法修复，应吊出雾化头、投入备用雾化头，启用干法脱酸系统，配合湿法脱酸系统运行，密切监视酸性气体排放指标和石灰浆制备系统、活性炭喷射系统、布袋除尘系统、烟气在线监视系统的运行参数，保证烟气排放达标。检修、抢修雾化器的变频器等设备，处理好后重新恢复锅炉正常燃烧。	现场处置组	防毒面具、安全帽、防护手套、防护服
截污	抢修期间，作业人员及时对各生产岗位进行巡回检查，确保无废气外漏。	现场处置组	防毒面具、安全帽、防护手套、防护服

续表

处置程序	应急处置措施	责任岗位	可利用应急资源
消污	（1）稀释废气，加强通风，使废气加速扩散； （2）抢修结束，废气处理装置运行正常后，环境安全管理员通知各生产岗位恢复生产，重新启动废气处理装置，处理废气。	现场处置组	防毒面具、安全帽、防护手套、防护服
监测	（1）对事故现场进行监测； （2）对周边大气进行监测。	应急监测组	应急监测仪器，或第三方检测机构
后期处置	（1）清理现场，进行人员安置和救助； （2）做好废气处理设施的后期维护，以恢复生产秩序。	现场处置组	—
注意事项： （1）废气处理设施要定期维护保养，及时清理设备内外的沉积物； （2）清洁废气排放系统时，要防火防爆； （3）现场处置组对废气处理设施进行维修时注意穿戴好防护服； （4）废气处理设施停运期间，密切留意厂区内产生有机废气的操作。			

7. 污水处理设施事故应急处置卡片

处置程序	应急处置措施	责任岗位	可利用应急资源
事故情景	（1）纳污管破裂或者污水处理设施渗漏导致未经处理达标的废水泄漏； （2）污水处理设施出现故障导致废水超标排放。	各岗位工作人员	车间应急物资
报警及预案启动	（1）紧急情况下，发现人立即通知应急领导小组； （2）次紧急情况下，通知污水处理设施负责人前往现场； （3）应急领导小组总指挥根据现场情况决定启动相应预案。	发现人、应急领导小组总指挥	防爆对讲机、手机、固定电话
断源	（1）对污水管道事故，当厂内污水输送管道发生破裂时，应立即停止污水输送，积极抢修，并把污水转移到事故应急池；若管道修复时间较长，应立即停止生产，待排污管道修复后重新生产，同时要堵住污水和雨水总排放口，防止污染外界环境； （2）污水处理设施故障事故 ①发现废水泄漏，应立即报告值班负责人，找到泄漏原因；及时采取措施处理，防止事故扩大；发现泄漏时，需用沙包将泄漏废水堵截，导流至污水收集系统，收集处理； ②污水处理设施故障，造成水质不达标时，应及时关闭电闸，停止生产，并停止将废水排放至污水处理设施，暂时收集在事故应急池；同时，及时维修污水处理设施，修好后再将废水引入污水处理设施进行处理；	现场处置组	维修工具、堵漏工具、沙袋、应急水泵

续表

处置程序	应急处置措施	责任岗位	可利用应急资源
断源	③厂区内因特大暴雨或危险化学品发生泄漏导致污水处理设施发生故障时，及时采用沙包对排水口及排污口进行封堵，将水围堵在厂区内，再进行下一步的处理。	现场处置组	维修工具、堵漏工具、沙袋、应急水泵
截污	（1）立即停止生产和污水处理及传输； （2）关闭污水泵、雨水截流阀门； （3）当厂内污水输送管道发生破裂时，应关闭破裂管线的相关阀门； （4）当出现污水处理设施池体破裂，应将废水暂存于事故应急池； （5）若事故应急池容量不足，可将废水暂存至调节池； （6）当出现污水处理设施设备故障，从而影响处理效果时，应停止废水排放（必要时需停产），并进行修复，待修复后将污水泵至调节池重新处理。	现场处置组	围堰、中和剂、备用储罐、截流阀、事故应急池、沙袋
消污	（1）根据有毒有害物质的性质及状态选择洗消方法，清洗废水导入事故应急池中； （2）收集已泄漏和流出厂外的废水，消除或降低外环境污染； （3）待污水处理设施恢复正常后，暂存在事故应急池的污水重新排入污水处理设施，经处理达标后排放。	现场处置组	中和剂、发泡剂、容器、污水处理设施
监测	需对外排废水进行监测，确认是否达标。	应急监测组	应急监测仪器或第三方检测机构
后期处置	修复事故中受损的设施，进行检查，满足环境安全、生产安全条件后，恢复生产。	现场处置组	—
注意事项： （1）污水处理设施要定期维护保养，及时清理设备内外的沉积物； （2）清洁污水池时，要防止有限空间中毒窒息。			

8. 污染治理设施有限空间作业事故应急处置卡片

处置程序	应急处置措施	责任岗位	可利用应急资源
事故情景	（1）污染治理设施有限空间作业时吸入硫化氢等有毒有害气体，造成人员急性中毒、缺氧窒息等严重后果； （2）有限空间内含有大量易燃易爆气体，违规作业时遇明火产生火灾、爆炸事故； （3）作业人员遇险时施救难度大，盲目施救或救援方法不当，造成伤亡扩大。	各岗位工作人员	车间应急物资

续表

处置程序	应急处置措施	责任岗位	可利用应急资源
报警及预案启动	（1）紧急情况下，发现人立即通知应急领导小组； （2）次紧急情况下，通知污染治理设施负责人前往现场； （3）应急领导小组总指挥根据现场情况决定启动相应预案。	发现人、应急领导小组总指挥	防爆对讲机、手机、固定电话、防毒面具
现场应急处置	（1）现场处置组拉动连接作业人员的防护绳，将其拉出污染治理设施，拉动过程中要注意避免影响其呼吸或触及受伤部位； （2）抢险过程中，污染治理设施内抢险人员与外面的监护人员应保持通信联络畅通并确定好联络信号；在抢险人员撤离前，监护人员不得离开监护岗位； （3）救出伤员后，对伤员进行现场急救，并尽快将伤员转送医院； （4）发生人员中毒，由呼吸道中毒时，应迅速离开现场，到新鲜空气流通的地方；对经口服中毒者，立即洗胃，并用催吐剂促其将毒物排出；对经皮肤中毒者，必须用大量清洁自来水洗涤；对眼、耳、鼻、咽喉损害，引起各种刺激症状者，须分别轻重，先用清水冲洗，然后尽快送往医院，由专科医生处理； （5）发生人员缺氧窒息时，迅速撤离现场，将窒息者移到有新鲜空气的通风处；视情况对窒息者输氧或进行人工呼吸等，必要时尽快将严重者送往医院处理；佩戴呼吸器者一旦感到呼吸不适，迅速撤离现场，呼吸新鲜空气，同时检查呼吸器问题，及时更换呼吸器。	现场处置组	梯子、坠落保护架、鼓风机、安全绳、漏电保护器、空气呼吸器、防毒面具、应急药物、便携式气体检测仪
监测	（1）对事故现场进行监测； （2）对周边大气进行监测。	应急监测组	应急监测仪器或第三方检测机构
后期处置	（1）对应急人员进行清点，安排专人清点和回收使用的抢险物资与装备； （2）事件处理后，应组织人员对现场进行认真检查，防止再次造成事件；同时保护好现场，以便查清事件原因，吸取教训，制定有针对性的防范措施。	现场处置组	—
注意事项： （1）禁止在情况不明或无防护情况下，现场处置组盲目进入事故现场，须保证人身安全； （2）作业人员必须穿戴好必要的防护用品（呼吸器、工作服、工作帽、手套、工作鞋、安全绳等），系好安全带，以防止受到伤害； （3）进入作业空间前必须做好鼓风作业，待环境污染治理设施内有毒有害气体浓度达到不影响人身安全情况下再进入作业。			

9. 危险废物储存区事故应急处置卡片

处置程序	应急处置措施	责任岗位	可利用应急资源
事故情景	（1）危险废物储存桶破裂、因储存桶撞击与倾倒，造成含油污泥、废活性炭、废润滑油、废抹布等泄漏在危险废物储存间； （2）危险废物厂内运输过程中，车辆发生侧翻或相撞事故，造成危险废物泄漏倾倒在厂区； （3）危险废物装卸过程、转移途中及人为失误造成危险废物泄漏在厂区，含油污泥、废活性炭、废润滑油、废抹布等进入周边雨水排放渠中； （4）危险废物因为自然灾害导致泄漏。	各岗位工作人员	现场应急物资
报警及预案启动	（1）紧急情况下，发现人立即通知应急领导小组； （2）次紧急情况下，通知危险废物储存区负责人前往现场； （3）应急领导小组总指挥根据现场情况决定启动相应预案。	发现人、应急领导小组总指挥	防爆对讲机、手机、固定电话
断源	（1）当危险废物在贮存、运输、装卸过程中发生泄漏、浸出等污染事故时，应做好标识，停止排污，并组织人员（穿戴好安全装备）将破损的容器内剩余物料转移至空包装桶，对散落危险废物的地面进行清理和冲洗，污水排入污水池进行处理； （2）当危险废物在贮存过程中遇暴风雨，导致危险废物在贮存点发生漏雨、积水突发事件时，应及时组织人员将危险废物转移到较高地势的地点临时存放，并将污水引入污水系统进行处理；如发现有渗漏事故，应立即报生态环境部门，并通报附近单位和群众，不要接触和食用受污染的水源、农作物等，进行 24 h 警戒，并开展相关调查，及时将危险废物转移、交有资质的单位处置。	现场处置组	堵漏工具过滤式防毒面具、防（耐）酸碱鞋（靴）、防化学品手套、消防沙、消防栓、风向标
截污	（1）泄漏量小时，将泄漏物围堵在小范围内，可用干燥的沙土或其他不燃材料吸收清理泄漏物，并作为危险废物收集处置； （2）泄漏量大时，用沙袋构筑围堤或将泄漏物引流到低洼处收集； （3）暂时关闭与危险废物暂存间相连的排水阀，截留雨水沟中的污染物，将泄漏物导流至事故应急池。	现场处置组	截流阀、沙袋、事故应急池
消污	（1）清除污染物，对有污染的地面、设备设施等进行清洁； （2）清理雨水沟中的固体废物； （3）用活性炭或吸水材料等吸附收集雨水沟中的水。	现场处置组	扫把、铲子、清洗剂等

续表

处置程序	应急处置措施	责任岗位	可利用应急资源
监测	对泄漏现场进行监测。	应急监测组	应急监测仪器或第三方检测机构
后期处置	（1）将应急处置过程中收集到的危险废物、受污染的处理物交由有资质的单位进行处理； （2）做好危险废物泄漏现场的后期处置，以恢复生产秩序。	现场处置组	—
注意事项： （1）在应急过程中，全程防火防爆； （2）在应急过程中，应正确穿戴相应的劳动防护用品。			

10. 恶臭污染环境事件应急处置卡片

处置程序	应急处置措施	责任岗位	可利用应急资源
事故情景	（1）恶臭气体收集系统故障，或卸料平台和垃圾填坑密闭不好，负压系统出现故障； （2）恶臭气体浓度过高或恶臭气体量过大、超过恶臭气体处理系统的设计处理量，活性炭除臭系统故障或处理能力不足； （3）企业在线气体监控装置运行故障，不能及时反馈恶臭气体浓度； （4）垃圾运输车辆密封性较差，途中有恶臭气体漏出。	各岗位工作人员	正压式氧气或空气呼吸器、防毒面具
报警及预案启动	第一发现人发现厂区出现严重恶臭气体超标报告或周边居民投诉空气污染报告后，应立即向值班长简要报告；值班长接报后，进行前期应急处置，然后报告应急领导小组，应急领导小组视事件的严重程度决定是否启动预案；若启动应急预案，各应急救援小组集结后赶赴现场。	发现人、应急领导小组总指挥	防爆对讲机、手机、固定电话
现场应急处置	（1）厂内垃圾车运输途中发生泄漏，导致恶臭气体超标排放时，应先将垃圾清除；若是少量泄漏，用水冲洗地面，产生的冲洗废水应收集转移至事故应急池；若是大量泄漏，将地面的垃圾收集转移，必要时修筑围堰，同时喷洒活性生物酶降解； （2）卸料平台恶臭气体外溢导致恶臭气体超标排放时，立即关闭卸料平台出入口、加大除臭活性生物酶的喷洒量，加大抽风量；如卸料平台风幕发生故障，应立即进行抢修；如生物酶喷洒系统发生故障，待喷洒系统故障消除后再恢复正常状态。	现场处置组	正压式氧气或空气呼吸器、防毒面具

续表

处置程序	应急处置措施	责任岗位	可利用应急资源
现场应急处置	（3）垃圾池恶臭气体外溢导致恶臭气体超标排放时，关闭垃圾池通气门，修理抽风系统；如管道、阀门损坏等造成恶臭气体泄漏，应关闭阀门，修补容器管道，同时对泄漏的恶臭气体进行洗消。 （4）若恶臭气体抽气系统故障导致恶臭气体外溢，现场值班人员应于 10 min 内启动备用风机，将臭气抽入焚烧炉内继续燃烧处理，对抽气系统进行检修，同时加强收集池各密封口的封堵，喷洒除臭剂，进行化学除臭工作；若在停炉期间，恶臭气体引至应急除臭系统（“碱洗涤 + 植物液洗涤 + 活性炭吸附”三级处理）进行处理。	现场处置组	正压式氧气或空气呼吸器、防毒面具
监测	（1）对泄漏现场进行监测；监测数据证明污染物已达标时，采用便携式有毒有害气体检测仪对事发区域大气进行检测，若数据连续稳定达标持续 1 h，经专家组确认后可视为正常状态； （2）负责后期污染监测，并评价环境污染状况，直至基本恢复。	应急监测组	应急监测仪器或第三方检测机构
后期处置	抢救工作结束后，对参与抢险事件应急的人员进行清点，对抢险物资与装备进行清点和回收。	综合协调组	—
注意事项： （1）现场处置人员要配备相关防护装备，使用正压式氧气或空气呼吸器、防毒面具等，重点是呼吸道防护； （2）恶臭气体超标泄漏情况严重时，通知相关人员，做好疏散工作；超过厂区的处理能力时，应立即向上级部门汇报，请求支援。			

11. 尾矿库溃坝事件应急处置卡片

处置程序	应急处置措施	责任岗位	可利用应急资源
事故情景	（1）尾矿坝的险情常在汛期发生，而重大险情多在暴雨时发生；汛期尾矿库处于高水位工作状态，遇到特大暴雨，极易造成洪水漫顶；同时，浸润线的位置处于高位，坝体饱和区扩大，使坝的稳定性降低；此外，风浪冲击也易造成坝顶决口溃坝； （2）如果发生尾矿库溃坝，会造成尾矿库内尾矿渣由固态变成泥石流，可能对下游地表水、植被造成污染。	各岗位工作人员	现场应急物资
报警及预案启动	第一发现人发现尾矿库溃坝险情后，立即报告应急领导小组，应急领导小组视事件的严重程度决定是否启动预案。若启动应急预案，各应急救援小组集结后赶赴现场。	发现人、应急领导小组总指挥	防爆对讲机、手机、固定电话

续表

处置程序	应急处置措施	责任岗位	可利用应急资源
现场应急处置	（1）防漫顶措施方面，尾矿坝一般为散粒结构，如果洪水漫顶，就会迅速冲破决口，造成溃坝事故；当排水设施已全部使用，水位仍继续上升，根据水情预报可能出现险情时，应抢筑子堤，增加挡水高度；在堤顶不宽、土质较差的情况下，可用土袋抢筑子堤；在缺土、浪大、堤顶较窄的情况下，可采用单层木板子堤；当出现超过设计标准的特大洪水时，应在抢筑子堤的同时，报请上级批准，采取非常措施加强排洪，降低库水位； （2）防风浪冲击方面，对尾矿坝坝顶受风浪冲击而决口的防护，可采取防浪措施处理；用草袋或麻袋装土七成，放置在波浪上下波动的部位，相互叠压成鱼鳞状，当风浪较小时，可采用柴排防浪；挂树防浪则是利用砍下的枝叶繁茂的灌木，使树梢向下放入水中，并用石块或沙袋压住，其树干用铅丝、麻绳或竹缆连接于堤坝顶的桩上； （3）在汛期或暴雨期间，必须根据气象预报，做好一切预警工作；一旦发生溃坝事故，除做好必要的抢险和抢修工作外，一定要做好下游群众的疏散转移和善后处理工作； （4）在泄漏点下游附近适当位置，挖掘临时事故收集池（事故应急池）和导流沟，通过挖掘导流沟或铺设管道和临时事故收集池（事故应急池），保证事故泄漏的尾矿导入事故收集池，防止泄漏尾矿四处漫溢；清理导流沟和事故收集池（事故应急池）内收集的尾矿浆，重新泵入系统；清理漫溢的尾矿浆。	现场处置组	重型车辆、挖掘机、漂白粉、漂白精、编织袋、水泵、重金属离子去除剂、絮凝剂、便携式防爆灯、防爆探照灯
监测	（1）立即派环境监测人员采样，监测排水水质； （2）负责后期污染监测。	应急监测组	应急监测仪器或第三方检测机构
后期处置	（1）抢救工作结束后，对参与应急抢险的人员进行清点，对抢险物资与装备进行清点和回收； （2）根据监测数据，对环境损害进行评估，根据当地政府和生态环境部门意见及要求，采取修复措施。	综合协调组	—
注意事项： （1）通过源头控制、围堰、围挡和封堵等措施减少、减缓污染物外排量和速度，减少污染事件影响区域和范围； （2）根据监测结果，采取科学方法消除和减少环境污染影响。			

12. 围堰应急设施卡片

负责人		联系方式	
有效容积			
主要收集范围	泄漏物料、事故水		
日常维护要求	（1）保持围堰整体有效围闭、坚固，地面防腐防渗良好；在非应急响应期间，围堰中不得贮存或混入任何液体、固体或其他杂物； （2）规范围堰内的阀门和管道（雨水管道、事故水接入口、污水管道出口），要确保其在不使用时处于关断状态，或将其封堵住； （3）对围堰内废液、危险废物转移所需的泵机，需醒目标明存放位置、配套简要的使用说明，泵机需随用即开，能源供应充足； （4）及时对围堰内雨水、积水进行排污；如果围堰内蓄积部分雨水，就不能应对大的泄漏； （5）每季度及应急处置停止后，需检查围堰堰体和围堰内地面是否有损坏、泄漏现象，如若发现，需立刻修补；注意查找是否有溢流出来的物料、围堰内是否蓄积雨水以及下水道是否堵塞等；注意查找任何影响泄漏物流动的碎片、设备等阻碍物； （6）如果在围堰上从事维修或施工后破坏了围堰的完整性，需确保在工作结束前将其修复。		
应急操作流程	（1）发生事故时，确保雨水管道、事故水接入口、污水管道出口处于关闭状态； （2）事故后或围堰容积不够容纳事故水时，打开事故水接入口，或使用泵机泵入、转移事故水至事故应急池； （3）应急响应停止，将围堰中废液、危险废物分别转移到污水处理设施和危险废物场所处理处置； （4）检查地面及围堰损坏情况，对泄漏地面或坍塌围堰进行修补，确保地面防腐良好、围堰坚固结实。		

13. 事故应急池应急设施卡片

负责人		联系方式	
有效容积			
主要收集范围	收集全厂事故污水（包括消防污水、事故时的雨水、事故生产废水）		
日常维护要求	（1）正常状态下应保持事故应急池空池状态，并确保雨水排口阀门、事故应急池连通闸门、移动式应急水泵等相关设备处于良好的备用状态，事故应急池和其他区域的导流渠连接口需关闭，不得有杂物堵塞； （2）严禁随意向事故应急池排放、倾倒超标废水、工业废渣、生活垃圾和其他废弃物，应及时清理事故应急池池内杂物及淤泥，以免对污水处理设施产生不良影响； （3）应采取切实有效措施防止污水、油类等物料串入事故应急池系统；初期雨水、含油污水等及时排入污水处理设施，避免冒池互串； （4）事故应急池使用期间，应保持封闭，防止倒入的废液、废水等挥发散逸出有毒有害气体。		

续表

日常维护要求	(5)每季度及应急处置停止后，需检查事故应急池的内壁和底部是否有渗漏现象，如若发现，需立刻修补； (6)异常状态下收集的消防污水、生产废水、物料水及前期雨水应尽快处理完毕，保持事故应急池处于低液位状态。
应急操作流程	(1)发生事故时，现场处置组立即关闭雨水、污水截流阀门，事故污水自流进入雨水管道后，再流至事故应急池暂存； (2)若判断事故应急池不足以容纳事故污水，则使用泵机泵入另一事故应急池或空闲围堰中； (3)应急处置结束后，分批将池中废水输送至污水处理设施处理或委托有资质单位处理； (4)污水处理设施发生故障时，关闭废水收集管与污水处理设施调节池之间的阀门，将停产过程中未被阀门截留的生产废水引入事故应急池。

14. 初期雨水收集池应急设施卡片

负责人		联系方式	
有效容积			
主要收集范围	雨水		
日常维护要求	(1)对初期雨水收集池做好防渗措施； (2)制定初期雨水收集池收集转运安全管理规定，定期安排检查初期雨水收集池运营情况，并做好记录； (3)加强对初期雨水收集池的巡检和日常维护，发现构筑物开裂，管道出现锈化破损，抽水泵、阀门损害等情况时，应及时修复。		
应急操作流程	(1)正常情况下，初期雨水收集池进水管道上的阀门打开，出水管道上的阀门关闭，防止受污染的水外排； (2)下雨天时，当初期雨水收集池收集完前 15 min 的初期雨水后，利用潜污泵转移至槽罐车或渗滤液处理站，确保雨水收集池有足够容积，初期雨水收集池进水管道上的阀门关闭，出水管道上的阀门打开，其他清洁雨水进入雨水回收利用系统； (3)发生突发环境事件时，关闭出水管道上的阀门，防止流入的泄漏液、消防污水等进入外环境；若是生产废水、危险化学品等发生泄漏，可雨水收集池收集到的泄漏液，应利用潜污泵及时送至污水处理系统处理或委托有资质单位处理；如果是酸碱性液体泄漏，则加入中和剂进行中和处理，达标后可进入雨水回收利用系统； (4)初期雨水收集池中的雨水应及时进行处理，保持收集池的空池状态，以保证在应急情况下污水能够被及时转存至雨水收集池内。		

15. 排放口闸门应急设施卡片

负责人		联系方式	
日常维护要求	(1)定期巡视，及时发现和处理管道裂缝、腐蚀、沉降、变形、错口、脱节、破损、孔洞、异管穿入、渗漏、冒溢等情况； (2)按时清理闸门四周的杂物，发生堵塞情况时，要及时处理，使其能够正常地安全工作； (3)做好对闸门的检查养护，保证闸门能够自如地开启和关闭，避免出现断裂、汽蚀、变形等情况； (4)对启闭连接构件、止水装置和预埋件进行定期维护，添加润滑油，出现损坏情况时，立即对其进行维修，使其能够良好地进行工作。		
应急操作流程	(1)发生泄漏事件时，对泄漏物进行拦截、收集、转运，关闭雨水和污水排放口闸门，防止通过雨水管道直接进入厂区附近的地表水体，或经污水管流入城市污水处理厂；将拦截的污水通过专门的泵和管道输送至企业污水处理设施进行处理； (2)发生火灾事件时，关闭雨水和污水排放口闸门，同时对雨水和污水排口进行围堵，避免消防污水进入；对事故现场附近的雨水口、地下管网入口进行封堵，防止有毒有害液体进入、造成二次污染；一旦消防污水流至厂外，立即对厂外的雨水井进行封堵，以防止污水流入地表水体而发生水体污染次生灾害；同时将消防污水围堵到尽量小的范围内，利用石灰、吸附棉、活性炭等对消防污水进行回收和消解； (3)泄漏事件抢修工作结束后，检查排放口闸门情况，及时清理四周杂物，使其处于良好、正常的工作状态。		

附件三　部分危险化学品说明书

1. 砷

健康危害	砷的化合物均有剧毒。砷的污染来源为矿渣和染料、制革、制药、农药等行业的废渣或废水，以及因泄漏、火灾等意外事故而产生的污染。当发生砷化物的污染事故时，砷化物多经消化道进入人体，引起全身中毒症状，一般为四肢无力、腿反射迟钝、肌肉萎缩、皮肤角质化、黑色素沉积和食欲不振、消化不良、呕吐、腹泻等。急性中毒症状为咽干、口渴、流涎、持续性呕吐、腹泻、剧烈头痛、四肢痉挛等，可因心力衰竭或闭尿而死。吸入砷化氢蒸气可发生黄疸、肝硬变，肝、脾肿大等，皮肤接触可触发皮炎、湿疹，严重者可出现溃疡。
危险特性	燃烧时产生白色的氧化砷烟雾。
急救措施	使误服或吸入的患者迅速脱离污染区，安置休息并保暖。若为皮肤接触，先用水冲洗，再用肥皂彻底洗涤。若为误服，立即催吐、洗胃，急送医院抢救。特效药为二巯基丙醇（BAL）。
泄漏处置	隔离泄漏污染区，限制出入。泄漏处理时需穿戴防毒面具和口罩。用湿沙土混合，收集后交由有资质单位进行处置。
灭火方法	灭火剂为干粉、泡沫、二氧化碳、沙土。

2. 铅

健康危害	本类化合物主要影响神经系统、血液系统和消化系统，高浓度时还可致肝、肾损害。多因误服大量铅化物所致。表现为口有金属味、流涎、恶心、呕吐、腹绞痛（铅绞痛），主要为突然的阵发性腹正中绞害样疼痛、腹软，按之可减轻疼痛，常有便秘，可有头痛、血压升高；严重者可发生中毒性肝病、中毒性肾病和贫血。齿龈边缘可有灰蓝色的铅线，为铅吸收的征象。血铅、尿粪卟啉、尿 δ- 氨基酮戊酸（δ-ALA）、血红细胞游离原卟啉（FEP）或锌原卟啉（ZPP）、血点彩红细胞均可增高。铅绞痛时尿粪卟啉半定量阳性率很高。
危险特性	不能与 NH_4NO_3、ClF_3、H_2O_2、NaN_3、Zr、乙炔钠、各种氧化剂共存。铅尘遇热或明火会燃烧。加热分解会释放出有毒烟雾，能与各种氧化物发生剧烈的反应。
急救措施	若为皮肤接触，脱去污染的衣着，用肥皂水及流动清水彻底冲洗。若为眼睛接触，立即翻开上下眼睑，用流动清水或生理盐水冲洗，就医。若为吸入，迅速脱离现场至空气新鲜处，保持呼吸道通畅，呼吸困难时输氧，呼吸停止时立即进行人工呼吸，就医。若为食入，给饮足量温水，催吐。
泄漏处置	切断火源。戴好防毒面具，穿好一般消防防护服。用洁净的铲子收集于干燥、洁净、有盖的容器中，用水泥、沥青或适当的热塑性材料固化处理后再废弃。如大量泄漏，收集回收或无害处理后废弃。当水体受到污染时，可采用中和法处理；对于受铅污染的土壤，可加石灰、磷肥等改良剂，降低土壤中铅的活性，减少作物对铅的吸收。
灭火方法	灭火剂为干粉、沙土。

3. 黄磷

健康危害	急性作用主要为皮肤烧伤、黏膜刺激，致肝、肾、心等多脏器损害。自燃或融熔的黄磷可致皮肤烧伤，经皮肤吸收而引起全身中毒。多在烧伤后 3～5 d 内出现中毒性肝病，有黄疸等。严重者发生急性肝、肾功能衰竭。经口中毒时，出现口腔及咽喉糜烂、充血。呼气、呕吐物及大便有大蒜气味，后两者在暗室中可见荧光。重者可出现食道、胃穿孔，发生休克；经 1～3 d 后出现中性肝病，亦可发生急性肝功能衰竭、肝昏迷、出血性紫癜、急性肾功能衰竭或播散性血管内凝血。部分病人有心肌病表现。
危险特性	遇热或与氧化剂发生化学反应而引起着火。在空气中自燃，很活泼。能与很多物质反应而爆炸；放出高毒的磷氧化物烟，能与氧化物发生强烈的反应。
急救措施	若为急性中毒，口服后无消化道腐蚀症状者用清水或 0.1% 高锰酸钾洗胃，再口服硫酸铜一匙后导泻，忌服油类。对下颌骨坏死者，必要时进行手术治疗。保护肝脏。若为皮肤烧伤，立即用清水浸泡或湿布覆盖创面以隔绝空气，用 1%～3% 硫酸铜湿敷后立即用大量流动清水冲洗，再用生理盐水湿敷（暗室中进行）或扩创清除磷粒。早期忌用油膏。处理烧伤的同时需注意处理全身中毒。
泄漏处置	隔离泄漏污染区，周围设警告标志，切断火源。应急处理人员戴好防毒面具，穿一般消防防护服。少量泄漏时，用水润湿，使用无火花工具收集于干燥、洁净、有盖的容器中，倒至空旷的地方，干燥后即自行燃烧。如果大量泄漏，与有关技术部门联系，确定清除方法。
灭火方法	灭火用雾状水喷淋。

4. 硫酸

健康危害	短期接触对眼睛、皮肤和呼吸道有很强的腐蚀性；吸入其气溶胶可能引起肺水肿。反复或长期接触其气溶胶可能损伤肺部，还有发生牙齿腐蚀的危险。
危险特性	强烈的腐蚀性和吸水性。遇水大量放热，可沸溅；与易燃物（如苯）或可燃物（如糖、纤维素）接触会发生剧烈反应（强氧化性），甚至燃烧，生成有毒烟雾（氧化物）；强酸，加热时产生酸雾，遇碱发生猛烈反应；稀酸腐蚀常用金属生成氢气，易爆。
急救措施	若吸入酸雾，应立即脱离现场，休息，半直立体位，必要时进行人工呼吸，医务护理；若皮肤接触，应脱去污染的衣服，用大量水迅速冲洗，并给予医疗护理；误服后漱口，大量饮水，不要催吐，并给予医疗护理。
泄漏处置	撤离危险区域，应急处理人员戴自给正压式呼吸器，穿防酸碱工作服；切断泄漏源，防止进入下水道。可将泄漏液收集在可密闭容器中或用沙土、干燥石灰混合后回收，回收物应安全处置，可加入纯碱－消石灰溶液中和；大量泄漏时，应构筑围堤或挖坑收容，用泵转移至槽车内，残余物回收运至废物处理场所安全处置。
灭火方法	禁止用水，使用干粉、二氧化碳、沙土。

5. 氢氧化钠

健康危害	急性毒性：ADI 不作限制性规定。
危险特性	遇水或潮气、酸类产生易燃气体和热量，有发生燃烧、爆炸的危险。如含有杂质碳化钙或少量磷化钙，则遇水易自燃。

续表

急救措施	若为皮肤接触，立即脱去污染的衣着，用大量流动清水冲洗至少 15 min，就医。若为眼睛接触，立即提起眼睑，用大量流动清水或生理盐水彻底冲洗至少 15 min，就医。若为吸入，迅速脱离现场至空气新鲜处，保持呼吸道通畅；如呼吸困难，给输氧；如呼吸停止，立即进行人工呼吸，就医。若为食入，用水漱口，给饮牛奶或蛋清，就医。
泄漏处置	隔离泄漏污染区，限制出入。建议应急处理人员戴防尘面具（全面罩），穿防酸碱工作服。不要直接接触泄漏物。少量泄漏时，避免扬尘，用洁净的铲子收集于干燥、洁净、有盖的容器中。也可以用大量水冲洗，洗液稀释后排入废水系统。大量泄漏时，收集回收或运至废物处理场所处置。
灭火方法	用水、沙土扑救，但须防止物品遇水产生飞溅、造成灼伤。

6. 甲苯

健康危害	对皮肤、黏膜有刺激性，对中枢神经系统有麻醉作用。急性中毒：短时间内吸入较高浓度本品可出现眼及上呼吸道明显的刺激症状、眼结膜及咽部充血、头痛、恶心、呕吐、胸闷、四肢无力、步态蹒跚、意识模糊。重症患者可有躁动、抽搐、昏迷。慢性中毒：长期接触可发生神经衰弱综合征，肝肿大，女工月经异常等。皮肤干燥、皲裂、皮炎。
危险特性	易燃，其蒸气与空气可形成爆炸性混合物。遇明火、高热能引起燃烧、爆炸。与氧化剂能发生强烈反应。流速过快，容易产生和积聚静电。其蒸气比空气重，能在较低处扩散到相当远的地方，遇明火会引着回燃。
急救措施	若为皮肤接触，脱去被污染的衣着，用肥皂水和清水彻底冲洗皮肤。若为眼睛接触，提起眼睑，用流动清水或生理盐水冲洗，就医。若为吸入，迅速脱离现场至空气新鲜处，保持呼吸道通畅；如呼吸困难，给输氧；如呼吸停止，立即进行人工呼吸，就医。若为食入，饮足量温水，催吐，就医。
泄漏处置	迅速撤离泄漏污染区人员至安全区，并进行隔离。严格限制出入。切断火源。建议应急处理人员戴自给正压式呼吸器，穿消防防护服。尽可能切断泄漏源，防止进入下水道、排洪沟等限制性空间。少量泄漏时，用活性炭或其他惰性材料吸收。也可以用不燃性分散剂制成的乳液刷洗，洗液稀释后排入废水系统。大量泄漏时，构筑围堤或挖坑收容。用泡沫覆盖，降低蒸气灾害。用防爆泵转移至槽车或专用收集器内，回收或运至废物处理场所处置。
灭火方法	喷水冷却容器，可能的话将容器从火场移至空旷处。处在火场中的容器若已变色或从安全泄压装置中产生声音，必须马上撤离。灭火剂有泡沫、干粉、二氧化碳、沙土。用水灭火无效。

7. 二甲苯

健康危害	二甲苯对眼及上呼吸道有刺激作用，高浓度时对中枢神经系统有麻醉作用。急性中毒：短期内吸入较高浓度本品可出现眼及上呼吸道明显的刺激症状、眼结膜及咽充血、头晕、头痛、恶心、呕吐、胸闷、四肢无力、意识模糊、步态蹒跚。重者可有躁动、抽搐或昏迷。有的有癔病样发作。慢性影响：长期接触有神经衰弱综合征，女工有月经异常，工人常发生皮肤干燥、皲裂、皮炎。

续表

危险特性	易燃，其蒸气与空气可形成爆炸性混合物。遇明火、高热能引起燃烧、爆炸。与氧化剂能发生强烈反应。流速过快，容易产生和积聚静电。其蒸气比空气重，能在较低处扩散到相当远的地方，遇明火会引着回燃。
急救措施	若为皮肤接触，脱去被污染的衣着，用肥皂水和清水彻底冲洗皮肤。若为眼睛接触，提起眼睑，用流动清水或生理盐水冲洗，就医。若为吸入，迅速脱离现场至空气新鲜处，保持呼吸道通畅；如呼吸困难，给输氧；如呼吸停止，立即进行人工呼吸，就医。若为食入，饮足量温水，催吐，就医。
泄漏处置	迅速撤离泄漏污染区人员至安全区，并进行隔离。严格限制出入。切断火源。建议应急处理人员戴自给正压式呼吸器，穿消防防护服。尽可能切断泄漏源。防止进入下水道、排洪沟等限制性空间。少量泄漏时，用活性炭或其他惰性材料吸收。也可以用不燃性分散剂制成的乳液刷洗，洗液稀释后排入废水系统。大量泄漏时，构筑围堤或挖坑收容。用泡沫覆盖，抑制蒸发。用防爆泵转移至槽车或专用收集器内，回收或运至废物处理场所处置。
灭火方法	喷水冷却容器，可能的话将容器从火场移至空旷处。灭火剂有泡沫、二氧化碳、干粉、沙土。

8. 苯酚

健康危害	苯酚属高毒物质。人体摄入一定量时，可出现急性中毒症状，长期饮用被酚污染的水可引起头昏、出疹、瘙痒、贫血及各种神经系统症状。水中含有低浓度（0.1～0.2 mg/L）酚类时，可使生长鱼的鱼肉有异味，高浓度（大于 5 mg/L）时造成中毒死亡。含酚浓度高的废水不宜用于农业灌溉，否则会使农作物枯死或减产。水中含微量酚类，在加氯消毒时，会产生特异的氯酚臭。
危险特性	可燃，加热时能与空气形成爆炸性混合物，有刺激性和毒性，腐蚀性较强。能与（$AlCl_3$+ 硝基苯）、丁二烯发生激烈反应，加热放出有毒的烟雾。能与氧化物发生反应。对环境有严重危害。
急救措施	立即脱离现场至空气新鲜处，皮肤污染后立即脱去污染衣着，用大量流动清水冲洗至少 20 min；也可用 50% 酒精擦拭创面或用甘油、聚乙二醇或聚乙二醇和酒精混合液（7∶3）涂抹皮肤后，立即用大量流动清水冲洗，再用饱和硫酸钠溶液湿敷。口服者催吐后洗胃。早期给氧，及时就医。若为眼接触，用生理盐水、冷开水或清水冲洗至少 10 min。
泄漏处置	疏散泄漏污染区人员至安全区，禁止无关人员进入污染区，切断火源，应急处理人员戴好防毒面具、穿化学防护服，合理通风，不要直接接触泄漏物，喷雾状水，减少蒸发，用沙土、干燥石灰混合，然后收集运至废物处理场所，或转移到安全场所；如大量泄漏，收集进行无害处理。
灭火方法	灭火用雾状水、泡沫、二氧化碳、沙土、干粉。

9. 苯胺

健康危害	主要引起高铁血红蛋白血症和肝、肾及皮肤损害。某些苯胺类化合物具有致癌性。短期内皮肤吸收或吸入大量苯胺者先出现高铁血红蛋白血症，表现为紫绀，舌、唇、指（趾）甲、面颊、耳廓呈蓝褐色，严重时皮肤、黏膜呈铅灰色，并有头晕、头痛、乏力、胸闷、心悸、气急、食欲不振、恶心、呕吐，甚至意识障碍。高铁血红蛋白达到血红蛋白 10% 以上，红细胞中出现赫恩滋小体。可在中毒 4 d 左右发生溶血性贫血。中毒后 2～7 d 发生中毒性肝病。可引起化学性膀胱炎或中毒性肾病。口服中毒时除上述症状外，胃肠道刺激症状较明显。眼接触时可出现结膜角膜炎。皮肤接触时可引起皮炎。
危险特性	遇热或明火易着火。加热分解，放出有毒的氮氧化物气体，能与空气形成爆炸性混合物。与氧化物起激烈的反应，与发烟硝酸接触立即着火。
急救措施	迅速离开现场，用水清除皮肤污染，严密观察。特殊治疗：高铁血红蛋白血症可用美蓝治疗。对症支持疗法，同内科治疗。
泄漏处置	疏散泄漏污染区人员至安全区，禁止无关人员进入污染区，切断火源。应急处理人员戴自给呼吸器，穿化学防护服。合理通风，不要直接接触泄漏物，在确保安全情况下堵漏。喷水雾会减少蒸发，但不能降低泄漏物在受限制空间内的易燃性。用沙土或其他不燃性吸附剂混合吸收，然后收集运至废物处理场所。或用沙土混合，逐渐倒入稀盐酸中（1 体积浓盐酸加 2 体积水稀释），放置 24 h，然后安全处置。如大量泄漏，回收或无害处理后安全处置。
灭火方法	灭火用雾状水、泡沫、二氧化碳、干粉、沙土。

10. 硝基苯

健康危害	主要通过呼吸道及皮肤吸收，急性中毒表现为头痛、头昏、紫绀，形成高铁血红蛋白血症的速度较苯胺慢，恢复也慢，毒性较苯胺大，可发生溶血性贫血、中毒性肝损害。
危险特性	可燃。闪点为 87.8℃。遇热、明火或氧化剂易着火。遇热或明火易爆炸。能与（苯胺 + 甘油）、N_2O_4、$AgClO_4$、HNO_3 发生激烈反应，放出大量热。有毒。能通过皮肤、呼吸道或消化道吸收。
急救措施	应使呼入蒸气的患者脱离污染区，立即脱去受污染的衣服，用水充分洗涤受污染部位，再用肥皂水洗涤。严重者必须就医诊治。特效解毒剂为静脉注射美蓝。眼睛受刺激时用水冲洗，必要时转医院处理。
泄漏处置	疏散泄漏污染区人员至安全区，禁止无关人员进入污染区，应急处理人员戴正压式呼吸器，穿化学防护服（完全隔离）。合理通风，不要直接接触泄漏物，在确保安全情况下堵漏。喷雾状水，减少蒸发。用沙土、蛭石或其他惰性材料吸收，然后收集运至废物处理场所。也可以用不燃性分散剂制成的乳液刷洗，经稀释的冲洗水排入废水系统。如大量泄漏，建围堤收容，然后收集。转移、回收或无害化处理。
灭火方法	灭火用雾状水、抗溶性泡沫、二氧化碳、沙土。

11. 苯乙烯

健康危害	属低毒类。对眼和上呼吸道黏膜有刺激和麻醉作用。急性中毒：高浓度时，立即引起眼及上呼吸道黏膜的刺激，出现眼痛、流泪、流涕、喷嚏、咽痛、咳嗽等，继而出现头痛、头晕、恶心、呕吐、全身乏力等；严重者可有眩晕、步态蹒跚。眼部受苯乙烯液体污染时，可致灼伤。慢性影响：常见神经衰弱综合征，有头痛、乏力、恶心、食欲减退、腹胀、忧郁、健忘、指颤等。对呼吸道有刺激作用，长期接触时有可能引起阻塞性肺部病变。
危险特性	易燃，其蒸气与空气形成爆炸性混合物，遇明火、高热能引起燃烧、爆炸。与氧化剂能发生强烈反应。若遇高热，可能发生聚合反应，出现大量放热现象，引起容器破裂和爆炸事故。腐蚀铜、铜合金，溶解橡胶。腐蚀某些塑料、橡胶和涂料。能积聚静电，引燃其蒸气。
急救措施	若为皮肤接触，脱去污染的衣着，用肥皂水和清水彻底冲洗皮肤。若为眼睛接触，立即提起眼睑，用大量流动清水或生理盐水彻底冲洗至少 15 min，就医。若为吸入，迅速脱离现场至空气新鲜处，保持呼吸道通畅；如呼吸困难，给输氧；如呼吸停止，立即进行人工呼吸，就医。若为食入，饮足量温水，催吐，就医。
泄漏处置	迅速撤离泄漏污染区人员至安全区，并进行隔离，严格限制出入。切断火源。建议应急处理人员戴自给正压式呼吸器，穿防毒服。尽可能切断泄漏源。防止流入下水道、排洪沟等限制性空间。少量泄漏时，用活性炭或其他惰性材料吸收。也可以用不燃性分散剂制成的乳液刷洗，洗液稀释后排入废水系统。大量泄漏时，构筑围堤或挖坑收容。用泡沫覆盖，降低蒸气灾害。用防爆泵转移至槽车或专用收集器内，回收或运至废物处理场所处置。
灭火方法	尽可能将容器从火场移至空旷处。喷水保持火场容器冷却，直至灭火结束。灭火剂有泡沫、干粉、二氧化碳、沙土。用水灭火无效。遇大火，消防人员须在有防护掩蔽处操作。

12. 柴油

健康危害	皮肤接触为主要吸收途径，可致急性肾脏损害。柴油可引起接触性皮炎、油性痤疮。吸入其雾滴或液体呛入可引起吸入性肺炎。能经胎盘进入胎儿血中。柴油废气可引起眼、鼻刺激症状，头晕及头痛。
危险特性	遇明火、高热或与氧化剂接触，有引起燃烧、爆炸的危险。若遇高热，容器内压增大，有开裂和爆炸的危险。有害燃烧产物为一氧化碳、二氧化碳。
急救措施	若为皮肤接触，立即脱去污染的衣着，用肥皂水和清水彻底冲洗皮肤，就医。若为眼睛接触，提起眼睑，用流动清水或生理盐水冲洗，就医。若为吸入，迅速脱离现场至空气新鲜处，保持呼吸道通畅；如呼吸困难，给输氧；如呼吸停止，立即进行人工呼吸，就医。若为食入，尽快彻底洗胃，就医。
泄漏处置	迅速撤离泄漏污染区人员至安全区，并进行隔离，严格限制出入。切断火源。建议应急处理人员戴自给正压式呼吸器，穿一般作业工作服。尽可能切断泄漏源。防止流入下水道、排洪沟等限制性空间。少量泄漏时，用活性炭或其他惰性材料吸收。大量泄漏时，构筑围堤或挖坑收容。用泵转移至槽车或专用收集器内，回收或运至废物处理场所处置。
灭火方法	消防人员须佩戴防毒面具、穿全身消防服，在上风向灭火。尽可能将容器从火场移至空旷处。喷水保持火场容器冷却，直至灭火结束。处在火场中的容器若已变色或从安全泄压装置中产生声音，必须马上撤离。灭火剂有雾状水、泡沫、干粉、二氧化碳、沙土。

13. 汽油

健康危害	急性中毒：对中枢神经系统有麻醉作用。轻度中毒症状有头晕、头痛、恶心、呕吐、步态不稳、共济失调。高浓度吸入出现中毒性脑病。极高浓度吸入引起意识突然丧失、反射性呼吸停止，可伴有中毒性周围神经病及化学性肺炎。部分患者出现中毒性精神病。液体吸入呼吸道可引起吸入性肺炎。溅入眼内可致角膜溃疡、穿孔，甚至失明。皮肤接触致急性接触性皮炎，甚至灼伤。吞咽引起急性胃肠炎，重者出现类似急性吸入中毒症状，并可引起肝、肾损害。慢性中毒：神经衰弱综合征、植物神经功能紊乱、周围神经病。严重中毒时出现中毒性脑病，症状类似精神分裂症。皮肤损害。
危险特性	其蒸气与空气可形成爆炸性混合物。遇明火、高热极易燃烧、爆炸。与氧化剂能发生强烈反应。其蒸气比空气重，能在较低处扩散相当远的地方，遇明火会引着回燃。
急救措施	若为皮肤接触，立即脱去被污染的衣着，用肥皂水或清水彻底冲洗皮肤，就医。眼睛接触，立即提起眼睑，用大量流动的清水或生理盐水彻底冲洗至少 15 min，就医。若为吸入，迅速脱离现场至空气新鲜处，保持呼吸道通畅；如呼吸困难，给输氧；如呼吸停止，立即进行人工呼吸，就医。若为食入，给饮牛奶或用植物油洗胃和灌肠，就医。
泄漏处置	迅速撤离泄漏污染区人员至安全区，并进行隔离，严格限制出入。切断火源。建议应急处理人员戴自给正压式呼吸器，穿消防防护服。尽可能切断泄漏源，防止进入下水道、排洪沟等限制性空间。少量泄漏时，用沙土、蛭石或其他惰性材料吸收。或在保证安全情况下，就地焚烧。大量泄漏时，构筑围堤或挖坑收容。用泡沫覆盖，降低蒸气灾害。用防爆泵转移至槽车或专用收集器内，回收或运至废物处理场所处置。
灭火方法	喷水冷却容器，可能的话将容器从火场移到空旷处。灭火剂有泡沫、干粉、二氧化碳。用水灭火无效。

14. 煤焦油

健康危害	作用于皮肤，引起皮炎、痤疮、毛囊炎、光毒性皮炎、中毒性黑皮病及肿瘤。可引起鼻中膈损伤。国际癌症研究机构（IARC）已确认为致癌物。
危险特性	遇明火、高热易燃。与强氧化剂发生反应，可引起燃烧。有腐蚀性。燃烧（分解）产物为一氧化碳、二氧化碳。
急救措施	若为皮肤接触，脱去污染的衣着，用肥皂水及清水彻底冲洗。若为眼睛接触，立即提起眼睑，用流动清水冲洗。若为吸入，脱离现场至空气新鲜处，必要时进行人工呼吸，就医。若为食入，误服者充分漱口、饮水，就医。
泄漏处置	疏散泄漏污染区人员至安全区，禁止无关人员进入污染区，切断火源。建议应急处理人员戴自给式呼吸器，穿一般消防防护服。在确保安全情况下堵漏。喷水雾会减少蒸发，但不能降低泄漏物在受限制空间内的易燃性。用沙土或其他不燃性吸附剂混合吸收，收集运至废物处理场所处置。如大量泄漏，利用围堤坑收容，然后收集、转移、回收或无害处理后废弃。建议用焚烧法处置废弃物。
灭火方法	灭火用雾状水、泡沫、干粉、二氧化碳、沙土。

15. 丙酮

健康危害	急性中毒主要表现为对中枢神经系统的麻醉作用，出现乏力、恶心、头痛、头晕、易激动。重者发生呕吐、气急、痉挛，甚至昏迷。对眼、鼻、喉有刺激性。口服后，口唇、咽喉有烧灼感，然后出现口干、呕吐、昏迷、酸中毒和酮症。慢性影响：长期接触该品出现眩晕、灼烧感、咽炎、支气管炎、乏力、易激动等。皮肤长期接触可致皮炎。
危险特性	其蒸气与空气可形成爆炸性混合物。遇明火、高热极易燃烧、爆炸。与氧化剂能发生强烈反应。其蒸气比空气重，能在较低处扩散到相当远的地方，遇明火会引着回燃。若遇高热，容器内压增大，有开裂和爆炸的危险。
急救措施	若为皮肤接触，脱去被污染的衣着，用肥皂水和清水彻底冲洗皮肤。若为眼睛接触，提起眼睑，用流动清水或生理盐水冲洗，就医。若为吸入，迅速脱离现场至空气新鲜处，保持呼吸道通畅；如呼吸困难，给输氧；如呼吸停止，立即进行人工呼吸，就医。若为食入，饮足量温水，催吐，就医。
泄漏处置	迅速撤离泄漏污染区人员至安全区，并进行隔离，严格限制出入。切断火源。建议应急处理人员戴自给正压式呼吸器，穿消防防护服。尽可能切断泄漏源。防止进入下水道、排洪沟等限制性空间。少量泄漏时，用沙土或其他不燃材料吸附或吸收。也可以用大量水冲洗，洗液稀释后排入废水系统。大量泄漏时，构筑围堤或挖坑收容。用泡沫覆盖，降低蒸气灾害。用防爆泵转移至槽车或专用收集器内，回收或运至废物处理场所处置。
灭火方法	尽可能将容器从火场移至空旷处。喷水保持火场容器冷却，直至灭火结束。处在火场中的容器若已变色或从安全泄压装置中产生声音，必须马上撤离。灭火剂有泡沫、干粉、二氧化碳、沙土。用水灭火无效。

16. 乙酸乙酯

健康危害	对眼、鼻、咽喉有刺激作用。高浓度吸入可引起进行性麻醉作用，急性肺水肿，肝、肾损害。持续大量吸入可致呼吸麻痹。误服者可产生恶心、呕吐、腹痛、腹泻等。有致敏作用，因血管神经障碍而致牙龈出血；可致湿疹样皮炎。
危险特性	易燃，其蒸气与空气可形成爆炸性混合物。遇明火、高热能引起燃烧、爆炸。与氧化剂接触会猛烈反应。在火场中，受热的容器有爆炸危险。其蒸气比空气重，能在较低处扩散到相当远的地方，遇明火会引着回燃。
急救措施	若为皮肤接触，脱去被污染的衣着，用肥皂水和清水彻底冲洗皮肤，就医。若为眼睛接触，提起眼睑，用流动清水或生理盐水冲洗，就医。若为吸入，迅速脱离现场至空气新鲜处，保持呼吸道通畅；如呼吸困难，给输氧；如呼吸停止，立即进行人工呼吸，就医。若为食入，饮足量温水，催吐，就医。
泄漏处置	迅速撤离泄漏污染区人员至安全区，并进行隔离，严格限制出入。切断火源。建议应急处理人员戴自给正压式呼吸器，穿消防防护服。尽可能切断泄漏源，防止进入下水道、排洪沟等限制性空间。少量泄漏时，用活性炭或其他惰性材料吸收。也可以用大量水冲洗，洗液稀释后排入废水系统。大量泄漏时，构筑围堤或挖坑收容。用泡沫覆盖，降低蒸气灾害。用防爆泵转移至槽车或专用收集器内，回收或运至废物处理场所处置。
灭火方法	灭火剂有抗溶性泡沫、二氧化碳、干粉、沙土。用水灭火无效，但可用水保持火场中容器冷却。

17. 环氧乙烷

健康危害	可致中枢神经系统、呼吸系统损害，重者引起昏迷和肺水肿。可出现心肌损害和肝损害。可致皮肤损害和眼灼伤。确认为人类致癌物。
危险特性	极易燃，蒸气能与空气形成范围大的爆炸性混合物，遇高热和明火有燃烧、爆炸危险。蒸气比空气重，能在较低处扩散到相当远的地方，遇火源会着火回燃和爆炸。与空气的混合物快速压缩时，易发生爆炸。
急救措施	若为吸入，迅速脱离现场至空气新鲜处，保持呼吸道通畅；如呼吸困难，给氧；如呼吸停止，立即进行人工呼吸；呼吸、心跳停止时，立即进行人工呼吸和胸外心脏按压术。若为皮肤接触，立即脱去污染的衣着，用大量流动清水冲洗至少 15 min，就医。若为眼睛接触，立即提起眼睑，用大量流动清水或生理盐水彻底冲洗至少 15 min，就医。
泄漏处置	消除所有点火源。根据气体的影响区域划定警戒区，无关人员从侧风向、上风向撤离至安全区。建议应急处理人员戴自给正压式空气呼吸器，穿防静电服。作业时使用的所有设备应接地。禁止接触或跨越泄漏物。尽可能切断泄漏源。喷雾状水以抑制蒸气或改变蒸气云流向，避免水流接触泄漏物。禁止用水直接冲击泄漏物或泄漏源。防止气体通过下水道、通风系统和密闭性空间扩散。隔离泄漏区直至气体散尽。隔离与疏散距离：少量泄漏时，初始隔离 30 m，下风向疏散白天 100 m、夜晚 200 m；大量泄漏时，初始隔离 150 m，下风向疏散白天 800 m、夜晚 2 500 m。
灭火方法	切断气源。若不能切断气源，则不允许熄灭泄漏处的火焰。喷水冷却容器，尽可能将容器从火场移至空旷处。灭火用雾状水、抗溶性泡沫、干粉、二氧化碳。

18. 甲醇

健康危害	对中枢神经系统有麻醉作用；对视神经和视网膜有特殊选择作用，引起病变；可致代谢性酸中毒。急性中毒：短时大量吸入出现轻度眼、上呼吸道刺激症状（口服有胃肠道刺激症状）；经一段时间的潜伏期后，出现头痛、头晕、乏力、眩晕、酒醉感、意识朦胧、谵妄甚至昏迷。视神经及视网膜病变，可有视物模糊、复视等，重者失明。代谢性酸中毒时出现二氧化碳结合力下降、呼吸加速等。慢性中毒：神经衰弱综合征、植物神经功能失调、黏膜刺激、视力减退等。皮肤出现脱脂、皮炎等。
危险特性	闪点易燃液体。闪点为 11℃。其蒸气与空气形成爆炸性混合物，遇明火、高热能引起燃烧、爆炸。与氧化剂接触发生化学反应或引起燃烧。在火场中，受热的容器有爆炸危险。其蒸气比空气重，能在较低处扩散到相当远的地方，遇火源会着火回燃。
急救措施	若为皮肤接触，立即脱去污染的衣着，用肥皂水及清水彻底冲洗。若为眼睛接触，立即提起眼睑，用流动清水或生理盐水冲洗至少 15 min，就医。若为吸入，脱离现场至空气新鲜处；呼吸困难时给输氧；呼吸停止时，立即进行人工呼吸，就医。若为食入，饮足量温水，催吐。用清水或 1% 硫代硫酸钠溶液洗胃，就医。
泄漏处置	迅速撤离泄漏污染区人员至安全区，并进行隔离，严格限制出入。切断火源。建议应急处理人员戴自给正压式呼吸器，穿防静电工作服。不要直接接触泄漏物。尽可能切断泄漏源。防止流入下水道、排洪沟等限制性空间。少量泄漏时，用沙土或其他不燃材料吸附或吸收。也可以用大量水冲洗，洗液稀释后排入废水系统。大量泄漏时，构筑围堤或挖坑收容。用泡沫覆盖，降低蒸气灾害。用防爆泵转移至槽车或专用收集器内，回收或运至废物处理场所处置。
灭火方法	尽可能将容器从火场移至空旷处。喷水保持火场容器冷却，直至灭火结束。处在火场中的容器若已变色或从安全泄压装置中产生声音，必须马上撤离。灭火剂有抗溶性泡沫、干粉、二氧化碳、沙土。

19. 正丙醇

健康危害	接触高浓度蒸气出现头痛、倦睡、共济失调以及眼、鼻、喉刺激症状。口服可致恶心、呕吐、腹痛、腹泻、倦睡、昏迷甚至死亡。长期皮肤接触可致皮肤干燥、皲裂。
危险特性	易燃，其蒸气与空气可形成爆炸性混合物。遇明火、高热能引起燃烧、爆炸。与氧化剂接触发生化学反应或引起燃烧。在火场中，受热的容器有爆炸危险。其蒸气比空气重，能在较低处扩散到相当远的地方，遇明火会引着回燃。
急救措施	若为皮肤接触，脱去被污染的衣着，用肥皂水和清水彻底冲洗皮肤。若为眼睛接触，提起眼睑，用流动清水或生理盐水冲洗，就医。若为吸入，迅速脱离现场至空气新鲜处，保持呼吸道通畅；如呼吸困难，给输氧；如呼吸停止，立即进行人工呼吸，就医。若为食入，洗胃，就医。
泄漏处置	迅速撤离泄漏污染区人员至安全区，并进行隔离，严格限制出入。切断火源。建议应急处理人员戴自给正压式呼吸器，穿消防防护服。尽可能切断泄漏源，防止进入下水道、排洪沟等限制性空间。少量泄漏时，用沙土或其他不燃材料吸附或吸收。也可用大量水冲洗，洗液稀释后排入废水系统。大量泄漏时，构筑围堤或挖坑收容。用泡沫覆盖，降低蒸气灾害。用防爆泵转移至槽车或专用收集器内，回收或运至废物处理场所处置。
灭火方法	尽可能将容器从火场移至空旷处。喷水保持火场容器冷却，直至灭火结束。处在火场中的容器若已变色或从安全泄压装置中产生声音，必须马上撤离。灭火剂有抗溶性泡沫、干粉、二氧化碳、沙土。

20. 异丙醇

健康危害	接触高浓度蒸气出现头痛、倦睡、共济失调以及眼、鼻、喉刺激症状。口服可致恶心、呕吐、腹痛、腹泻、倦睡、昏迷甚至死亡。长期皮肤接触可致皮肤干燥、皲裂。
危险特性	易燃，其蒸气与空气可形成爆炸性混合物。遇明火、高热能引起燃烧、爆炸。与氧化剂接触会猛烈反应。在火场中，受热的容器有爆炸危险。其蒸气比空气重，能在较低处扩散到相当远的地方，遇明火会引着回燃。
急救措施	若为皮肤接触，脱去被污染的衣着，用肥皂水和清水彻底冲洗皮肤。若为眼睛接触，提起眼睑，用流动清水或生理盐水冲洗，就医。若为吸入，迅速脱离现场至空气新鲜处，保持呼吸道通畅；如呼吸困难，给输氧；如呼吸停止，立即进行人工呼吸，就医。若为食入，洗胃，就医。
泄漏处置	迅速撤离泄漏污染区人员至安全区，并进行隔离，严格限制出入。切断火源。建议应急处理人员戴自给正压式呼吸器，穿消防防护服。尽可能切断泄漏源，防止进入下水道、排洪沟等限制性空间。少量泄漏时，用沙土或其他不燃材料吸附或吸收。也可用大量水冲洗，洗液稀释后排入废水系统。大量泄漏时，构筑围堤或挖坑收容。用泡沫覆盖，降低蒸气灾害。用防爆泵转移至槽车或专用收集器内，回收或运至废物处理场所处置。
灭火方法	尽可能将容器从火场移至空旷处。喷水保持火场容器冷却，直至灭火结束。处在火场中的容器若已变色或从安全泄压装置中产生声音，必须马上撤离。灭火剂有抗溶性泡沫、干粉、二氧化碳、沙土。

21. 正丁醇

健康危害	本品具有刺激和麻醉作用。主要症状为眼、鼻、喉部刺激，在角膜浅层形成半透明的空泡，引起头痛、头晕和嗜睡，手部可发生接触性皮炎。
危险特性	易燃，其蒸气与空气可形成爆炸性混合物。遇明火、高热能引起燃烧、爆炸。与氧化剂接触会猛烈反应。在火场中，受热的容器有爆炸危险。
急救措施	若为皮肤接触，脱去被污染的衣着，用肥皂水和清水彻底冲洗皮肤。若为眼睛接触，立即提起眼睑，用大量流动清水或生理盐水彻底冲洗至少 15 min，就医。若为吸入，迅速脱离现场至空气新鲜处，保持呼吸道通畅；如呼吸困难，给输氧；如呼吸停止，立即进行人工呼吸，就医。若为食入，饮足量温水，催吐，就医。
泄漏处置	迅速撤离泄漏污染区人员至安全区，并进行隔离，严格限制出入。切断火源。建议应急处理人员戴自给正压式呼吸器，穿消防防护服。尽可能切断泄漏源。防止进入下水道、排洪沟等限制性空间。少量泄漏时，用活性炭或其他惰性材料吸收。也可以用大量水冲洗，洗液稀释后排入废水系统。大量泄漏时，构筑围堤或挖坑收容。用泡沫覆盖，降低蒸气灾害。用防爆泵转移至槽车或专用收集器内，回收或运至废物处理场所处置。
灭火方法	用雾状水保持火场容器冷却，用水喷射逸出蒸气，使其稀释成不燃性混合物，并用雾状水保护消防人员。灭火用抗溶性泡沫、干粉、二氧化碳、雾状水、1211 灭火剂、沙土。

22. 甲基叔丁基醚

健康危害	本品蒸气或雾对眼睛、黏膜和上呼吸道有刺激作用，可引起化学性肺炎。对皮肤有刺激性。
危险特性	易燃，其蒸气与空气可形成爆炸性混合物。遇明火、高热或与氧化剂接触，有引起燃烧、爆炸的危险。与氧化剂接触会猛烈反应。其蒸气比空气重，能在较低处扩散到相当远的地方，遇明火会引着回燃。
急救措施	若为皮肤接触，脱去被污染的衣着，用肥皂水和清水彻底冲洗皮肤。若为眼睛接触，提起眼睑，用流动清水或生理盐水彻底冲洗，就医。若为吸入，迅速脱离现场至空气新鲜处，保持呼吸道通畅，如呼吸困难，给输氧；如呼吸停止，立即进行人工呼吸，就医。若为食入，饮足量温水，催吐，就医。
泄漏处置	迅速撤离泄漏污染区人员至安全区，并进行隔离，严格限制出入。切断火源。建议应急处理人员戴自给正压式呼吸器，穿消防防护服。尽可能切断泄漏源，防止进入下水道、排洪沟等限制性空间。少量泄漏时，用沙土、蛭石或其他惰性材料吸收。大量泄漏时，构筑围堤或挖坑收容。用泡沫覆盖，降低蒸气灾害。用防爆泵转移至槽车或专用收集器内，回收或运至废物处理场所处置。
灭火方法	尽可能将容器从火场移至空旷处。喷水保持火场容器冷却，直至灭火结束。处在火场中的容器若已变色或从安全泄压装置中产生声音，必须马上撤离。灭火剂有抗溶性泡沫、干粉、二氧化碳、沙土。